碳排放权交易

CARBON EMISSION TRADE

主 编 黄 明

副主编 王宇露

复旦大学出版社

目　录

第一章 气候变化概述

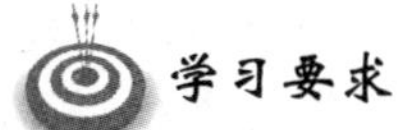

学习要求

了解气候变化表现、成因；掌握气候变化的主要影响；熟悉气候风险的相关概念和类型，熟悉气候风险管理的模型及方法。

本章导读

全球气候变化是21世纪人类所面临的最复杂挑战之一，关乎人类的生存命运与可持续发展。近年来，全球气温不断升高，平均海平面加速上升，极端天气频发，持续的气候变化无情而广泛地影响着生态系统和经济社会的发展。究其原因，日益频繁的人类活动加速了全球气候变暖进程，诱发了气候系统的变化。气候风险作为重要的风险来源，具有不确定性、长时域性、全局性等特征，需要我们进行科学的认识、评估和应对。如何在遵循自然规律的基础上规制人类活动，有效控制全球气候变化过程成为全世界共同的课题。本章以气候变化为主题，将介绍气候变化的表现、成因及影响，阐述气候风险的含义、分类与管理方法。

第一节　气候变化问题及其产生原因

气候是构成地球环境系统的重要因素，良好稳定的气候是人类在地球环境中生存发展的必要条件。近200年来，全球气候在人类活动的影响下，发生了一些非自然的不正常的变化，这些变化统称为气候变化。《联合国气候变化框架公约》(United Nations Framework Convention on Climate Change, UNFCCC，简称《公约》)第一条对气候变化进行了明确的定义："气候变化"是指除在类似时期内所观测的气候自然变异之外，由于直接或间接的人类活动改变了地球大气的组成而造成的气候变化。联合国政府间气候变化专门委员会

(IPCC)第六次评估报告(AR6)警告道,气候系统整体所发生的变化是几千年来甚至几十万年来前所未有的;气候变化已经在陆地、淡水、沿海和远洋海洋生态系统中造成了巨大的破坏和越来越不可逆转的损失;全球减缓和适应气候变化的行动刻不容缓,任何延迟都将关上机会之窗,让未来的地球变得不再宜居,不再具有可持续性。

一、气候变化问题

全球气候变化主要表现在以下几个方面。

(1) 气温升高。近一百年来,全球气温上升了 0.56℃—0.92℃,而北极温度升高的速率几乎是全球平均速率的两倍。根据世界气象组织(WMO)2022 年发布的《2021 年全球气候状况》,过去七年是有记录以来最热的七年,整体变暖趋势明显。自 20 世纪 80 年代以来,每个十年都比上一个十年更温暖。尽管有拉尼娜的冷却效应,2021 年的全球平均温度仍比工业化前水平高出约 1.11℃,并且未来很可能继续上升,这证明我们正朝着《巴黎协定》中规定的 1.5℃的极限前进。目前全球二氧化碳浓度为 413.2 ppm,为工业化前水平的 149%。夏威夷的一个监测站的早期数据表明,2022 年 4 月的浓度实际上已经达到了 420.23 ppm。根据科学界预测,大气 CO_2 浓度如果保持在 350 ppm 左右,则全球升温幅度会保持在 1℃左右,如果保持在 450 ppm 以下,则有 50%的机会将全球平均气温稳定在比工业化前增加 2℃的水平。

(2) 海洋变暖,表现为海水温度加速上升。海洋具有高的比热容和巨大的容量,是重要的热量储存库,在缓和气候变化中扮演着重要角色。海洋就如同一个庞大的能量存储池。人类源源不断地将二氧化碳等温室气体排放到大气中,这些温室气体所产生的温室效应导致地球能量持续增加,增加的能量汇聚到海洋中,使得海洋的热含量持续上升。由于海洋对热量的吸附能力远大于大气,温室气体所产生的热量 90%以上会被海洋吸收。研究表明,1993—2018 年的海洋变暖速率至少是 1970—1993 年的 2 倍。过去 80 年中,海洋每一个十年都比前十年更暖。中国科学院大气物理研究所观测的最新数据表明,2021 年,全球海洋上层 2 000 米吸收的热量与 2020 年相比增加了 14×10^{21} 焦耳,这些热量约相当于中国 2020 年全年发电量的 500 倍。而海洋变暖在中低纬度大西洋、北太平洋等区域更为剧烈。

(3) 极端热浪事件加剧。全球普遍变暖导致发生在陆地和海洋中的极端热浪事件都有所加剧,1982 年以来海洋热浪频率增加了 2 倍。基于当前各国的碳减排政策推算,截至 21 世纪末,全球气温相对工业前水平或将升高 3.5℃。在此情况下,海洋热浪出现的平均概率将达到工业前水平的 41 倍。平均而言,热浪的空间幅度将增加 21 倍,持续时间将达 112 天,最大强度将增至 2.5℃。不过,研究人员也指出,如果 21 世纪末的全球升温能控制在 1.5℃或 2℃以内,这些增幅会相应减少——在升温为 1.5℃的情形下,海洋热浪的出现概率仅为 3.5℃情形下的 40%。

(4) 冰雪消融。全球气温逐渐升高和温室效应导致冰雪消融。对于高纬度地区,如北极和南极地区,冰川的融化速度会逐渐加快,陆地地区的冰川数量在短时间内快速减少,海平面也随之迅速上升，严重危害高纬度地区居住人的日常生产生活。研究表明，格陵兰冰盖、南极冰盖、冻土和山地冰川已经开始加速消融，2007—2016 年南极冰盖的质量损失量是 1997—2006 年的 3 倍，格陵兰冰盖质量损失是 1997—2006 年的 2 倍。极地是全球气候变暖最为剧烈的地区：近几十年来，北极表层气温上升趋势是全球平均速率的 2 倍。2020 年夏天，北冰洋海冰面积是过去一千年中的最小水平；自 1950 年以来全球几乎所有冰川同时在退化，且退化速度是过去两千年里所未见的。

(5) 海平面上升。1900 年以来，全球平均海平面上升速度达到过去 3 000 年中最快的水平。2006—2015 年全球海平面上升趋势是 1901—1990 年速度的 2.5 倍。2013—2021 年，全球平均海平面平均每年增加 4.5 毫米(0.18 英寸)，速度是 1993—2002 年的 2 倍，这是因为冰原的融化率增加，使其在 2021 年达到创纪录的水平。总海平面上升的 30%—40%由海水升温膨胀引起；另外 60%—70%由冰盖和冰川消融使得淡水流入大海导致。日益增加的高水位将会淹没海岛国家和沿海地区，海洋动物群落的全球生物量及其产品、渔业捕捞能力也会下降，使得物种组成发生较大变化。

(6) 降雨量。全球气温逐渐升高和温室效应对各地的降雨量产生了一定影响，引发了较多社会问题。北半球中高纬度的大陆地区降水量出现了非常明显的增加，北纬 30°—85°的陆地地区，降水量增长幅度达到 7%—12%。温室效应使低纬度地区的温度在短时间内快速增加，大气循环的速度也逐渐增快，降水量增高，最终形成恶劣的强对流天气，极端降雨事件频发，严重影响到低纬度国家人民的生活与生命安全。

二、气候变化的原因

根据可能引发气候变化的不同原因，形成了不同的气候变化学说，包括“温室效应说”“太阳黑子变动说”“地球运转变动说”等。这几种学说都有一定的科学依据，但主流观点还是认为温室效应是引发当前气候变化的主要原因。自 1750 年以来，太阳活动变化引起的辐射强迫改变仅为 0.12 W/m^2，而温室气体变化引起的辐射强迫改变达到 2.30 W/m^2。近二百年来，全球的火山活动主要集中在 1880—1920 年和 1960—1991 年，它们的影响只持续几年时间，对全球地形地貌的改变有限，与温室气体增加对气候产生的长期作用相比影响十分短暂。这些事实都说明大气中温室气体的增加是引发当前气候变化的主要原因。

为了给决策者们提供有关气候变化成因、其潜在环境和社会经济影响，以及可能的对策等客观的信息来源，1988 年，世界气象组织、联合国环境署合作成立了联合国政府间气候变化专门委员会(英文简称 IPCC)。IPCC 的作用是在全面、客观、公开和透明的基础上，对世界上有关全球气候变化的最前沿的科学、技术和社会经济信息进行评估，为全球应对气候变化行动提供科学指引。

自 1990 年第一次报告发布以来，IPCC 已分别在 1990 年、1995 年、2001 年、2007 年、2014 年、2021 年发表了六次正式的“气候变迁评估报告”。IPCC 第三次评估报告指出，近百年来全球变暖是由自然的气候波动和人类活动共同引起的，但近五十年的气候变化很可能是人类活动造成的。IPCC第四次评估报告认为，人类活动影响与全球气候变化的因果关系具有90%以上的可信度。已有大量的科学事实证明，人类主要通过向大气中排放温室气体的方式影响气候变化。人类活动排放二氧化碳（CO_2）、甲烷（CH_4）、氧化亚氮（N_2O）和卤烃四种长生命周期的气体，当排放量大于清除量时，大气中温室气体浓度就会增加。而温室气体的增加主要来自化石燃料的大规模使用。其中，全球二氧化碳浓度的增加主要是由于化石燃料的使用，甲烷浓度增加主要是由于农业和化石燃料的使用，氧化亚氮浓度增加主要是由于农业生产。

总之，IPCC第六次评估第一组报告（2021）认为，人类影响造成的气候变暖正以2000年以来前所未有的速度发生。气候系统的许多变化与日益加剧的全球变暖直接相关。二氧化碳排放是气候变化的主要驱动因素。人类活动正在引发气候变化，其引发的极端天气事件的频率与强度不断增加。除非立即采取快速的、大规模的温室气体减排行动，否则将无法在本世纪末实现全球1.5℃的温控目标。

第二节 气候变化带来的主要影响

气候危机之下，无人能独善其身。据估计，2022年全球平均温度比1850—1900年工业化前平均温度高出约1.11℃。极端高温事件频发的2022年可能仅是第五或第六最暖年份，全球变暖仍在继续。此外，海平面持续上升，全球粮食减产，人类健康受到威胁……气候变化下的复合风险和极端事件呈现日益加剧和频繁的趋势，对自然和人类社会造成的危害愈发显著。联合国政府间气候变化专门委员会（IPCC）的第六次评估报告（AR6）中提出，目前不同地区和部门的关键风险已多达127种，并且随着气候变暖以及生态社会脆弱性的加剧，未来将对人类和生态系统造成更加普遍和不可逆的影响。

一、环境影响

人类活动导致大气层、海洋和陆地变暖，大气圈、海洋、冰冻圈和生物圈都发生了广泛而快速的变化。全球气候变暖对全球许多地区的自然生态系统已经产生了影响，如海平面升高、冰川退缩、冻土融化、河湖冰迟冻与早融、中高纬生长季节延长、动植物分布范围向极区和高海拔区延伸、某些动植物数量减少、一些植物开花期提前等。

自然生态系统由于适应能力有限，容易受到严重的，甚至不可恢复的破坏。正面临这种危险的系统包括：冰川、珊瑚礁岛、红树林、热带林、极地和高山生态系统、草原湿地、残余天然草地和海岸带生态系统等。随着气候变化频率和幅度的增加，遭受破坏的自然生态系统在数目上会有所增加，其地理范围也将增加。一旦全球升温4.5℃，全球无脊椎生物将彻底失去生存环境。与1.5℃的温升相比，2℃温升时气候影响驱动因素的变化将更普遍和强烈。如果全球气候变暖导致气温升高2摄氏度，将造成2.8亿人居住的大片陆地被淹没；而如果平均气温升高 4 摄氏度，则会造成 7.6 亿人因家园被水淹没而无家可归。气候变化带来的热浪等自然灾害将影响人们的户外工作能力，高温会降低劳动生产率，因为工人为了避免中暑必须不时停工休息，而且身体也会本能地节省气力以防虚脱。极端情形下，人员甚至会面临生命危险。气温升高也会移动疾病媒介，进而影响人类健康。

气候变化对生物多样性所涉及的基因多样性、物种多样性和生态系统多样性造成了全面影响，已经成为生物多样性锐减的主要威胁之一。世界自然基金会（WWF）发布的《地球生命力报告 2022》显示，自 1970 年以来，监测范围内的野生动物种群数据——包括哺乳动物、鸟类、两栖动物、爬行动物和鱼类，平均下降了 69%。IPCC 第六次评估报告指出，一项对 976 种植物和动物的研究发现，47%的已灭绝动植物灭绝原因与气候变化相关。该评估报告表示，气候变化在澳大利亚野生白环尾负鼠和 Bramble Cays Melomys 的灭绝中发挥了作用——这种老鼠是大堡礁北端植被珊瑚丘的特有种。该报告同时指出，气候变化导致哥斯达黎加受云林限制的金蟾蜍灭绝。气候变化同时也增加了野生动物疾病和人畜共患病的传播。气温上升和更残酷的极端天气事件为新疾病的传播铺下了温床。物种的减少会降低生态系统提供服务的能力，降低其对气候变化的适应能力。而频繁的火灾和生态系统储碳量的减少可能会大幅增加陆地碳在大气中的释放，从而引发不断加剧的恶性循环，对气候变化和生态系统都是如此。

二、经济影响

气候变化影响着人类生活和经济活动赖以存在的生产要素，进而影响到财富的保值和增值。气候变化正在改变自然生态系统、毁坏某些对人类社会具有重要意义的自然资本，包括冰川、森林、海洋生态系统，从而危及人类的栖息地和经济活动。此外，气候变化带来的极端降水、潮汐性洪水、森林火灾等自然灾害可能损毁建筑物等实物资产，甚至会对整个资产网络造成严重冲击，例如城市中央商务区。近年来，气候变化已经对社会经济造成了显著的影响。

总的来看，气候变化会对经济带来负面影响，阻碍经济增长。影响主要表现在以下三个方面。

第一，对各个产业产生负面冲击，尤其是能源、旅游、农业等产业。农业可能是对气候变化反应最为敏感的部门之一，气候变化将给农业生产带来以下突出问题：一是农业生产的不稳定性增加，产量波动大。据估算，到 2030 年，我国种植业产量在总体上可能会因全球变暖减少 5%—10%，其中，小麦、水稻和玉米三大作物均将以减产为主。二是农业生产布局和结构将出现变动，气候变暖将使作物种植方式发生较大的变化。三是农业生产条件改变。气候变暖后土壤有机质的微生物分解将加快，造成地力下降，施肥量增加；农药的施用量也将增大，成本和投入均大幅度提升。

气候变化对能源产业也会带来负面影响。气候变化导致各国频繁出现高温天气，大部分陆地地区冷昼、冷夜天气减少，温度偏高，导致供暖能源需求降低，制冷能源需求增加，城市空气质量下降，同时影响夏季旅游业。大部分地区发生强降水事件的概率增加，洪水破坏人类社会居住环境、商业、运输等，导致城乡基础设施的压力增大，造成财产损失。此外，应对气候变化也会给很多产业带来转型风险，主要包括致力于减缓气候变化而实施的对部分行业、技术或产品的限制性政策或措施，技术进步导致的对传统技术和产品的挤压和替代效应，以及投资和消费者偏好的变化导致的市场变化的风险等。

第二，减少各类经济主体的投资。随着全球气候变化的急剧变化，将有大量的投资者停止投资。投资的减少将导致经济下滑。在投资时，为了避免公司的具体风险，投资者经常使用投资组合。适当的投资组合可以使投资风险大致等于市场风险，这是可以预见的。然而，全球气候变化将对市场风险产生重大影响。例如，自然灾害将导致投资者信心下降和股市下跌，这是不可预知的。因此，投资者在投资时会考虑全球气候变化的因素，导致风险偏好较低的投资者不再投资。这样的投资规避现象不利于金融市场的持续发展。因此，全球气候变化引起的投资变化对经济增长有负面作用。

第三，气温升高将减少人们的工作时间和质量，从而减少产量，增加失业，由此带来整个经济的萧条。全球变暖将直接影响到邮政工人、园丁、建筑和环卫等户外作业工人，因为随着气温升高，他们的工作环境变得恶化，这将导致从事此类工作的工人减少，引发就业率下降和失业率上升。一些调查还表明，气温上升会对跨行业劳动力的边际收入造成不成比例的损害，从而严重影响劳动力市场。数据显示，当平均气温上升 1%时，农民分配的工作时间会平均减少 7%。因此，全球气候变化导致的失业率和产出变化对经济增长也有负面作用。

综上所述，由于全球气候变化所导致的极端气候事件、自然灾害、水资源减少、粮食短缺等问题，对全球经济具有极大的消极影响，进而导致贫困增加。这些消极影响具有范围广、影响周期长、监管不适宜等特点，且这种消极影响不仅局限在经济范围内，还会引发生态移民和社会动荡、边界冲突，甚至因利益冲突而产生政治矛盾，爆发战争，产生阻碍经济发展的国际安全问题。

三、国家安全影响

国家安全是国家生存的保障，涉及众多领域。随着经济、社会和科技的发展以及国际政治形势的需要，其内涵也发生了很大的变化，从一般意义上的国防军事安全上升为更广泛的国土安全、粮食安全、环境安全、水资源安全和能源安全等。

21 世纪全球将继续显著变暖，伴随着大气环流的变化，极端天气气候事件的频繁发生以及发生气候突变的潜在可能性，将造成地球及其生态系统对人类社会承载能力的降低（如食物、水和能源供应的匮乏），进而对国家安全产生重大的影响，如边境管理问题、全球冲突以及经济衰退等。全球变暖将可能导致更多的人沦为生态难民。海平面上升导致的海岸线撤退会使数以百万计的民众面临向内陆迁移的风险。据估算，当海平面上升 1 米时，我国沿海将有 12 万平方千米的土地被淹，7 000 万居民须内迁，使得内陆本就短缺的资源越发稀少。届时，内陆地区将面临居民安置、劳动就业、社会保障等一系列的社会问题。由于土地和水资源变得日益紧张，移民竞争会变成不仅是地区间的，更是省际，甚至国际竞争。

气候变化会对国家的海洋权益产生影响：一是海平面上升将改写国家的海洋边界。国家的海洋边界由其陆地边界决定，海平面上升导致海岸侵蚀和海岸洪水导致的国家海岸线撤退，不仅使国家的国土减少，也使与海岸线密切相关的海洋专属经济区发生变化。二是导致航运格局发生改变。由于冰雪融化，海平面上升，目前的航运格局也将发生改变，引发对于相应海域及其蕴藏的石油资源的归属权的争端。

气候变化还会激化国际社会固有矛盾：其一，降低人类生存发展所必需的自然资源的数量和质量；其二，增加极端天气事件的频度和强度，直接使人民生命财产受到损害；其三，破坏诸如交通、能源传输及通信系统此类关键基础设施。这三种方式都会限制人类的生存水平或生活质量，加之社会自身存在的宗教、种族、边境争端等压力，各种因素相互作用使地区不稳定因素大大增加，加大地缘政治风险。

气候变化问题出现后，对于如何控制因人类活动所引起的二氧化碳排放，存在不同的看法。一种观点认为，行政手段是控制碳排放最有效的方式；另一种观点认为，行政手段在控制碳排放过程中虽强制力最强，但是不利于整体经济的运行发展。相对而言，经济手段在控制碳排放过程中所体现的效率是最高的。目前，碳排放权交易、碳税是世界各国应用最为广泛，已经成为国际社会普遍认可的最主要方式。

第三节　气候风险

随着气候变化形势的持续紧张，生态环境和经济社会发展都受到了气候变化的巨大影响，气候风险成为二十一世纪人类共同面临的重大挑战。当前气候相关风险已成为全球最受关注的长期风险之一。世界经济论坛发布的《2022 年全球风险报告》中指出，未来十年内，全球面临的前三大风险分别为气候行动失败、极端天气和生物多样性破坏，均与气候和环境相关。在此背景下，认识、评估并管理气候风险是必要且紧迫的全球性课题。

一、气候风险概述

（一）气候风险的概念与特征

气候风险（即气候变化风险）的一般理解包括极端气候事件、未来不利气候事件发生的可能性、气候变化的可能损失、可能损失的概率等要素。联合国“国际减灾战略”（ISDR）针对自然灾害，将气候风险定义为自然或人为灾害与承灾体脆弱性之间相互作用而导致的一种有害结果或预料损失发生的可能性。吴绍洪等（2011）在国际标准组织（ISO）给出的风险定义[①]基础上，将气候变化风险定义为由于气候变化影响超过某一阈值所引起的社会经济或资源环境的可能损失。国际金融稳定理事会(FSB)2015年设立的气候相关财务信息披露工作组(TCFD)提出，气候风险是指极端天气、自然灾害、全球变暖等气候因素及社会向可持续发展转型给经济金融活动带来的不确定性，之后巴塞尔委员会等国际组织和部分监管机构也提出类似定义。

气候风险具有以下特点：第一，高度不确定性。由于地球系统的高度复杂性，在预测气候变化的发展以及对人类和生态系统的影响方面，具有高度的不确定性。第二，风险的前瞻性和长时域性。气候变化的影响会在未来几十年或更长时间之后显现，而金融市场的时间跨度往往要短得多。对气候风险的评估需要前瞻性的方法，而不能过度依赖于历史数据，因为历史数据无法刻画不曾发生过的风险。第三，非线性。当气候变化达到阈值，社会经济影响可能以非线性方式快速发展，超出阈值后，生理系统、人造系统或生态系统的运转均会被削弱、崩溃并停止运转。第四，内生性。气候变化风险具有内生性，其风险高低取决于所涉部门的风险意识和应对行动。第五，全局性。气候变化将给全球社会、经济和金融体系带来全局性影响，并可能产生系统性效应和连锁效应。

(二) 气候风险的类型

英格兰银行行长 Carney(2015)将气候相关风险分为三种：物理风险(physical risks)、转型风险(transition risks or mitigation risks)和责任风险[②](liability risks)。Buiter 和 Nabarro(2019)将责任风险归入物理风险类别，理由是气候变化导致实体经济的物理损失，可能进一步恶化自身以及无物理损失的其他资产的价值。

中国人民银行研究局课题组(2020)[③]认为，理论上，责任风险和其他法律风险须将物理风险和转型风险所造成的损失在不同主体间分配，其损失传导路径、减损方式与物理风险和转型风险基本一致，因此将责任风险纳入物理风险。由此提出气候相关风险主要分为两类：物理风险和转型风险。两大风险主要通过资产负债表、金融市场流动性、资产价格和投资收益预期等渠道影响金融稳定。

物理风险是指由于气候变化引发的气候或环境事件带来的实物及潜在经济损失风险。转型风险主要包括致力于减缓气候变化而引入的对部分行业、技术或产品的限制性政策或措施，技术进步导致的对传统技术和产品的挤压和替代效应，以及投资和消费者偏好变化导致的市场变化风险等。

二、气候学领域的气候风险

气候变化风险的构成包括两个维度：致险因子(或风险源)和承险体。致险因子是自然气候与人为气候的变化，决定着风险发生的可能性(IPCC，2007)。致险因子不仅在根本上

---

① ISO 认为风险是一个或多个事件发生的可能性及其后果的结合。
② 即气候变化的严重受灾者向相关责任方(如碳排放者、环境污染者)寻求赔偿时可能产生的风险。
③ 中国人民银行研究局课题组，气候相关金融风险——基于央行职能的分析，2020年。

决定某种灾害风险是否存在，还决定了该风险的大小。当然，有风险源并不意味着就一定有风险的存在，只有某种风险源危害到某种承受灾害的个体后（暴露于风险下、具有脆弱性），才会产生风险。承险体（或承灾体）是遭受负面影响的社会经济和资源环境，包括人员、环境服务和各种资源、基础设施，以及经济、社会或文化资产等（Jones，2004）。

在气候学中，气候变化风险（R）是气候灾害危险性（H）和承险体易损性（V）的非线性函数：$R=f(H, V)$。其中，气候灾害危险性由致险因子（或风险源）、孕险环境共同决定。

气候变化风险源主要包括两个方面：一是平均气候状况（如气温、降水趋势），属于渐变事件；二是极端天气/气候事件（如热带气旋、风暴潮、极端降水、河流洪水、热浪与寒潮、干旱），属于突发事件。而孕险环境是人类生产、生活所处的自然地理环境，包括地形、地势、地貌、地质条件、水系分布等。

承险体易损性由承险体的暴露度和脆弱性共同决定。根据政府间气候变化专门委员会（IPCC）发布的《管理极端事件和灾害风险推进气候变化适应特别报告》（Managing the Risks of Extreme Events and Disasters to Advance Climate Change Adaptation，SREX），"暴露度"指人员、生计、环境服务和各种资源、基础设施以及经济、社会或文化资产处在有可能受到不利影响的位置；"脆弱性"指受到不利影响的倾向或趋势。因此，承险体的暴露度可以通过处在可能受到不利影响位置的承险体数量和价值作为评价因子。承险体的脆弱性是承险体受到不利影响的倾向或趋势，可分解为承险体的敏感性和应对气候变化能力。承险体的敏感性是承险体自身的结构性质决定的在没有防灾措施下对灾害的敏感程度。应对能力则与气候政策、气候管理情况有关，它与承险体的易损性成反向关系。

综上，气候风险可以表示为致险因子破坏力（I）、孕险环境的危险性（He）、承险体暴露度（E）、承险体敏感性（D）和应对能力（C）的函数：$R=f(I, He, E, D, C)$，具体如图 1-1 所示。

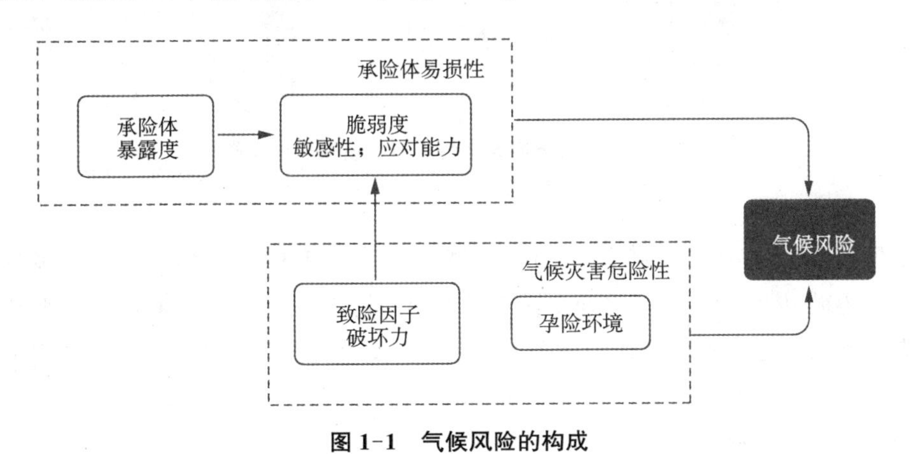

图 1-1　气候风险的构成

三、经济学领域的气候风险管理

风险管理通常包括风险识别、风险敞口、风险评估、降低风险四个步骤。对气候环境风险进行量化评估是进行相关风险管理的关键一环，如果缺乏对气候与环境风险的认识和定价，可能会导致向暴露于这些风险中的公司提供融资的金融机构遭受重大财务损失。然而，由于气候与环境风险具有不同于传统金融风险的独特特征，传统的风险评估模型不再适用，而具有前瞻性的情景分析与压力测试则成为评估气候与环境风险的主要工具。

金融机构进行气候与环境风险情景分析与压力测试的核心是构建气候和环境风险传导模型，以评估气候与环境风险如何传导至金融机构。在大多数情况下，与气候和环境相关的风险都是现有风险的驱动因素(TCFD, 2020)，因此，金融机构对气候和环境风险的评估首先可以将其映射到现有的金融风险类别中（如信用风险、市场风险、流动性风险、操作风险等），然后再基于现有的风险评估模型进行评估。而这其中需要解决的关键问题就在于，气候与环境风险如何转化到现有的金融风险类型中。

气候风险传导与评估模型可分为两个模块（如图 1-2 所示）：第一个模块是气候与环境-经济模型，评估气候与环境风险对公司的财务影响，该模块通过输入各类气候与环境风险因素来评估由这些因素驱动的公司财务影响，并输出经气候与环境风险因素调整后的公司财务指标；第二个模块是金融风险模型，由上一模块输出的调整后的公司财务指标作为金融风险模型的输入，来评估相应的各类金融风险情况并输出金融风险度量指标，该模块一般采用金融机构传统的风险评估模型。

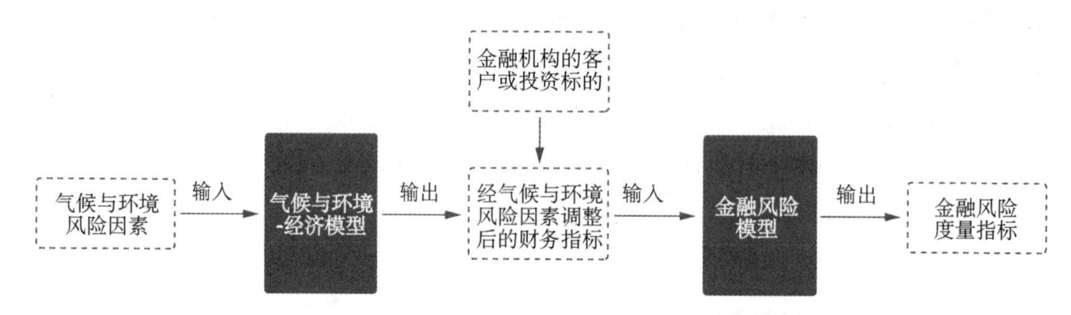

图 1-2　气候与环境风险传导与评估模型构建原理

资料来源：鲁政委等(2021)。

总结现有的金融机构气候与环境风险模型构建理论与实践情况发现，绝大多数模型的构建都基本遵循以上原则，不同之处则在于所采用的具体的气候与环境-经济模型和金融风险模型有所不同。相应地，所选取的风险因素指标、企业财务指标以及金融风险度量指标也有所不同。

1. 气候与环境-经济模型

气候与环境-经济模型评估气候与环境风险对公司的财务影响，是整个评估模型中最核心的部分。气候与环境风险因素可以通过多条路径对公司财务状况产生影响，同时这些路径之间也是相互关联的，是一个复杂的风险传导系统。在实践中，根据实际的评估目标与使用场景，气候与环境-经济模型可以是基于单个或少数几个风险因素和影响路径而构建的传导模型，也可以是包括多个风险因素和影响路径的综合传导模型。

气候与环境-经济模型根据气候与环境风险的类别可以分为物理风险模型和转型风险模型。在物理风险模型中，气候或环境突发事件一方面可能直接造成企业的财产损失，这可以直接反映到企业的财务报表中，另一方面也可能造成业务中断或经济活动减少从而导致企业的生产和需求放缓，这将对企业的收入、成本、利润等财务指标造成间接影响。物理风险模型的构建通常以巨灾模型为基础，随着气候风险的上升，一些新的模型开始将气候变化情景整合进巨灾模型。

转型风险模型通常量化转型过程中的转型政策（如环保政策或能源转型政策）和技术变化（如新能源技术、碳捕获技术等）对高碳行业或高污染行业公司的收入和成本造成的影响。在构建转型模型时通常可以考虑两种情景（Wyman，2019）：一是基于温度的情景，这些情景通常描述平稳有序地向低碳经济转型与过渡，并具有长远眼光。同时它们也可以描述一种无序的转型与过渡，即为了兑现气候承诺而在较晚的时间启动严格的政策。二是基于事件的情景，这些场景说明了向低碳经济的突然或无序转型与过渡的各方面情形，与基于温度的场景相比，基于事件的情景是短期的。

金融机构在构建转型风险模型时可以直接使用现有的基于温度的气候情景基础模型，然后利用这些模型输出的社会经济变量来评估对各行业（特别是高碳行业）企业财务状况关键驱动因素（如产量、单位成本、资本支出等）的影响，之后基于这些驱动因素的变化可以估计后续金融风险模型所需要的一系列经调整后的企业财务指标。

2. 金融风险模型

金融风险模型基本采用金融机构传统的金融风险评估模型，主要依据不同的金融机构的类型或风险暴露资产的类型，以及不同的金融风险类型而有所不同，但在同类型的金融机构中基本一致。

商业银行在实践中通常是评估气候与环境风险对其贷款业务信用风险的影响，因此金融风险模型通常选择传统的贷款相关的信用风险模型，前述气候与环境-经济模型输出的调整后贷款企业财务指标作为信用风险模型的输入，首先评估这些财务指标的变化对信用风险模型解释变量（风险因子）的影响，再通过传统信用风险模型生成最终的信用风险度量指标，常用的度量指标包括违约率（PD）、违约损失率（LGD）、信用评级等。针对商业银行的证券和投资业务的气候与环境风险评估模型与资产管理机构一致。

思考与练习

1. 气候变化主要表现在哪些方面？会产生什么样的影响？
2. 气候风险如何定义？气候相关风险可分为哪几类？
3. 如何评估气候风险？

推荐阅读

竺可桢:《中国近五千年来气候变迁的初步研究》,《中国科学》,1973 年第 2 期,第 15—38 页。

联合国政府间气候变化专门委员会(IPCC):《气候变化 2022:影响、适应和脆弱性》,2022 年。

中国气象局气候变化中心:《中国气候变化蓝皮书(2022)》,科学出版社,2022 年。

参考文献

Cheng, L., Abraham, J., Trenberth, K. E. et al. Another Record: Ocean Warming Continues through 2021 despite La Niña Conditions. *Advances in Atmospheric Sciences*, 2022,(39):373-385.

方琦、钱立华、鲁政委:"金融机构气候与环境风险应对之策:情景分析和压力测试",《现代商业银行》,2021 年第 10 期,第 22—28 页。

鲁政委、方琦、钱立华:"'碳中和'目标下的金融机构气候环境风险管理",《金融博览》,2021 第 3 期,第 52—54 页。

马骏、孙天印:"气候转型风险和物理风险的分析方法和应用——以煤电和按揭贷款为例",《清华金融评论》,2020 年第 9 期,第 31—35 页。

吴绍洪、高江波、邓浩宇,等:"气候变化风险及其定量评估方法",《地理科学进展》,2018 年第 1 期,第 28—35 页。

吴绍洪、潘韬、贺山峰:"气候变化风险研究的初步探讨",《气候变化研究进展》,2011 年第 5 期,第 363—368 页。

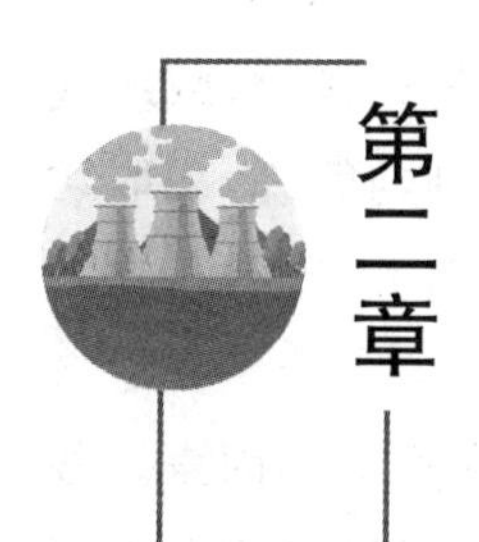

第二章 应对气候变化的国际合作与机制

学习要求

了解应对气候变化的实质及关键影响因素；熟悉《联合国气候变化框架公约》《京都议定书》《巴黎协定》等重要文件的内容及原则；掌握应对气候变化的机制和重要手段。

本章导读

大气作为一种全球公共品，温室气体排放具有很强的外部性。各国排放的温室气体均进入大气层，全球都将受到由此带来的气候变化影响。相应地，气候治理的收益全球都可以共享，某些高碳排放的国家在维持高碳发展的同时享受了其他国家的减排成果，从而引致气候治理领域的搭便车现象。因此，气候治理具有长期性和全球性等特征，不仅需要长期巨大的资源投入，还需要全球各经济主体的共同行动。本章在阐述应对气候变化的实质及关键影响因素基础上，梳理全球应对气候变化的国际合作历程，介绍《联合国气候变化框架公约》《京都议定书》《巴黎协定》等重要国际气候文件的内容及原则，最后系统阐述应对气候变化的机制和重要手段。

第一节 应对气候变化的国际合作

一、应对气候变化的实质和关键影响因素

气候变化与可持续发展密切相关，应对气候变化是可持续发展战略的重要组成部分，而实现可持续发展是解决气候变化问题的最佳途径。可以说，应对气候变化的实质就是引导人类可持续发展。我国实施积极应对气候变化的国家战略，坚持减缓和适应并重。减缓是

指通过能源、工业等经济系统和自然生态系统较长时间的调整，减少温室气体排放，减缓气候变化速率。适应是指通过加强自然生态系统和经济社会系统的风险识别与管理，采取切实有效的调整适应行动，降低气候变化的不利影响和风险。减缓和适应两者相辅相成，缺一不可。

应对气候变化是极其复杂的系统性问题，涉及科技、政治、经济等诸多方面的因素。各经济体决策者的决策需建立在考量各种因素的价值判断之上，这些因素的发展变化对应对气候变化的国际进程产生了重要影响。

(一) 应对气候变化是个科学问题

应对气候变化首先是个科学问题。一方面，人类要从科学的角度揭示气候变化的原因，评估其潜在危害；另一方面，人类需要将科学问题转化为政策目标和行动，通过绿色低碳技术的创新和发展支持政策的落实，实现减排目标。因此，应对气候变化离不开科技发展。

人类认识到气候变化就是一个漫长的过程。早在19世纪20年代就有科学家发现地球的温度在升高。1896年，瑞典化学家阿里纽斯(Svante Arrhenius)发表题为《空气中碳酸对地面温度影响》的论文，首次针对大气中CO_2浓度对地表温度的影响进行量化，指出二氧化碳浓度的提高会引起全球气温升高，揭示了化石燃料燃烧对全球温度的影响，但他的理论仅停留于假说层面。直到阿里纽斯认识到这一点后的大约60年，世界关于气候变化的科学观点在两个重大实验后才开始改变。美国科学家罗杰·雷维尔的研究团队1957年的研究表明：海洋不会吸收人类工业燃料排放中释放的所有二氧化碳，因此大气中的二氧化碳水平可能会显著上升。1960年，另一位美国科学家查尔斯·基林的研究表明，地球大气中的二氧化碳水平每年都在上升。鉴于先前已知二氧化碳浓度升高会影响全球气候，科学家开始关注与人类有关的排放可能对全球造成的影响。

随着现代计算机技术的飞速发展，大规模计算成为可能，基于计算机模型进行理论模拟和验证后，气候变化才真正发展为一门科学。1979年，第一次世界气候大会在日内瓦召开，这标志着气候变化的科学性得到认可。此次大会首次对气候变化以国际事务形式进行讨论，国际社会关注并将应对气候变化提上日程。为更好推进全球气候治理合作，并奠定坚实的科学基础，1988年世界气象组织(WMO)和联合国环境规划署(UNEP)联合成立政府间气候变化专门委员会(IPCC)，旨在全面评估气候变化在科学方面的最新进展，为应对气候变化的国际进程提供科学支撑。

除了对气候变化问题的科学认识，多领域的科技进步也深刻影响着应对气候变化进程的推进。例如，当前的技术发展主要集中在减少温室气体排放端，新能源技术近年来发展迅速，在各领域都有广阔的应用前景，但其大规模的应用还是需要其他配套技术的发展，特别是储能技术；而固碳技术的发展还存在很多难关，如碳捕获和埋存技术，高成本和高风险制约了其进一步的发展应用。科技的发展可通过改变能源结构、促进产业绿色低碳转型、降低减排成本、改变人类的生活方式等多种方式保证政策减排效果的发挥。

为实现可持续发展，决策者不仅关注气候变化的科学基础，更要加强关键的绿色低碳技术上的突破和创新。应对气候变化并不是仅依靠政府行政手段或经济手段就能实现的，而是要在科学认识的基础上进行决策，在低碳技术的发展下发挥政策的减排效果。

(二) 应对气候变化是一个国际政治问题

气候变化的影响遍及全球，气候治理应该是项全球行动。一个经济体的排放行为及其应对气候变化行动，不仅关乎自己的可持续发展，还会对其他经济体产生溢出效应。单个经济体应对气候变化不仅成本高昂，而且收效甚微，因此需要全球一致行动，同时，气候治理的收益也由全球共享。

控制温室气体排放的重要手段是产权明确，外部问题内部化。根据累积排放不同，当前各国对应对气候变化负有不同的责任：发达国家在实现工业化过程中排放的温室气体是造成当前气候变化的主要原因，但受益于历史高排放，发达国家应对气候变化的基础设施更完善，减排成本更低、效率更高，且可以通过高排放产业转移等措施控制温室气体排放。而发展中国家排放的历史水平相对较低，却更容易遭受气候变化不利影响的危害，更面临着经济发展和气候治理之间的权衡。因此，发达国家在应对气候变化上负有主要责任，应该率先采取行动，并对发展中国家提供一定的支持以应对气候变化。

作为一个国际政治问题，应对气候变化很大程度上受全球政治格局的影响。在气候变化国际谈判初期，发达国家和发展中国家发展水平差距明显，形成了发达国家和发展中国家阵营的划分，南北分歧显著，带来了气候变化问题上的南北两大阵营。1992 年通过的《联合国气候变化框架公约》也把缔约方分成了发达国家和发展中国家两类，并确定不同的责任义务。代表发展中国家的七十七国集团加中国、欧盟、以美国为首的伞形集团国家的三方一直是气候变化上的传统利益格局。2001 年和 2017 年，美国先后退出《京都议定书》《巴黎协定》，使得全球气候治理遭遇逆流，给国际气候治理合作带来了严重负面影响。

目前，气候变化受到全球瞩目。2020 年 9 月，习近平主席在第 75 届联合国大会一般性辩论上宣布 3060“双碳”目标，即中国二氧化碳排放力争于 2030 年前达到峰值，努力争取 2060 年前实现碳中和。在能源结构偏煤、产业结构偏重的国情下，力争在短短 30 年左右实现碳达峰碳中和，中国将付出艰苦努力，经济社会将经历一场广泛而深刻的系统性变革。中国已经发布了《关于完整准确全面贯彻新发展理念做好碳达峰碳中和工作的意见》和《2030 年前碳达峰行动方案》，并正在陆续发布能源等重点领域和煤炭等重点行业的实施方案，出台科技等方面的保障措施，形成了碳达峰碳中和“1＋N”政策体系，明确了 3060“双碳”目标实现的时间表、路线图与施工图。此外，中国已接受《〈蒙特利尔议定书〉基加利修正案》，加强氢氟碳化物等非二氧化碳温室气体管控，增强应对气候变化的力度。中国在气候变化领域的重大作为将加速推进国际应对气候变化进程，全球应对气候变化格局可能重塑。

(三) 应对气候变化是一个经济问题

人类对气候变化和经济发展之间关系的认识是一个逐步深入的过程。20 世纪 60 年代，工业化国家在发展过程中产生的环境污染和生态破坏问题引起广泛关注，环境与发展之间的矛盾引发了人们的思考。可持续发展的概念得以提出与兴起。《联合国气候变化框架公约》第8次缔约方大会(COP8)上,要在可持续发展的框架内应对气候变化理念被首次提出。

一方面,气候变化会给人类的生存和发展带来严重威胁,要实现人类可持续发展,就必须解决气候变化问题。2021年,IPCC发布的第6次评估报告明确指出,目前全球平均地表温度已比工业革命前上升1.11℃。气候变化影响加速,若不采取积极应对措施,人类恐将面临灾难性的气候危机。

另一方面,应对气候变化会给经济体的发展带来严峻的挑战。温室气体的排放主要来自化石燃料的燃烧,化石燃料不仅是工业化国家主要的能源,还是重要的化学化工原料。控制温室气体排放势必要减少化石燃料的燃烧,这将限制经济发展,给发展中国家带来巨大冲击,特别是能源结构以化石燃料为主、清洁能源发展落后,产业结构上低碳转型难度大,但又亟须发展经济、消除贫困、改善民生的发展中国家。同时,正如第一章所述,应对气候变化也会对很多产业带来转型风险。然而,经济发展、科技进步、基础设施完善等又是各国降低减排成本,推进减缓和适应气候变化进程的必要途径。

总之,应对气候变化是一个经济问题。应对气候变化和经济发展是相互制约、相辅相成的关系。气候政策的制定要平衡气候变化与经济发展。长期来看,只有两者结合形成的人类社会可持续发展才是最终目的。但短期内,受气候影响严重的发展中国家仍要均衡气候治理和经济发展之间的关系,在参与全球应对气候变化治理的过程中,保持本国经济的稳定发展。

二、应对气候变化的国际合作历程

应对气候变化需要国际各国的合作,单个经济体进行减排的成本高、成效弱。然而,不同经济体参与气候治理的意愿和能力存在很大差异,主要有以下几方面原因。

一是减排的目的是减缓气候变化的潜在损害,但气候变化的影响存在空间异质性。比如:俄罗斯等高纬度地区会因气候变暖而受益。但是,受海平面上升影响,太平洋岛国可能面临毁灭,欧洲极端自然灾害近年也频频发生,因此这些国家是全球"脱碳"的极力倡导者。

二是经济体于不同发展阶段,减排成本也存在极大差异。对发达经济体而言,其经济发展水平、减排基础、低碳技术以及排放强度等均占据优势地位,因此,推动减排有利于其输出技术和标准、提高国际竞争力;但对于发展中经济体而言,开展低碳技术研发、能源结构转型等都面临能力和资金有限的限制,且存在经济发展和减排降碳的矛盾,减排可能限制其经济增长空间,造成较大的社会福利损失,这是导致发展中国家减排目标相对保守的主要原因。

三是应对气候变化是一个非常长期的过程。减排的成果要跨期甚至跨代际才能显现,但减排成本却需要即期支付。鉴于气候改善的收益发生在将来,加之对技术进步的预期,当前在减排上产生了"等等看"(wait and see)策略。从收益上看,气候变化是个缓慢的过程,而当前的经济稳定发展和社会公平等问题却更为迫切;从成本上看,潜在的重大技术革新意味着未来减排成本有望大幅降低,未来再进行减排不失为一种选择。因此,存在即期强力减排积极性不高的现象。

以上原因使得国际气候治理合作一直存在不少障碍。《联合国气候变化框架公约》(UNFCCC)恪守联合国谈判原则,追求所有缔约方的“协商一致”,但在各经济体参与气候治理的意愿和能力存在显著差异的背景下,鉴于小型经济体谈判能力和影响力有限,在不同的阵营之中进一步形成了“大国代表”的谈判模式,使国际气候谈判成了欧盟、美国、中国等主要经济体之间的博弈。梳理全球应对气候变化的国际合作历程,大致可以划分为以下六个阶段。

(一) 19 世纪末—1985 年:科学研究阶段

在科学研究阶段,科学家是关注气候变化的主体。早在 19 世纪 20 年代,科学家们就已经发现了气候变化的征兆。1820 年,约瑟夫·傅立叶提出全球在变暖。1896 年,瑞典化学家阿里纽斯分析了大气中二氧化碳浓度变化对地球表面温度的影响,首次揭示了化石燃料燃烧可能导致地球变暖,开启了应对气候变化的科学研究阶段。

1968 年 5 月 29 日,联合国经济及社会理事会首次将环境问题列入议事日程并决定举办首次联合国人类环境大会。1972 年 6 月 5 日—16 日,首次联合国人类环境大会在瑞典召开,号召各国政府“预见和防止可能对人类福利不利的潜在的气候变化”,会后成立了联合国环境规划署(UNEP)。1979 年,第一届世界气候会议在瑞士日内瓦召开,首次将气候变化问题以国际事务形式进行讨论。1985 年 10 月,菲拉赫会议在奥地利召开,首次在国际会议中提出关于制定国际公约以防止气候变迁的倡议,为应对气候变化的国际合作拉开了序幕。

(二) 1986—1990 年:政治初步介入阶段

在这一阶段,多国政府开始认识到气候变化及其危害,并开始成为应对气候变化的主导力量。1987 年,世界环境与发展委员会发布了一份重要报告《我们共同的未来》。该报告明确提出气候变化是国际社会面临的重大挑战,呼吁国际社会采取共同的应对行动。

1988 年 6 月召开的多伦多会议指出全球变暖所造成的最终后果可能仅次于核战争。此次会议将气候变化问题从科学研究阶段引向了国际政治议程,气候政治从边缘走向中心。此后,世界各国开启了联合保护环境,达成减排协议的谈判之路。1988 年 11 月,世界气象组织(WMO)和联合国环境规划署(UNEP)联合成立政府间气候变化专门委员会(IPCC),开展对气候变化的科学评估活动。并于 1990 年首次发布全球气候变化评估报告。

1988 年 12 月,第 43 届联合国大会通过了题为《为人类当代和后代保护全球气候》的 43/53 号决议,决定在全球范围内对气候变化问题采取必要的行动。

1989 年,在荷兰诺德维克召开的气候变化会议中,不同国家集团的利益分歧开始显露,部分国家明确反对减排,最终通过的《诺德维克宣言》仅对发达国家整体减排量提出了控制。

1990 年 12 月 21 日,第 45 届联合国大会通过了题为《为今世后代保护全球气候》的 45/212 号决议,决定设立由联合国全体会员国参与的政府间谈判委员会(INC),立即开始商讨建立一个有效的气候变化框架公约。由此拉开了国际气候谈判和全球气候治理的序幕。

(三) 1991—1994 年:《联合国气候变化框架公约》谈判阶段

自 1991 年 2 月启动气候变化框架公约谈判之后,经过 5 轮谈判,气候变化框架公约政府间谈判委员会最终于 1992 年 5 月 9 日通过了《联合国气候变化框架公约》(以下简称《公约》),开启了全球应对气候变化的国际治理进程。

《公约》确立了"共同但有区别的责任原则",规定发达国家和发展中国家规定的义务以及履行义务的程序有所区别,这一原则在历次气候大会上均为决议的形成提供依据。除此之外还有"资金与技术援助原则""主权原则""全面性气候政策"等原则。1992 年 6 月 11 日,联合国环境与发展大会在巴西里约热内卢举行,在大会期间提交 155 个国家签署。1994 年 3 月《公约》正式生效。

《公约》是世界上第一个应对全球气候变暖的国际公约,是国际社会在应对全球气候变化问题上进行国际合作的一个基本框架,也为国际社会合作应对气候变化奠定了法律基础,是全球气候治理的基石,标志着全球气候治理时代的正式到来。

(四) 1995—2005 年:《京都议定书》谈判和生效阶段

1995 年,《公约》第 1 次缔约方大会(Conference of the Parties, COP1)在德国柏林举行,决定开始谈判发达国家量化的温室气体减排义务,并指出不得为发展中国家新增任何义务。之后缔约方每年都召开会议。

1997 年 12 月,第 3 次缔约方会议(COP3),在日本京都举行,149 个国家代表经过多次激烈谈判最终通过了设定强制性减排目标的第一份国际协议《京都议定书》,这是人类历史上首次以法规的形式限制温室气体排放。

《京都议定书》规定了 2008—2020 年各国家的义务,要求主要发达国家的温室气体排放量在 1990 年的基础上平均减少 5.2%(见表 2-1)。总量控制目标的确定对建立碳排放权交易市场至关重要,有限的总量决定了包括二氧化碳在内的温室气体排放权成为一种稀缺资源,从而具备商品的属性。

表 2-1 第一个承诺期发达国家(经济体)的排放量要求

经济体	基于 1990 年的排放目标(%)	经济体	基于 1990 年的排放目标(%)
澳大利亚	108	爱沙尼亚	92
奥地利	92	欧盟	92
比利时	92	芬兰	92
保加利亚	92	法国	92
加拿大	94	德国	92
克罗地亚	95	希腊	92
捷克共和国	95	匈牙利	94
丹麦	92	冰岛	110

（续表）

经济体	基于1990年的排放目标(%)	经济体	基于1990年的排放目标(%)
爱尔兰	92	日本	94
意大利	92	拉脱维亚	92
列支敦士登	92	立陶宛	92
卢森堡	92	摩洛哥	92
荷兰	92	新西兰	100
挪威	101	波兰	94
葡萄牙	92	罗马尼亚	92
俄罗斯联邦	100	斯洛伐克	92
斯洛文尼亚	92	西班牙	92
瑞典	92	瑞士	92
乌克兰	100	英国	92
美国	93		

《京都议定书》提出了旨在减排温室气体的三个灵活履约机制。

一是国际排放交易机制(international emission trading，IET)。国际排放交易机制是指一个发达国家将其超额完成的减排义务的指标，以贸易的方式转让给另一个未能完成减排义务的发达国家，并同时从允许排放限额[①](assigned amount unit，AAU)上扣减相应的转让额度。

二是联合履约机制(joint implementation，JI)。联合履约机制是指发达国家之间通过项目级的合作，其所实现的减排单位(emission reduction unit，ERU)可以转让给另一发达国家缔约方，同时在转让方的AAU上扣减相应的额度。联合履约机制适用于已有上限的发达国家。

三是清洁发展机制(clean development mechanism，CDM)。清洁发展机制是指发达国家通过提供资金和技术，与发展中国家开展项目级合作。发展中国家能够通过低碳排放甚至无碳排放实现可持续发展；项目所实现的“经核证的减排量”(certified emission reduction，CER)，用于发达国家缔约方完成在议定书下的减排承诺。CDM为发展中国家的碳交易市场形成奠定了基础，这些项目创造了发达国家可以购买和利用的信用额度，用来履行其减排义务，实现了由基金机制向交易机制、由罚款机制向价格机制、由司法制度向市场机制的转变。京都机制下的三个灵活履约机制和各国的减排体系构成了全球气候治理的体系的主要支柱。

《京都议定书》通过后，于1998年3月16日—1999年3月15日开放签字，共有

① AAU是主要发达国家根据其在《京都议定书》中的减排承诺，可以得到的碳排放配额，每个分配数量单位等于1吨二氧化碳当量。

84 国签署，但之后 2001 年小布什政府宣布美国放弃实施《京都议定书》。2005 年 2 月 16 日，《京都议定书》开始生效。在此之前国际社会经过艰苦谈判，又通过了四个重要文件：《布宜诺斯艾利斯行动计划》《波恩政治协议》《马拉喀什协定》和《德里宣言》。《京都议定书》通过多边谈判对全球温室气体环境容量资源进行分配，是国际环境管理的一种制度创新。

在《京都议定书》阶段，气候博弈阵营出现了分化，原有的南北两大阵营大体分化成三大集团。其中，减排主张最为激进的是以欧盟为首的欧盟、小岛国联盟和最不发达国家集团，它们主张“自上而下”实行高标准的温控目标和减排力度。第二个集团，是除欧盟以外的其他发达国家（美国、加拿大、俄罗斯、日本、澳大利亚等国），因其在地图上的分布形状而得名“伞形集团”。“伞形集团”对待气候变化的态度不如欧盟集团主动，但又要保持气候治理话语权，主张以发展中大国的量化减排为前提实施自身的减排。“中国＋77 国集团”形成了第三个集团，强调公平，主张在坚持“共同但有区别”的原则基础上，基于各国自身的发展阶段和条件进行减排。此时，三大集团博弈的焦点集中在，发达国家施行高标准量化减排，是否要以发展中大国的量化减排为前提。

（五）2005—2020 年：后京都谈判阶段

后京都时代最大的特点是发展中国家开始承担减少温室气体排放的义务。2005 年 11 月 28 日，《联合国气候变化框架公约》第 11 次缔约方大会暨《京都议定书》第 1 次缔约方会议（COP11/MOP1）在加拿大蒙特利尔召开，会议最终达成了 40 多项重要决定，包括启动《京都议定书》第二承诺期谈判。全球气候治理开始进入后京都谈判时代。

2007 年 12 月 15 日，COP13 在巴厘岛召开，巴厘岛会议被看作“后京都议定书”的谈判起点。此次会议制订了“巴厘路线图”，提出致力于在 2009 年前后完成“后京都谈判”时期全球应对气候变化新安排的谈判，以实现 2012 年以后的减排目标。

2009 年 12 月 7 日，COP15 在哥本哈根召开，会议商讨了《京都议定书》第一期承诺期到期后的全球应对气候变化的安排，以期通过《哥本哈根协议》代替 2012 年即将到期的《京都议定书》。《哥本哈根协议》虽然达成，但并没有签署。

2012 年 11 月 26 日，COP18 通过了多哈修正案，在第一承诺期的最后一年为相关发达国家设定了 2013—2020 年温室气体的量化减排指标，即缔约方承诺在 1990 年的水平上至少减少 18%的排放。继美国之后，加拿大也于 2011 年宣布退出《京都议定书》，日本、新西兰和俄罗斯也都宣布不加入第二承诺期。

2015 年 12 月 12 日，COP21 在巴黎举行，196 个国家签订《巴黎协定》，形成 2020 年后的气候治理格局。《巴黎协定》设定了全球应对气候变化长期目标，即到本世纪末，把全球平均气温较工业化前水平升高控制在 2 摄氏度之内，并为把升温控制在 1.5 摄氏度之内而努力，提出全球碳中和的目标。同时，根据协定，各方将以“国家自主贡献”（nationally determined contributions，NDCs）的方式参与全球应对气候变化行动。1990 年世界气候谈判启动以来，遵循先商议减排目标，再向下分解的“自上而下”谈判模式，而《巴黎协定》设计的国家自主决定贡献机制，是典型的“自下而上”谈判模式。各国根据各自国情、能力自主决定应对全球气候变化的贡献力度，定期制定并向《联合国气候变化框架公约》(UNFCCC)提交国家自主贡献(NDCc)，这标志着国际气候谈判模式发生了转变。国家自主贡献体现了共同但有区别的责任原则和各自能力原则，提高了各国在减排承诺方面的自主权和灵活性，降低了谈判压力，增强了大国合作意愿，有效回避了《京都议定书》确立的只针对发达国家的“自上而下”的强制性减排义务及引发的全球减排义务分配不均难题。

《巴黎协定》在国际社会应对气候变化进程中迈出了关键一步，标志着2020年后的全球气候治理将进入一个新阶段，具有里程碑式的意义，《巴黎协定》奠定了世界各国广泛参与减排的基本格局。

2016年11月4日，《巴黎协定》生效。但2017年特朗普政府宣布美国退出《巴黎协定》，并于2019年11月4日正式启动退出进程，成为唯一一个要退出这项协议的国家。2018年12月2日举行的COP24中，来自两百多个国家和组织的近3万名代表就《巴黎协定》的实施细则展开谈判。大会基本落实了《巴黎协定》各项条款要求，体现了公平、共同但有区别的责任、各自能力原则，为《巴黎协定》的实施奠定了制度和规则基础。

巴厘岛路线图

2007年12月3日—15日，世人瞩目的第十三次联合国气候变化大会在印尼巴厘岛召开，来自《联合国气候变化架公约》的192个缔约方以及《京都议定书》176个缔约方的1.1万名代表参加了此次大会，为期13天的会议最终通过了“巴厘岛路线图”(Bali Roadmap)。“巴厘岛路线图”共有13项内容和1个附录，主要内容如下。

第一，强调了国际合作。“巴厘岛路线图”在第一项的第一款指出，依照《公约》原则，特别是“共同但有区别的责任”原则，考虑社会、经济条件以及其他相关因素，与会各方同意长期合作共同行动，行动包括一个关于减排温室气体的全球长期目标，以实现《公约》的最终目标。

第二，把美国纳入其中。由于拒绝签署《京都议定书》，各国对有关美国如何履行发达国家应尽义务一直存在疑问。“巴厘岛路线图”明确规定，《公约》的所有发达国家缔约方都要履行可测量、可报告、可核实的温室气体减排责任，这把美国纳入其中。

第三，除减缓气候变化问题外，还强调了另外三个在以前的国际谈判中曾不同程度受到忽视的问题：适应气候变化问题、技术开发和转让问题以及资金问题。这三个问题是广大发展中国家在应对气候变化过程中极为关心的问题。

第四，为下一步落实《公约》设定了时间表。“巴厘岛路线图”要求有关的特别工作组在2009年完成工作，并向《公约》第15次缔约方会议递交工作报告，这与《京都议定书》第二承诺期的完成谈判时间一致，实现了“双轨”并进。

(六) 2020年至今:《巴黎协定》落实阶段

自《巴黎协定》正式实施以来,已经有180多个国家和地区提交了从2020年起的五年期限减排目标。在2021年11月13日格拉斯哥大会上,各国按照《巴黎协定》要求,作出了积极的规划和承诺。

部分国家联合作出承诺。一是保护森林。根据《格拉斯哥领导人关于森林和土地使用的宣言》,英国等12个国家将在2021—2025年提供120亿美元的公共资金帮助发展中国家恢复退化土地、应对野火等。二是使用太阳能。印度和英国提出太阳能光伏电网计划倡议,以加强国际太阳能联盟的合作伙伴关系,连接世界地区。三是使用清洁能源及实现汽车零排放。有35位世界领导人提出计划,到2030年使清洁技术成为全球污染最严重行业中所有人的选择。零排放汽车成为所有地区的新常态,并且易于使用、负担得起且可持续。

部分国家自主作出承诺。世界各国领导人对本国在保护森林、设定"净零排放目标"、减少甲烷排放和加速绿色技术方面作出了承诺。美国经过加入、退出、再加入《巴黎协定》的历程后,宣布计划对中亚国家提供援助,重点涉及气候变化项目,并计划提供资金总额约30亿美元。英国承诺向世界银行和非洲开发银行提供担保,为印度气候相关项目提供30亿美元,包括支持印度、非洲实现可再生能源利用,支持越南、布基纳法索、巴基斯坦、尼泊尔和乍得等发展中国家的转型绿色项目。法国承诺每年向发展中国家提供1 000亿美元气候金融贷款支持。德国承诺到2030年,碳排放量将比1990年减少65%,到2045年实现气候中和。日本承诺将加入削减甲烷排放的全球协议。承诺将把对其他国家应对气候危机的援助资金增加一倍,达到148亿美元。

自联合国气候谈判启动以来,全球气候治理的基本结构经过不断演进,逐渐形成了以《联合国气候变化框架公约》及其框架下的《京都议定书》和《巴黎协定》为核心,包括国家行为体、次国家行为体和非国家行为体在内的全球多元多层治理体系和网络,同时非国家行为体的作用日益上升,已成为全球气候治理发展的重要部分。应对气候变化的国际合作取得了积极的进展。

三、应对气候变化的最新国际合作

2021年11月1日,《联合国气候变化框架公约》第26次缔约方大会(COP26)在英国格拉斯哥召开,这是《巴黎协定》进入实施阶段后召开的首次缔约方会议。197个缔约方共同签署了《格拉斯哥气候公约》,提出在21世纪中叶全球净零碳排放和1.5℃温升目标仍有希望。大会完善了《巴黎协定》实施细则谈判,包括市场机制、透明度和国家自主贡献共同时间框架等议题的遗留问题谈判;还在发展中国家普遍关心的适应、资金等议题上取得了积极进展。

会议上缔结了《巴黎规则手册》,批准了《巴黎协定》第六条全球碳市场的实施细则,搭建了全球碳市场的制度框架,为国际碳交易市场成立奠定基础;但离落地实施还缺乏操作性的技术规则和方法,预计国际自愿减排量交易最快将在两三年后运作。

(一)《巴黎协定》第六条

《巴黎协定》第六条指出，各缔约方可以选择通过自愿合作来落实 NDC 目标。这意味着减少温室气体排放困难或减排成本高昂的国家，可以从减排量已经超过其承诺减排量的国家手中购买减排信用额度。这需要在区域碳市场之外建立一个国际碳市场。

延续《京都议定书》第十二条，《巴黎协定》6.4 计划引入“可持续发展机制”(Sustainable Development Mechanism, SDM)，所有的缔约国都可以通过向他国提供资金和技术减排，产生的减排量用于本国履行《巴黎协定》下的国家自主贡献目标(NDCs)。

如果《巴黎协定》第六条实施合理，则可以实现全球范围内减排效率的提高，形成买卖双方双赢的局面；但如果规则设定不合理，则可能出现重复计算，甚至增加全球碳排放等问题。因此，自 2015 年《巴黎协定》提出以来的 6 年间，各方就如何解决第六条在实施上可能存在的问题始终无法达成共识。

(二) COP26 谈判形成的成果

1. 避免不同区域碳市场和国际碳市场减排量的重复计算

国际转移的减缓成果 (internationally transferred mitigation outcomes, ITMOs)，意味着一个国家决定将减排信用额度出售给其他国家，还是用于完成自身的减排目标(NDCs)。卖方国家将在其国家统计中增加一个排放单位，买方国家则扣除一个，以确保国家之间的减排量只计算一次；这意味着出售减排成果的国家，要完成更多的减排任务才能达成其原先设定的减排目标。

ITMOs 需具有真实性、可验证性和额外性，并产生于 2021 年以后或者是《巴黎协定》6.4 条下签发的减排量(即“A6.4ERs”)。

2. 新减排量生成机制

(1)《京都议定书》下的国际减排合作机制过渡到《巴黎协定》的原则。会议上，各方达成妥协，设定了过渡截止日期：能够用于 NDCs 实现的 CERs，仅限于项目在 2013 年 1 月 1 日后注册，而减排量在 2021 年以前产生的部分。且 CERs 只能用于实现第一个 NDCs。

(2) 成立新机制的监管机构(supervisory body, SB)。SB 委员 12 人，来自联合国五大区域(各 2 名)，最不发达国家(1 名)和小岛国(1 名)。SB 负责制定规则、模式和流程，批准方法学和基准线，减排活动的注册和计入期的更新，减排量的签发、注销等。

(3) 新机制对减排的界定和对计入期的规定。减排行为要选择对应的基准线，证明其额外性，并准确计算减排量。减排量计入期为 5 年，后续最多更新 2 次，即最多 15 年；或者选择 10 年计入期，后续不得更新。

(4) 新机制下项目的批准、授权和注册。东道国负责减排活动的批准，以及相关方参与减排活动的授权。和 CDM 相比，多了授权 (authorization)这一环节。东道国需要明确后续签发的 A6.4ERs 的用途，并在减排量首次转移后，在系统中进行调整，避免重复核算。

(5) 新机制下减排活动的审定、监测、核证和签发。和 CDM 类似，《巴黎协定》6.4 也设计了减排量监测、核证制度，引入 DOE(designated operational entities)开展相关审定与核证工作。且减排量签发后，需要提取 A6.4ERs 的 5%至适应基金，支持发展中国家筹款应对气候变化，2% 直接注销保证全球减排，一定的比例用于支持《巴黎协定》6.4 机制的运行。

与此同时，《格拉斯哥气候公约》历史性地首次提出了能源转型的目标，即减少煤炭等化石燃料的使用：一方面快速且大规模推广清洁电力供应与能效措施，另一方面加快步伐，逐步减少未采用碳捕集与封存措施的煤电，并逐步淘汰低效的化石燃料补贴。同时还支持遭受损失和损害的气候脆弱国家的立场。

全球气候治理体系是一个不断发展完善的过程，通过多年谈判，《公约》《京都议定书》与《巴黎协定》以及最新的《格拉斯哥气候公约》构成全球气候治理体系的关键性文件，共同组成了气候治理的核心原则与关键性制度设计。但由于各国国情不同，发展观不同，国际气候变化谈判格局日趋复杂，全球气候治理体系的建设仍面临着严峻的挑战。但国际应对气候变化合作仍需持续加强，走低碳绿色发展之路是人类未来发展的唯一选择，绿色低碳经济必将成为未来社会发展的主流。

第二节　应对气候变化的机制

在气候变化问题上，各国主要采用了两种应对机制：行政手段和经济手段。前者包括产品排放标准和技术采用标准等；后者主要是碳定价机制，包括碳税、碳排放权交易机制①。此外还包括减排新技术的研发支持政策、组合政策及混合政策等。其中，碳排放交易机制是应用最为广泛，得到国际社会普遍认可的方式。

一、控制二氧化碳排放的行政手段

（一）行政手段

行政手段是指通过行政机构，采取行政命令、指标、指示、规定、监督、审批、行政许可等行政措施调节和管理经济的手段。

控制二氧化碳排放的行政手段则是指政府为实现既定的排放治理目标，直接对企业、组织或消费者的控排技术使用或排放活动进行管制。技术标准是指直接要求企业对相关生产工艺进行改造，安装减排处理设备，以及要求企业的产品达到一定环保标准，如汽车排放标准、汽油标准等；而排放标准则是对企业或消费者的排放水平、排放强度等作出的明确要求。在排放标准下产生的碳排放许可制度，是所有控制二氧化碳排放行政手段中最为重要的一种。

① 也有学者提出了碳信用机制是碳定价的另一种形式。但按照本书的界定，碳信用属于广义的碳排放权交易范畴，是一种基于项目的自愿减排交易。碳信用机制是指通过自愿实施的减排或清除活动产生可交易碳信用的体系。企业和其他组织可以通过碳信用机制证明碳排放量相对于基线减少，或捕获、封存已排放的二氧化碳来产生碳信用，进而在市场上交易产生收入。碳信用机制可以与国内或国际一级市场中创造减排量的举措协同运作。

(二) 碳排放许可制度

碳排放许可制度,是指环境主管部门要求一定碳排放规模以上的企业在开始生产活动前提交申请并批准、监督其排放的一种行政管理方式。该制度主要包括以下内容:第一,申请许可证的主体是碳排放量达到一定规模的企业。碳排放量达到法律规定的排放企业在排放前必须向环境主管部门提出申请。未达到法律规定排放规模的企业无须向环境主管部门提出申请,可以直接进行排放。第二,环境主管部门对企业的申请进行审批。环境主管部门认为申请企业符合法定条件的,同意其排放,颁发碳排放许可证,认为不符合法定条件的,驳回申请。第三,环境主管部门颁发碳排放许可证后,对于企业排放过程进行监督,对于超出许可证规定的排放量的行为,给予相应的处罚。

碳排放许可制度最早产生于美国。美国在 1990 年修订《清洁空气法》时已将二氧化碳纳入污染物的名录中,因此,在美国,二氧化碳的管理和主要污染物的管理方式是一样的,采用排放许可制度,排放企业在生产活动前必须向行政管理部门申请许可证,并获批准取得许可证后才能开工。但是,由于二氧化碳的排放具有普遍性,且不具有直接危害,所以,美国环保署也仅仅是对排放规模较大的企业采取许可制度,而排放规模较小的企业无须申请排放许可证。根据最终的规定,每年温室气体排放量大于 10 万吨二氧化碳当量的新建工业设施必须获得“防止空气显著恶化”(PSD)许可证才可运营。每年排放二氧化碳当量在 10 万吨,且每年增加的排放在 7.5 万吨以上的已有设施也需要申领这一许可证;无论是新建或是已有的工业设施,年排放 10 万吨二氧化碳当量以上的必须获得运营许可证。

中国近年来开始协同控制污染物和温室气体排放。自从 2018 年 11 月,我国应对气候变化工作从国家发改委转隶到新组建的生态环境部后,生态环境部也逐渐将二氧化碳的治理方式等同其他污染物。2021 年 6 月,生态环境部发布《关于加强高耗能、高排放建设项目生态环境源头防控的指导意见》,将碳排放影响评价纳入环境影响评价体系。提出各级生态环境部门和行政审批部门,衔接落实有关区域和行业碳达峰行动方案、清洁能源替代、清洁运输、煤炭消费总量控制等政策要求;并指出在环评工作中,统筹开展污染物和碳排放的源项识别、源强核算、减污降碳措施可行性论证及方案比选,提出协同控制最优方案。鼓励有条件的地区、企业探索实施减污降碳协同治理和 CCUS 工程试点、示范。

2021 年 8 月,生态环境部发布《关于开展重点行业建设项目碳排放环境影响评价试点的通知》,在河北、吉林、浙江、山东、广东、重庆、陕西等地开展试点工作,试点行业为电力、钢铁、建材、有色、石化和化工等重点行业。试点的主要工作是开展建设项目碳排放环境影响评价技术体系建设,测算碳排放水平,提出碳减排措施,完善环评管理要求。以此基本摸清重点行业碳排放水平和减排潜力,探索形成建设项目污染物和碳排放同步管控与评价技术方法,打通污染源与碳排放管理统筹融合路径,实现减污降碳协同作用,应对气候变化与环境治理协同增效。

(三) 控制二氧化碳排放行政手段的评价

行政手段一般是直接调节,对政府而言在实践中相对简单易行,具有强制性、直接性、见效迅速的特点。但是，行政手段发挥效果主要依靠政府制定相关环境规制政策，用强制的手段对企业的排放标准进行规定和限制。由于信息不对称、企业生产特征不同、企业排放标准存在差异等问题的存在，面对数量众多的企业，政府对环境问题的监督效率很低，同时也会带来较高的减排成本。在技术标准对企业减排的具体手段作出了明确规定的情况下，企业主体为实现减排而选择减排手段的自由被限制，这既不能鼓励企业寻找更加成本有效的方式进行减排，也不能激励企业研发低成本的减排新技术，最终导致减排成本增加。在各排放主体合理减排量难以准确测算的情况下，行政手段很容易出现一刀切、不公平等现象，给企业带来过高的经营成本；不仅不能激励企业绿色低碳转型，甚至可能造成相关产品价格异常波动，阻碍产业链的正常发展。

因此，行政手段一般适用于碳排放较快增长阶段，以规划控制等方式限制新增排放项目的碳排放量，快速降低排放。但政府对污染企业进行直接管制的办法并不是控制二氧化碳排放的最优解。

二、控制二氧化碳排放的经济手段

经济手段是国家运用经济政策和计划，通过对经济利益的调整而影响和调节社会经济活动的措施。主要体现在价格、工资、利润、利息、税收、信贷、财政等方面。当前控制二氧化碳排放使用的经济手段主要是碳定价手段，包括：碳税、碳排放权交易机制等。

根据世界银行《2022 年碳定价现状与趋势》的统计，截至 2022 年 4 月，共有 68 个碳定价工具（carbon pricing instrument，CPI）在运行，包括 37 项碳税和 34 项碳交易市场机制。当前运营的 CPI 覆盖了全球约 23％的温室气体排放总量，相较于 2021 的全球覆盖率 21％，有了小幅上涨。

（一）碳税

碳税的概念可以分为两类，即狭义的碳税与广义的碳税。其中狭义的碳税指对化石燃料依据其含碳量所征收的消费税，主要目的是减少温室气体排放，一般设置单一税率。广义的碳税指所有对控制温室气体排放具有直接作用的税收，也包括一般意义上的能源税。下面的分析中以狭义碳税为准。

碳税属于一种环境税。根据经济学理论，温室气体过度排放的根源是排放活动具有外部性，即私人边际成本和社会边际成本不一致，而社会边际成本和私人边际成本的差值即为边际外部成本。环境税的基本思想是将排放活动的外部性内部化，即对造成环境外部性的经济活动征税，又称庇古税（Pigou，1920）。碳税即政府对排放主体每单位排放二氧化碳的活动征收碳税。理论上，当碳税的税率等于边际外部成本，温室气体排放的外部效应就被内部化。同时，根据帕累托最优理论，在完全竞争的市场条件下，每一个排放主体通过自身成本最小化即可达到全社会成本最小化。因此，政策制定者控制温室气体排放的关键在于设置合理的碳税税率。在碳税的激励下，企业会自发选择成本较低的手段进行减排。

自 1990 年以来，国际上先后有多个国家实施了广义的碳税政策。芬兰、挪威、丹麦、瑞典等北欧国家是最早一批开征碳税的国家，目前实行的碳税税率普遍较高。后来，日本、法国等国家也相继开征碳税。这些国家的碳税政策大致可以分为三大类。

第一类指在 1990 年左右以绿色税制转移为主要目的的北欧国家碳税政策，该类碳税并不以控制温室气体排放为主要目的。当时的碳税并非完全作为一个独立税种存在，而是作为该国（地区）加强环境保护和节能减排税收体系中的一部分，如作为消费税、能源税、燃料税或环境税的一部分。

第二类指复合碳税政策，即碳税与碳交易等其他碳定价机制并行。大部分参与欧盟碳排放权交易体系的欧洲国家将碳税作为该体系的补充机制，其中的代表是 21 世纪初期英国与欧洲碳排放交易市场机制同步实施的广义碳税政策。此时实施严格意义上的碳税将会使部分人为排放的温室气体被二次付费。

第三类指 2010 年左右在日本、南非、加拿大大不列颠哥伦比亚省等地逐步实施的碳税政策，这些国家的碳税政策的设立并不依靠国家整体性，是专门为应对气候变化而设立的新型税种或补充机制，从概念上讲是最严格意义上的碳税。

2021 年和 2022 年初，碳税税率有所提高。碳税税率在 2020 年保持相对平稳，但在 2021 年平均增长了约 6 美元/吨二氧化碳当量；截至 2022 年 4 月 1 日，碳税增加 5 美元/吨二氧化碳当量，大多数碳税管辖区的碳税税率比前一年有所提高。截至 2022 年 4 月 1 日，出台碳税机制的主要国家（地区）的碳税水平见图 2-1。可见，各国的碳税水平差异较大。事实上，碳税实施的初期，各国通常制定较低的税率水平，以减少对本国产品竞争力的不利影响，然后分阶段逐步提高税率，以保证减排效果。日本为了避免税负急剧增加，在三年半内分了三个阶段提高碳税税率。

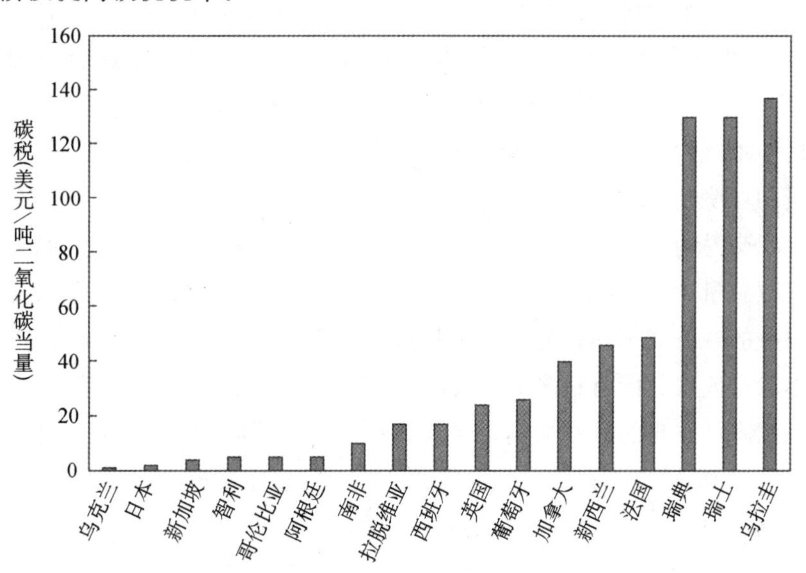

图 2-1　出台碳税机制的主要国家(地区)的碳税水平

数据来源：世界银行，截至 2022 年 4 月。

然而在实践过程中，由于信息的不完全，很多情况下环境外部性成本难以准确估计，并使最优税率的计算面临较大的困难。另外，征税往往会减少相关利益主体的收益并增加消费者成本，实践中也往往会遇到较大的执行阻力。

（二）碳排放权交易

对碳排放权交易（或碳排放交易，碳交易），目前还没有统一的定义，一般来说有广义的碳排放交易和狭义的碳排放交易区分。广义的碳排放交易包括了基于项目的碳减排量的交易和基于配额的碳排放交易。狭义的碳排放交易仅限于基于配额的碳排放交易。在本书中，除了特别说明外，碳排放交易采用的是狭义的碳排放交易概念：即在总量控制下，排放主体可以通过市场交易的方式出售节余的配额获取利益，或者通过购买市场的配额抵销自身排放量的一种市场调节方式。

碳排放权交易属于排污权交易的一种。排污权交易源于科斯（Coase）于1960年发表的划时代论文，从产权归属的角度提出了排污权的概念。科斯指出外部性源于产权不明确，而通过明晰产权、借助市场交易来为外部边际成本定价，从而使外部性内在化是解决外部性的基本手段。根据排污权交易理论，将排污权视作一种生产要素，允许排污权在排污主体之间进行交易，从而形成排污权交易市场；市场自身通过对排污权进行定价，将污染的外部成本内部化。

科斯批判了庇古税中需由政府对排污权定价的机制，他指出行政命令型的政策工具阻碍了排污权流向可利益最大化的排放主体，从而降低资源配置效率、增加总体减排成本。在此基础上，戴尔斯（Dales）于1968年研究了水质污染的管制政策，并指出行政命令型的污染治理政策实质上已经创造出了排污权，然而与科斯提出的排污权相比，这种权利是不充分的，因为它不能在不同排放主体之间进行交易。为了提高资源配置效率，应当允许排污权在不同排污主体之间自由交易。克罗克（Crocker）1966年研究了大气污染的管制政策，并指出排污权交易方案大大降低了政府排污管制的信息成本。基于上述研究基础，鲍莫尔（Baumol）和奥茨（Oates）首次从理论上严格证明了戴尔斯和克罗克所设想的结果，提出了排污权交易理论体系；蒙特格莫里（Montgomery）从理论上证明了基于市场的排污权交易系统明显优于传统的环境治理政策。

根据排污权交易的基本理论，碳排放权交易首先需要根据一国或地区温室气体排放目标确定碳排放权总量，在此基础上通过有偿或无偿的方式将碳排放权分配给排放主体。排放主体基于自身的减排成本和自身持有的排放权数量决定在市场上的交易行为：如果排放主体减排成本较低或者其持有较多的排放权，那么他将选择出售排放权获益，反之排放主体将购买排放权以降低自身的履约成本。最终，每一排放主体自身的边际减排成本将趋于相等，即达到碳市场均衡碳价。在此基础上实现全社会的总体减排成本最小化，如图2-2。

在实践中，碳排放权交易的实施也面临一定的困难和障碍。首先是碳排放权的确定与分配，这不仅涉及减排的成本效率问题，更涉及公平问题，因而往往在不同主体间、行业间及国家或地区间存在较大争议。尤其是温室气体作为具有全球外部性气体，明确其国家归属并进行国际碳交易面临较大的政治困难。另外，碳排放权交易市场的建立对一个国家或地

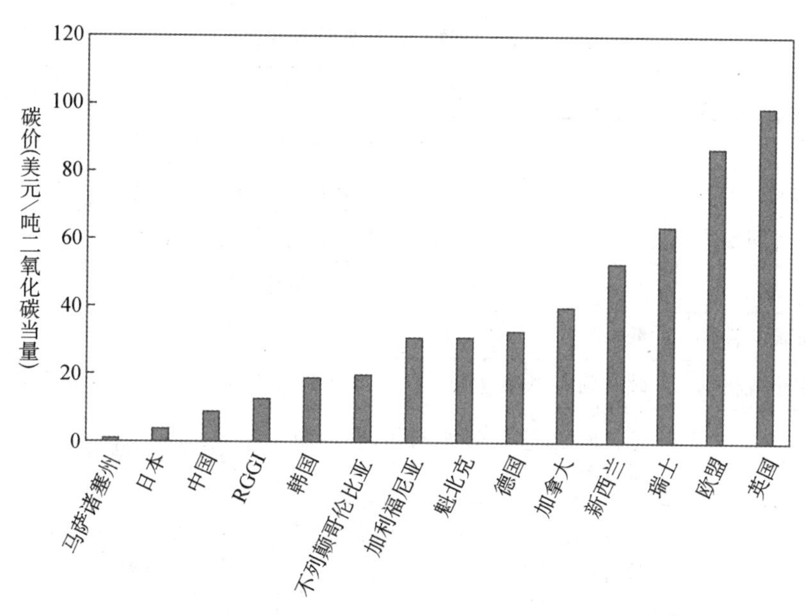

图 2-2　全球主要碳排放权交易市场的价格水平

数据来源:世界银行,截至 2022 年 4 月。

区的制度条件、法律法规、市场条件、基础设施有较高的要求,上述条件不健全将降低排放交易市场的效率甚至导致新的市场失灵。

但碳排放权交易仍是目前国际社会中应用最为广泛的控制碳排放手段。在理论运行模式上,碳排放交易既能实现对碳排放总量的控制,同时也能使本国的经济运行不受排放限制的影响,并且还会带动新的经济增长点,因此,碳排放交易的模式为各国所采纳。

(三) 碳税和碳排放权交易制度的对比

理论上,碳税和碳排放权交易制度都是解决负外部性的经济手段,都能够以低经济成本实现碳减排的总目标。从作用机制上来看,碳税属于一种价格调控手段,直接给碳排放权以固定价格;而碳排放权交易则是通过明晰碳排放产权,在总量控制的前提下,形成单位碳排放权的价格信号,指引企业作出决策,以此实现碳排放总量的控制和社会减排成本最低。这类似于宏观经济调控中是调节利率水平还是直接调节货币供给总量。但是,两种碳减排制度受不同国家经济金融市场成熟度、低碳技术水平、能源结构以及经济发展水平等因素影响,仍存在差别(见表 2-2)。

碳税作为一种价格导向的政策,不涉及复杂的机制设计和高昂的交易成本,只需少量的管理和运行成本便能够大范围推行;对于经济发展水平较低的国家,碳税理论上不失为一种简单易行的碳减排制度。但是,碳税对碳排放量减少的影响是间接的,存在一定的不确定性,取决于碳税收入是否用于补贴减排潜力大的企业、开发新的减排技术,实施新的减排项目等。且政府若通过频繁调整碳税税率以达成不同的碳排放量目标,既面临复杂的立法和行政程序,又不利于排放主体形成稳定的政策预期,影响其正常的经营活动,加之超国家政府的缺失,这些因素都使碳税不能作为全球碳减排的优选方案。

表 2-2 碳税和碳交易特点对比

异同		碳税	碳排放权交易
相同点	性质	应对气候变化的经济手段	
	目的	为碳排放定价,减少碳排放	
	经济学原理	外部性、外部问题内部化	
	技术基础	量化排放	
不同点	制度灵活性	低	高
	价格形成机制	政府确定、财税立法	市场机制、市场供求决定碳价水平
	适用范围	覆盖面宽,适合小型、分散、移动的排放源	针对固定、大型、集中排放源
	实施成本	额外成本低,依赖原有的财税系统、推行简便	前期投入高,基础设施建设要求高,涉及多部门的协调、监管成本高
	实施阻力	阻力较大、排放主体税负增加	实施阻力较小,通过市场交易,排放主体可以实现成本最小化
	公平性	透明度相对较高,具有公平性	容易出现配额分配不公平和行政干预
	与国际应对气候变化的衔接	难以成为国际政策的工具	具有全球性,容易实现国际衔接,特别是未来将建立全球碳市场
	国际贸易与投资	实施碳税的国家面临国际竞争力削弱的风险;对于出口企业的补贴和税收返还,容易引发国际贸易争端。	丰富国际贸易内容,促进低碳技术国家间转移以及金融市场的融合
	减排成本	减排成本确定,排放主体可以形成稳定的价格预期,有利于企业选择最佳的减排路径。	价格受市场和外部多因素的影响,价格具有不确定性;但科学有效的碳市场价格信号,可以指引市场参与者作出减排成本最小化的交易决策。
	作用成效	减少排放、调整政府赋税结构,增加政府收入,社会资源再分配;但单一税率对技术创新的激励作用较小,其作用的实现也取决于收入是否全部用于补偿排放带来的外部性。	减少排放,增加企业投融资途径,推进企业绿色低碳转型;可实现环境和社会福利的双赢。但市场会受到经济周期的影响

事实上,从碳税发展历程来看,大部分实行碳税政策的国家经历了从单一政策到复合政策的转变,转为碳税与碳排放权交易等其他碳定价机制并行。欧盟于 2005 年建立首个国际碳排放权交易体系——欧盟碳排放权交易体系,通过渐进的方式实现了由单一碳税制度向碳税、碳交易并行的混合政策转化。日本于 2010 年在东京设立了强制碳交易市场,2012 年

创立了“全球变暖对策税”(tax for climate change mitigation)。加拿大形成了联邦与各省灵活的碳定价体系,在联邦政府《泛加拿大碳污染定价方法》(Pan-Canadian Approach to Pricing Carbon Pollution)的基准约束下,各省具有根据本地区具体情况选择碳定价体系的自主权,并通过联邦碳定价后备方案(federal carbon pricing backstop)确保整体碳减排目标的达成。单一碳税机制仍需叠加碳市场机制,通过两个机制的互补互促,才能形成碳定价机制对碳减排的最优策略组合,可见,复合碳税政策逐渐成为多数国家的选择。

需说明的是,碳税和碳排放交易市场机制都属于直接碳定价机制,而还有一些间接碳定价工具,即指以与碳排放量不成正比的方式改变与碳排放相关产品价格的工具,如燃料税和商品税,以及影响能源消费者的燃料补贴。尽管常用于其他社会经济目标,如增加收入或解决空气污染,但这些工具也可以提供碳价格信号。所有侧重于使用燃料和商品的价格激励的政策工具都可以被视为间接碳价格。然而,可能会解决与价格无关的市场失灵但不会转化为价格等值的法规和投资激励措施不被视为间接碳定价。迄今为止,直接碳定价机制主要集中在高收入和中等收入国家,而间接碳定价制度则比直接碳定价更为普遍,运用于许多发展中国家,如非洲等。一些国家甚至通过燃油税和补贴改革间接实现了碳价格的大幅上涨。因此,衡量间接碳价格可以加强对许多发展中国家的发展状况的认识。

第三节　应对气候变化的机制选择

应对气候变化的首要问题是选择恰当的政策工具。虽然气候政策实施的目的是减少温室气体排放,但一项长期政策的实施往往会带来广泛而深刻的社会经济影响,也将影响到气候治理的国际合作,还需要考虑到气候政策和其他环境政策、宏观经济政策间的协同作用。因此,选择应对气候变化的机制前需明确当前排放、能源结构、科技发展水平、国内外经济局势、国家经济发展战略、产业转型规划等因素,也要明确自身的减排目标和规划,再结合对各项政策实际减排效果、减排的成本、政策公平性以及实现的可行性等方面综合分析。

政策工具选择首先要明确优劣判定的准则。虽然环境政策工具的直接目标是实现污染控制,但政策实施往往带来广泛的社会经济影响,政策工具的选择面对多重判定标准:首先要保证政策的实际减排效果(环境有效性),其次要关注减排的成本大小(成本有效性),同时还应该考虑政策实施对不同收入群体、区域、代际的影响以及成本在不同主体之间的分布(公平性)以及政策本身在现实中的可行性等。

一、政策工具效果分析

(一) 减排效果

气候政策工具的减排效果,是指在减排目标确定的前提下,政策工具的实施能在多大程度上保证减排目标的实现。减排目标不能实现的情况包括以下几类。

一是减排成本过高。当减排成本超过了排放主体的财务承受能力时，有可能影响其正常的经营运行，甚至带来企业破产和大量失业。此时，不仅减排目标不能实现，社会经济稳定发展也会受到较大影响。因此，政策的成本有效性会促进减排目标的实现。

二是减排政策的执行难度较大。减排政策执行过程中可能存在排放监测难度较大、监测成本较高无法对排放主体的排放情况进行核查的问题。同时，由于政策激励机制不健全导致执法力度不足，或执行力度过大，过渡期安排不合理等，都可能使政策目标无法实现。

三是政策工具的减排激励对排放覆盖不完全。例如在行政手段中，技术标准和产品标准对排放主体的排放处理设备、单位产品的能耗或者排放水平作出要求，但由于政策可能无法有效抑制产量规模、行业扩张和消费总量，在排放主体达到技术标准和产品标准要求时，仍有可能导致碳排放超出预期。

四是当前或未来的不确定因素会对目标的实现产生显著影响，如减排成本的不确定性及经济技术发展的不确定性等。

因此在选择政策工具前要深入分析各情景下的减排效果。鉴于减排政策工具及其作用机理分为两类：一是直接对排放量进行管制；二是对排放相关的生产、消费活动及价格进行干预而间接控制排放，因此在存在信息不确定的条件下，直接对排放水平进行管制的政策工具，其政策效果具有更大的确定性。

（二）减排成本

减排成本是指为了实现一定的减排目标需要付出的成本大小。对其分析主要基于各种减排手段的成本大小比较，为使全社会总体减排成本最小化，需要调动全社会成本较低的主体和手段进行优先减排，从而在达到减排目标的前提下实现总体减排成本最小。

鲍莫尔(Baumol)和奥茨(Oates)于 1971 年指出，在成本有效的条件下，所有减排主体和减排手段的边际减排成本将相等。当减排政策工具没有将所有排放主体纳入覆盖范围，此时的成本有效性要求政策工具覆盖的排放主体的总体减排成本最小，且边际减排成本相等。但在实践中，由于减排主体和减排手段往往存在显著的差异，不同区域、部门、行业等减排成本会存在较大的异质性。因此，在进行政策选择时，要先对政策工具的减排成本进行深入分析，选择达到全社会总减排成本最小的工具。

除了基于政策实施结构来判定工具的成本有效性外，政策工具本身运行的成本也需纳入考虑，特别是对基于市场的政策工具而言。鉴于完全市场在现实中基本不存在，实际市场结构会显著影响市场的有效性，使实际价格信号偏离有效价格，进而阻碍市场资源配置作用的发挥，市场效力及交易成本也是影响政策成本有效性不可忽略的关键因素。减排政策实施带来的成本还应包括排放监测成本、政策执行成本、交易费用等。因此，进行排放治理时必须充分考虑减排政策的实施成本。同时，更全面的政策实施成本还需要考虑时间维度上的成本有效性，要在减排政策实施的时间框架内，通过优化减排资源在纵向时间维度上的配置，促进绿色低碳技术的发展、企业绿色低碳转型和可持续发展，降低未来减排成本以及整个政策生命周期上的总成本。

（三）政策公平性

在完成同样的减排目标下，不同的政策工具及同一政策工具的不同设计方案，都可能会导致减排义务、减排成本以及减排收益在不同排放主体间分配不均，而政策实施的公平性会对减排效果产生至关重要的影响。

对于行政手段而言，政府通过行政命令型的政策工具来实现减排目标时，理论上不会涉及排放主体和其他主体间的资源重新配置或财富转移；而在经济手段下，无论是碳税机制还是碳排放权交易机制，都会涉及资源在不同主体间的重新配置。

在碳税机制下，排放主体不仅需要付出实际减排成本，还需要付出额外的税收成本。政府可以通过利用这部分税收提供额外的公共服务，抵减其他税收，支持减排技术发展，促进高排放行业绿色低碳转型等来弥补减排带来的外部性，这就涉及资源在不同排放主体间重新分配。而政府如何利用分配这一部分资源将显著影响政策的公平性，进而影响到减排政策的效果。在碳排放交易条件下，企业若采用拍卖方式发放配额，其资源再分配效应与碳税相同。而在免费配额发放制度下，政府将稀缺资源——碳排放权无偿分配给企业，这也涉及政策的公平性问题：碳排放权盈余的主体可以通过市场交易获得额外收益，当这部分收益超过其实际减排成本，此时就造成了过度补偿。

因此，在实践中需重点关注政策实施的公平性，减排资源的再分配也会对政策的可接受性及可行性产生直接影响，而且资源在不同行业之间的分配方式有可能对一国或地区的产业结构调整产生重要影响，影响经济的长期走向和未来发展，且若政策的公平性难以实现，甚至有可能进一步扩大社会的贫富差距。

（四）政策的可行性

政策工具的可行性是从实践的角度判定选择政策工具的重要标准，包括技术可行性、经济可行性、政治可行性等。

技术可行性是指支撑政策工具运行的关键技术较为成熟且技术成本在可接受的范围之内。如现实中对移动排放源排放进行实时监测一般不具有技术可行性或者成本过于高昂；而对固定排放源的实时排放进行监测则具有可行性，且成本在可接受的范围内。然而，技术可行性不是一成不变的，随着未来技术进步，当前技术不可行的政策工具也有可能在未来变得可行。

经济可行性是指在减排政策的实施过程中往往会造成一定社会成本，如生产成本增加、行业产出下降、利润下降、部分失业、消费品价格上升及居民福利下降等，这些成本整体需要在社会可接受的范围内，这是政策工具实施的前提。

政治可行性是指一项政策的提出和执行能得到相关利益主体在多大程度上的支持，且一项政策的实施需要协同多个部门，因此在选择政策工具时需充分考虑政策的政治可行性。此外，政治可行性往往与技术及经济可行性密切相关，同时还与政策的公平性等联系紧密。

(五)政策的溢出性

事实上,现实中任何一种政策工具都不是在“真空环境”中实施的,新政策的出台往往要基于已有的政策工具,同时有可能反过来影响现有的政策实施。在多种政策工具并行时,政策之间既能相互协同,也可能存在相互抵触的风险,从而会增加总体减排成本甚至使政策工具失灵。因此应当密切关注多种政策的混合交叉对政策减排效力的影响,评估一种新实施政策工具的成本应该将已有政策工具纳入分析框架。

另外,减排政策的实施会对相关行业部门的投入产出价格、产品供给或需求等产生溢出效应。如技术标准的实行或碳税的征收可能直接影响到化石燃料的需求,对能源行业产生影响。因此,减排政策成本有效性分析不仅要关注环境政策对排放主体及排放部门造成的影响,还应考虑政策的外溢性对其他相关部门、整个社会造成的成本。除此之外,也要考虑到政策工具在时间上的溢出效应,当前减排政策的实施不能以未来的可持续发展为代价。

因此在选择政策工具时,分析视角应从局部均衡(partial equilibrium)分析扩展到一般均衡(general equilibrium)分析,从全社会甚至全球应对气候变化整体进程的角度出发,考虑整个应对气候变化生命周期。

总而言之,根据上述每一条政策工具的选择标准,每种政策工具都有优势和劣势,作出政策决策将是一个复杂的过程。因为不仅仅要比较政策工具的减排效果、减排成本、对排放主体的影响,更要关注政策本身的实施成本以及通过一般均衡效应对其他部门、全社会等造成的间接影响,且制定的政策一定要可行。因此,现实中政策工具的选择使用需要深入的理论及实证研究,并与现实的排放主体特点、制度特点及市场特点相结合。在多个减排政策工具中,不存在所有标准维度均显著优于其他政策的减排政策工具,某个维度上的比较依赖于特定的现实条件。政策工具的选择需要从公平性、可行性与效率等多个不同的方面进行权衡。有时为达到特定的目标,可能需要设计复合的政策工具,以结合不同政策工具的优点,最大化不同政策工具之间的协同作用,最小化政策之间的潜在冲突。

二、碳排放权交易的政策效果

当前,在减少温室气体排放的政策工具中,使用最广泛的是市场化的碳排放权交易机制。从市场规模来看,全球主要碳市场 2021 年交易额创纪录地达到 7 600 亿欧元,相比 2020 年增长 164%。其中,由于欧盟碳排放权价格在 2021 年的快速上涨,欧盟排放交易体系(EU-ETS)以 6 830 亿欧元占据全球交易额的约 90%。美国的两大区域碳市场,美东的区域温室气体减排行动(RGGI)和加州的西部气候计划(WCI)则以 492 亿欧元的总交易额排名第二,占全球交易额的约 6%。中国、韩国、新西兰等国的碳市场从市场规模上看仍有较大的上涨空间。

在当前的全球气候变化治理格局下,碳排放权交易机制作为一种减排政策工具主要包括以下几个相对优势:减排效果相对较好、减排效果相对确定、可行性相对较强等。

(一) 减排效果相对较好

首先,碳排放交易机制作为一种典型的市场激励型的政策工具,在总量管制和配额分配制度下,可为所有排放主体的总排放空间设定一个上限,然后将排放配额被分配给各个排放主体,这些配额可以在排放主体之间进行交易,最终形成一个价格信号。在市场有效的前提下,价格信号能够调动整个社会中所有可能的减排资源进行减排并形成最优的配置方式,引导减排成本较低的行业、主体、减排手段优先减排,实现社会整体减排成本最小化。若采用行政命令型的政策工具完成同样的减排目标,政府同样需要为排放主体分配排放额度,但关键的不同在于该方式不允许主体间配额交易。由于信息不对称的存在,政府对排放主体的排放数量、减排成本等信息掌握不完全、不精确,往往会导致无效的资源配置,进而使总体减排成本增加,甚至可能造成寻租与腐败。因此相对于行政命令型的政策工具,碳排放交易机制一般会显著降低总体减排成本,尤其是在主体及减排手段之间减排成本差距较大,且政府没有足够信息能够在主体间有效分配减排任务的条件下。

碳排放权交易还可以实现减排资源的跨期配置,促进绿色低碳技术的创新。碳排放权交易机制不仅仅在某一时点为主体提供了减排手段选择的灵活性,同时也提供了减排资源配置的时间灵活性,即排放主体可以根据自身的实际情况以及当前的市场条件灵活地安排投资决策,避免在行政命令型政策工具下所有排放主体同时履行减排义务而带来的减排资源紧缺和减排成本过高。另外,碳交易市场形成的价格信号还会激励排放主体进行气候投融资,促进绿色低碳技术的进步和创新,降低未来减排成本。

在合理的配额分配方案下,碳排放权交易机制赋予减排主体较强的减排决策灵活性,既能降低当前的减排成本,又能优化资源跨期配置,激励高排放主体绿色转型发展。美国环境经济学家泰坦伯格也于 2006 年指出,原则上在完成同样减排目标的条件下,碳交易机制将降低整个社会的总体减排成本。

(二) 减排效果相对确定

技术标准和排放标准虽然对单个排放主体的绝对排放水平或排放强度作出了明确要求,但是无法对整个行业、整个社会的产出规模进行控制,进而也就无法对温室气体排放总量进行控制。虽然从短期来看,以技术标准和排放标准直接控制温室气体排放的效果比较显著;但从长期来看,由于未来整个行业的产出规模并不确定,控排效果也具有不确定性。

相较于碳税而言,在未来存在信息不完全的情况下,碳排放交易机制的减排效果具有更大的确定性。碳税机制为排放主体的温室气体排放设定了确定的排放成本,为实现利益最大化,排放主体将调整自身的排放量以使边际减排成本与税收水平相等。但排放主体未来的排放量、减排成本等可能无法准确测量。因此,在信息不完全时,未来的减排量具有很大的不确定性。而碳排放交易机制则是首先基于对大气环境中温室气体的容量极限的科学认识,确定总体减排目标,这就使得未来的温室气体排放量是相对确定的。因而从保证政策效果有效的角度出发,碳排放权交易机制实现减排目标对于信息的要求相对较低,未来减排效果相对确定。

（三）可行性相对较强

碳排放权交易相对于碳税的优势在于，碳税政策的实施增加了排放主体的经营成本，但并不能为排放企业带来利益补偿，其整体利益受损；而碳排放权交易的实施虽然给排放主体带来减排义务，但由于排放主体具有不同的减排成本，若减排成本较低则可以通过碳排放权交易获得额外收益；同时也为排放主体拓宽了减排的渠道，增加灵活履行减排义务的方式，激励其自主搜寻降低减排成本的方式。此外，碳排放权交易还可以丰富排放主体的投融资途径，提高其资产管理能力等。若碳排放权交易机制的设计较为合理，大部分参与主体都可能从中受益，这就将极大地降低政策实施所面临的阻力。碳排放权交易机制具有较强的溢出效应，市场上的配额供给和碳价信号不仅在推动能源结构升级、低碳技术发展和行业绿色转型上发挥重要的作用，更是对接国际气候治理体系的工具。通过市场手段，将全球温室气体减排行动联系在一起，且国际碳市场的建立也已提上日程。因此，碳排放权交易在衔接国际方面也具有较强的可行性。

根据欧美国家的实践经验，相较于碳排放权交易机制，碳税政策往往遇到较大的实施阻力，这也是碳税并未成为国际社会减排实践中主流的政策工具，而碳排放交易机制被广泛采用的原因之一。

思考与练习

1. 应对气候变化的实质是什么，受哪些关键因素的影响？
2. 应对气候变化的国际合作历程可分为哪几个阶段？
3. 《联合国气候变化框架公约》中确立了哪些气候治理原则？
4. 应对气候变化的主要机制为哪两种？各自包含哪些方式或手段？
5. 应如何分析应对气候变化政策工具的效果？

推荐阅读

RH Coase. The Problem of Social Cost. The Journal of Law and Economics，1960，(Ⅲ)：1-44. Systems Research，1992，9.

国务院：《新时代的中国能源发展》白皮书，中国政府网，2020年。

国务院：《中共中央、国务院关于完整准确全面贯彻新发展理念做好碳达峰碳中和工作的意见》，2021年。

国务院：《中国应对气候变化的政策与行动》白皮书，中国政府网，2021年。

生态环境部、发展改革委、科技部，等：《国家适应气候变化战略2035》，中国政府网，2022年。

［英］安东尼·吉登斯：《气候变化的政治》，曹荣湘译，社会科学文献出版社，2009年。

参考文献

沈洪涛等:"碳排放权交易的微观效果及机制研究",《厦门大学学报(哲学社会科学版)》,2017 年第 1 期,第 13—22 页。

汪曾涛:"碳税征收的国际比较与经验借鉴",《理论探索》,2009 年第 4 期,第 68—71 页。

王金南等:"应对气候变化的中国碳税政策研究",《中国环境科学》,2009 年第 1 期,第 101—105 页。

张晓华、祁悦:"应对气候变化国际合作进程的回顾与展望",国家应对气候变化战略研究和国际合作中心,2015 年 8 月 13 日,http://www.ncsc.org.cn/yjcg/fxgc/201508/t20150813_609657.shtm。

第三章 碳排放权交易的经济学理论

学习要求

理解外部性的概念；掌握庇古税理论、科斯产权理论、环境产权理论和排污权交易理论，深刻认知碳排放权交易的经济学理论基础；了解不同国家排污权交易的演变与发展。

本章导读

作为一种减少全球二氧化碳排放的市场机制，碳排放交易的产生和交易机制设计与经济学理论和法学理论有着密不可分的关系。大气环境是全球最大的公共物品。随着人类经济社会的发展，大气中二氧化碳的浓度不断上升，当大气中二氧化碳的容量超过地球的吸收能力时，就会出现气候变暖的现象。在经济学看来，气候变暖的过程就是碳排放的负外部效应体现。经济学家在研究外部性现象的过程中，经历了马歇尔的外部性理论、庇古的“庇古税”理论以及科斯的产权理论三个主要阶段，其后兰德尔和萨缪尔森、诺德豪斯分别从接受主体和产生主体的角度对“外部性”作出了较明确的定义。如果说马歇尔的“外部经济”理论为经济学将温室气体排放等环境问题引入研究范畴奠定了基础。那么，庇古税则是碳税以及“污染者付费原则”(polluter pays principle, PPP)制定的理论依据。庇古最早将环境污染问题视为负外部性，其在讨论社会成本和私人差异时，提出了将环境污染视为负的外部性效应的思想。庇古的环境税理论与 Vilfredo Pareto 的“帕累托最优”理论共同形成了从价环境规制政策的理论基础。而科斯的产权理论则直接推动排污权交易的产生，为碳排放交易配额存在的合理性提供了经济学理论解释。

第一节 外部性理论

一、外部性的提出

外部性的思想最早可以追溯到亚当·斯密的《国富论》,在谈及公共设施问题时,他认为当公共设施由少数人维持管理,其获得的收益不能抵消成本时,那么这些公共设施的管理就不能由这些人来维持。在《国富论》中,亚当·斯密已经意识到外部性的存在以及市场失灵问题。随后,Sidgwick(1883)在《政治经济学原理》中以灯塔这一设施为例,对外部性思想做了进一步阐释。Sidgwick 认为在自由交换的情况下,个人总能为其所付出的劳动换得应有的报酬这一论断明显是不对的,比如当船只利用灯塔指引找到合适的航路时,灯塔建造者提供了服务,却很难向这些船只所有者进行收费。因此,不同于亚当·斯密,Sidgwick 隐含了这些经济活动的外部性问题需要政府干预的观点。

真正将“外部性”赋予经济含义的是马歇尔(Alfred Marshall)。马歇尔(1890)在其《经济学原理》一书提出了“外部经济”一词。马歇尔认为,除了土地、劳动和资本这种生产要素外,还有一种要素,这种要素就是“工业组织”。工业组织的内容相当丰富,包括分工、机器的改良、有关产业的相对集中、大规模生产以及企业管理等。在分析工业组织的变化如何导致产量增加时,马歇尔使用了外部经济的概念。他指出,“我们可把因任何一种货物的生产规模之扩大而发生的经济分为两类:第一是有赖于这工业的一般发达的经济;第二是有赖于从事这工业的个别企业的资源、组织和效率的经济。我们可称前者为外部经济,后者为内部经济。”他得出结论:“第一,任何货物的总生产量之增加,一般会增大这样一个代表性企业的规模,因而就会增加它所有的内部经济;第二,总生产量的增加,常会增加它所获得的外部经济,因而使它能花费在比例上较以前为少的劳动和代价来制造货物。”实际上,马歇尔把企业内因分工而带来的效率提高称作是内部经济,而把企业间因分工而导致的效率提高称作是外部经济。

马歇尔虽然没有明确提出内部不经济和外部不经济概念,但从他对内部经济和外部经济的论述中,可以从逻辑上推出内部不经济和外部不经济概念及其含义。

二、碳排放的外部性

环境问题中的碳排放现象具有很强的负外部性特征。在经济快速发展的时代,能源消耗呈现出直线上升的趋势,生产企业为谋取经济利益不断扩大生产规模,其向大气中不断释放二氧化碳造成了以全球气候变暖为主的环境问题,而排放二氧化碳的经济体并没有为这种负外部性影响买单,人类的生存环境遭受巨大威胁。

碳排放造成的负外部性影响有两类:一是碳排放在全球各国间的负外部性。作为公共物品的大气环境具有非排他性与非竞争性的属性，全球范围内的各国均对环境保护负有一定的责任与义务。发达国家在实现工业与经济双重快速发展时，向大气中排放了过多的温室气体，该过程已将负外部性影响带给了非发达经济体。此外，发达国家在本国或一定区域范围内实行对环境保护的相关管理措施时，生产企业为逃避支付巨额的环境成本，将高耗能高污染的生产活动转向环境政策相对宽松的发展中国家，将碳排放的负外部性及时转嫁。

二是在一定区域范围内，碳排放在生产企业间的负外部性。在对碳排放具有相同交易规则与政策约束的区域范围内，生产企业必须在边际减排社会收益与边际私人收益之间进行权衡。若一个企业积极进行减排，其向大气排放的二氧化碳量不断下降，这在增加全社会环境收益的同时必然会增加企业的生产成本，但若这种行为纯粹依靠企业的自觉性推动，则会造成积极减排的企业生产成本不断增加，而没有进行减排的生产企业却没有得到相应处罚，市场的无序性便会增加。

碳排放权作为一种稀缺性资源，可以将其交给市场进行配置，进行碳排放权交易，对企业毫无节制的排放行为进行一定约束，使企业承担谁污染、谁治理的责任，从而实现环境保护的目标。

三、外部性的概念

在环境经济学中，一般认为外部性分析是用来阐释个人或者组织的经济活动以及由此带来的环境污染问题成因分析的基础理论。针对外部性的定义，目前学术界尚无定论，但是普遍认为，外部性是由个人或者组织在经济活动中产生了一种有利或者不利的影响，而这种有利或者不利影响带来的收益或者损失不由个人或者组织所获得或者承担。从外部性的接受主体和产生主体来看，学者们对外部性概念的界定思路主要有以下两种。

一是从外部性接受主体出发的定义。兰德尔在《资源经济学》一书中提出，外部性是用来表示“当一个行动的某些效益或成本不在决策者的考虑范围内的时候所产生的一些低效率现象；也就是某些效益被给予，或某些成本被强加给没有参加这一决策的人”。

用数学语言来表述，所谓外部性就是某经济主体 j 的福利函数自变量中包含了他人 k 的行为，而该经济主体 j 又没有向他人 k 提供报酬或索取补偿。即：

$$U_j = U_j(X_{1j}, X_{2j}, \cdots, X_{nj}, X_{mk})$$

这里，j 和 k 是指不同的个人(或厂商)，U_j 表示 j 的福利函数，$X_i(i=1, 2, \cdots, n, m)$ 是指经济活动。这函数表明，只要某个经济主体 j 的福利不仅受到他自己所控制的经济活动 $X_{ij}(i=1, 2, \cdots, n)$ 的影响，还受到他人 k 所控制的某一经济活动 X_{mk} 的影响，就存在外部效应。

二是从外部性产生主体出发的定义。萨缪尔森和诺德豪斯在《经济学》中提出：“外部性是指那些生产或消费对其他团体强征了不可补偿的成本或给予了无须补偿的收益的情形。”此后的经济学文献大多参考该定义对“外部性”进行理解。

四、外部性的理论发展

在马歇尔的外部经济概念基础上，其学生庇古（Arthur C. Pigou）在《福利经济学》一书中，对外部性问题做了进一步分析，将外部性分为正外部性和负外部性两种类型。正外部性是这样一种现象，即某种产品的生产或消费会使生产者或消费者以外的社会成员受益，而他们却无须支付任何报酬。在存在正外部性时，私人边际成本大于社会边际成本，私人企业的供给将不足，从而带来福利损失。例如，人们注射预防传染病的疫苗，使他人也因此减少了传染上这种疾病的可能性。而负外部性正好相反，是指某种产品的生产或消费会使生产者或消费者以外的社会成员遭受损失，而他们却无法为此得到补偿的现象。在存在负外部性时，私人边际成本小于社会边际成本，私人企业的实际供给量将大于帕累托最优的供给量，这也会导致社会福利的损失。例如，工厂向空气或河流中排放废气或废水，会严重污染环境却不必对此进行补偿。由此看来，外部性会导致市场失灵。总之，外部性会导致资源划分不科学，配置的工作效率较低，使市场发展出现阻碍因素。

第二节　庇古税理论

一、庇古税的概念

正如上一节指出的，马歇尔的学生庇古在其《福利经济学》一书中，对外部性问题做了进一步分析，并区分了“外部经济”（正外部性）和“外部不经济”（负外部性）。当某个经济主体从事的活动对另外一个经济主体的福利产生影响，且对这种影响既不支付成本又得不到报酬时，就产生了外部性问题。如果这种影响是不利的，就是负外部性；如果这种影响是有利的，就是正外部性。无论是正外部性还是负外部性都会造成市场均衡的非有效性。

针对因私人净边际产品与社会净边际产品背离造成的福利损失，庇古提出了明确的政策方案。他提出：“如果国家愿意，它可以通过‘特别鼓励’或‘特别限制’某一领域的投资，来消除该领域内这种背离。这种鼓励或限制可以采取的最明显形式，当然是给予奖励金和征税”。庇古明确提出，如果私人净边际产品大于社会净边际产品（即存在外部不经济或负外部性），国家可以采取征税的方式，这就是所谓的庇古税。通过对具有负外部性环境效应的企业征收“庇古税”，让企业对环境资源的消耗和破坏进行资金上的赔偿，增加企业的成本，从而引起企业对环境保护的重视。总之，庇古认为，当企业行为存在外部性时，政府就需要进行干预，对正外部性行为进行补贴，对负外部性行为进行征税，促使企业外部性内部化，使社会福利达到最大化。

二、庇古税的原理

庇古税的原理在于根据致损情况把企业行为外部性的价格转化为税收价格由政府征收，从而使企业的外部性成本转化为企业的内部成本，企业因而有了消除、减少外部性的激励。庇古税适用于污染物排放虽造成环境品质恶化，却没有造成具体权利或法律上利益受损的情形。也就是说在企业排污已违反了环境保护的基本标准，但私人权利样态没有明显变化，或现有的技术手段无法查明、论证污染与权利样态变化内在的因果联系时，由环境行政部门征收的维护环境品质的费用。

三、庇古税的应用

庇古税理论提出以后，很快被当成治理环境问题的重要工具，形成了“谁污染，谁治理”的政策原则和对污染者征收环境税的规定。建立在庇古税理论基础之上的日本生活垃圾分类模式，主张生活垃圾产生的负外部性应该完全由排放者承担责任，所以不仅要求居民承担生活垃圾分类的主要责任，而且要求承担废弃电子电器产品回收、运输和处置的费用。

四、庇古税的局限

庇古税具有通过向消费者征税的方式来引导消费者消费绿色环保产品的功能。然而，在巨大的科技研发费用及原装备与新技术配套对接的昂贵费用面前，庇古税与之相比往往微不足道。所以，庇谷税对污染企业为防止、减少缴税而进行技术创新的激励作用有限。事实上，政府往往也不可能对污染企业的产品征收高额庇古税。假如征收的话，商品的特征将使得人们去选择功能类似的替代性商品，从而扼杀该类企业。因而，庇古税虽然能使排污企业污染环境的外部性成本内部化为生产性成本，但这种内部化只会导致产品的更高成本，其对企业技术创新的激励存在局限，只有在绿色新技术研发费用低于庇古税时，才具有弱激励作用。

第三节　产权理论

人的需求是无限的，相对于人的需求来说，任何资源都是稀缺的。于是社会所能提供的资源与人类无穷的欲望发生了矛盾。要想解决矛盾，就需要对现有资源进行更有效的配置。水、阳光、空气、森林、土地、矿山等环境资源是一种稀缺资源，这些环境资源是有容量的，如何配置环境资源才能实现可持续发展，是我们需要解决的问题。配置资源有两种方式：一是政府配置；二是市场配置。市场配置资源比政府配置的效率更高。但是，由于环境资源的产权是不清晰的，比如空气和水，具有流动性的特征，因此其稀缺性难以像普通商品一样进行定价，也难以在市场上进行交易。因此，环境资源的“公共物品”性质和“外部不经济性”是导致环境资源配置“市场失灵”和“政策失灵”的主要原因。

一、产权理论的提出

长期以来，关于外部效应的内部化问题被庇古税理论所支配。与庇古解决外部性的思路不同，科斯从产权与交易费用的角度提出，外部经济产生的根本原因是产权界定不够明确或界定不当，因此，解决外部性要从产权交易的思路入手。

科斯批评了庇古关于“外部性”问题的补偿原则，他提出，如果交易费用为零，无论权利如何界定，都可以通过市场交易和自愿协商达到资源的最优配置；如果交易费用不为零，那么制度的安排与选择就很重要。也就是说，解决外部性问题可以用市场交易形式，即自愿协商来替代庇古税手段。由此，科斯将庇古理论纳入自己的理论框架之中：在交易费用为零时，解决外部性问题不需要“庇古税”；在交易费用不为零时，解决外部性问题的手段要根据成本-收益进行总体比较，也许庇古的方法是有效的。

科斯认为，只要能界定并保护环境资源产权，随后充分发挥市场机制来合理配置环境资源，运用司法手段来调整环境问题。在明晰环境资源产权的基础上，环境资源的使用权人就会根据自身利益最大化原则自主选择购买排放物指标。碳排放权交易将温室气体的排放认定为一种可交换的权利，通过市场交易的方式，实现资源的最优配置，从而达到降低或控制温室效应的目的。

二、产权的概念

产权是经济学理论的一个基本范畴，分析产权问题的角度不同，其概念也存在差别。按照现代产权经济学创始人阿尔钦(Alchian)的观点，产权是“一个社会所强制实施的选择一种经济品使用的权利”。而科斯(Coase)认为“产权是人们由于财产的存在和使用所引起的相互认可的行为规范，以及相应的权利、义务和责任。”在他看来，拥有某项产权并不意味着拥有相应的财产。德姆塞茨(Demsetz)从产权的经济功能和社会功能角度对产权的概念作出界定，他在《关于产权的理论》中指出“产权是一种社会工具。它之所以有意义，就在于它使人们在与别人的交换中形成了合理的预期”，并提出“产权是界定人们如何受益及如何受损，因而谁必须向谁提供补偿以使他修正人们所采取的行动”的观点，该观点可以引申出产权的三大要素：产权主体、产权客体和产权权利。菲吕博腾、配杰威齐在《产权与经济理论：近期文献的一个综述》中对产权做了如下定义：“产权不是指人与物之间的关系，而是指由物的存在及关于它们的使用所引起的人们之间相互认可的行为关系。”①

在市场经济条件下，产权的属性主要表现在三个方面。

第一方面表现为：产权具有经济实体性。既然是经济实体，就必须具备三个特征：①必须有一定的财产作为参与社会再生产的前提；②必须直接参加社会再生产活动；③有自己独

① 该文原载于R.科斯等所著《财产权利与制度变迁》。

立的经济利益，并且参与社会营利性经济活动的主要目的是实现自己经济利益的最大化。

第二个方面表现为：产权具有可分离性。在市场经济中，财产的价值形态运动与使用价值形态运动的发展而分离。也就是说：这项财产权利在法定的最终归属上，并不一定为该实体所具有。

第三个方面表现为：产权流动具有独立性。这里讲的独立性是指：产权一经确定，产权主体就要在合法范围内自主地运用所获得权利，而不受干扰。

三、科斯产权理论

针对负外部性问题，庇古与科斯按照外部性内部化的思路提出截然不同的解决方案，庇古强调政府运用税收手段以消除外部效应，在 1960 年由科斯撰写的《社会成本问题》一书，不仅将“交易费用”这一概念引入人们的视野之中，更使产权理论成为处理外部效应的另一种重要手段及依据，认为产权不清是经济活动存在外部性的重要来源。

科斯第一定理认为在交易费用为零的情况下，不管权利如何进行初始配置，当事人之间的谈判都会导致资源配置的帕雷托最优。在此定理下，财产占有被全社会所承认暗示着通过暴力抢夺而获利的可能性被排除，这意味着冲突的减少与合作可能性的增加。当产权在人们心中被普遍建构，市场自然运行起来。市场中的交易主体在约束条件（产权制度）下，寻求自身利益最大化，资源配置导向帕累托最优，外部性将被消除（因为损害他人财产的行为被认为不可接受）。

然而权利共识本身的达成与维护就需要成本，也即交易成本。由此引出第二定理，即当市场交易成本为正，市场便无法达到帕累托最优，不同的权利配置界定会带来不同的资源配置。一旦考虑到进行市场交易的成本，合法权利的初始界定会对经济制度运行的效率产生影响。

基于第二定理，科斯第三定理认为在交易成本大于零的情况下，产权的清晰界定将有助于降低人们在交易过程中的成本，提高经济效率。不同的权利界定方式会影响资源配置效率，产权制度的设置是优化资源配置的基础。

由此可见，不仅产权的界定是优化资源配置的基础，市场机制更直接关系到衡量产权制度优劣的交易费用的大小，制度安排的差异性也是导致资源配置效率差异的另一重要因素。科斯定理表明：产权界定才是解决外部性的先决条件，与交易费用毫无关系。

由科斯提出的产权理论不仅是制度经济学的基础，更是运用除碳税减排外的另一种经济手段解决碳减排问题的有效方案，促进碳排放权交易与科斯产权理论之间的协调统一。按照科斯产权理论，碳排放权基于排污权交易理论已成为一种特殊商品，尽管对其产权的界定十分不易，但多年来碳排放权的产权界定也在发展中前进，各国减排的行动不断深化。政府作为这种商品的所有者，第一步便是在既定减排目标的约束下，向减排企业分配碳排放配额，明确其各自拥有的碳排放权产权。政府运行法律、监管等综合手段促进公共物品的商品化过程，确保产权清晰，减少资产被无偿占用的可能，这些是碳排放交易实现帕累托最优的基础。而在政府充分发挥其职能后，依靠完善的碳排放交易市场体系，交易主体之间可根据生产边际成本与减排边际成本之间的差值对比自主决策，针对配额开展购买、出售等一系列的交易活动，使碳排放问题的外部性以内部化的市场方式解决，为平衡企业边际收益与社会边际收益的共同最大化提供一条新的解决路径。

毫无疑问，科斯理论的影响是多方面的。一方面，科斯定理开创性地“削弱了庇古体系的基础”，修正了“斯密假设”，学说史专家称之为“新古典修正”。具体来看，科斯修正了关于完全竞争市场、追求效用最大化的理性人、零交易成本、交易可随意和迅速地完成的“斯密假设”，以及关于国家干预消除外部性的“庇古假设”等一系列理论假说，并把产权制度假设内生化和显性化，强调要研究被新古典经济学视作既定前提置而不论的社会制度尤其产权制度，探讨产权制度与经济行为、经济效益、产权组织、产权结构和资源配置的内在联系，突出产权制度对市场运作的重要意义。

另一方面，科斯定理促成了近代产权理论向现代产权经济学的转变。近代产权理论是将财产权的核心归结为对资产的所有权，产权即为财产所有制。然而，私有产权并没有成为近代经济学家分析的对象。科斯把产权制度纳入经济学分析的对象，从制度的视角分析了资源配置效率，提出通过调整产权制度解决外部性而并非依赖国家干预的新思路。因此促成近代产权理论向现代产权经济学的转变。

四、环境产权理论

1960 年，科斯在《社会成本问题》的著名论文中提出了将污染权作为一种商品通过市场交易手段来解决环境污染问题的思想，这一思想突出了环境资源产权界定的重要性。环境产权理论认为环境容量是一种财富，经济活动主体（如企业、居民）拥有一定量污染物的权利（即排污权），就等于对一定的环境容量自愿有了产权（即环境产权），这一环境资产产权与一般意义上的产权（如土地所有权、资产所有权）等类似，可以通过交易实现转移，借此实现资源的最佳配置和保护。

环境资源配置的外部效应，是由于环境产权结构不合理，导致环境资源市场价格与其相对价格的严重偏离造成的，纠正这种偏离最有效的办法，就是通过产权交易使环境资源的产权结构优化，从而逐渐减少环境资源市场价格与其相对价格之间的差距，纠正价格扭曲。当今各类环境资源外部性问题中最热门的是碳排放的外部性，它是超时空的、长期的、全局性的问题，因此，对“应对气候变化、减少以二氧化碳排放为代表的温室气体排放”的研究逐渐兴起，其中主流研究专注于碳排放权的交易及其定价。

碳排放权即是权利人依法享有的对温室气体环境容量这一稀缺性资源的使用、收益之权利，即向大气排放以 CO_2 为主的温室气体的权利，并能够交易和流通。碳排放权作为一种经济学上的产权概念，它的设立如同排污权，也是为了解决经济行为或活动的外部性问题，将外部性内部化，反映到产品或服务的价格之中。将环境容量这一产权纳入企业成本效益的直接结果就是使高技术、低污染企业被一贯忽视的成本优势显现出来，从而在与低技术、重污染企业的竞争中取得应有的优势地位，完成市场主体的优胜劣汰和产业结构调整。同时，通过建立专门的交易市场，允许碳排放权在不同的主体之间进行转让和交易，通过市场交易机制来实现碳排放的总量控制。

从外部性理论的演进过程来看，西方经济学家关于外部性理论的修正与深化，直至运用这一理论去解决经济生活中的重大问题，其理论纷争日益凸显。“政府干预为主”还是“市场调节为主”一直是西方经济学界争论不休的两大问题，在讨论对外部性问题进行矫正时，新古典主义的“庇古税”方案与新制度经济学的交易成本、明晰产权进而引进排污费交易理论之间的争论，折射了政府干预和市场调节这两大学术思潮的碰撞与交锋。由于科斯对外部性的复杂性认识和估计不足，因而使其提出的在产权清晰条件下，通过当事人的谈判就能很好地解决外部性的观点，有一定的偏颇。

第四节　排污权交易理论

基于产权思想，科斯提出了排污权的概念，并将排污权视作一种生产要素，通过明确排污权的归属，并允许排污权交易，就可以实现外部成本的内部化。1968 年，经济学家戴尔斯(Dales)出版了《污染、财产和价格》一书，进一步研究了水污染的管制政策，提出了“排污权交易”的概念，其具体内容是政府通过对排污权进行定价分配，然后卖给排污企业。而排污企业既可以从政府(一级市场)中购买排污权，又可从其他排污权拥有者(二级市场)处购买。美国国家环保局首先将这一思想用于环境污染源的治理，而后德国、英国、澳大利亚等国相继进行了排污权交易实践。与税收政策相比，排污权交易的优势更为明显。排污权交易理论的提出进一步为碳排放交易的合理性以及碳排放交易配额的产生奠定了经济学理论基础。

一、排污权交易概述

排污权交易是碳排放权交易的起源。碳排放权是排污权的一种形式，其本质是一种环境容量使用权。排污权，是权利人依法享有的对基于环境自净能力而产生的环境容量进行使用、收益的权利。所谓排污权交易是指在污染物排放总量控制指标确定的条件下，利用市场机制，建立合法的污染物排放权利即排污权，并允许这种权利像商品那样被买入和卖出，以此来进行污染物的排放控制，从而达到减少排放量、保护环境的目的。

排污权交易的主要思想是在满足环境质量要求的条件下，明晰污染者的环境容量资源使用权(排污权)，允许污染者在市场上像商品一样交易排污权，实现环境容量资源的优化配置。它是政府用法律制度将环境使用这一经济权利与市场交易机制相结合，使政府这只有形之手和市场这只无形之手紧密结合来控制环境污染的一种较为有效的手段。

排污权交易的产生需要两个前提：一是政府对环境污染采用的“总量控制”措施。政府需要根据区域的环境质量目标,确定该区域的最大排放量(社会最优的排放量),并采取公开拍卖、固定价格出售、免费分配等措施对排污权进行初始分配。二是企业污染治理水平与成本存在差异。企业则需从自身利益出发,自主决定其污染程度,在排污权交易市场上买入或卖出排污权。在企业污染源治理水平与成本存在差异的情况下,治理水平高、治理成本较低的企业可以采取措施以减少污染物的排放,剩余的排污权可以出售给那些治理水平低、治理成本较高的企业。市场交易使排污权从治理成本低的污染者流向治理成本高的污染者,这就会迫使污染者为追求盈利而降低治理成本,进而设法减少污染。

二、排污权交易体系

对于如何设计一个有效的排污权交易体系,学术界进行了较为充分的研究。Stavins(1994)提出,一个完整的排污权交易制度应该包括以下八项要素:①总量控制目标;②排污许可;③分配机制;④市场定义;⑤市场运作;⑥监督与实施;⑦分配与政治性问题;⑧与现行法律及制度的整合。Gunasekera 和 Cornwell(1998)在为澳大利亚环境保护部门制定排污权交易制度时,认为应考虑以下因素:①产品定义(排污许可期限、排污因子、排放总量和污染物种类);②市场参与者(强制性参与者和自愿性参与者);③排污权分配(拍卖和免费分配);④运作管理(检查排污企业的许可证监督排污情况以及强制执行环境政策);⑤市场问题(交易机制和市场势力)等。总的来看,学术界普遍认可的排污权交易机制是:政府机构评估出一定区域内满足环境容量的污染物最大排放量,并将最大允许排放量分成若干规定的排放份额,每份排放份额为一份排污权。政府在排污权一级市场上,采取一定方式,如招标、拍卖等,将排污权有偿出让给排污者。排污者购买到排污权后,可根据使用情况,在二级市场上进行排污权买入或卖出(具体如图 3-1 所示)。

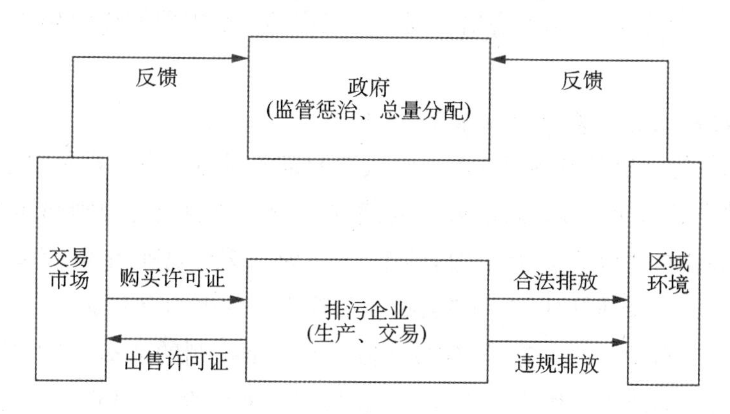

图 3-1　排污权交易系统

一个排污权交易体系需要包含以下四个主要环节。

1. 明确排污交易对象

首先在法律上对可交易的排污权作出具体规定。法律或相应的法规对每持有一份排污权所拥有的权利明确界定，如允许排放的污染物的种类和数量、排放地点和方式、有效时间等。法律还确保持有排污权者的合法权益，排污权持有者可按规定排放污染物。从美国等国外情况来看，排污权交易对象主要有二氧化硫、温室气体二氧化碳，以及较少的污水等。

2. 科学核定区域内排污权总量

排污权总量一般由环境主管部门根据区域的环境质量标准、环境质量现状、污染源情况、经济技术水平等因素综合考虑来确定。排污权总量虽是一个技术指标，但对排污权交易市场影响显著。排污权总量如何核定不仅对一个区域的环境质量有着很大的影响，并直接关系到排污权交易能否顺利开展。排污权数量过大，会使区域内污染物的排放超过环境容量，并使排污权交易价格偏低，甚至无价，交易便无法开展。排污权数量过小，会使排污权交易价格过高，可能造成排污成本超过社会经济技术的承受能力，导致排污者不购买排污权，而采取非法排污，或偷排等冒险行为。

3. 建立排污权交易市场

排污权交易市场分为一级市场和二级市场。一级市场是政府与排污者之间的交易。从美国等国家的情况看，一般情况下，政府就某种污染物排放权每年定期与排污者进行交易，交易形式主要有招标、拍卖、以固定价值出售，甚至无偿划拨等。一般来说，对社会公用事业、排污量小且不超过一定排放标准的排污者，可以采取无偿给予或低价出售的办法；而对于经营性单位、排污量大的排污者，多采取拍卖或其他市场方式出售。一级市场一般不需要固定的交易地点，交易时间也是由政府主管部门临时确定的。二级市场是排污者之间的交易场所，是实现排污权优化配置的关键环节。排污者在一级市场上购买排污权后，如果排污需求大，排污权不足，就必须在二级市场上花钱买入；相反，如果企业减少排污，购买的排污权得到节省，则可以在二级市场上售出获利。二级市场一般需要有固定场所、固定时间和固定交易方式等。

4. 制定排污权交易规则和纠纷裁决办法

交易规则和纠纷裁决是排污权交易不可或缺的重要保障。由于排污权本质上是排污者对环境这种公共产品的使用权，因此，除了要建立一般市场的交易规则和纠纷裁决办法外，还要充分考虑如何防止“地下交易”和“搭便车”等行为。交易规则和纠纷仲裁办法没有统一标准，从国外的经验看，不同地区不同种类的排污权交易规则均有差别。

总之，排污权交易制度的实施，是在污染物排放总量控制的前提下，为激励污染物排放量的削减，排污权交易双方利用市场机制及环境资源的特殊性，在环保主管部门的监督管理下，通过交易实现低成本治理污染。该制度的确立使污染物排放在某一范围内具有合法权利，容许这种权利像商品那样自由交易。

案 例

排污权交易理论的全球实践

美国是实施排污权交易最早也最成功的国家。伴随着排污权理论的发展，20世纪70年代中期以后，面对二氧化硫污染日益严重的现实，美国政府开始尝试利用学术界提供的理论研究及经验，在大气污染及水污染治理领域中实施排污权交易。目前，美国的排污权交易市场已经发展到包括区域温室气体排放权交易的第三代市场，已经成功地实现了酸雨、汽油中铅添加剂、区域环境质量之类的环境问题的有效治理。

根据其设计特点，美国的排污权交易制度大致可以分为排放削减信用和总量控制型排污许可证交易两种模式。

(一) 初步实验期：排放削减信用成为货币

20世纪70年代中期至90年代初期为第一阶段，这个阶段可称为实验期。在此期间，排污权交易的对象是“排污削减信用”。

排污削减信用模式是污染企业通过削减排污量，使污染物的实际排放水平降低到政府法定标准之下，削减的差额部分可由企业申请超量治理证明，经政府认可后即可成为排污削减信用。

排污削减信用可以说是整个排污权交易制度的核心，它作为一种可交易的货币在其他政策之间进行流通。这一模式主要通过泡泡政策、储蓄政策、补偿政策和净额结算政策四项政策来实施。

1. 泡泡政策

泡泡政策的设计者把一家工厂的空气污染物总量比作成一个大“泡泡”，其中可包括多个排放口或污染源。排放空气污染物的工厂可以在环保局规定的一定标准下，有选择、有重点地分配治污资金，调节厂内所有排放口的排放量，只要所有排放口排放的污染物总和不超过环保局规定的各排放口的排污总量。

2. 储蓄政策

1979年，美国环保局通过了储蓄政策，即污染排放单位可以将排污削减信用存入指定的银行，以备自己将来使用或出售给其他排污者，银行则要参与排污削减信用的贮存与流通。美国环保局将银行计划和规划制定权下放到各州，各州有权自行制定本州的银行计划和规划。

3. 补偿政策

补偿政策是指以一处污染源的污染物排放削减量来抵销另一处污染源的污染物排放增加量，或是允许新建、改建的污染源单位通过购买足够的排放削减信用，以抵销其增加的排污量。实践证明补偿政策不仅改善了空气质量，促进了当时的经济增长，反过来又使经济增长成为改善空气质量的动力。

4. 净额结算政策

净额结算政策是指只要污染源单位在本厂区内的排污净增量并无明显增加，则允许在其进行改建、扩建时免于承担满足新污染源审查要求的举证和行政责任，它确认排污人可以用其排放削减信用来抵销扩建或改建部分所增加的排放量。

在第一阶段，排污权交易只在美国部分地区进行，交易量少，而且补偿价格比预计低，最终并没有达到预期效果。但是实践表明，排污权交易的可行性很强，从而为后来全面实施排污权交易奠定了基础。

(二) 全面推广期：主要交易对象是二氧化硫

排污权交易发展的第二阶段以1990年美国国会通过《清洁空气法》修正案并实施"酸雨计划"为标志。这一阶段排污权交易的对象主要集中于二氧化硫，在全国范围的电力行业实施，而且有可靠的法律依据和详细的实施方案，是迄今为止最广泛的排污许可证交易实践。

酸雨计划的主要目标之一是到2010年，美国的SO_2年排放量比1980年的排放水平减少1 000万吨。计划明确规定，通过在电力行业实施SO_2排放总量控制和交易政策来实现这一目标。美国的SO_2排污许可交易政策以一年为周期，通过确定参加单位、初始分配许可、再分配许可和审核调整许可四部分工作来实现污染控制的管理目标。

在美国的SO_2排污权交易政策体系里，排污许可的初始分配有三种形式：无偿分配、拍卖和奖励。其中，无偿分配是许可初始分配的主要渠道。同时，为了保证新建的排放源获得必须的许可证，酸雨计划中特别授权美国环保局从每年的初始分配总量中专门保留部分许可证作为特别储备进行拍卖。另外，还设立了两个专门的许可储备，用于奖励企业的某些减排行为。

许可证的交易是整个计划中的核心环节。通过交易，污染源可将其持有的许可证重新分配，实际上是重新分配了SO_2的削减责任，从而使削减成本低的污染源持有较少的许可证，实现SO_2总量控制下的总费用最小。交易的主体分为达标者、投资者和环保主义者三类。交易的类型分为内部交易和外部交易，前者用于审核达标者的许可证是否符合排污源的排放量，后者为所有交易主体建立并用于许可证的转移。

为了确保许可证和二氧化硫排放量的对应关系，环保局每年对交易体系参加单位进行一次许可证的审核和调整，检查各排污单位当年的子账户中是否持有足够的许可证用于SO_2排放。若许可证不足，则实施惩罚；若有剩余，则将余额转移至企业的次年子账户或普通账户。美国环保局主要依靠排污跟踪系统、年度调整系统和许可证跟踪系统这三个数据信息系统进行审核。

(三) 成效显著期：环境与经济效果均显著

美国的排污权交易取得了显著效果，特别是在实施二氧化硫排污交易政策之后更为突出：1978—1998年，美国空气中CO浓度下降了58%，SO_2浓度下降了53%；1990—

2000年，CO排放量下降了15%，SO_2排放量下降了25%。在经济效益方面，根据美国环保局计算，1970—1990年执行和遵守《清洁空气法》的直接成本为6 890亿美元，而直接收益高达22万亿美元。

美国的排污权交易实践表明，完善的法律制度、多样的交易主体和中介机构、多元化的许可证分配方式、完备的监督管理体制以及对市场规律的尊重，对于排污权交易的实施至关重要。

在美国之后，澳大利亚、加拿大、德国等国家也相继进行了排污权交易政策的实践。澳大利亚的新南威尔士、维克多及南澳州加入了由墨累-达令流域委员会执行的该流域盐化和排水战略。对进入河流系统的盐水进行管理，或改善整个流域的管理工程进行投资时，可产生“盐信用”。这些信用可以在各州间进行转让。加拿大没有正式的可交易许可证制度，但是酸雨和氯氟烃(CFC)控制计划中有这种成分。在德国，允许对“德国空气质量控制技术指南(TA-Luft)”中规定的空气污染物质进行抵销。新厂可以布局超过“TA-Luft”规定的环境标准的区域，条件是本区中现有排污单位必须采取减排措施，类似于美国排污交易计划中的“净额结算”政策。

排放交易制度的核心是环境容量资源的财产权化，以激励企业低成本减排。但值得深思的是，美国反其道而行之，并没有妨碍政策实现满意的环境效果和活跃的市场交易。以联邦酸雨计划SO_2排污交易为例，虽然法律明确了排放许可的非财产权性质，但政策依然取得了巨大成功。交易制度实施20多年以来，SO_2排放量从1990年的1 570万吨降至2015年的220万吨，降幅86%；2010年政策净效益高达1 200亿美元，之后持续上升。也正是因为该政策在最初几年就取得显著成效，才催生了《京都议定书》的市场机制和欧盟等区域、国家和地方层面的碳交易制度。

案例思考题

1. 美国的排污权交易制度可以分为哪两种模式？这两个交易制度的核心分别是什么？
2. 美国排污削减信用模式通过哪四项政策来实施？并简述每项政策的内容。
3. 美国二氧化硫排污权交易政策体系有哪三种排污许可的初始分配形式？其中哪一种是主要渠道？

思考与练习

1. 马歇尔对内部经济和外部经济分别如何定义？
2. 碳排放会造成哪两类负外部性影响？

3. 外部性从接受主体和产生主体角度，分别如何定义？
4. 庇古如何定义外部经济与外部不经济？庇古税具体指什么？
5. 科斯三大定理的具体内容是什么？
6. 依据科斯产权理论，谁是碳排放权的所有者？该如何缓解碳排放问题？

推荐阅读

[英] R. 科斯："企业的性质"，《经济学季刊》，1937 年第 4 期。

[英] R. 科斯："社会成本问题"，《法律与经济学》，1960 年第 3 期。

参考文献

[美] A. 兰德尔：《资源经济学》，施以正译，商务印书馆，1989 年。

[英] A. 马歇尔：《经济学原理》，朱志泰等译，商务印书馆，2019 年。

陈德湖："排污权交易理论及其研究综述"，《外国经济与管理》，2004 年第 05 期，第 45—49 页。

马中、Dan Dudek、吴健，等："论总量控制与排污权交易"，《中国环境科学》，2002 年第 1 期，第 90—93 页。

[英] 庇古：《福利经济学》，施箐译，上海译文出版社，2022 年。

[英] R. 科斯："社会成本问题"，《法律与经济学》，1960 年第 3 期，第 1—44 页。

[英] R. 科斯："企业的性质"，《经济学季刊》，1937 年第 4 期，第 386—405 页。

第四章 碳排放权交易体系与机制

学习要求

掌握碳排放权、碳排放配额以及碳排放权交易的概念；熟悉碳排放权交易的功能；掌握碳排放权交易体系的构成，熟悉相关活动的内容与原理；熟悉碳排放权交易的制度框架。

本章导读

目前，全球约有46个国家级司法管辖区和35个城市、州和地区将碳定价作为其减排政策的核心组成部分，为其未来发展奠定更具可持续性的基础。这些区域的温室气体排放占全球排放总量的近四分之一。其中越来越多的司法管辖区正在通过设计和实施碳排放权交易体系(ETS)向碳定价迈进。截至2021年，全球四大洲的36个国家、17个省或州以及7个城市已经实施了ETS，这些地区的GDP总量占全球的42%，而更多的ETS正在筹划中。作为一揽子政策的一部分，碳定价可以利用市场推动减排，帮助设定应对气候变化的目标。其中ETS通常对一个或多个行业的排放总量设定上限，并由监管者发放不超过排放总量水平且可交易的排放配额，每个配额都相当于1吨的碳排放。配额在ETS的各实体间可以相互交易，从而形成了配额的市场价格。本章将介绍国内外碳排放权交易体系与机制的具体内容和发展情况，包括碳排放权交易的概念、类型、功能、体系以及制度框架等内容。

第一节　碳排放权交易概述

一、碳排放权交易的相关概念

(一) 碳排放权

许多国家的国内法律都规定了要限制二氧化碳的排放，那么，碳排放量就成为一种稀缺性资源，人们获得它必定要得到某种许可，这种情况下碳排放权便应运而生了。然而，学术界对碳排放权的概念、性质、内容和特征的认识存在偏差，由此给碳交易法规制度建设带来挑战，亟须学界深入研究和论证碳排放权交易理论中的核心要素问题，为碳交易政策法规的制定提供科学的理论依据。

1. 碳排放权的定义

碳排放权一词起源于排污权，由国内学者于 1997 年首次提出。从广义上讲，碳排放权是指主体向大气排放二氧化碳等温室气体的权利，其涵盖范围广泛，性质也由于理论和实践活动涉及领域的不同呈现出多元化特征。

从法学、经济学、环境学、公共管理学等领域的研究可见，碳排放权的含义主要有发展权和排放权两类。一类是指气候变化国际法下，以可持续发展、共同但有区别以及公平正义原则为基础，碳排放权是代表着人权下的发展权，是为了满足一国及其国民基本生活和发展的需要，而向大气排放温室气体的权利。这种权利是道德权利，而非严格的法律权利。另一类是碳交易制度下的排放权，其本质是对环境容量的限量使用权，是指权利主体为生存和发展需要，由自然或者法律所赋予的向大气排放温室气体的权利，这种权利实质上是权利主体获取的一定数量的气候环境资源使用权。

碳交易制度下的排放权是当前理论研究和实践应用的主流，有具体的法律、经济和财务性质，也是本书对碳排放权的界定。需要强调的是，西方国家的碳交易政策实践中均没有采用排放权概念，而是实行的排放许可交易。为了平衡各国利益，鼓励减少二氧化碳排放，2005 年生效的《京都议定书》为世界提供了一个“减排机制”，即国际排放贸易(IET)，联合国给每个发达国家确定一个“排放额度”，允许那些额度不够用的国家向额度富余或者没有限制的国家购买“排放指标”。

在我国，2014 年发改委在《碳排放权交易管理暂行办法》中将碳排放权界定为“依法取得的向大气排放温室气体的权利”，但并未明确指出依据什么法律条例。2021 年，生态环境部对碳排放权的定义进行了修改，《碳排放权交易管理办法(试行)》第 42 条规定碳排放权为“分配给重点排放单位的规定时期内的碳排放额度”。上述文件对碳排放权的概念进行了狭义界定，而碳排放权的广义定义则更加宽泛，它不仅包括碳排放总量控制与交易制度下的碳排放权(emission right)、排放配额(emission quota)或排放许可(emission allowance)，还包括基于项目的减排量或碳信用。其中，碳信用是指通过国际组织、独立第三方机构或者政府确认的，一个地区或企业以提高能源使用效率、降低污染或减少开发等方式减少的碳排放量，并可以进入碳市场交易的排放计量单位。一般情况下，碳信用以减排项目的形式进行注册和减排量的签发。碳信用与配额在包含权利、产生方式、交易目的、交易系统等方面存在差异(参见表 4-1)。

表 4-1 碳配额与碳信用的差异

	配额	碳信用
包含权利的差异	配额包含的是可排放的温室气体量	碳信用是减少的排放量
产生方式的差异	由政府发放给企业(有偿或无偿)且配额数量是事先确定的	碳信用是事后产生,减排行为实际发生后,经过专业机构核证后确认
交易目的差异	满足企业低成本履约的需要	更多的是用于满足企业社会责任的要求
交易系统的差异	碳排放权交易市场(ETS)	碳排放权交易市场、自愿减排系统交易

2. 碳排放权的属性

碳排放权具有自身特有的权利属性。

(1) 碳排放权具有法律属性。碳排放权是法律上规定和调整的碳排放权利,它不仅是碳交易制度立法和实践的根本基础,也是碳市场顺利运行的依据和保障。经过法律和制度安排,碳排放权具有可转让性,可进入经济活动领域,又表现出不同维度的经济和财务性质,能够侧面反映市场交易的活跃性和成熟度。关于碳排放权的法律属性,学术界对此存在多种学说,没有形成共识。其中,财产权说(property right,更多运用于英美法系)是以经济学环境产权理论为基础,认为碳排放权是一种环境容量的使用权,由法律规制为企业拥有的私人财产权,持有者对该财产拥有占有、转让、使用和处分等权利。还有研究依据国外法学者提出的新财产学说,认为碳排放权有别于传统财产,属于社会福利、专营许可以及公共资源的使用权等"政府馈赠",这些政府许可一旦被以法律的形式确定下来,就成为权利人的财产,因此,碳排放权是新型财产权。行政权利说则认为,碳排放权是权利主体在国家许可的范围内,对属于国家所有的环境容量资源的使用权利。碳排放权须经过申请、批准等许可程序,被政府行政部门控制并对全过程进行干预,属于行政许可或特许。物权说分别以大陆法系解释论和立法论思路,研究碳排放权的私权和公私权混合性质,形成了将碳排放权界定为用益物权、准物权、准用益物权、特许物权等多种观点,其中以前两者影响最大。

(2) 碳排放权具有经济属性。首先,碳排放权具有稀缺性、使用价值和可交易性,具有与普通大宗商品类似的特征,如可以在市场上进行现货交易、具有与普通商品类似的价格形成机制等,因此碳排放权具有商品属性。其次,随着碳市场交易规模的扩大,碳排放权逐渐衍生出具有投资价值和流动性的金融资产,具有金融属性。碳排放权价值来自政府信用,具备良好的同质性,可充当一般等价物,可以像货币一样可存可借,因此具有货币属性或类货币属性。从企业财务报表和政府税收角度都需要将碳排放权纳入会计核算体系。但对于碳排放权的会计确认和计量,目前国内外尚缺乏权威会计准则规定。相关实践和研究主要将其认定为存货、无形资产、金融资产和捐赠资产等类型。美国 SO_2 排污交易和地方性碳交易制度中将排放许可认定为存货;国际会计准则委员会曾认定其为无形资产,但遭到各方反对,于 2005 年撤销了该规定。将碳排放权列为金融资产是因为它具有与金融工具和资产相似的特征;还有研究认为排放权是政府发放的馈赠资产。

(3) 碳排放权除了法律属性和经济属性外，还具有生态属性，可以起到改善环境的作用。此外，碳排放权的客体是排放二氧化碳气体所占据的大气空间容量，具有不可支配性。排放权主体具有可选择性。因为生活在地球上的几乎所有个体和单位都在不同程度地排放着含碳气体，那么，碳排放权交易市场不必要也不可能涵盖所有的碳排放主体。

在欧盟，各个成员国对欧盟碳排放配额(EUA)在法律和财务性质上的界定呈现多样化。根据欧盟环保署的技术报告，2008 年，法国、德国等 9 国从财政法规角度将 EUA 视为商品；荷兰等 8 国视其为(无形)资产；瑞典视其为金融工具，受金融管理机构管制；希腊等 4 国没有规定其法律性质。会计确认方面，意大利等 12 国将 EUA 视为无形资产或金融资产，奥地利等 4 个国家将 EUA 视为商品或存货，还有一些国家没有规定；到 2013 年，有 5 个成员国将 EUA 认定为财产权，匈牙利考虑将其列为国有财产；4 个国家将其认定为金融资产，德国等国家则认定其为商品，但将进行修订。

纵观国际实践，碳交易制度通常以排放许可或排放单位为交易标的，而非碳排放权。对排放许可的法律性质的规定基本分为私有财产和非私有财产两类。欧盟及其成员国、新西兰等多数国家将其纳入私权范畴，政府一旦完成排放许可分配，许可就成为私有财产，受到相应法律保护，政府无权干涉。若因政策造成该财产损失，还需进行法律补偿。排放配额私权性质的确定促进了碳排放权交易市场的发展，助力欧盟碳交易体系成为全球交易最活跃、成熟的碳交易市场，排放配额衍生出具有投资价值和流动性的金融资产，如碳排放期货、期权、掉期等金融衍生品，具有典型的金融属性。而美国出于照顾环保主义者的立场，以及政府调节配额以实现政策目标的需要，从法律上强调了排放许可的非私权属性和政府处置许可的灵活性，但排放许可依然呈现显著的商品和金融属性。在我国，碳排放权或碳排放配额，可以在全国碳排放权交易市场进行交易，这体现出其商品属性。目前，我国多地正推进碳排放权期货品种的创新工作，衍生产品的引入能够为交易参与者提供风险管理工具并提升市场流动性，体现了金融属性。总的来看，我国目前碳排放权交易市场仍处在发展初期，《最高人民法院关于为加快建设全国统一大市场提供司法服务和保障的意见》提出，要“妥善审理涉碳排放配额、核证自愿减排量交易、碳交易产品担保以及企业环境信息公开、涉碳绿色信贷、绿色金融等纠纷案件，助力完善碳排放权交易机制。”

(二) 碳排放配额

碳排放配额是碳排放权的凭证和载体。配额在《辞海》中的解释为分配的数额，一般是指由政府等权力主体为了实现某领域特定的管理目的，对特定活动进行约束所创设的量化的管理工具。在不同的场景有不同的表述，如许可证、指标，但本质上都是同一个含义。配额在应对气候变化领域中的应用影响最大、范围最广、最有代表性。

碳排放配额，是政府分配给控排企业指定时期内的碳排放额度，是碳排放权的凭证和载体，1 单位配额相当于 1 吨二氧化碳当量。碳配额具有商品的基本属性，可以开展交易。第一，碳排放配额是一种有用的物品，能够满足他人或社会消费的需要。对于企业而言,其获得碳排放配额也就意味着拥有排放相应数量二氧化碳的权利。对于国家或地区而言,碳排放配额的设计将有助于降低该国或地区的二氧化碳排放,促进节能减排,使人们获得更优质的自然环境。因此,碳排放配额是一种有用的物品,能够满足人们、企业、地区或国家的需要。第二,碳排放配额是劳动产品。通过创新碳减排技术、在生产过程中开展碳减排活动能够获得碳排放配额。而纵观社会的发展只有通过相应劳动,甚至是付出复杂的劳动,才能使技术得到改进。因此,碳排放配额是劳动产品,凝结在碳排放额度中的人类一般劳动就是其价值的表现。第三,碳排放配额可以进行交换,并且通过交换能满足相应主体的需要。在确定碳排放总量目标并对排放配额进行初始分配后,企业与企业之间(或国与国之间)可以开展以碳排放配额为标的的交易,从而体现了碳排放配额的交换性及其交换价值。

(三) 碳排放权交易

碳排放权交易的概念源于 1968 年,美国经济学家戴尔斯首先提出的“排放权交易”概念,即建立合法的污染物排放的权利,将其通过排放许可证的形式表现出来,使得环境资源可以像商品一样买卖。当时,戴尔斯给出了在水污染控制方面应用的方案。随后,在解决二氧化硫和二氧化氮的减排问题中,也应用了排放权交易手段。

联合国政府间气候变化专门委员会通过艰难谈判,于 1992 年 5 月 9 日通过了《联合国气候变化框架公约》。1997 年 12 月于日本京都通过了《公约》的第一个附加协议,即《京都议定书》(简称《议定书》)。《议定书》规定了发达国家的减排义务,同时提出了三个灵活的减排机制,碳排放权交易便是其中之一。具体来看,《议定书》把市场机制作为解决二氧化碳为代表的温室气体减排问题的新路径,即把二氧化碳排放权作为一种商品,从而形成了二氧化碳排放权的交易。

2021 年,我国《碳排放权交易管理办法(试行)》(简称《办法》)第 22 条中规定,全国碳排放权交易机构应当“发挥全国碳排放权交易市场引导温室气体减排的作用”。根据上述《办法》条款,本书对碳排放权交易的定义如下:碳排放权交易是为促进全球温室气体减排,减少全球二氧化碳排放所采用的市场机制;主要指碳排放配额交易,没有特指,都不包含基于项目的减排量交易。

碳排放权交易的核心机理是:通过设定排放总量目标,确立排放权的稀缺性,通过无偿或者有偿的方式分配排放权配额(一级市场),依托有效的监测报告核查(MRV)体系,实现供需信息的公开化,依托公平可靠的交易平台、灵活高效的交易机制(二级市场)实现碳排放权的商品化,通过金融机构的参与为市场提供充足的流动性,发挥市场配置资源的效率优势,降低减排成本。碳排放权交易制度建立在总量控制的基础之上,通过充分发挥市场机制的作用来控制温室气体的排放,在减少温室气体排放的同时能够有效降低减排成本(见图 4-1)。

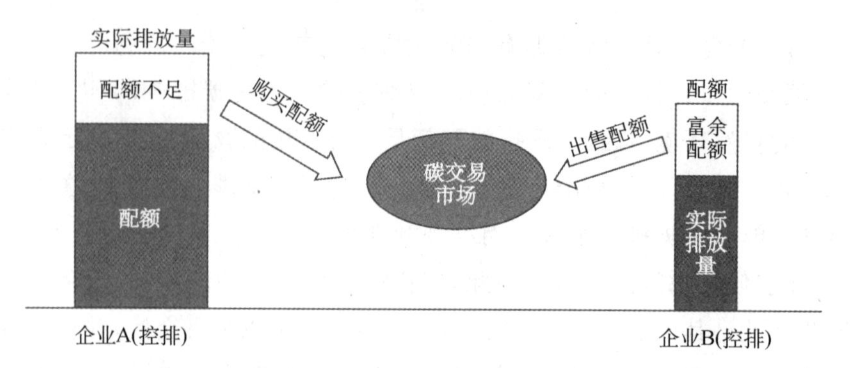

图 4-1　碳排放权交易示意图

二、碳排放权交易的类型

根据不同的区分标准，碳排放权交易有以下分类。

一是根据交易的标的不同，可以分为配额现货交易、远期合约交易和期货交易。配额现货交易指以配额的现货作为标的的交易。政府通过电子化的登记簿将配额分配到排放企业的账户里，排放企业就可以对配额进行交易。交易完成，即可发生配额权属的转移，这时候的配额属于现货的范畴。远期合约交易指以未来履行交付配额的合约为标的的交易。交易的标的不是现货形式存在的配额，而是远期合约，该合约是将来某个时间内按约定价格买卖一定数量的配额。交易完成后，仅发生合约权属的转移，不引起合约项下的配额的权属变动。期货交易是指以格式合约为标的的交易。期货交易和远期合约交易都是以合约为交易的标的，期货交易的本质是一种远期合约交易，但是期货交易有两个明显的特点：固定的交易场所——期货交易所；标准化的交易标的物——期货合约。表 4-2 为欧洲各能源交易所的交易品种、交易日期、交易单位和交割日期的比较。

表 4-2　欧洲各能源交易所的交易产品

名称	荷兰气候交易所	欧洲能源交易所	欧洲气候交易所	奥地利能源交易所	北欧电力交易所	欧洲环境交易所
交易品种	EUA、CER、减排单位（emission reduction unit，ERU）、VER 现货与远期	EUA 现货、期货，以现货为主	EUA 期货、CER、ERU	EUA 现货，以电力现货为主	EUA 年度远期现货为主	ERU、EUA、CER 期货，最大 EUA 现货市场
交易日期	工作日	工作日	工作日	每月第 2、4 个周二	工作日	工作日
交易单位	1 吨（CO_2e）	1 000 吨	1 吨	1 吨	1 000 吨	1 000 吨
交割日期	T+1	T+3	T+2	T+1	T+3	T+0

二是根据交易方式不同,可以分为电子竞价交易和协议转让。电子竞价交易是指通过电子化的竞价系统根据时间优先、价格优先原则进行的交易。电子竞价交易的方式更有利于实现公开、公平,因此,目前大多数交易场所采用的是这种方式。协议转让是指双方自主协商价格和数量的交易。协议转让效率低,交易成本高,一般在交易的数额较大的情况下采用,双方可以自主协商价格和数量。协议转让模式下,成交价格不纳入交易所的即时行情,成交量在交易结束后计入当日配额成交总量。

三是根据交易的目的不同,可以分为履约性交易和投资性交易。履约性交易是指为了履行清缴义务而进行的交易。履约性交易中买方主体是排放企业。排放企业负有清缴义务,当持有的配额少于应清缴的配额数时,需从市场中进行购买所需的配额。排放企业清缴配额后,该配额将被注销。投资性交易是指为投资目的进行的交易。无论是投资机构还是个人都可以参与交易,投资机构和个人虽可买卖配额,并持有配额,但不因此享有排放碳的权利。因此,投资机构和个人参与的交易是投资性交易。

四是根据交易的场所不同,可以分为场内交易和场外交易。场内交易是指交易双方在交易所内进行的交易,由交易所进行统一的资金和配额交割和清算。场外交易是指交易双方在交易所外进行的配额交易,但配额交付须在指定平台进行登记。区分两者的意义在于识别配额转移过程中的风险负担问题。欧洲主要碳交易平台如图 4-2 所示。

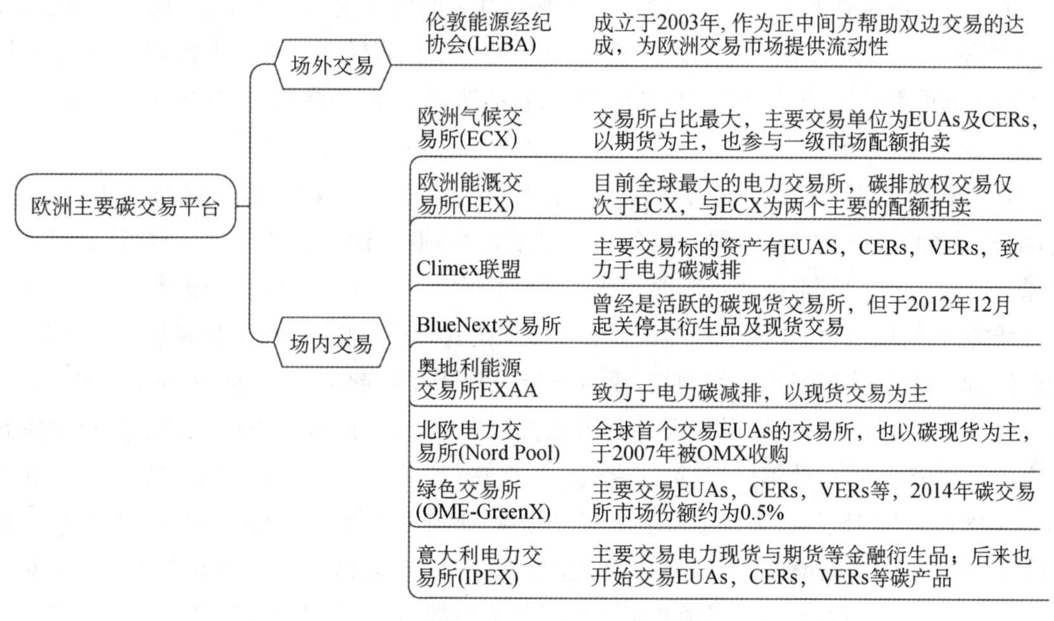

图 4-2 欧洲主要碳交易平台名称及简介

三、碳排放权交易的功能

碳排放权交易是以市场机制应对气候变化、减少温室气体排放的重大体制机制创新。国家主席习近平在第七十五届联合国大会一般性辩论上提出“中国将提高国家自主贡献力度，采取更加有力的政策和措施，二氧化碳排放力争于2030年前达到峰值，努力争取2060年前实现碳中和。”随后在2020年12月的中央经济工作会议上重申“我国二氧化碳排放力争2030年前达到峰值，力争2060年前实现碳中和”的目标。在“3060”目标下，碳排放权交易的功能是以更低成本、更高效率实现碳排放总量控制目标(即碳达峰目标)。

具体而言，碳排放权交易有以下功能。

1. 传递价格信号功能

碳排放权的市场价格能够给市场主体传递清晰的价格信号，即，碳排放是有成本的，由此通过成本推动、需求拉动和技术变革三个渠道，激励碳排放主体改变排放行为，进行绿色技术创新，推动企业新旧发展动能转换，倒逼企业淘汰落后产能、转型升级。第一，成本推动。碳排放权交易发出碳价信号，提高了控排企业的成本价格与产品价格，控排企业进一步将该碳排成本传递给产业链下游的生产部门，下游部门也会作出相应的价格调整，进而导致生产领域中一系列的价格连锁反应，导致所有部门价格普涨。第二，需求拉动。生产者提价之后，消费者根据其需求价格弹性相应地减少对高耗能行业产品的需求量，成本冲击较大且需求弹性较大的行业将受到严重的市场份额挤占，终端的需求缩减将通过产业链进一步拉动其上游行业总产出的下降。在这个过程中，价格信号改变消费行为，进而影响生产，价格的变化开始反映到产量上。第三，技术创新。低碳化的需求选择和排放的成本压力会倒逼企业进行绿色低碳技术的创新。一方面，企业通过采取低碳化的生产工艺，例如：装配式建筑、电炉钢等，降低生产过程中的碳排放，实现产业链的低碳转型。另一方面，企业通过采用低碳清洁的能源品种进行生产，如：光伏发电、新能源汽车等，最终实现低碳生产。

2. 低碳融资功能

对于绿色低碳产业而言，一方面，其不需要参与碳排放权交易，没有减排压力；另一方面，部分绿色低碳产业的减排量可以经过核证后出售，获得额外收益，从而引导社会资本流向绿色低碳产业，发挥低碳融资功能。此外，2021年11月8日，中国人民银行正式创设并推出碳减排支持性工具。作为一种结构性货币政策工具，碳减排支持性工具聚焦清洁能源、节能环保、碳减排技术等三大重点领域，重点支持正处于发展起步阶段、促进碳减排空间较大以及给予一定金融支持便可以带来显著碳减排效应的行业，碳减排支持工具的发放对象暂定为全国性金融机构(政策性银行、国有大行与股份行)。通过碳减排支持工具，引导金融机构向碳减排重点领域的各类企业提供碳减排贷款，碳减排支持工具利率设定为1.75%。碳减排支持性工具的推出便利了绿色低碳企业的间接融资，降低了其间接融资成本。而对于高碳产业而言，企业拥有的碳排放权资产能抵押或质押给银行，可以获得碳资产抵押或质押融资。

3. 国际定价权功能

在全球加大应对气候变化合作的大趋势下，全球碳市场一体化将是一种必然。我国开展碳排放权交易有助于增强我国碳市场的影响力，积极影响正在形成的国际碳定价体系，提高中国碳市场在全球碳定价体系中的话语权，提升我国在应对气候变化领域的国际领导力。

第二节 碳排放权交易体系

碳交易体系是由交易标的(碳排放配额)、交易主体(控排企业)、交易流程、交易活动及监管活动等核心要素所组成的规则化体系。就交易活动而言,碳排放权交易体系包括了一系列活动,主要包括:总量目标设定、配额分配、配额登记、MRV、碳交易、清缴履约、结算等。

一、总量目标设定

碳排放总量是一国或者地区经济社会在固定时间内(通常为一年),各种排放源排放的二氧化碳配额总和,代表其被允许排放的最大额度。以单位配额代表组织或个人具有排放二氧化碳的权利。根据区域范围的不同可以分为全球碳排放总量、国家碳排放总量以及地方碳排放总量。全球碳排放总量,是指地球在一定期间内可以排放的二氧化碳总量。全球排放总量的确定是一个科学问题,根据 IPCC 组织的科学预测,为了防止气候变化,必须到 2100 年前把地球表面的平均温度相比 1990 年时所升高的温度控制在 1.5℃以内,并以此为依据确定全球的碳排放总量。国家碳排放总量,是一个国家在一定期间内可以排放的二氧化碳总量。国家排放总量主要是由该国政府根据国际协议下的排放控制义务,确定本国的排放总量。国家排放总量的确定更多体现的是本国利益,而不仅仅是一个科学范畴的问题。一般情况下,国家确定本国的排放总量时会考虑本国的国际义务,自身排放总量和经济发展情况等因素。地方排放总量,是某个地方一定期间内可以排放的二氧化碳总量。地方排放总量主要由本地政府根据一国的排放总量来进行确定。

碳排放总量可分为绝对总量和相对总量(或称强度总量)两种类型,绝对总量即规定控排企业可获得的排放配额数量上限。相对总量即规定对每单位产出或投入所发放的配额数量。

碳排放配额总量目标的设定主要涉及三方面的关键工作。

一是碳排放配额的总量值确定。总量目标在碳排放总量控制中具有最基本的锚定作用,是减排政策制定、实施、评估的主要依据,是实现碳排放总量控制的关键。总量的多少直接关系到碳市场的运行和排放交易机制减排激励作用的正常发挥。各个区域配额总量的确定,取决于其承担的国际法律义务或自主减排承诺,需根据经济发展与保护环境平衡原则、成本和效益原则,综合考虑各地区温室气体排放、经济增长、产业结构、能源结构、控排企业承受力与竞争力等因素决定。

二是总量设定的模式。确定总量的方式通常有两种:自上而下和自下而上。自上而下的模式即在顶层设计时,从上面确定一个排放上限或总量,然后下一层面根据上一层级的排放总量来确定其排放总量。目前,欧盟 EU ETS 第三阶段主要采用自上而下的模式。自下而上的模式则是根据下一层面的排放总量或控制目标总量来计算上一层面的排放上限或总量。采用这种方式，在设定排放总量时，通过先盘查纳入管控范围内企业的排放总量，再根据原则性的排放总量规定，确定地区或交易圈的排放总量。各试点地区虽然在原则上都规定了确定碳排放总量的方法，但在设定总量时主要还是采用自下而上的模式。

总量设定的方式会对最终设定的总量值产生影响。以 EU ETS 为例，EU ETS 在第一阶段采用了自下而上的总量设定方式，即以企业自报为依据，并且出于对本国企业的保护，在数据核算时也大多倾向于宽松的标准，导致了配额过剩的现象。在第一阶段，EU ETS 配额许可量过度分配了 7.8%，在第二阶段同样过度分配了 7.4%。过量的供应直接带来了碳价的长期低迷，间接导致了欧盟减排措施效率低下、减排技术进步缓慢。

三是总量结构的比例设定。总量结构的比例设定决定了总量中应当包括的既有分配配额部分和储备配额部分。储备配额机制是总量结构设计的必要组成部分，也是进行事后总量调整的主要手段。比如：EU ETS 预留了配额总量的 5%，为新进入 EU ETS 的企业储备，专门用于产能增加的排放配额需求部分。

我国碳市场实质上形成了相对折中的分配体系，遵循“统一行业分配标准”“差异地区配额总量”“预留配额柔性调整”三个原则。

二、配额分配

“配额分配”是碳排放权交易管理机构根据碳排放控制目标，依照一定的方法和标准，对“交易圈”企业下达碳排放配额的行为。通过分配，明确主体应履行的义务和享有的权利。配额分配是一种资源配置，配额的初始分配方式上以政府配置为主，在二次分配时则以市场配置为主。配额分配的价值目标以利益平衡为主，兼顾公平和效率。

碳排放配额分配时，需要重点考虑以下三个方面的问题。

一是纳入排放控制行业的范围问题。虽然很多行业都会排放二氧化碳，但目前碳排放控制并不是全行业覆盖，通常只是部分行业纳入，部分行业不纳入。对于被纳入的行业来说，率先被纳入碳排放控制，额外增加了负担，对其而言是不公平的。特别是对于相近行业或者有竞争关系的行业，纳入控制范围的行业相比未纳入控制范围的行业，将处于竞争劣势。在碳排放权交易市场启动初期，都是将直接排放的行业纳入到控制范围，如电力行业，而间接排放的行业则根据具体情况来确定。

二是纳入排放控制的主体范围问题。同一行业的不同主体存在着直接竞争关系。无论是欧盟碳交易市场还是美国的各个交易市场，都要求碳排放量达到一定数量以上的企业才可纳入控制范围之内。这就意味着未纳入排放控制企业相比纳入排放控制企业将少支出生产成本。因此，行业全部或部分企业纳入以及多少排放规模以上的企业纳入控制范围之内，也是配额分配时需要解决的问题。门槛越低，覆盖的企业数量就越多，市场管控的碳排放量就越大。但考虑到企业参与交易的能力和政府的管理成本，企业门槛也不是越低越好。在石化、化工、建材、钢铁、有色、造纸、电力、航空等重点排放行业中，年度温室气体排放量达到 2.6 万吨二氧化碳当量（综合能源消费量约 1 万吨标准煤）及以上的企业大约有 7 000 家。

这些企业的总排放量占到工业部门碳排放的75%以上，管住了这7 000家左右的企业，就管住了工业部门碳排放的大头，同时政府的管理成本也在可接受的范围之内。因此，全国碳排放权交易市场建设初期将年度温室气体排放量达到2.6万吨二氧化碳当量(综合能源消费量约1万吨标准煤)的企业纳入碳市场管控范围。

三是配额分配的方法问题。分配的方法是配额分配的核心，是各利益方综合意志的体现。分配方法直接决定了企业权利义务的大小，对企业的利益影响重大，有些企业因分配获得了巨大的利益，有些企业则因分配增加了负担。另外，分配方法决定了企业分配的总量能否得到有效控制。分配方法的重要性决定了必须通过法律的方式给予规定。但是，分配的方法是各方利益妥协的产物，体现了不同时期各方实力的大小。配额分配方法有免费分配、有偿分配和混合模式三种。我国七个试点省市的配额分配以免费分配为主，有偿分配为辅。全国碳排放权交易市场目前全部采用免费分配方式发放配额，未来将逐渐发展成渐进混合模式。

三、配额登记

配额是碳排放权的表面凭证和记载载体。碳排放权的客体是碳排放空间，属于无形物。通过配额登记制度将碳排放权利特定化、固定化和具体化，碳排放权利的创设和变动通过配额登记制度得以实现，有利于权利的流转和交易的安全。碳排放权登记是在全国碳排放权注册登记系统进行。全国碳排放权注册登记系统分别为生态环境部、省级主管部门、重点排放单位、符合规定的机构和个人等设立具有不同功能的登记账户。全国碳排放权注册登记机构按照集中统一原则，在规定时间内，运维管理全国碳排放权注册登记系统，实现全国碳排放权的持有、转移、清缴履约和注销的登记。

四、MRV

MRV即“可监测(monitoring)、可报告(reporting)、可核查(verification)”。MRV是温室气体排放和减排量量化的基本要求，是碳交易体系实施的基础，也是《京都议定书》提出的应对气候变化国际合作机制之一。

每一个参与碳交易的主体，都需在内部建立一套完整的温室气体排放量化报告体系，以满足可监测、可报告的要求。“可监测”需获得组织和具体设施的碳排放数据，可采取一系列的数据测量、获取、分析、计算、记录等措施。“可报告”需通过标准化的报告模板，以规范化的电子系统或纸质文件的方式，对监测情况、测算数据、量化结果等内容进行报送。“可核查”是相对独立的过程，通常由有资质的第三方核查机构完成，目的是核实和查证主体是否根据相关要求如实地完成了测量、量化过程，其所报告的数据和信息是否真实、准确无误。

通过建立MRV体系，能够提供碳排放数据审定、核查、核证等服务，从而保证碳交易及其他相关过程的公平和透明，保证结果的真实和可信，有助于实现减排义务和权益的对等。为了保证结果的公正性，国际上普遍采用第三方认证机构提供的认证服务构建MRV体系，并为应对气候变化的政策和行动提供技术支撑。

2007 年,《联合国气候变化公约》第 13 次缔约方大会达成的《巴厘行动计划》(Bali Action Plan,BAP)明确要求:所有发达国家缔约方缓解气候变化的承诺和行动须满足 MRV 原则;发展中国家缔约方在可持续发展方面进行的国家缓解行动,应得到以可监测、可报告、可核查的方式提供的技术、资金和能力建设的支持和扶持。从此,MRV 被国际上多个碳交易体系所采用,逐步形成了规范的温室气体 MRV 制度。完善的 MRV 制度是建立碳交易体系的重要技术基础,是碳交易体系中不可或缺的核心环节;一个完整的 MRV 监管流程,可以实现利益相关方对数据的认可,从而增强整个碳交易体系的可信度。比如:在确定排放总量目标和强度基准时,准确的数据是科学核定的基础;在建立碳交易市场及其履约惩罚机制时,MRV 体系是明确碳排放权和评判履约绩效的一个重要依据。此外,在碳交易体系建设时所涉及的立法、政策、技术等诸多方面,MRV 是确保排放数据准确一致,实现碳交易公平、透明、可信的重要保障,也是建立温室气体排放监测报告管理平台、温室气体注册登记簿、交易平台等的重要基础。

五、碳排放权交易

根据《碳排放权交易管理办法(试行)》对于排放交易的规定,全国碳排放权交易市场的交易产品为碳排放配额,生态环境部可以根据国家有关规定适时增加其他交易产品。全国碳排放权交易市场的交易主体是重点排放单位以及符合国家有关交易规则的机构和个人。碳排放权交易应当通过全国碳排放权交易系统进行,可以采取协议转让、单向竞价或者其他符合规定的方式。全国碳排放权交易机构应当按照生态环境部有关规定,采取有效措施,发挥全国碳排放权交易市场引导温室气体减排的作用,防止过度投机的交易行为,维护市场健康发展。全国碳排放权注册登记机构应当根据全国碳排放权交易机构提供的成交结果,通过全国碳排放权注册登记系统为交易主体及时更新相关信息。全国碳排放权注册登记机构和全国碳排放权交易机构应当按照国家有关规定,实现数据及时、准确、安全交换。

六、配额清缴履约

碳排放配额清缴履约即控排企业在碳排放权交易管理部门规定的期限内,上缴与其实际排放量相等的配额,完成履约任务。纳入配额管理的单位应当每年在规定期限内,依据管理部门确定的上一年度碳排放量,通过碳排放权交易注册登记系统,足额提交配额,履行清缴义务。纳入配额管理的单位用于清缴的配额,会在碳排放权交易注册登记系统内注销。

用于清缴的配额应当为上一年度或者此前年度配额;本单位配额不足以履行清缴义务的,可以通过交易,购买配额用于清缴。配额有结余的,可以在后续年度使用,也可以用于配额交易。控排企业也可按照有关规定,使用国家核证自愿减排量抵销其部分经确认的碳排放量。

七、结算

结算是一个会计用语，指把某一时期内的所有收支情况进行总结、核算。

碳排放权交易的结算方式是注册登记结算机构按照货银对付的原则，在当日交收时点，根据交易系统的成交结果，注册登记结算机构对所有交易主体的全国碳排放权交易进行逐笔全额清算，根据清算结果进行全国碳排放权与资金的交收。

第三节　碳排放权交易的制度框架

为了在应对气候变化和促进绿色低碳发展中充分发挥市场机制作用，推动温室气体减排，规范全国碳排放权交易及相关活动，根据国家有关温室气体排放控制的要求，生态环境部 2020 年 12 月 31 日公布了《碳排放权交易管理办法（试行）》，并于 2021 年 2 月 1 日起施行。《碳排放权交易管理暂行条例》也已被纳入国务院 2022 年度立法计划。根据《碳排放权交易管理办法（试行）》，《碳排放权交易管理暂行条例（草案修改稿）》，碳排放权交易制度主要包括总量制度、分配制度、核查制度、交易制度、配额清缴制度、配额登记制度。各项制度是有机联系的整体，构成了碳排放权交易活动顺利、有效开展的基石。

一、总量制度

（一）总量制度概述

总量制度是碳排放配额交易体系建立的前提。碳排放总量制度，是指国家或者地方政府为了控制二氧化碳的排放，根据本国或本地区的排放控制目标，确定本国或本地区的二氧化碳排放总量等一系列制度总和。

碳排放配额交易体系是根据国际协议约定和各国国内的法律给予各国国家以及排放企业的碳排放总量为基础建立起来的，通过对碳排放总量的控制，人为地创造了碳排放空间的需求和价值。缺乏国际碳排放总量控制的约定，以及国内法律有关排放企业碳排放总量限制的规定，碳排放空间无法形成价值，也就无法成为可交易的客体，碳排放权交易体系失去了交易基础。所以，总量制度是碳排放权交易体系建立的前提。

排放总量制度具有以下特征。

第一，总量控制是一种新型管理环境的手段。排放总量控制是随着近年温室气体排放的激增以及在科学知识方面对温室气体排放危害认识的提高，为保护环境，政府实施的一种新型环境管理的手段。排放总量控制必将对企业的生产行为或其他主体的排放行为进行限制，是政府行使行政权力和对环境管理的过程。此外，排放总量控制是随着对排放危害的认识提高后所实施的手段。碳排放的激增出现在工业化时代，农耕时代虽也有碳排放的行为，但对地球环境影响不大。到了工业化时代，化石燃料燃烧排放大量的温室气体，由于当时科学知识的局限并未认识到温室效应,直到最近三十多年才逐渐对温室气体排放有了一定的认识,于是开始在全球范围内采取排放总量控制。政府传统的环境管理手段主要在于采取浓度控制,如污染物的排放,制定排放标准,实行浓度管理。总量控制采取的是量的管理,排放总量控制是政府从浓度管理向总量管理转变的新的管理手段。

第二,总量制度是碳排放权交易体系构建的前提和基础。碳排放权交易体系建立的前提条件就是总量制度,无总量无交易,主要原因如下:首先,总量控制是碳排放权交易市场运行的主要目标。碳排放权交易市场的建立不仅仅为了推动交易,而根本目的是通过发挥市场的作用实现排放总量控制的目标。在没有实现排放总量控制情况下,即使交易市场得以建立,碳排放权交易市场的预期评价也是负面的。其次,从经济学角度来看,在没有总量控制的情形下,配额无法形成可交易的标的,总量制度使得配额具有稀缺性,形成可交易的标的。最后,总量制度是分配制度的前提和基础。配额的分配是在总量范围内的分配,没有确定的总量,无法进行分配。所以,也很多学者将总量制度和分配制度视为同一制度,将总量制度包含在分配制度里。

(二)总量制度的基本框架

1. 总量的时间跨度

正如前文指出的,在碳排放交易体系里,总量是政府在规定时间跨度内发放的配额上限数量。总量明确的首要因素就是总量的时间跨度。总量可以一年或多年为基础来确定。一般来说,总量的时间跨度应与承诺期或碳排放交易体系的阶段相对应。比如:欧盟碳交易体系第一阶段和第二阶段的总量是以三年为基础来确定,而第三阶段和第四阶段的总量是以一年为基础来确定。

2. 总量设定的模式

总量设定的模式会对最终设定的总量值产生影响。在实际运用中,政策制定者可选择的总量设定方案有三种:①自下而上模式;②自上而下模式;③两者混合使用模式。如图 4-3。

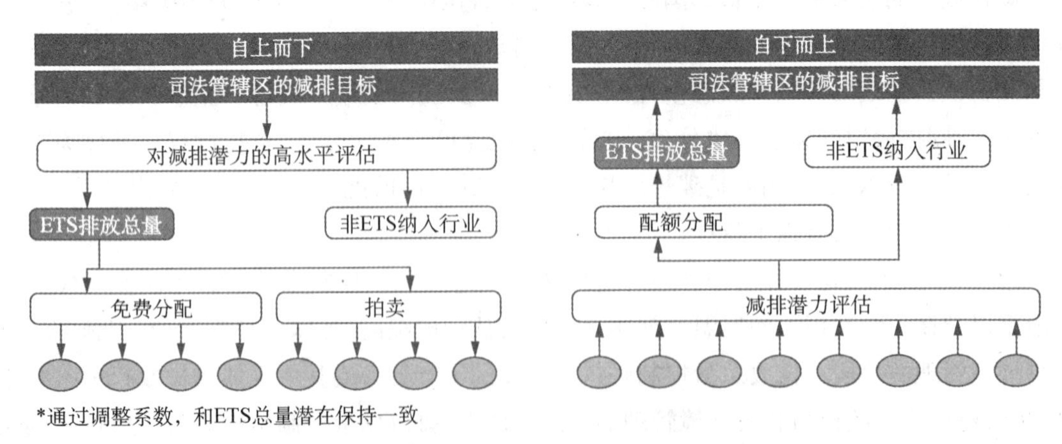

图 4-3 “自上而下”与“自下而上”的总量设定方法

资料来源:《碳排放权交易实践手册——设计与实施(第二版)》。

（1）自下而上模式：根据下一层面的排放总量或控制目标总量来计算上一层面的排放上限或总量。欧盟在碳市场第一阶段采用自下而上的方式，由成员国自主决定该国的碳排放量，其加总即为欧盟碳排放总量。第一阶段的运行情况表明，碳排放配额总量过多使得企业普遍不存在配额缺口，企业无须减排即可履约。此外，由于配额缺乏稀缺性，欧盟碳价在第一阶段末期接近于零，碳市场功能接近失灵。为了避免重蹈覆辙，欧盟委员会要求各成员国在第二阶段调低自身的碳预算，但总体仍采取自下而上的总量确定方式。

（2）自上而下模式：在顶层设计时，从上层确定一个排放上限或总量，然后下一层面根据上一层级的排放总量来确定其排放总量。欧盟在第三阶段开始采用自上而下的模式，由欧盟委员会来决定欧盟碳市场的排放总量。

（3）混合模式：我国碳排放配额总量制度是一种混合模式，总体上采取的是"自上而下"的模式，针对具体行业如发电行业采取的是"自下而上"模式。

根据《碳排放权交易管理办法（试行）》，国家总体上采取"自上而下"的总量设定模式。生态环境部根据国家温室气体排放控制要求，综合考虑经济增长、产业结构调整、能源结构优化、大气污染物排放协同控制等因素，制定碳排放配额总量确定与分配方案。省级生态环境主管部门应当根据生态环境部制定的碳排放配额总量确定与分配方案，向本行政区域内的重点排放单位分配规定年度的碳排放配额。

根据《2019—2020 年全国碳排放权交易配额总量设定与分配实施方案（发电行业）》，我国针对发电行业采取的是"自下而上"的总量设定模式。省级生态环境主管部门根据本行政区域内重点排放单位 2019—2020 年的实际产出量以及本方案确定的配额分配方法及碳排放基准值，核定各重点排放单位的配额数量；将核定后的本行政区域内各重点排放单位配额数量进行加总，形成省级行政区域配额总量。将各省级行政区域配额总量加总，最终确定全国配额总量。

3. 碳排放配额的总量值确定

一般而言，确定碳排放配额的总量值需要根据经济发展与保护环境平衡原则、成本和效益原则，基于国家希望实现多大的减排效果和以多快的速度实现减排目标，并综合考虑各地区温室气体排放、经济增长、产业结构、能源结构、控排企业承受力与竞争力等因素。具体需考虑以下三个细分因素。

一是保持总量水平与地区整体目标一致。碳排放交易通常是一个国家实现整个经济体总体减排目标可能运用的多种政策工具之一，碳排放交易系统的主要目标之一是实现与国家整体减排承诺相一致的温室气体减排量。如果将这些承诺视为碳排放交易系统的长期环境目标，则可以将总量水平视为迈向这一目标所需的中期或过渡性目标。排放总量值确定使得碳排放交易系统下的温室气体排放量具有确定性，因此将国家排放总量与各地方的排放量目标和保持一致，以提供一定程度的信心，确保达到目标并履行减排义务。

二是覆盖与未覆盖行业间的减排义务分配。若国家已经确立了整体减排目标，碳排放交易系统纳入行业的减排目标的严格程度反过来也会对未被纳入行业的减排预期产生重要影响。国家应考虑覆盖与未覆盖行业之间减排义务分配的公平性、有效性和政治影响。在向被纳入行业分配减排义务时，应考虑覆盖行业与非覆盖行业减排能力的大小。若未覆盖行业的边际减排成本相对较低，可允许企业通过当地的减排指标来获得低成本的减排量。

三是减排目标与成本之间的平衡。碳排放交易系统的基本目标是以最具成本效益的方式实现所需的减排水平。为了确保碳排放交易系统能够实现长期减排，国家可考虑在体系设计时就将更严格的未来排放总量纳入考虑，但是更严格的总量控制意味着体系所覆盖的实体需要投入更大成本。尤其是在碳排放交易系统建立初期，配额价格往往具有较大的不确定性，国家可能希望保持稳定的碳价和较低的履约成本，因此将确立体系的基本架构、争取各方对体系的支持及尽快启动交易置于更优先的地位。故体系总的履约成本不应过高，才可避免在实现更广泛的气候目标和碳排放权交易体系的其他政策目标过程中给国内竞争力和社会福利带来不成比例的过度损害。

一般而言，总量严格程度还应符合利益相关方眼中的环境有效性和公平性要求，以便获得并保持各方对碳市场的接受和支持。国际链接和交易合作伙伴可能会参照与其具有可比性的司法管辖区的减排力度和成本，来判断某个碳市场总量的严格程度。

4. 总量结构的比例设定

在确定具体的总量数值后，还需要决定总量中应当包括的既有分配配额部分和储备配额部分。碳排放权交易体系通常会预留小于10%的配额作为储备配额。储备配额主要用于新进入者分配配额、事后总量调整、配额拍卖。首先，在一个履约期开始后被纳入管控范围的新进入者，其分配的配额来自储备配额。其次，碳市场主管部门为了防止碳价的大幅波动，往往会预留部分配额作为储备配额用于市场调节。一旦市场出现大涨时，可以在市场抛售储备配额，从而起到平抑市场波动的目的。同时，一旦市场出现大跌，主管部门也可以通过向市场回收配额，降低流通中的配额总量，从而促进价格回升。最后，为了防止部分控排企业因市场流动性缺乏而难以购买到配额，进而影响清缴履约，主管部门也可以在临近履约期时，拍卖储备配额，解决部分控排企业的履约缺口。此外，配额的拍卖还创造了一个收入来源，并且可以将这些收入发放给广泛的潜在受益者。比如：韩国 ETS 第一阶段，政府预留了 8 900 万吨配额(6%)，其中 1 400 万吨用于稳定市场价格，4 100 万吨用于早期行动奖励，3 300 万吨作为新加入者储备。

二、分配制度

分配制度明确各主体之间的权利义务，是碳排放配额交易体系的核心。通过分配，明确主体应履行的义务和享有的权利。分配制度是总量控制制度的延伸和权利义务的具体化。分配合理性和科学性决定了碳排放权交易体系的合理性和科学性，因此，分配制度是碳排放权交易体系的核心。

(一) 配额分配制度概述

对“配额分配制度应该涵盖哪些基本内容”的单独研究颇少，大多数都是放在某个领域内作具体研究，如碳排放交易配额分配制度。虽然在各个具体领域里配额的产生和作用确实都有各自的特点，想概括一些共性的内容难度比较高。但放在具体领域中研究时容易忽视对配额分配更深层次内容的研究，更多地关注配额在该领域内的特殊性。在研究碳排放配额分配制度时经常放在碳排放交易中讨论，这时人们更喜欢直接讨论配额分配的无偿和有偿，但忽视了配额的可转让性本身是一个需要研究和讨论的重要问题。因此，我们必须既要联系具体领域的实际情况，又要适时跳出具体领域，试着对配额分配制度共性的内容进行研究。在研究方法上，有从制度的逻辑结构出发，认为制度的本质是一种行为规则，配额分配制度应该包括分配关系的主体、分配关系的客体以及调整分配关系的权利义务规则。故分配制度的内容包括分配什么、由谁参与分配、配额分配数量如何确定以及怎么分配等问题。也有采取列举式，从实际需要解决的问题出发，认为配额分配制度包括总量制度、分配覆盖范围、分配方式等问题。

制度是一个体系化的规则，不仅仅是某一个行为的规则，而是相互联系的、相互作用的一系列规则总和。这些规则有共同指向的对象，围绕对象来建立相应的规则，最终形成体系化的制度。因此，在研究配额分配制度时，首先要明确的是该制度的核心内容。配额分配制度的核心内容就是配额如何分配，围绕这一问题，需要解决谁来分配、分配给谁、分配的标的或内容、分配方式以及分配后果等问题，与此形成相对应的制度。具体包括以下几个内容。

1. 配额分配的权力主体

谁是分配配额的权力主体，这与一国的政府管理体系以及配额自身的地位紧密相关。配额制度形成的前提是政府公权力对某些资源的管理，在现代民主社会，基本上都形成了立法权、行政权和司法权分立的制度，但具体权力机构在每个国家的权限是不一样的，既有历史原因，也有现实考虑。另外，配额所对应的资源也是有所差异的，有些资源关乎国计民生，涉及民众的生存发展，有些仅仅是某类群体的利益。资源的差异也可能会决定配额分配权力主体。一般对于涉及国家和民众重大利益的资源，在配额分配方案制定过程中，必须由立法机构以立法的形式通过，同时也要考虑民众参与的权利。如果仅是某个领域的一般利益，则可由行政机关决定配额分配方案。

2. 配额分配的主体

即配额分配给谁。配额作为一种利益，无论是积极的资源增益，还是消极的资源增益，对于配额取得者以及其他相关主体都是非常重要的。配额分配的主体，一般都是政府原有的管理对象，如渔业领域里的渔民或船企，气候变化领域中的排放企业。另外，如何协调原有的主体和新进入者之间的关系也是一个重要的研究内容。

3. 分配的标的

配额是分配的标的。配额的性质一般从正反两方面来分析：一方面，配额具有稀缺性，包含了某种利益，主体获得配额必然会享有某种利益。配额稀缺性与自然资源的稀缺性不一样，是人为制造出来的稀缺性。如进口配额是进口国限制进口形成的，那么碳排放配额则是政府限制排放形成的。当然，这种人为制造的稀缺性也是与配额所代表的资源缺乏相关联的。另一方面,配额具有限制性,包含了某种义务。配额是有总量的,配额分配的主体只能在总量控制前提下行使配额中的权利。

4. 分配的方式

即主体取得配额的方式。目前的配额分配方式主要包括两种,无偿取得和有偿取得。从实际操作角度来看,无偿分配主体更容易接受。但从理论来看,有偿分配更加符合公平和效率原则。分配方式是整个配额分配制度的核心,决定着整个分配方案是否公平有效。

5. 分配的后果

即违反分配制度后所承担的责任。配额制度本质上是政府的管理制度,各方主体享有相应的权利,同时履行相应的义务,违反法律须承担相应法律后果,包括行政责任、民事责任等综合性的责任。

(二) 配额分配制度的基本框架

系统研究碳排放交易配额分配制度框架的著作比较少,在构建框架时主要采取两种方式:一是整体系统的构建。有学者从碳排放交易体系出发,认为碳排放交易体系由碳排放总量和交易两个体系组成,在此之下,碳排放配额分配制度应当包括配额的产权界定、覆盖范围的选择、配额总量的设定、配额的初始分配以及配额分配的矫正机制等。二是采取列举式,讨论分配制度时仅列举了某项制度,如分配方式。正如前面所述,配额分配制度是一系列规则的集合,不仅仅是单个行为规则,同时,碳排放交易配额分配制度基本框架的构建必须将碳排放交易与配额分配制度结合起来研究,既体现配额分配制度的一般特性,也能体现碳排放交易的特点。具体分析如下。

1. 碳排放配额分配的权力主体

在国外,碳排放交易领域的学者很少讨论配额分配的权力主体问题,这是因为美国或者欧盟等已经建立了较为完善的立法体系和行政体系,只需按照现有的立法或者行政体系运行即可,该部分内容主要由其他领域的学者研究讨论。而我国在新事物立法方面比较谨慎。因此,在分配制度构建中,很少有学者讨论分配的权力主体问题。笔者认为,碳排放交易配额分配涉及排放企业的生存权和发展权,同时涉及公众的财产权和生命健康权,应该通过立法的形式解决配额分配的根本性问题,然后再由行政权给予保障。因此,配额分配的权力主体以及权力主体各自权限划分必须作为配额分配制度的重要内容进行研究。

2. 碳排放交易配额分配的主体

即分配的对象。配额分配的主体是取得配额,享有权利,还是承担义务,这不取决于配额的性质,而是取决于配额制度实施前后的各主体权利义务状态。配额制度建立前,碳排放企业可以任意排放二氧化碳,也无须支付任何代价或成本。配额制度建立后,碳排放企业必须取得相应的配额后才能进行排放,排放的总量不能超过持有的配额额度。从制度实施前后利益的对比来看,碳排放企业增加了排放的控制义务,是碳排放义务主体。

3. 碳排放交易配额分配的方式

分配的方式决定了分配的主体权利义务的大小,也决定了分配制度的价值目标能否实现。碳排放交易配额分配的方式在实践中有无偿或有偿,或两者同时并存。采取何种分配方式,一方面受总量控制目标的影响,在排放控制力度较大的国家容易倾向于采用有偿分配方式,增加碳排放企业的排放成本。另一方面也受所在国的经济的影响,经济发达国家或者地区的经济发展较好,经济结构较为合理,企业的承受能力较强,多采用有偿的分配方式;而发展中国家经济发展落后,企业经济承受力较弱,当地政府倾向于采用无偿分配方式。

4. 责任制度

在碳排放交易体系中,履约和责任是碳排放交易制度的重要内容。从配额分配制度的逻辑上应该包含了分配过程以及分配后的责任问题。两者主要内容是一致的,但也存在着一些区别,履约和责任更多强调碳排放主体的责任,碳排放主体履行清缴的程序,以及未清缴的法律后果,配额分配制度中的责任不仅仅包括碳排放主体的责任,还包括了分配中各方主体的责任。

三、核查制度

(一) 核查制度概述

核查制度确定排放企业的实际碳排放总量和应履行的实际义务大小。核查是指第三方核查机构依照颁布的核查方法对排放源所排放的温室气体进行的监测和核算。通过核查排放企业的每自然年度的实际碳排放量确定排放企业应履行的清缴配额义务的具体数。排放企业根据核查结果得出的碳排放量在规定的期限内清缴相对应的配额,完成履约义务。核查制度作为碳排放权交易的主要制度具有重要的意义,具体如下。

核查是确定排放企业实际碳排放量和排放企业应履行义务的主要依据。通过第三方核查机构的核查确定排放企业每年度的实际碳排放量。排放企业通过免费或拍卖取得了配额,仅是取得了排放相对应的碳排放量的权利,如实际排放总量超过了所持有的配额数,排放企业须对超出部分进行购买,直至取得与排放量对应的配额数。因此,核查的主要任务就是确定排放企业的实际碳排放量,而排放企业的实际碳排放量是确定企业应履行清缴配额数量的依据,排放企业清缴的配额数量与实际碳排放量是一致的。因此,核查是确定排放企业义务大小的主要依据。

核查是政府实施的碳排放管理行为。核查的主体虽然是独立第三方核查机构对排放企业的碳排放进行的核算,但是在整个核查的过程中都贯彻和体现了政府的意志和行为,如政府对第三方核查机构的管理和选择,核查的方法是由政府制定并颁布,核查过程的实施由政府来组织,以及政府对核查结果有权根据规定进行复查和核定等,所以,核查也是政府对排放企业实施碳排放管理的一种具体行为。

核查结果是承担法律责任的重要依据。政府或执法机构主要是依据核查结果来对未履行清缴义务的排放企业进行处罚。当排放企业在规定时间内未能清缴与核查所确定的碳排放量相当的配额时，可根据法律认定其未履行或完全履行清缴义务，则应承担相应的法律责任。因此，排放企业是否应承担法律责任的判断标准就是排放企业是否清缴了与经核查确定的实际碳排放量相当的配额。如果拒不清缴或未完全清缴，则承担责任，清缴了相当的配额，则完成清缴义务。

（二）核查制度的基本框架

核查主体作为独立的第三方对企业的碳排放进行核查，以确保碳排放核查结果的公正。独立的第三方是相对排放企业和政府而言的。排放企业是义务履约方，排放企业与核查结果存在直接的利益关系，由排放企业对自身的排放进行核算并作为履约的依据缺乏公正性。目前，我国环境监测过程中出现了很多企业偷排的情况，检测结果与实际情况存在很多出入。虽然排放企业不宜作为核查主体，但是排放企业也要对自身碳排放进行检测和核算，并将结果报告给政府，即排放企业的报告义务。报告是核查的一个前置程序，是为了确保核查的正确性。另外，政府是企业碳排放的管理方，是行政管理关系的直接当事方，也不宜直接作为核查主体。同时，核查对技术要求很高，专业性很强，所以，由具有专业技能的独立第三方作为核查主体既能确保公正性，也能实现科学性，核查主体对核查的结果的公正性、客观性、科学性承担责任。

核查方法是核查的依据。核查机构的核查主要依据政府组织制定并公开颁布的有关碳排放的技术标准和方法，是关于计算和监测碳排放的技术标准，即核查方法。在欧洲，欧盟委员会颁布了《关于根据欧洲议会和欧盟理事会〈2003/87/EC 号指令〉制定温室气体排放监测与报告指南》(欧盟委员会《2007/589/EC 号指令》C(2007)3416 号)。我国的碳交易试点地区中，上海市发展和改革委员会颁布了《上海市温室气体核查报告总指南》以及十多个行业的核查方法学。

核查的对象是排放源。排放源指能直接或间接产生排放二氧化碳等温室气体的物体或主体。在欧洲，排放源是指排放碳的设施或装置，直接以设施作为排放控制的义务对象，核查对象和范围也仅局限于设施的排放。在我国开展碳排放试点地区，是将企业作为具体的核查对象，例如，上海的《温室气体排放核算方法与报告指南》规定，在实际碳排放中能区分生产和生活各自的碳排放量时，则以生产排放作为排放边界；不能区分生产和生活的碳排放量时，则以企业的全部排放作为排放边界。

核查的方式包括两种，一种是核算或计算，主要是根据具体的数据和方法，核算或计算出设施或企业的碳排放量。这是目前各国核查最主要的方式。另一种是监测，主要是在排放源处安装监测仪器，由仪器直接计量碳排放，多应用于电力行业。两种方式各有优劣。核算的方式比较复杂，人力成本高，且是事后得知排放情况，但精确度和准确度高。仪器监测过程方便，属于事中监控，有利于控制排放，但精确度和准确度较低，且容易造假。目前做法主要是结合两者优势，以核算方式为主，允许监测方式，监测方式结果必须得到核算结果的验证，如有冲突，以核算方式计算的结果为准。

四、交易制度

（一）交易制度概述

交易制度是碳排放权交易体系的主要内容。碳排放配额交易体系建立的目的在于实现总量控制的前提下，希望通过建立市场机制，以社会最低成本或较低成本实现整体减排。排放企业通过交易市场出售节省的碳配额获取利益，或支付一定的成本购买配额增加碳排放。从局部来看或许会增加碳排企业的成本，但从整个社会来看通过市场机制会降低整体减排的成本。

（二）交易制度的基本框架

碳排放交易制度主要包括碳排放权交易市场的交易主体、交易标的、交易方式、交易场所、交易时间、风险管理等方面的规则。

交易主体方面，重点排放单位以及符合国家有关交易规则的机构和个人，是全国碳排放交易市场的交易主体。排放企业交易主要是为了履行义务。碳排放权交易参与方可以是排放企业也可以是投资者，排放企业既可以为履行义务购买配额，也可以为投资目的参与交易。在交易市场中，交易的最终需求主要来自排放企业因履约目的而进行的配额购买，排放企业取得配额后将根据自身的实际碳排放量提交相应的配额，因此，排放企业的交易目的主要是为了履行清缴义务。

交易的标的是配额。配额是碳排放权的记载凭证，所有交易的配额都是统一登记在登记簿里，由政府进行管理。在同一碳排放权交易体系中，由于实行的是碳排放总量控制，所以配额的总数是确定的，政府不能随意增加配额发放。

在碳排放权交易市场，既有场内交易，也有场外交易。根据《碳排放权交易管理办法（试行）》，全国碳排放权交易按照集中统一原则在交易机构管理的全国碳排放权交易系统中进行。我国碳排放权交易可以采取协议转让、单向竞价或者其他符合规定的方式。

碳排放交易所通常需要建立下列风险管理制度：①涨跌幅限制制度；②配额最大持有量限制制度以及大户报告制度；③风险警示制度；④风险准备金制度；⑤碳排放交易主管部门明确规定的其他风险管理制度。

五、配额清缴制度

（一）配额清缴制度概述

配额清缴制度是碳排放权交易体系建立的法律保障。配额清缴是指排放企业在清缴期间通过登记系统提交配额，履行清缴义务。排放企业超出规定进行排放时，应依据超出的排放量，在市场上购买相应的配额，按时履行清缴，这是企业的第一性义务。如果排放企业超出排放但未取得配额进行履行清缴，则应承担相应的处罚责任，这是企业的第二性义务。配额清缴制度是碳排放权交易体系的法律保障，没有相应的处罚制度，碳排放权交易体系则为无本之木。

配额清缴是排放企业履行法定义务的一种行为。配额清缴义务属于法定义务。法定义务是指基于法律或政府直接规定的强制义务，而不是当事人约定的义务。排放企业在碳排放权交易体系中主要承担了三种法定义务，即碳排放报告义务，碳排放核查义务和配额清缴义务。碳排放报告义务和核查义务是法律直接规定的排放企业在核查前或过程中应履行的义务，配额清缴义务也是基于法律直接规定的排放企业的义务。配额清缴义务是碳排放权交易中义务体系的核心，是碳排放权交易的原动力。法律规定碳排放企业的排放报告和核查的义务是为了确定排放企业的碳排放量，排放企业将根据核查确定的碳排放量提交相应的配额，所以，报告和核查义务是配额清缴义务的前提。碳排放权交易体系的建立目的和前提就是碳排放总量控制，而碳排放总量控制具体是通过配额总量控制来实现的。在清缴期间，政府以排放企业清缴配额的考核作为依据来判断排放企业是否完成法定义务。

(二) 配额清缴制度的基本框架

纳入配额管理的单位应当每年在规定期限内，依据管理部门确定的上一年度碳排放量，通过登记系统，足额提交配额，履行清缴义务。根据《碳排放权交易管理办法(试行)》，重点排放单位应当在生态环境部规定的时限内，向分配配额的省级生态环境主管部门清缴上年度的碳排放配额。

1. 清缴的配额性质

用于清缴的配额应为上一年度或此前年度配额。因此，重点排放单位之前没使用的配额可以继续用于本履约周期的履约。当然，结余的配额，也可在后续年度使用，也可交易。

配额不足以履行清缴义务的，可通过交易购买用于清缴。控排单位也可使用国家核证自愿减排量抵销其部分经确认的碳排放量。重点排放单位每年可以使用国家核证自愿减排量抵销碳排放配额的清缴，抵销比例不得超过应清缴碳排放配额的5%。相关规定由生态环境部另行制定。用于抵销的国家核证自愿减排量，不得来自纳入全国碳排放权交易市场配额管理的减排项目。纳入配额管理的单位用于清缴的配额，在登记系统内注销。

2. 清缴的数量

排放企业向主管部门提交的配额数量即清缴量等于或多于经核查确认的上年度温室气体实际排放量时，排放企业即完成了清缴义务。否则，排放企业视为未完成清缴义务。

3. 清缴的时间

排放企业必须在法定期间内履行清缴义务。履行清缴义务的法定期间一般由法律直接规定，又称之为清缴期间。排放企业需向政府提交配额履行义务，政府对排放企业提交的配额审核后认为符合履行义务条件的则将在登记簿中给予注销，所以，清缴期间一般是规定的固定时间段，即在核查和政府审定结束后的一段时间。欧盟规定，每年4月30日前提交配额。《上海市碳排放管理试行办法》规定，纳入配额管理的单位应于每年6月1日—30日，根据经审定的上年度碳排放量，足额提交配额，履行清缴义务。用于清缴的配额应当是上年度或此前年度的配额。从上可以得知，排放企业的清缴义务履行期间一般是在排放年度结束后的下一个年度的某个时间段。

4. 未按时足额清缴的惩罚

根据《碳排放权交易管理办法(试行)》,重点排放单位未按时足额清缴碳排放配额的,由其生产经营场所所在地设区的市级以上地方生态环境主管部门责令限期改正,处二万元以上三万元以下的罚款。逾期未改正的,对欠缴部分,由重点排放单位生产经营场所所在地的省级生态环境主管部门等量核减其下一年度碳排放配额。

根据《碳排放权交易管理办法(试行)》,对未按时足额清缴碳排放配额的重点排放单位处罚信息,由作出处罚的生态环境主管部门依据《关于在生态环境系统推进行政执法公示制度执法全过程记录制度重大执法决定法制审核制度的实施意见》的相关规定,向社会公布执法机关、执法对象、执法类别、执法结论等信息。

根据《碳排放权交易管理暂行条例》(草案修改稿),重点排放单位未按时足额清缴碳排放配额的,由其生产经营场所所在地设区的市级以上地方生态环境主管部门责令改正,处十万元以上五十万元以下的罚款;逾期未改正的,对欠缴部分,由重点排放单位生产经营场所所在地的省级生态环境主管部门等量核减其下一年度碳排放配额。

六、配额登记制度

(一) 配额登记制度概述

配额登记制度是碳排放权交易体系的基石。配额登记,是指将配额的权属及其权属变动过程记录在专门的登记簿上。配额登记簿也称为配额登记注册系统,也就是记录配额持有人对其配额的权属关系及其权属变化过程的电子簿册。

碳排放配额登记,主要包括登记簿对于碳排放配额的取得、转让、变更、清缴、注销等行为以及与此相关事项的记载和统一管理。

(1) 配额取得。配额取得方式有两种:一种是原始取得,另一种是转让取得。配额的原始取得,是指登记管理机构根据国家或当地政府配额分配方案确定的配额数量,按照编码规则在登记簿中为每一吨配额创建唯一编码,并将配额发至纳入配额管理的排放企业的配额账户中。配额的创设过程是政府确定配额数量并记录在登记簿中。同时,为了使配额特定化,给每一吨配额创建一个编码。配额原始取得是政府的初始分配过程,排放企业从政府处免费或有偿取得配额。转让取得则是指买受人通过交易等行为取得配额。

(2) 配额转让。配额权属因配额交易发生转移的,在交易结束后,及时在登记簿中完成配额转让登记。根据登记的区分原则,配额转让的合同与配额转让登记是不同的法律行为,转让合同生效并不意味着配额权属发生转移,配额权属须经登记后产生转移效力。配额转让是集中在交易所通过电子撮合的方式且采用中央对手方模式进行交易的,在交易日终清算后,由登记簿根据交易所的交易系统发送的清算交收指令完成配额转让登记。

(3) 配额变更。配额变更指因非交易行为引起的配额权属变动。配额变更的原因主要有以下两种:一是配额权属因配额持有人合并或分立发生变化的,需变更登记。配额持有人合并或分立的,所持有的配额也会发生变化,登记管理机构可以根据政府的文件或通知办理变更登记,或经申请人的申请办理配额变更登记,并将变更事项记载于登记簿。二是排放企业解散、注销、停止生产经营连续六个月或迁出本区域的,完成配额清缴后,剩余配额的回收,须变更登记。

(4) 配额清缴。配额清缴指纳入配额管理的排放企业根据政府审定的上年度碳排放量,在每年法定期限内通过登记簿足额提交配额,履行清缴义务。排放企业提交配额的行为是通过登记簿来实现的,具体是将管理账户里持有的配额转移到以政府名义设置的配额账户中,转移的配额数量不得少于经审定的碳排放量。另外,排放企业提交的配额类型也须符合法律规定,《碳排放权交易管理办法(试行)》规定,配额可以储存,不能借用,本年度以及上年度的配额可以用于本年度的清缴,但不能提交下年度的配额来进行清缴。配额清缴是排放企业的履行义务行为。

(5) 配额注销。配额注销指政府对各主体提交的配额在登记簿中给予注销。配额注销主要有两种情形:一是具有履行清缴义务的排放企业提交用于清缴的配额之后自然注销;二是配额持有人自愿注销。登记主体出于减少温室气体排放等公益目的自愿注销其所持有的碳排放配额,注册登记机构应当为其办理变更登记,并出具相关证明。配额注销的法律后果是配额经注销后所有权利义务全部消灭。

(二) 配额登记制度的基本框架

1. 配额登记主体

重点排放单位以及符合规定的机构和个人,是全国碳排放权登记主体。每个登记主体只能开立一个登记账户。登记主体应当以本人或者本单位名义申请开立登记账户,不得冒用他人或者其他单位名义或者使用虚假证件开立登记账户。登记主体应当妥善保管登记账户的用户名和密码等信息。登记主体登记账户下发生的一切活动均视为其本人或者本单位行为。

2. 配额登记机构与系统

注册登记机构通过全国碳排放权注册登记系统对全国碳排放权的持有、变更、清缴和注销等实施集中统一登记。注册登记系统记录的信息是判断碳排放配额归属的最终依据。

注册登记机构依申请为登记主体在注册登记系统中开立登记账户,该账户用于记录全国碳排放权的持有、变更、清缴和注销等信息。各级生态环境主管部门及其相关直属业务支撑机构工作人员,注册登记机构、交易机构、核查技术服务机构及其工作人员,不得持有碳排放配额。已持有碳排放配额的,应当依法予以转让。

综上可以看到,碳排放权交易是一个以碳排放总量控制为前提,配额登记制度为基石,履约和处罚制度为保障,通过分配制度确定主体权利义务的市场交易体系。其中总量控制和配额分配制度是最为关键的制度,总量控制和配额分配制度的设计关系到整个碳排放权交易体系能否得以落地运作。

思考与练习

1. 碳排放权、碳排放配额、碳排放交易分别如何定义？
2. 碳排放权交易的核心机理是什么？
3. 从标的、交易方式、目的和交易场所四个角度，碳排放权交易分别如何分类？
4. MRV 的含义是什么？
5. 碳排放配额的总量值确定需考虑哪三个细分因素？

推荐阅读

生态环境部：《碳排放权交易管理办法（试行）》，2021 年。

生态环境部：《碳排放权交易管理暂行条例（草案修改稿）》，2021 年。

最高人民法院：《关于为加快建设全国统一大市场提供司法服务和保障的意见》，2022 年。

国际碳行动伙伴组织（ICAP）、世界银行“市场准备伙伴计划”（PMR）：《碳排放权交易实践手册——设计与实施（第二版）》，2022 年 3 月。

参考文献

国际碳行动伙伴组织（ICAP）、世界银行“市场准备伙伴计划”（PMR）：《碳排放权交易实践手册——设计与实施（第二版）》，2022 年 3 月。

潘晓滨：《碳排放交易配额分配制度——基于法学与经济学视角的分析》，南开大学出版社，2017 年。

郑爽：《碳排放权性质评析》，中国能源，2018 年第 6 期，第 10—15 页。

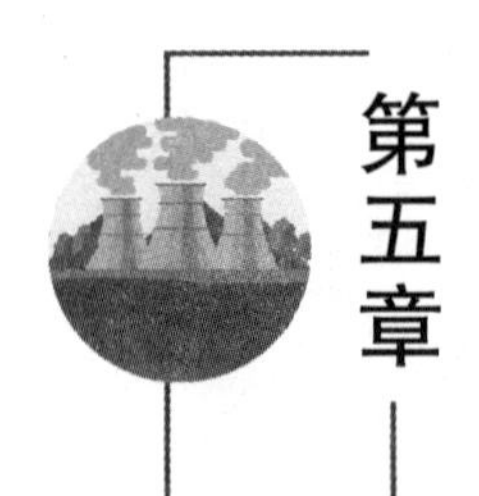

第五章 碳排放配额的总量与分配

学习要求

掌握碳排放配额总量的概念、类型，熟悉总量目标设定的数量模型；熟悉配额分配的核心要素，重点掌握配额分配的免费分配方法和有偿分配方法；熟悉配额分配的工作流程；理解电力行业的碳配额分配实例。

本章导读

碳排放总量是政府在规定时间跨度内发放的配额上限数量，是一个碳排放交易体系设计首先要考虑的问题之一。总量决定了该碳排放权交易体系对国内及国际减排努力的贡献大小。配额总量大部分会通过一定的配额分配方法分配给强制参与碳排放权交易的控排企业。配额分配方法可分为有偿分配法和免费分配法。从全球碳配额分配方法的发展来看，分配方法从历史排放分配为主到基准线分配为主，无偿分配为主逐渐发展为有偿分配为主。在起步阶段，免费分配是较为普遍采用的方法。随着碳市场的成熟和发展，拍卖逐渐成为主要分配方式。

第一节　碳排放配额的总量

一、总量的概念与类型

（一）总量的概念

总量是一国或者地区经济社会在规定时间跨度内，各种排放源排放的二氧化碳配额总和，代表允许排放的最大额度。在碳排放交易体系里，总量是政府在规定时间跨度内发放的配额上限数量。总量决定了一个碳排放权交易体系对国内及国际减排努力的贡献大小。总量的严格程度和实现减排的时间跨度是决定一个司法管辖区减排路径的关键要素，总量设定和修正过程应具有充分可预测性，从而引导长期投资决策，同时应保持政策灵活性以便及时对新信息作出反应。

碳排放交易体系限制了配额总量的大小，并由此设立了交易市场，因此，每个配额均具有价值(即所谓的“碳价”)。总量设定得越“严格”，意味着发放配额的绝对数量越少，配额越稀缺，在其他条件不变的情况下其价格就越高。

(二) 总量的类型

总量分为两大类，即绝对总量和相对总量。

(1) 绝对总量，即规定控排企业可获得的排放配额数量上限。绝对总量为监管机构和市场参与者提供了预先的确定性。在实际操作过程中，通常直接设定某一周期内碳市场覆盖行业排放量较基期排放量的下降目标，从而确定配额总量。该方式的优点在于能够保障减排效果，但弊端在于灵活性不足，无法较好地应对经济环境的变化。

(2) 相对总量(或称强度总量)，即规定每单位产出或投入所发放的配额数量。在实际操作过程中，通常设定某一周期内碳市场覆盖行业的碳强度(单位产出排放量)基准，进而根据周期内的实际产出量确定配额总量。该方式的优点在于总量与需求更加契合，但弊端在于减排的确定性相对较弱，并且数据要求较高。

总量类型的选择取决于多个因素，包括整个经济体所处的排放控制阶段(比如：是在达峰阶段还是中和阶段)，整个经济体的减排目标，未来经济增长的不确定水平(比如经济是快速增长还是结构转型)，数据的可得性，经济体以往的排放控制方式等。

二、总量目标设定

(一) 碳配额总量设定与完成碳减排政策目标的数量关系

碳排放权交易体系设计的一个首要任务就是要回答碳排放权交易在完成国家碳减排目标中究竟能起多大的作用，也就是要明确碳排放权交易配额总量设定与完成碳强度下降目标之间的数量关系。

完成规划期碳强度下降目标所需的碳减排量可以表示为

$$\Delta QY = QY_0 \times (1 + \alpha Y) + \beta Y \tag{5-1}$$

其中：ΔQY——实现规划期碳强度下降目标所需要的碳减排量；

QY_0——规划期初的整个经济体的碳排放总量；

αY——规划期整个经济体的经济增长率；

βY——规划期要求的整个经济体的碳强度下降率。

规划期末碳排放权交易完成的碳减排量可以表示为

$$\Delta Qets = Qets_0 \times (1 + \alpha ets) \times \beta ets \tag{5-2}$$

其中：$\Delta Qets$——规划期碳排放权交易完成的碳减排量；

$Qets_0$——规划期初的碳排放权交易所覆盖行业的碳排放总量；

αets——规划期碳排放权交易所覆盖行业综合平均经济增长率；

βets——规划期碳排放权交易所覆盖行业综合平均碳强度下降率。

根据式(5-1)和式(5-2)，碳排放权交易对实现碳减排目标的贡献可以表示为

$$\delta = Qets_0 \times (1+\alpha ets) \times \beta ets / QY_0 \times (1+\alpha Y) \times \beta Y \tag{5-3}$$

其中：δ 为碳排放交易碳排放权交易对实现碳减排目标的贡献率。

对式(5-3)进行重新整理，令 $\varepsilon = QY_0/Qets_0$，并忽略 αets 和 βets、αY 和 βY 的乘积项，所要求的碳排放权交易覆盖行业的综合平均碳强度下降率可表示为

$$\beta ets = \varepsilon \times \delta \times \beta Y \tag{5-4}$$

规划期末碳排放权交易的配额总量可以用式(5-5)表示为

$$Qets = Qets_0 \times (1+\alpha ets) \times (1-\beta ets) \tag{5-5}$$

将式(5-4)带入式(5-5)，我们可以得到碳排放权交易配额总量的一个新的表达式：

$$Qets = Qets_0 \times (1+\alpha ets) \times (1-\varepsilon \times \delta \times \beta Y) \tag{5-6}$$

式(5-6)是一个自上而下的碳排放权交易配额总量设定公式。我们可以把其中的 ε 理解成代表碳排放权交易覆盖范围的一个特征参数。由式(5-6)我们不难看出，碳排放权交易的配额总量和碳排放权交易覆盖范围、碳减排目标要求和希望碳排放权交易发挥的作用相关，也和碳排放权交易所覆盖行业未来的经济增长率有关。

欧盟碳排放权交易第一阶段和第二阶段运行成效不佳的一个主要原因，就是由于设计者预估的碳排放权交易所覆盖行业的经济增长率高于实际增长，以及总量设定的模式不合理等原因，导致设定的配额总量大大高于实际碳排放量。

（二）碳配额总量设定与配额分配的数量关系

配额分配方法可分为有偿分配法和免费分配法。拍卖是配额有偿分配采用的主要方法。利用拍卖方法分配配额，配额分配和总量设定的关系十分简单，只要在市场上将设定的配额总量拍出即可。但根据我国碳排放权交易总体方案设计的特点，我国碳排放权交易的配额分配以免费为主、拍卖为辅，主要采用基于行业碳排放绩效基准的免费配额分配方法。

基于行业碳排放绩效基准配额分配方法，简称“基准线法”，可以表示为

$$a = B \times l \tag{5-7}$$

其中：a——排放企业或单位可获得的碳排放配额；

B——排放企业或单位所属行业的碳排放基准值；

l——排放企业或单位的实际活动水平。

如果采用基准线法分配配额，碳排放权交易的配额总量可表示为

$$Qets=\sum_{i}^{N}B_i\times L_i \tag{5-8}$$

其中：N ——碳排放交易碳排放权交易所覆盖行业总数；

B_i ——行业 i 的碳排放基准值；

L_i ——行业 i 的实际活动水平。

式(5-8)所表述的碳排放权交易配额总量是由行业基准和行业活动水平决定的，而行业基准值往往是根据行业企业的碳排放强度数据分布情况确定的，考虑了技术上的可行性，是一种自下而上的配额总量设定方法。

(三) 碳排放权交易总体方案设计几个关键指标之间的数量关系

碳排放权交易总量设定要求自上而下设定的配额总量与自下而上设定的配额总量相一致，因此有

$$Qets_0\times(1+\alpha ets)\times(1-\varepsilon\times\delta\times\beta Y)=\sum_{i}^{N}B_i\times L_i \tag{5-9}$$

式(5-9)建立了碳排放权交易总体设计的一个理论分析框架，它表述了碳排放权交易总体设计中的关键政策目标指标(碳强度下降率和碳排放权交易的贡献率)、关键碳排放权交易特征指标(碳排放权交易覆盖范围和行业碳排放基准值)和关键经济指标(碳排放权交易覆盖行业的总体经济增长率和分行业活动水平)之间的数量关系，揭示了碳排放权交易总体设计应该遵循的基本原理。

也就是说，只有当碳排放权交易设计涉及的这些指标满足式(5-9)时，碳排放权交易的设计才是内部逻辑一致的，也才能做到科学合理。

下面用一个例子说明，在国家碳排放权交易总体设计中，如何科学确定关键指标的问题。

2015 年，我国化石燃料消费所产生的 CO_2 排放量约为 90 亿吨。根据“十三五”规划纲要的目标要求，“十三五”期间的 GDP 年增长率 6.5%左右(五年增长 37%)，碳强度累计下降 18%。

根据当前已经公布的国家碳排放权交易的覆盖范围和纳入碳排放权交易的企业门槛进行估算，2015 年国家碳排放权交易的 CO_2 排放量约为 45 亿吨。假定“十三五”期间碳排放权交易覆盖行业的总经济增长率为 27.6%(年均 5%)，如果希望国家碳排放权交易的建设在实现碳减排目标的贡献不低于 30%、50%和 70%的话，根据公式，我们可以计算出 2020 年国家碳排放权交易的配额总量应分别不高于 51 亿吨、47 亿吨和 42 亿吨。

根据该公式，一方面，行业碳排放基准的选择就应该保证碳排放权交易配额总量分别不高于 51 亿吨、47 亿吨和 42 亿吨。另一个方面，在利用重点排放单位排放报告数据确定行业碳排放基准过程中，通过完成碳减排目标所希望的行业碳排放基准和根据重点排放单位报

告数据所确定的行业碳排放基准之间的对比分析，来验证利用自上而下的方法提出的碳排放权交易贡献率是否可行，进而对期望的碳排放权交易贡献率进行调整，重新确定配额总量，直到得到一个科学合理的贡献率和配额总量。

三、中国碳排放权交易体系的总量目标确定

我国基于本身发展中国家的定位，长期以来选择的都是碳强度指标作为国家减排目标，从 2007 年国务院所印发的《中国应对气候变化国家方案》，到 2021 年中共中央、国务院印发的《关于完整准确全面贯彻新发展理念做好碳达峰碳中和工作的意见》，均考核单位 GDP 能耗与单位 GDP 二氧化碳排放量相对基期下降的百分比，而非考核能耗与碳排放总量的下降。

政策制定者在设定总量时往往面对三大挑战。首先，应考虑是否及如何适应总量期内的变化，例如可能导致碳市场不稳定的外部冲击，所覆盖的行业数量变化，以及企业进入或退出。其次，必须确保配额分配方法（无论是免费分配还是拍卖）与总量相符且不会推高总量。最后，必须在提供总量控制轨迹确定性、建立长期价格信号与保留调整灵活性之间求取平衡。

我国 2021 年向联合国提交的最新 NDCs 目标中包含了碳排放的相对总量目标和绝对总量目标，即二氧化碳排放力争于 2030 年前达到峰值，努力争取 2060 年前实现碳中和。到 2030 年，中国单位国内生产总值二氧化碳排放将比 2005 年下降 65%以上。可以看到，我国现有的碳排放达峰目标只要求排放总量在 2030 年达峰后逐步下降，但总量控制的“天花板”尚未明确，从国家到各地方的碳达峰目标都没有确定具体的控制数量。

总的来看，我国当前的碳排放总量控制制度是一个基于相对总量的制度。首批纳入全国碳市场的发电行业，其碳总量配额的确定方法是基准线法，即根据不同类型机组的单位发电量碳排放标杆值对发电企业的机组进行配额分配，本质上是一种碳排放强度目标控制手段，这样得出的碳配额总量并不是真正意义上的发电行业碳排放总量，难以与面向碳达峰的总量控制要求相衔接。具体的配额总量形成过程是：中华人民共和国生态环境部确定全国配额分配方案；省级生态环境主管部门根据配额方案核定各重点排放单位的配额数量；将本省各重点排放单位配额数量进行加总，形成省级配额总量；将各省级行政区域配额总量加总，最终确定全国配额总量（如图 5-1）。

因此，中国碳市场本质上是一种可交易的绩效标准，其目标是减少碳市场所覆盖设施单位产出的平均碳排放量，是基于相对总量的体系，而不是绝对总量的体系。实际上，早在“十三五”期间，我国就提出了碳排放强度控制。国家《第十四个五年规划和二〇三五年远景目标纲要》提出，要逐步建立以碳强度控制为主、碳排放总量控制为辅的制度。2021 年中央经济工作会议也提出，新增可再生能源和原料用能不纳入能源消费总量控制，创造条件尽早实现能耗“双控”向碳排放总量和强度“双控”转变，加快形成减污降碳的激励约束机制，防止简单化的层层分解。

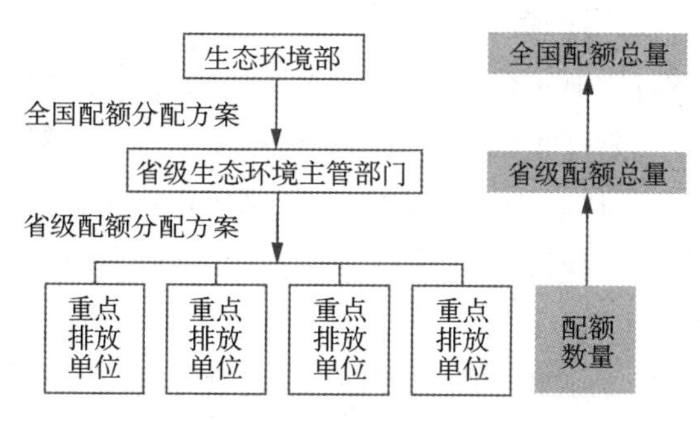

图 5-1 我国碳配额总量控制流程图

为了有效推动碳达峰碳中和，我国应根据 2030 达峰目标，分解“十四五”和“十五五”两个阶段的碳排放控制总量，确定每个阶段的碳排放交易配额总量。根据 2060 年的碳中和目标，设定相应的阶段性目标。同时，根据经济社会发展形势变化而适度调整，形成有一定变动区间的范围性目标要求，构筑围绕长期总量控制要求的动态调节机制。为推动短、中、长期目标落实，应完善区域和行业碳排放总量目标分解机制。对于区域目标分解，探索基于经济发展和碳排放区域特征的国家碳排放总量目标地区分解机制，探索碳排放总量目标逐级分解、上下级目标紧密衔接的方法，完善地区目标监控和考核制度，保障国家碳排放总量目标的落实。对于行业目标分解，开展主要碳排放行业发展阶段诊断和总量控制目标确定工作，建立行业目标和国家目标衔接机制。

四、影响总量设定的碳交易体系设计因素

（一）配额储存与预借规则

储存（banking）和预借规则为控排企业履约提供了时间上的灵活性，将碳排放配额的时间期限从一年延展至更长期限，可以有效防止碳价的大幅波动。

碳排放配额是配额主体拥有现在或将来的一段时间内排放一吨二氧化碳的权利。拥有这样许可的主体可以决定现在使用还是留到将来使用（也就是许可的“存储”）。存储就意味着一部分排放额度退出流通，那么当下的实际排放水平就会低于上限值，但也可能导致未来的实际排放会高于上限值。相反，政府也可以允许排放主体透支未来的排放额度，这就是排放配额的“借贷”。

商品市场和金融市场的理论与实践显示，在没有大的技术革新、信息变化、政策变动的情况下，存储和借贷规则会使得碳排放配额的市场价格沿着一条远期价格曲线平稳上升（霍特林曲线）。随着时间的推移，配额的价格增长速度会与风险级别类似的资产趋同，不受排放上限轨道影响。任何成本、技术和政策的变化只会引起价格曲线的微调。

在实际操作当中，排放许可的存储是被允许的，但通常会受到各种限制。现有的碳市场都将排放许可的借贷限制在很小数额内，主要是由于担心大规模的借贷会推迟减排进程，还会削弱政府执行政策的力度。

（二）价格稳定机制和抵销机制

价格稳定机制是指通过限制价格波动、调节配额供给等手段，以保持碳配额供需基本平衡、避免碳价格过度波动、增强碳市场应对外部冲击能力的一类政策工具。在碳市场启动之初，碳价格稳定机制的研究就已经出现，并随着近年来碳市场价格的剧烈波动而成为一个研究热点。学术界对此提出了大量方案，归纳起来大致可以分为两类：价格波动限制、配额供给调节。

价格波动限制包括价格上限和下限两方面，最低拍卖价、涨跌幅限制、价格管理储备等都可以归于广义上的价格波动限制。价格上下限的优点是缩小了价格波动区间，从而降低了市场风险。配额供给调整包括投放配额和回购配额两个方面，碳央行、市场稳定储备、自动配额数量调整等都属于此类。例如，EU ETS 提出的市场稳定储备方案的核心内容是：当市场配额紧缺时，按照一定条件向市场供应配额；当市场配额宽松时，通过一定手段缩减市场配额供给。自动配额数量调整的措施由碳市场投资者协会提出，即如果配额在 3 年后仍然未被使用掉，那么在下一阶段会将相同数量的配额从总量中扣除，即碳交易体系作为一个整体不能储备过剩配额。

抵销机制指的是正在执行或已经批准的减排活动项目经核查后产生的减排量在碳交易市场进行交易并能够抵销排放量的机制，且碳抵销机制源于自愿原则。可参与碳抵销机制的项目通常分为两种：一种为采用化石能源替代等方式实现的碳减排，如风电、光伏、垃圾焚烧等可再生能源项目；另一种为通过吸收大气中的二氧化碳达到减排效果，如林业碳汇、碳捕获利用与封存技术（CCUS）等。

根据碳抵销产生方式和机制管理方式，可将碳抵销机制分为国际性碳抵销机制、独立碳抵销机制及区域、国家和地方碳抵销机制三类。《京都议定书》提出三种灵活的国际性碳抵销机制，推动发达国家与发展中国家共同参与碳减排活动来应对环境变化。国际性碳抵销机制主要是指由国际气候条约制约的机制，通常由国际机构管理，主要包括国际排放贸易机制（IET）、联合履约机制（JI）和清洁发展机制（CDM）。

独立碳信用机制指的是不受任何国家法规或国际条约约束的机制，由私人和独立的第三方组织（通常是非政府组织）管理，截至目前主要有四个独立性抵销机制，分别为美国碳注册处（American Carbon Registry，ACR）、清洁空气法案（Climate Action Reserve，CAR）、黄金标准（Gold Standard，GS）和自愿碳减排核证（Verified Carbon Standard，VCS）。

区域、国家和地方碳抵销机制由各自辖区内立法机构管辖，通常由区域、国家或地方各级政府进行管理。截至目前主要有 20 个区域、国家和地方碳抵销机制，例如我国提出了中国温室气体核证自愿碳减排量（CCER）计划，根据生态环境部 2020 年 12 月 25 日发布的《碳排放权交易管理办法（试行）》第 29 条，重点排放单位每年可以使用国家核证自愿减排量抵销碳排放配额的清缴，抵销比例不得超过应清缴碳排放配额的 5%。

总的来看，总量的设定必须与减排目标的总体战略要求保持一致，以此确定拟发放的配额。此外，政策制定者亦应决定是否接纳体系外的履约单位。

第二节　覆盖范围

一、覆盖范围概述

碳排放权交易市场的覆盖范围是指其所涵盖的温室气体(GHGs)的排放源和种类。碳市场的首要目标是通过激励措施以最小成本实现减排。原则上,碳市场覆盖范围越广,成本越低,效果越好。但实践中,将某一温室气体排放源纳入碳市场需具备两个条件:一是碳排放测量应达到一定规模并真实可控;二是监测、报告、核查及其管理成本应低于纳入碳市场所带来的收益。对于纳入碳市场不具有经济性的排放源,如移动排放源,更适合在其上游覆盖或征收等值碳税(费)。

具体而言,碳排放权交易市场覆盖范围应重点考量下列问题。

(1) 应覆盖哪些行业和气体?一般来说,最好覆盖排放量大,且其排放容易监管的行业或气体。通常应覆盖现有措施无法提供足够的经济刺激推动其减排的行业,以及通过减排可带来协同效益的领域。

(2) 应在哪里设置监管点?应在可监测、可强制履约、且被监管的实体能直接减排,或通过成本传递来影响排放的地方设置监管点。有时可将被监管的责任实体或管控单位,即"监管点",放在下游,位于直接将温室气体释放到大气中的设施或实体。这种情况通常会释放最直接的价格信号。然而,这也可能导致较高的交易成本。当然,如果价值链上的这些监管点已安装了监测设施或设备,如已进行大气污染物排放监测和报告,则可减少相应的交易成本。然而,如果被覆盖的实体可以通过提高其产品价格的形式向价值链下游转嫁履约成本,则监管点可放在上游,即在造成排放的燃油首次商品化的地方监管排放。

上游监管可能在扩大覆盖范围、减少交易和履约成本方面具有吸引力,但缺点是,这种方法不容易激发下游企业行为模式的改变。

(3) 是否应设定纳入门槛?若在下游进行监管,设置纳入门槛尤为必要。此举可减少或消除小型企业的履约成本、政府的管理和执法成本,但同时也要考虑,它可能会降低环境有效性,并造成纳入门槛内外的实体间的竞争扭曲。应根据碳排放权交易所在司法管辖区的具体情况来调整纳入门槛。采取选择性加入措施可提供一定的灵活性。

(4) 应以谁为履约单位?对大型企业而言,以公司为单位进行履约可以减少交易成本。但如果该企业拥有多个场地或分公司,其中不同公司相互关联或涉及部分所有权问题,那以企业为单位实施履约则非易事。

二、全国碳排放权交易覆盖范围确定原则

确定全国碳排放权交易市场的覆盖范围应考虑以下两方面原则。

(1) 参与方原则。需要具体考虑排放特征、数据基础、减排潜力和减排成本四方面。排放特征与国家或地区的产业结构和能源结构有很大关系,涉及覆盖温室气体的种类、排放机理和行业范围。数据基础首先需要考虑关键数据是否可获得,其次考虑数据的准确性。建立碳排放权交易市场的目的是深度挖掘不同行业的减排潜力,并通过市场机制实现这些减排潜力。最后需要考虑碳价以及减排成本,分析对相关重点排放单位生产成本的影响,并与自上而下的模型研究对接,进一步分析对国民经济的影响。

(2) 管理者原则。需要具体考虑政策协调、管理成本和避免泄漏三方面。政策协调主要指覆盖范围需与国家或地区已发布的节能、低碳发展及环保等政策措施相协调。管理成本指确定全国碳排放权交易市场的覆盖范围时,需要考虑管理机构的监督和交易等成本。避免泄漏,即需要考虑碳价的传导途径以及主要用能设施间的可替代性,避免碳排放从碳排放权交易覆盖范围内向体系外转移。

三、覆盖气体

联合国气候变化框架公约(UNFCCC)第 4 条及第 12 条规定,所有缔约方都有义务"用缔约方大会确定的可比方法编制、定期更新、公布并向缔约方会议提供关于《蒙特勒尔议定书》未予管制的所有温室气体的各种源的人为排放和各种汇的国家清单"。

《京都议定书》(1997)提出公约管控的六种温室气体包括:二氧化碳(CO_2)、甲烷(CH_4)、氧化亚氮(N_2O)、氢氟碳化物(HFCs)、全氟化碳(PFCs)、六氟化硫(SF_6)。此外,2012 年《京都议定书》的多哈修正案又将三氟化氮(NF_3)纳入温室气体管控范围。

总的来看,目前 UNFCCC 对以上七种温室气体进行了管控。其中,全球温室气体排放中二氧化碳占比为 70%左右,中国温室气体排放中二氧化碳占比为 83.2%,高于全球平均水平约 10 个百分点。从中不难看出,二氧化碳是我国最主要的温室气体,控制了二氧化碳排放就在很大程度上控制了温室气体排放,故全国碳市场建设初期温室气体仅考虑二氧化碳。

四、覆盖排放类别

纳入履约范围的排放类别包括以下几个。

(1) 化石燃料燃烧导致的二氧化碳排放。该类别的排放占全国温室气体排放总量的近 80%,占全国二氧化碳排放总量的 85%以上。

(2) 外购电、热所对应的排放。我国目前电力、热力价格不能向下游用户传导,工业锅炉等通用设备可以实现煤改电、气改电,或通过外购热力代替自有锅炉供热,因此如果不覆盖外购电、热所对应的碳排放,较易造成碳市场体系内外的碳泄漏。

五、排放源边界

通过与未来采取的配额分配方法挂钩,可以确定不同行业的排放源边界。不同行业子类采用的分配配额方法具体分为行业基准法和企业历史碳排放强度下降法。

采用行业基准法分配配额的行业子类，以纳入的重点排放单位主产品生产系统（工序、分厂、装置）为排放源边界，其能耗可以单独计量，该计量准确性高，易于核查。这些行业子类的产品和工艺具有同质性，同一行业内横向可比。

采用企业历史碳排放强度下降法分配配额的行业子类，对于排放源边界的要求可适当放松，其以企业法人或独立核算单位为边界，但应保持历史年度和履约年度排放源边界的一致性，以免影响配额分配结果的公平性。

六、覆盖行业

全国碳排放权交易市场分阶段进行，逐步扩大覆盖的行业和门槛标准，以保证碳排放权交易市场实施效果的长期有效性。同时，经国务院生态环境主管部门批准，省级生态环境主管部门可适当扩大碳排放权交易的行业覆盖范围，增加纳入碳排放权交易的重点排放单位。目前，全国碳市场以发电行业为起步，预计在“十四五”期间或将完成除发电行业外的其他七个重点能耗行业（石化、化工、建材、钢铁、有色、造纸、航空）的纳入。届时，市场活跃程度将会有较大的提升，全国碳市场的配额总量有望从目前的45亿吨扩容到70亿吨，覆盖全国二氧化碳排放总量的60%左右。

第三节　配额分配的核心要素

一、配额分配主体

配额分配主体有企业与设施两类。

以企业为分配主体时，即以企业所有排放为边界，包括生活及办公用能。这种方法的优点是历史数据完整、计算简便，但也存在分配不明确、管理条理性差的缺点。

以设施为分配主体时，即分配与核定的边界为企业内每个可分割的生产设施。这种方法便于管理并有利于形成有效计量系统，但历史数据获取有一定难度且核查要求高。

二、配额分配周期

核定和分配的周期，是指多久对每个主体的配额量进行一次核定，多久开展一次分配。换一个角度来说，就是指在多长的时间内，主体的配额量是确定的；每多长时间可以获得一次配额。

假设以三年为一个周期，配额的核定和分配周期可形成以下三种方案。

方案一为每年核定、每年分配。它的优点是灵活性较强，可随时对分配情况进行调整。缺点是在同一阶段内分配方式的统一性差，不利于企业形成合理预期和减排动力。

方案二为三年核定、每年分配。它的优点是同一阶段内分配的统一性强，缺点是分配调整余地小。

方案三为三年核定、一次分配。它的优点是分配的统一性强，企业有明确的预期，有利于交易市场形成和价格发现，缺点是灵活性较差，需要通过宏观调控等方式调整配额。

三、配额分配原则

1. 市场化

碳交易市场应能优化资源配置，引导企业实现低成本的主动减排，形成内在节能减碳的激励机制。市场化与政府调控并非矛盾的，而是互相补充和促进。

2. 差异化分配-兼顾公平性

公平性对政策的可行性和生命力具有重要影响。公平性要平衡新老企业和不同能力的企业，也要考虑在排放权交易区域内的企业与外部的竞争关系。

"早期行动"情况纳入分配主要是从公平角度考虑。在没有政策或超出现有政策强制规定范围的先期节能减排行动的企业，相比其他没有采取节能减排措施的企业，不应该在配额分配时被置于劣势。

3. 可操作性

设计机制时应简单化，避免过长或过于繁琐的前期准备，以便分配方案可以得到迅速实施。

四、配额分配方法

碳排放权交易体系中，由政府主管部门对纳入体系内的控排企业分配碳排放配额。配额分配实质上是财产权利的分配，配额分配方式决定了企业参与碳排放权交易体系的成本。例如，分配方法可能成为影响企业在确定产量、新的投资地点以及将碳成本转嫁给消费者的比例等问题上的决策的关键因素。

配额分配方法有免费分配、有偿分配和混合模式三种。具体分类情况见图5-2。

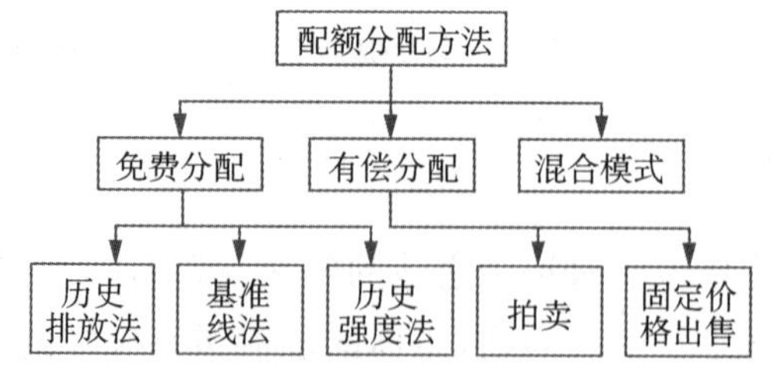

图5-2 配额分配方法

(一) 免费分配

免费分配即政府将碳排放总量通过一定的计算方法免费分配给企业。其配额确定方法有历史排放法、基准线法和历史强度法。

1. 历史排放法

历史排放法也称为“祖父法”，是不考虑排放对象的产品产量，只根据历史排放值分配配额的一种方法。历史排放法以纳入配额管理的对象在过去一定年度的碳排放数据为主要依据，确定其未来年度碳排放配额。

这种方法比较简单易行，设定某一年或某一个时期为历史基准期，根据各设施在历史基准期的排放数据来决定它们分配到的配额数量。

$$\text{碳排放配额} = \text{总量} \times \frac{\text{该设施或企业在历史基准期的排放量}}{\text{历史基准期排放总量}} \tag{5-10}$$

历史基准期的选择可以考虑最近的一年或几年的平均、具备较完备和精确的排放数据，以及政府规定的减排目标的基线期，当然也应注意该时期与预计实施排放权交易体系的时期之间的经济发展状况、产业结构等的相似性。

祖父法也需要额外的规则来应对历史数据不足的情况，特殊的生产技术和流程，对新进入者和产能扩大等情况，这些情况会增加其复杂性。

无论从理论还是实践来看，祖父分配法因为受管制对象的接受度高及其本身的简单易行，而成为免费分配中比较常用的分配方式。它的问题也很明显，即对已经采取减排措施的企业不公平——相当于奖励了在历史年度排放量最大的那些企业，却惩罚了本该受到奖励的、提前采取减排措施、在该年度排放最少的企业。此外，这种方式对碳价的形成和促进企业的创新和研发激励也可能不足。

2. 基准线法

基准线法又称为标杆法，指基于行业碳排放强度基准值分配配额。行业碳排放强度基准值一般是根据行业内纳入企业的历史碳排放强度水平、技术水平、减排潜力以及与该行业有关的产业政策、能耗目标等综合确定。基准线法对历史数据质量的要求较高，一般根据重点排放单位的实物产出量（活动水平）、所属行业基准、年度减排系数和调整系数四个要素计算重点排放单位配额。

所谓的基准线即碳排放强度行业基准值，是某行业的、代表某一生产水平的单位活动水平碳排放量，主要用于碳交易机制中的配额分配，是基准线法的主要依据。基准线的获取实际上是对碳排放强度进行从小到大的排序，通过一定的规则选取其中某一水平作为基准值，过程中涉及不同强度值之间的对比，因此也将其叫作标杆法。又因为基准值通常代表较先进的碳生产力，北京地区将其称为“先进值”。

若能确保基准设计的连贯性、一致性与审慎性，使用固定的行业基准法可持续激励相关主体以高成本效益的方式实现减排目标（包括通过需求侧的减排）。此外，固定的行业基准法同样可以奖励先期减排行动者。然而，若基准值未经精心设计，可能无法实现上述优势。同时，固定的行业基准法也是一种耗时长久和对数据要求较高的分配方法。固定的行业基准法在防范碳泄漏方面的效果可能好坏参半，且仍有赚取暴利的可能性。用于确定向重点排放单位发放免费配额额度的产量可以是历史数据，亦可是实时数据，若使用实时数据则需进行更新。

基准线法有利于激励技术水平高、碳排放强度低的先进企业。凡是在基准线以上的企业，生产得越多配额的富余就越多，就可以通过碳市场获取更多利益。相反，经营管理不好、技术装备水平低的企业，若是多生产，就会带来更多的配额购买负担。

全国碳排放权交易市场第一个履约期纳入的发电行业即采用了行业基准法来分配配额。一般来说，若采用行业基准法进行配额分配，其配额计算须满足以下基本框架。

首先，配额分配和履约的二氧化碳排放量是相互对应的，两者的边界应一致，即针对这一边界内的排放设施发放的配额，在履约时也是通过核算这一边界内的排放水平确定需要上缴的配额量。其次，基准线法是通过产品产量来确定配额的，其对应排放量的核算边界是生产该项产品的设施，按照生产不同产品的不同设施各自对应的基准线和产量确定配额量，再汇总得到整个重点排放单位履约年度内的配额量。具体公式如下。

$$A=\sum_{x\in X}\sum_{i=1}^{N}(A_{xi})=\sum_{i=1}^{N}(A_i)=\sum_{x\in X}(A_x) \tag{5-11}$$

式中：A ——企业二氧化碳配额总量，单位：tCO_2；

A_{xi} ——设施 i 生产产品 x 的二氧化碳配额量，单位：tCO_2；

A_x ——设施 i 的二氧化碳配额总量，单位：tCO_2；

A_i ——产品 x 的二氧化碳配额总量，单位：tCO_2；

X ——生产产品种类集合；

N ——设施总数。

其中，针对某一设施 i 生产的某类产品 x，其配额计算方法是：按其所对应的基准值，乘以该产品履约年度的产量，再乘以相应的修正系数。具体计算公式如下。

$$A_{xi}=Q_{xi}\times B_{xi}\times F_i \tag{5-12}$$

式中：Q_{xi} ——设施 i 生产产品 x 的产量，单位：(产品单位)；

B_{xi} ——设施 i 生产产品 x 对应的排放基准，单位：tCO_2/(产品单位)；

F_i ——设施修正系数，单位：无量纲。

基准式最大的优点是公平，即两个除了排放水平不同其他各方面都很相似的设施将会被平等对待，排放量相对较高的设施不会获得更多的排放配额。另外，基准选用还可以对提升能效和技术进步提供更强的激励(如采用较高节能减排的水平作为行业基准)，当然如果基准选用较松，那么也会适得其反，并带来“意外之财”。其主要劣势和难点在于，由于行业、产品、生产工艺的不同可能导致排放率标准的不同，因此基准确定较为复杂，对数据要求较高。

其中，关于基准线的划定，需要做两步工作。

(1) 行业划定。

涉及大型固定排放源——通常为每年二氧化碳排放量超过(含)26 000吨的排放交易体系,将涵盖发电及能源密集型行业几乎全部燃烧设施。但这些行业可能存在一些不同的产品子行业。对这些子行业需要进行划定和评估,以确保行业基准能够代表行业设施,而不只是一两个设施。划定行业或子行业并不容易,有时候生产相同的产品可能使用不同的工艺,或者产品可能为联合生产(例如在化工行业)。

排放交易体系中需要权衡行业数量、集中程度和行业总量水平。平衡的关键是在合理准确描述一个行业或子行业的产品通用性和数据可用性的同时,保证足够的行业总量,以便于管理。

如果由一个行业或子行业中的最佳参与者制定基准,则这些参与者必须能够代表整个行业,体现行业的排放特点(包括技术与生产组织方法),并且这些特点可以在其他设施复制。因此必须有足够数量的设施形成基准,并且必须定义和划定基准设施的异常特性。

如果一个行业内设施的排放量与其生产相关性较小,还会出现更多问题。这种情况通常发生在采矿业,因为资源基础随着储备开采而减少,但其排放量却保持不变,甚至随着开采难度加大而有所增加。此时很难确定一个行业基准,因此需要采取截然不同的方法。同样,如果一个行业规模太小,或分布不均,无法确立实用的基准值,则必须通过其他配额分配方法,来鼓励和激励行业实施改进。

(2) 行业排放数据确定行业基准。

行业排放数据收集是关键。国家政府难以掌握设施级别的生产数据和排放数据。因此,需要进行行业普查。这些数据是免费配额分配的关键,将决定企业经济利益,所以需要进行核查和验证。生产数据处理可能需要聘请外部顾问,并确保其对生产数据保密。

决定生产和排放数据的基线非常重要。周期越长需要的数据就越多,但更有可能将影响排放量的问题平均化,包括经济衰退、设施生产周转和产能更换或升级或去瓶颈,以及新技术和方法的推出等。更短的周期虽然代表性较差,但可以更早开始基准评估,数据采集要求也更低。

最后需要确定行业二氧化碳排放基准水平。按行业平均水平确立基准,可能对低效率设施的改进激励不足,并导致效率最高的生产者配额盈余较多。而在第一个四分位或第一个十分位层面确定基准值,减少了过度分配的风险,并表现出更具雄心的行业排放水平。但这些是相对较小的调整,免费分配的总体目的是保护设施和行业,同时避免碳泄漏风险。

3. *历史强度法*

历史强度法(也叫历史强度下降法)是指根据排放单位的产品产量、历史强度值、减排系数等分配配额的一种方法。市场主体获得的配额总量以其历史数据为基础,根据排放单位的实物产出量(活动水平)、历史强度值、年度减排系数和调整系数四个要素计算重点排放单位配额的方法。历史强度法往往要求企业年度碳排放强度比自己历史碳排放强度有所降低。其本质上也是一种基准线法,即以历史碳排放强度为基准。钢铁行业、化工行业、造纸行业的产品类别众多,不能通过一个或几个共有的产品设定基准。在这种情况下,选历史强度下降法相对合理。具体计算方法为

$$企业年度基础配额 = 历史强度基数 \times 年度产品产量 \times 调整系数 \tag{5-13}$$

其中,历史强度基数是指通过单位产品的碳排放量历史情况所设定的基数,大部分行业依据几年内碳排放强度的加权平均。

中国目前部分试点采用的是以前几个年度的二氧化碳平均排放强度作为基准值,该方法介于基准线法和历史总量法之间,是在碳市场建设初期,行业和产品标杆数据缺乏的情况下确定碳配额的过渡性方法。

与固定的行业基准法相同的是,政府部门可选择使用历史或实时数据计算企业应得的免费配额额度。使用实时数据时需定期更新,这种分配方法可有效防止碳泄漏,并奖励先期减排行动者。然而,若使用行业碳排放强度基准,这种分配方法可能造成行政管理上的复杂性。不断激励相关主体采取高成本效益方式实现减排目标,这需要以审慎的连贯一致的基准设计为前提,需要保护需求侧减排的动力,且当免费配额分配水平整体较高时,政府部门需将配额控制在总量控制目标范围内。

总体来看,免费分配法在理论上同样具有激励企业减排的作用,因为即使一个企业免费获得的配额超过其实际排放,它的减排行为所省下的配额可以以市场价格销售。同时,它也为受管制和受影响的企业和消费者提供了一些支持,促进其对碳价的接受过程。免费分配法的缺点主要有以下五点:

(1) 过多的免费分配可能减少市场的流动性,从而增加价格的波动;

(2) 分配配额实际上意味着在不同的行业和企业之间分配"财富"——它既可以用来纠正分配带来的负面影响(比如某个行业成本过高),也可以增加该影响;

(3) 基于不同的分配结构,免费分配可能降低对投资者的价格信号(例如高碳行业获得更多的免费配额),而这也会减缓向低碳经济的过渡;

(4) 基于不同的分配结构,向新企业免费发放配额,有可能会激励高排放行业;

(5) 如果企业可以将配额的成本转嫁到消费者身上,免费分配等于提供了"意外之财"。2005—2012 年,欧盟几乎所有配额都是免费发放,给一些行业带来了暴利。德国的莱茵集团仅在 EU ETS 期初的三年就赚取了 64 亿美元的意外之财。

这些缺点并非必然,可以通过分配方法设计和配套政策降低不利影响。在碳排放权交易体系推出初期,由于市场尚不成熟,宜采用无偿分配。

(二) 有偿分配

有偿分配有以下两种:一是拍卖,即由相关的政府机构采用适当的拍卖方式,企业通过竞价获得二氧化碳排放配额。政府不需要事前决定每一家企业应该获得的配额量,拍卖的

价格和各个企业的配额分配过程由市场自发形成。二是固定价格出售，即每单位配额以固定价格出售给需求企业。

在碳排放权交易市场初期，政府为了使市场顺利启动，对企业采取了妥协和谦让的政策，在分配方法上一般是免费分配和祖父制的分配方式。而在启动一段时间后，会逐渐采取部分有偿的分配方式，最终采取全部有偿的拍卖方式进行分配。

国际上一般认为有偿分配可形成一定收入，并通过将该部分收入专门用于支持企业开展节能改造和发展新能源，从而能激励企业创新，提高能源效率，实现良性循环。将配额进行有偿分配，还可在经济形势或控排要求发生重大变化的情况下，为调节总量控制目标提供一些灵活性。例如，在免费发放的情况下，任何减少配额总量的决定都可能招致排放主体的极大反对，而降低有偿分配数量则相对容易被接受。当然，如果有偿分配导致排放主体花费过大，那么反对声音就会很强。在实际操作中，少部分发达国家的排放权交易体系会全部采用有偿分配。

1. 拍卖

有偿分配通常是碳配额拍卖，指政府主管部门通过公开或者密封竞价的方式将碳排放配额分配给出价最高的买方。碳配额拍卖是一种同质拍卖，即竞拍者对同一种商品（配额）在不同的价格水平上提出购买意愿，最终以某种机制确定成交价格。配额拍卖的来源主要是储备配额。

拍卖法有众多好处，首先，该方式较其他方法简单、公平，价格透明，是一种行之有效的方式，能够使配额价高者得。拍卖方式不仅提供了灵活性，对消费者或社区的不利影响进行补偿，同时也奖励了先期减排行动者。其次，该方式可以增加政府收入，可用于国内气候变化减缓与适应的项目，或者补偿遭受气候变化影响的个人或组织。此外，拍卖法为碳排放交易机制带来的成本效率是最高的，保证碳价格完全传递。

然而，拍卖会面对需要购买配额行业的很多反对之声。首先，拍卖需要先行支付很多资金，这些成本对行业造成了额外负担，特别是面临国际竞争压力的行业。其次，在时机、参与资质标准、公司信贷可靠性以及拍卖收入再利用规则方面也存在一系列问题。此外，拍卖对防范碳泄漏效果甚微，且无法补偿因搁浅资产而导致的损失。

2. 固定价格出售

固定价格出售是政府主管部门综合考虑温室气体排放活动的外部成本、温室气体减排的平均成本、行业企业的减排潜力、温室气体减排目标、经济和社会发展规划以及碳排放权交易的行政成本等因素，制定碳排放配额的价格并公开出售给纳入碳体系的控排主体。

按固定价格出售方式和拍卖方式一样可以使温室气体排放的外部性影响内部化，也有利于增加政府收入。但是这种方式的弊病在于政府定价的确定。如果价格过高，同样会造成企业负担过重，使企业产生抵触情绪；如果价格过低，则又失去了调节作用。

（三）混合模式

即为免费分配和有偿分配相结合的分配方式，该方式在碳市场实践操作中多被采用。

在混合分配模式中，需要考虑免费分配的比例。混合模式中的免费分配一是为了避免碳泄露，二是为了减少参与碳交易企业的阻力。

欧盟最初约95%的配额为免费发放，后来免费发放配额比例下降至90%左右。而在供求双方通过碳市场自动成交的同时，拍卖占比也逐年上升，份额从最初的不到5%升至目前的40%。

欧盟在配额分配第一阶段，由于没有相关数据，所以对所有行业都进行保护，采取免费分配配额的方式。第二阶段，大部分配额免费发放给控排企业。然而，随着数据的可获得性逐步增强，政策制定者衡量碳泄露风险的可行性也在逐步提高。例如，电力行业能够在很大程度上将碳成本转移给终端使用者，因此它们不存在明显的来自欧盟以外的竞争力威胁，所以在第三阶段，电力企业都没有获得免费配额。对于工业企业而言，为了推动其减排，欧盟考虑给其设定一个免费配额限额(ceiling)，即所有应对碳泄露风险的免费配额总额不能超过一定限额。

第四节　配额分配的工作流程

配额分配的工作流程是一项非常重要的内容。由于分配方法的不同，分配流程也有不同。在国内碳交易试点中，一般都在各地方碳排放管理办法中对配额分配作出原则性规定，对于分配方法、流程、发放方式和时间、配额调整等事项，则在管理办法的配套细则中加以规定。

一、直接分配

对于采用历史排放法或历史强度法的企业，一般事先明确各企业的碳排放配额数，在分配方案下发的同时或稍后直接分配配额。

二、预分配方法

对于采用基准线分配的行业，计算重点排放单位配额量使用的数据是企业在履约年度的实际产量。同时，国家主管机构采信的排放数据是经过第三方机构核查的数据，一般到第二年的三、四月份才能完成上报，这时已经离企业需要上缴配额的履约期很近了，再分配配额不利于碳排放权交易的运行。因此，全国碳排放权交易将采用两次发放配额的方式，第一次是预分配配额，在上年度履约期结束后，以最后一个拥有完整核查数据年度数据的产量，乘以一定比例来计算配额量和进行预分配，企业可以用预分配配额在碳排放权交易所进行交易；第二次是最终分配配额，在获得完整履约年度且经核查的产量数据后，以此计算企业的最终配额量，再对比已发的预配额进行多退少补。

具体流程如下。

(1) 制定配额分配方法：国家主管部门制定全国总配额的分配方法。

(2) 出台配额分配技术指南:国家主管部门确定各纳入行业的配额分配具体方法、公式及参数、分配程序及其他具体要求。

(3) 配额预分配:省级主管部门依照配额分配方法和技术指南的要求,基于与配额分配年度最接近的历史年份的主营产品产量(服务量)等数据,初步核算所辖区域内纳入企业的免费发放配额数量。经国家主管部门批准后,在注册登记系统中作为预分配的配额数量,进行登记。

(4) 确定最终配额数量:省级主管部门依照最终确定的配额分配方法和技术指南的要求,基于配额分配年度的主营产品产量(服务量)、新增设施排放量等核查数据,核算所辖区域内纳入企业的最终配额数量,多退少补。经国家主管部门批准后,在注册登记系统中作为最终配额数量,进行登记。

第五节　全国碳市场配额分配解析(电力行业)

根据《全国碳排放权交易市场建设方案(发电行业)》,发电行业配额按国家政府主管部门会同能源部门制定的分配标准和方法进行分配,以《2019—2020 年发电行业重点排放单位(含自备电厂、热电联产)二氧化碳排放配额分配实施方案》进行说明,最终发电行业配额分配标准和方案以国家正式公布版为准。该配额分配实施方案提出两套方案,方案一按常规燃煤机组,燃煤矸石和水煤浆等非常规燃煤机组(含燃煤循环流化床机组)和燃气机组分别设定行业基准值;方案二按照 300 MW 等级以上常规燃煤机组、300 MW 等级及以下常规燃煤机组,燃煤矸石、水煤浆等非常规燃煤机组(含燃煤循环流化床机组)和燃气机组分别设定行业基准值。见表 5-1。配额分配方法采用基于实际供电量和供热量的行业基准法。各类机组 2019 年行业基准值,分别以 2018 年各类机组的平均单位供电量 CO_2 排放值和平均单位供热量 CO_2 排放值为基础,按照"鼓励先进、适度从紧"的原则确定各类机组基准值。

实施方案中的机组是指纯凝发电机组和热电联产机组,不具备发电能力的纯供热设施不在该实施方案范围内,自备电厂参照执行。为提高碳市场初期运行可操作性,初期暂不纳入燃油发电机组,未来在市场深化完善过程中可逐步考虑纳入。

表 5-1　全国配额分配基准线划分方案

方案一	方案二
常规燃煤机组	300 MW 等级以上常规燃煤机组
	300 MW 等级及以下常规燃煤机组
燃煤矸石、煤泥、水煤浆等非常规燃煤机组	燃煤矸石、煤泥、水煤浆等非常规燃煤机组
燃气机组	燃气机组

一、配额分配方法

以常规燃煤机组为例，常规燃煤机组的 CO_2 排放配额计算公式如下。

$$A = A_e + A_h \tag{5-14}$$

式中：A ——机组 CO_2 配额总量，单位：tCO_2；

A_e ——机组供电 CO_2 配额量，单位：tCO_2；

A_h ——机组供热 CO_2 配额量，单位：tCO_2。

其中，机组供电 CO_2 配额计算方法为

$$A_e = Q_e \times B_e \times F_l \times F_r \times F_f \tag{5-15}$$

式中：Q_e ——机组供电量，单位：MWh；

B_e ——机组所属类别的供电基准值，单位：tCO_2/MWh；

F_l ——机组冷却方式修正系数，如果凝汽器的冷却方式是水冷，则机组冷却方式修正系数为1；如果凝汽器的冷却方式是空冷，则机组冷却方式修正系数为1.05；

F_r ——机组供热量修正系数，燃煤机组供热量修正系数为 $1-0.22\times$供热比；

F_f ——机组负荷(出力)系数修正系数。

参考《常规燃煤发电机组单位产品能源消耗限额》(GB 21258—2017)的做法，常规燃煤纯凝发电机组负荷(出力)系数修正系数按照表5-2选取，其他类别机组负荷(出力)系数修正系数为1。

表 5-2　常规燃煤纯凝发电机组负荷(出力)系数修正系数

统计期机组负荷(出力)系数(%)	修正系数
$F\geqslant 85$	1.0
$80\leqslant F<85$	$1+0.0014\times(85-100F)$
$75\leqslant F<80$	$1.007+0.0016\times(80-100F)$
$F<75$	$1.015^{(16-20F)}$

注：F 为机组负荷(出力)系数。

机组供热配额计算方法为

$$A_h = Q_h \times B_h \tag{5-16}$$

式中：Q_h ——机组供热量，单位：GJ；

B_h ——机组供热 CO_2 排放基准，2019年国家常规燃煤机组供热 CO_2 排放基准值为 0.126 tCO_2/GJ，以后年份的国家基准值另行发布。

二、配额分配基准线

以方案二为例，对于不同机组类别、不同时间、不同试点地区的供电、供热配额分配基准值，如表 5-3 所示。

表 5-3　方案二供电、供热配额分配基准值

机组类别	机组类别范围	供电基准值(tCO_2/MWh)						供热基准值(tCO_2/GJ)
		2020.8	2019.9	2020.11	广东试点	上海试点	北京试点	2020.11
Ⅰ	300 MW 等级以上常规燃煤机组	1.003	0.989	0.877	0.880 600 MW 亚临界	0.847 8 600 MW 亚临界	0.434 1	0.126(前一个版本为 0.135)
Ⅱ	300 MW 等级及以下常规燃煤机组	1.089	1.068	0.979	0.968 300 MW 以下循环流化床	0.864 7 300 MW 以下循环流化床	0.434 1	
Ⅲ	燃煤矸石、水煤浆等非常规燃煤机组(含燃煤循环流化床机组)	1.256	1.120	1.146	0.968	1.184 3	0.434 1	
Ⅳ	燃气机组(F)	0.404	0.382	0.392	0.398	0.386 3	0.364 9	0.059

三、配额分配流程

1. 预分配

(1) 对于纯凝发电机组。

第一步：核实 2018 年度机组凝汽器的冷却方式（空冷还是水冷）和 2018 年供电量(MWh)数据。

第二步：按机组 2018 年度供电量的 70%，乘以国家常规燃煤机组供电 CO_2 排放基准值、冷却方式修正系数和供热量修正系数（实际取值为 1），计算出 2019 年度机组预分配的配额量。

(2) 对于热电联产机组。

第一步：核实 2018 年度机组凝汽器的冷却方式（空冷还是水冷）和 2018 年的供热比、供电量(MWh)、供热量(GJ)数据。

第二步：按机组 2018 年度供电量的 70%，乘以国家常规燃煤机组供电 CO_2 排放基准值、冷却方式修正系数和供热量修正系数，计算出机组供电预分配的配额量。

第三步：按机组 2018 年度供热量的 70%，乘以国家常规燃煤机组供热 CO_2 排放基准，计算出机组供热预分配的配额量。

第四步：将第二步和第三步的计算结果加总，得到机组的预分配的配额量。

2. 最终配额核定

(1) 对于纯凝机组。

第一步：核实 2019 年度机组凝汽器的冷却方式(空冷还是水冷)和 2019 年实际供电量(MWh)数据。

第二步：按机组 2019 年度的实际供电量，乘以国家常规燃煤机组供电 CO_2 排放基准值、冷却方式修正系数和供热量修正系数(实际取值为 1)，核定机组最终的配额量。

第三步：最终核定的配额量与预分配的配额量不一致的，以最终核定的配额量为准，多退少补。

(2) 对于热电联产机组。

第一步：核实机组 2019 年度凝汽器的冷却方式(空冷还是水冷)和 2019 年实际的供热比、供电量(MWh)、供热量(GJ)数据。

第二步：按机组 2019 年度的实际供电量，乘以常规燃煤机组供电 CO_2 排放基准值、冷却方式修正系数和供热量修正系数，核定机组供电最终的配额量。

第三步：按机组 2019 年度的实际供热量，乘以国家常规燃煤机组供热 CO_2 排放基准值，核定机组供热最终的配额量。

第四步：将第二步和第三步的核定结果加总，得到核定的机组最终的配额量。

第五步：核定的最终配额量与预分配的配额量不一致的，以最终核定的配额量为准，多退少补。

四、配额分配解析

2020 年 12 月 30 日，生态环境部发布《2019—2020 年全国碳排放权交易配额总量设定与分配实施方案(发电行业)》(以下简称《分配方案》)，下文将对《分配方案》核心内容和关键问题作出梳理与分析。

在《分配方案》正式发布之前，生态环境部曾在 11 月 20 日公开发布该方案的征求意见稿及其编制说明，征求意见时间至 2020 年 11 月 29 日止。仔细研读可见，《分配方案》的变与不变如下。

(一) 主要变化

1. 暂不设地区修正系数

征求意见稿中曾引入一个地区修正系数(小于 1)作为配额分配调节的参数："考虑到各地区实现其控制温室气体排放行动目标的需要，各地区可结合本地实际通过地区修正系数收紧本地区配额"。然而该参数也引起了市场主体公平与电力市场化改革方面的讨论，最终此次发布的分配方案暂不设地区修正系数。

2. 纳入配额管理的重点排放单位

征求意见稿中纳入配额管理的重点排放单位名单以"发电行业(含其他行业自备电厂)2013—2018 年任一年排放达到 2.6 万吨二氧化碳当量"为筛选条件,此次分配方案终稿中将纳入全国配额管理的重点排放单位筛选年份调整为"2013—2019 年"。此前,生态环境部组织各地开展了 2013—2019 年度重点排放单位碳排放数据报送与核查工作。受疫情等因素影响,排放数据收集进度缓慢,根据上年度(2019 年度)数据形成的重点排放单位名单也无法确定。至 2020 年底,2019 年度数据进入收尾工作,历史数据年份和纳入企业名单也已确认。根据筛选结果,2019—2020 年全国碳市场纳入发电行业重点排放单位共计 2 225 家,较征求意见稿中的 2267 家减少了 42 家。

3. 体现温室气体和污染物的协同管理

《分配方案》正式发布稿较征求意见稿增加了一条:"未依法申领排污许可证,或者未如期提交排污许可证执行报告的"不予发放及收回免费配额。这条变化再次体现出 2018 年机构改革以来生态环境部不断在加强温室气体和污染物的协同管理。在 2021 年 1 月 11 日,生态环境部印发了《关于统筹和加强应对气候变化与生态环境保护相关工作的指导意见》,相信未来碳排放管理与生态环境保护相关工作的监督检查协同力度将进一步加强。

(二) 不变之处

除以上几点内容以外,《分配方案》中关于纳入机组类型与判定标准、配额分配方法与清缴规则、各类机组的碳排放基准值等核心要素均与上一版征求意见稿保持一致。

2019 年以来,生态环境部公开发布过三版《分配方案》,分别是:①2019 年 10 月生态环境部组织能力建设培训中发布的《2019 年度分配方案(试算版)》(方案二);②2020 年 11 月《2019—2020 年度分配方案》征求意见稿;③2020 年 12 月《2019—2020 年度分配方案》正式发布稿。其中主要区别如表 5-4 所示。

表 5-4 发电行业配额分配方案历史版本比较*

	内容	2019 年 10 月 试算版(方案二)	2020 年 11 月 征求意见稿	2020 年 12 月 发布稿
清缴履约	配额缺口上限	无	核查排放量的 20%	核查排放量的 20%
配额分配修正系数	地方修正系数	无	各省级主管部门可设地区修正系数(小于 1)	无
	负荷率修正系数	无	有(针对常规燃煤机组纯凝发电机组)	有(针对常规燃煤机组纯凝发电机组)
	燃煤机组供热量修正系数	1−0.23×供热比	1−0.22×供热比	1−0.22×供热比
	燃气机组供热量修正系数	1−0.6×供热比	1−0.6×供热比	1−0.6×供热比

（续表）

	内容	2019年10月试算版（方案二）	2020年11月征求意见稿	2020年12月发布稿
机组碳配额基准值	300 MW等级以上常规燃煤机组供电基准值（tCO_2/MWh）	0.989	0.877	0.877
	300 MW等级及以下燃煤供电基准值（tCO_2/MWh）	1.068	0.979	0.979
	燃煤矸石、煤泥、水煤浆等非常规燃煤机组供电基准值（tCO_2/MWh）	1.120	1.146	1.146
	燃气供电基准值（tCO_2/MWh）	0.382	0.392	0.392
	燃煤供热基准值（tCO_2/GJ）	0.135	0.126	0.126
	燃气供热基准值（tCO_2/GJ）	0.059	0.059	0.059

＊注：根据相关报道，较多电力企业尚未在2018年度对燃煤单位热值含碳量和碳氧化率采用实测，在当年度排放量核算时采用了惩罚性高限值，因此试算版的分配方案配额基准线相对较宽松，而在2019年度的核查中大部分企业已采用实测数据。

下面对试点碳市场分配方案与全国分配方案进行对比。

在上海与全国对于常规燃煤机组的分配公式中，相关参数的对比情况如表5-5所示。

表5-5 常规燃煤发电机组配额分配参数对比（上海与全国）

分类		上海分配方法	全国分配方法
供电配额	直接发放比例	根据燃料类型及碳强度等取值，96%—99.5%	—
	供电量	供电量＋供热折算供电量	供电量
	供电排放基准	根据装机容量、压力参数分6条基准线，0.783 8－1.184 3 tCO_2/MWh	根据装机容量分1—2条，0.877—0.979 tCO_2/MWh
	冷却方式修正系数	开式循环取1，闭式循环取1.01	空冷取1.05，水冷取1
	负荷率修正系数	根据企业机组性能及年均负荷率确定，平均在1.02－1.09	根据企业年度负荷率确定
	环保排放修正系数	大气污染物排放达标取1.01，未达标取1	—
	供热量修正系数	—	1－0.22×供热比
供热配额	供热量	折算成供电量	供热量
	供热排放基准		0.126 tCO_2/GJ

除分配规则上的区别，这两种分配公式在参数设置上有以下三点区别。

一是基准线的设定及调整。从对配额发放的掌控上来看，上海和全国的方法采用了两种思路。上海方法一般将历年的供电排放基准保持不变，通过调整直接发放比例来实现配额分配量。而全国方法目前预计将根据行业内的总体情况每年调整基准值。

在基准线的条数方面，上海方法根据机组的燃料类型（燃煤、燃气），装机容量等级（1 000 MW、600 MW、300 MW 等），蒸汽压力（超超临界、超临界、亚临界、超高压等）划定了多条基准线，优点是各类型机组总体缺口比例不大，缺点是鼓励先进力度有限。而全国方法遵循相对较少的配额基准线原则，对于同一类型机组仅分了 1—2 条基准线，“奖励先进，惩戒落后”的力度更强，配额短缺机组的缺口比例更大，对企业经营的影响较大。

不过由于在企业碳核算过程中关于含碳量、氧化率等参数实测值与高限值的差异导致本身排放量就高了许多，所以全国市场配额分配量相对上海市场的增加没有可比性，需结合其他因素一起分析。

二是冷却方式修正参数。发电行业冷却方式主要有水冷和空冷两种，据了解空冷机组的能耗水平高于水冷机组 4%—5%。此外，按循环方式又可分为开式循环、闭式循环两大类，闭式能耗水平略高于开式。上海方法中，由于本市机组一般都采用水冷，仅考虑了开式和闭式的不同取值。在全国方法中，西部地区较多采用空冷方法。目前仅考虑了空冷与水冷的区别，而并未考虑由于开式和闭式的区别。

三是负荷率修正参数。全国方法仅针对纯凝机组修正负荷率，而上海方法对有少量供热的机组同样适用负荷率修正。

第六节　配额分配的国内外经验

一、配额分配的国际经验总结

这一部分对欧盟排放交易体系（EU ETS）、美国区域温室气体减排行动（RGGI）、美国加州总量控制与交易计划有关“配额分配”规则进行汇总分析。具体如表 5-6 所示。

表 5-6　国际碳配分配经验

碳交易体系	配额分配
欧盟排放交易体系（EU ETS）	● 第一、第二阶段：（2005—2007 年，2008—2012 年） ○ 各成员国通过“国家分配方案”进行配额分配，欧盟委员会审核（有驳回原方案，并降低配额的权力） ○ 以免费分配为主（基于历史排放的“祖父法”），规定第一阶段拍卖最多 5%的配额，第二阶段 10%，实际分别是 0.13%和 3% ○ 各成员国被要求在 2005 年 3 月 31 日前提交第一阶段的国家分配方案（实际提交从 2005 年 2 月到 2006 年初），第二阶段要求至少提前 18 个月提交，欧盟委员会用 6 个月审查

（续表）

碳交易体系	配额分配
欧盟排放交易体系（EU ETS）	● 第三阶段：（2013—2020年） ○ 电力行业100%拍卖（极个别例外） ○ 取消"国家分配方案"，欧盟统一的针对其他行业的免费发放（基于基准法）：高能耗且面临国际竞争的行业获得100%免费配额；其他行业获得80%，到2020年免费配额降到30%，2027年降到0 ● 新进企业： ○ 预留并免费分配配额，采用基准线法；为了公平对待新进入者，且避免成员国在吸引新投资方面处于不利地位 ○ 第一阶段预留配额占总量3%，各国不一；通常采用先到先得，迟到者需从市场购买（意大利、德国政府在市场上购买并免费发给新进企业） ○ 预留配额剩余各国处理方法不一：大多数选择在市场上拍卖，小部分国家选择统一废除 ● 关闭企业： ○ 基本上采用收回原先分配的配额；为了避免提供停业激励 ○ 瑞典和荷兰允许停业设施拥有者至少保留到交易期结束；德国规定可以（有限）转让给新进者
美国区域温室气体行动（RGGI）	● 设计时规划的是免费分配和拍卖相结合的方式，在执行中各州几乎全部通过拍卖方式；几种例外情况：①早期行动配额（相比2003—2005年，2006—2008年期间实现大幅的排放源）；②有限行业豁免保留分配（向电网供电比例小于或等于其年度发电量的10%的电力生产设施） ● 各州管制机构要在2009年1月1日前决定2009—2012年第一个履约期的配额分配；在2010年1月1日前及以后的每年1月1日前，将分配3年后开始的每一年的配额 ● 首次拍卖于2008年9月29日举行，以后每季度举行一次，通过统一的拍卖平台；每个拍卖单位为1 000个配额，即1 000吨二氧化碳。初期拍卖以单轮、统一价格和暗标拍卖的方式进行。后期在维持统一拍卖方式的前提下，可转化为使用多轮、价格上升的拍卖方式 ● 初始拍卖设立底价，为1.86美元/配额，之后的底价或高于1.86美元（根据消费者价格指数进行调整）或者设定为市价的80% ● 初次拍卖的底价履约期内的配额在期内提前拍卖；将来生效的配额，最多可提前4年拍卖，最多可拍卖可分配配额的50%；没有拍卖成功的配额会结转到下次，至履约期结束，将根据评估决定是否注销该履约期内未拍卖的剩余配额 ● 超过90%的拍卖所得被用来支持消费者受益、节能或可再生能源项目
美国加州总量控制与交易计划（NSW GGAS）	● 免费分配： ○ 初始大量免费分配，随时间推移更多地使用拍卖 ○ 给电力部门：分配到电力输送单位（非发电厂，以避免消费者电价的突然上涨）；基于历史排放和销售的"祖父法"；要求电力输送单位使用这些配额产生的价值服务于消费者的利益，如账单补贴或其他节能减排措施 ○ 给工业行业：大部分免费（以帮助工业实现转型并防止排放转移）；基于行业"基准法"和产出分配；将随着对碳价的逐渐适应而减少免费分配，至防止排放转移的水平 ● 拍卖： ○ 除用于配额价格控制储备和免费分配给工业和电力输送部门外，剩余部分将被拍卖（每季度一次） ○ 拍卖所得由州政府获得，放入空气污染控制基金，用于公共利益，如补贴消费者、地区减缓适应自然资源保护项目、低碳投资资金等 ○ 初期拍卖以单轮、统一价格和暗标拍卖的方式进行，拍卖底价为10美元/吨，未来的拍卖底价以高于通胀率5%的比例提升

二、欧盟碳排放配额分配

(一) 欧盟温室气体排放总量立法

1. 主要依据

国际协议、欧盟的指令、指导意见和决定等构成了欧盟碳排放总量控制和分配立法的法律渊源。

(1) 国际协议。欧盟以区域组织的身份加入了有关气候变化的一系列国际协议,作为缔约方承担国际协议中的义务,并先后批准了《联合国应对气候变化框架公约》《京都议定书》和《巴黎协议》。因此,各个国际协议中的温室气体排放总量控制的立法对于欧盟具有国际法上的效力,成为欧盟制定内部法的重要法律依据。《京都议定书》中规定欧盟在第一承诺期内应将二氧化碳等温室气体的排放总量相比 1990 年的排放水平减少 8%,欧盟以此为依据和基础建立了配额交易体系。因此,有关排放总量控制的国际协议以及相关文档都是欧盟排放总量控制和分配的重要国际法渊源。

(2) 欧盟的指令等法律。为实现国际协议中的排放总量控制目标,欧盟启动了应对气候变化的立法进程,2003 年 10 月欧洲议会和理事会通过了《建立欧盟温室气体排放配额交易机制的指令》,并进行了多次修改。指令是欧盟最重要的、具有最高效力的有关排放总量控制以及交易的立法。

(3) 欧盟的指导意见、决定。欧盟以决定形式确定了欧盟成员国的温室气体排放总量,明确了各国的总量减排责任。2003 年欧洲委员会发布《关于协助成员国实施附件三标准的指导意见》,2005 年,针对第二阶段的工作,发布了《关于欧盟排放交易机制分配方案的进一步指导意见》。

2. 总量控制目标

总目标:《京都议定书》排放总量目标的首要任务是实现《京都议定书》承诺的减排目标,2008—2012 年,比照基准年 1990 年的排放量水平,欧盟各国平均减排 8%。国家自主贡献(NDC)是《巴黎协定》确定的“自下而上”核心机制,各国将以自主决定的方式确定其气候目标和行动。《巴黎协定》为各方落实 NDC 这一实质性义务,设定了每五年通报或更新 NDC 的机制,并要求 NDC 的每一次通报都要相较于上一次有所进步。与此同时,还设置了从 2023 年开始每五年开展一次的全球盘点机制,这对于推动《巴黎协定》的持续有效实施具有重要意义。

阶段性目标:共分三个阶段,履约期为 1 年。第一阶段(2005—2007 年)为试验阶段,总量设定在略低于“一切照常情景”(BAU, Business As Usual)水平;欧盟委员会在各成员提交的国家分配方案基础上降低了 4.3%的总量目标。第二阶段(2008—2012 年)与《京都议定书》第一承诺期重合;总量设定在 2005 年的排放水平上各国平均减排 6.5%(原欧盟 15 国减排 8.7%,新欧盟 12 国增 3.6%);欧盟委员会将各国上报的国家分配方案的排放上限下调了 10.4%。第三阶段(2013—2020 年),根据欧盟内部立法,所有部门的目标是 2020 年前在 1990 年基础上减排 20%(2005 年基础上减排 14%,其中 ETS 覆盖部门比 2005 年减排 21%,其他部门 10%);取消国家分配方案,代之以欧盟统一的排放总量限制;在 2005 年基础上以每年线性递减,到 2020 年减排 21%(如果其他主要排放国在国际协议下有足够的减排行动,欧盟总体目标比 1990 年减排增至 30%,ETS 覆盖部门为 2005 年基础上减排 34%)。2020 年后的减排仍旧以该比率线性递减,2025 年将进行回顾。

(二) 配额分配范围

欧盟在排放总量控制的基础上建立了欧盟碳排放交易体系,对工业排放温室气体设定了许可总量。作为目前全球市场规模最大、体系最完整、最有成效的碳交易体系,其配额分配制度起到了核心的作用。

(1) 从纳入行业来看,能源、钢铁等多个行业的直接排放源纳入到配额管理范围内。根据欧盟的碳排放交易指令 Directive 2003/87/EC,规定了项目活动为能源行业、水泥行业、玻璃行业、陶瓷行业、纸浆造纸厂等。2009 年修订后的指令 2009/29/EC 增加了航空领域、石油化工、氨、铝业的二氧化碳排放,以及制酸中的氮氧化物排放和制铝中的 PFCs 排放。相比于美国仅将电力行业纳入到管理范围,欧盟的配额管理范围已经扩大了很多。钢铁行业、水泥行业等行业在实际排放总量中占据了多数的比例,将其纳入到管理范围更有利于控制排放总量。同时,指令根据行业的规模和特点规定了不同的纳入标准。能源行业是拥有耗能 20 MW 以上内燃机产业、炼油业,钢铁行业必须是每小时产量 2.5 t 以上,水泥行业每天产量 500 t 以上,玻璃、纸浆造纸厂每天产量 20 t 以上,陶瓷产业每天产量 75 t 以上。

(2) 从排放源来看,排放设施或排放点作为主要的纳管客体,根据排放设施的直接排放,确定具体配额分配量。将排放设施作为管理和配额分配的对象,具有排放边界清晰、易于管理等优点。相比将排放企业作为管理对象来看,排放设施的排放边界清楚,配额分配更为科学。但是缩小了排放的管理范围,如办公或者设施之外排放不在管理范围之内。参与欧盟排放交易的排放设施达到 12 000 个,15 亿吨排放量,涵盖了欧盟温室气体排放总量的 45%。

(三) 配额分配原则

根据欧洲委员会出台的标准及其指导性意见,对企业的配额分配时适用的原则有以下几个。

(1) 根据不同行业活动的技术和经济减排潜力,决定不同行业的配额量。考虑到各产业领域由于技术进步等因素而导致的减排能力的提升,使分配的配额数量与这种减排量的潜力相一致,以确保配额的发放量适中。成员国可以对每个经济活动中产品的平均温室气体排放量和每项经济活动的技术发展状况进行定期评估,以此为依据制定分配配额。

(2) 非歧视原则。分配时应适用一般国家援助规则,遵守欧盟条约第 87、88 条有关国家原则规定,不得过分照顾特定企业或行业活动,形成对其他企业或行业的歧视。

(3) 考虑新市场准入者配额分配的问题。

(4) 考虑包括能效技术在内的清洁技术的应用。已经应用了清洁技术的,将不再根据此原则享受分得较多配额的待遇。

(5) 可以考虑如何应对来自欧盟以外的国家或实体经济的竞争。欧盟以外的国家或实体实施了与欧盟不同的气候政策,直接和主要导致欧盟内相关行业的竞争力显著减低。

(6) 公众监督原则。应保证透明度,能够接受公众的监督,比如包含公众可以表达评论的条款,并在配额分配决定作出前及时考虑这些意见。

(四) 配额分配方式

配额分配从免费分配为主逐渐过渡到以拍卖为主。

1. 免费分配

第一、第二阶段:(2005—2007年,2008—2012年),各成员国通过"国家分配方案"进行配额分配,欧盟委员会审核(有驳回原方案,并降低配额的权力),以免费分配为主(基于历史排放的"祖父法"),规定第一阶段拍卖最多5%的配额,第二阶段10%,实际分别是0.13%和3%,各成员国被要求在2005年3月31日前提交第一阶段的国家分配方案(实际提交从2005年2月到2006年初),第二阶段要求至少提前18个月提交,欧盟委员会用6个月审查。免费发放的方式包括了祖父制(历史排放制)和基准线制。

祖父制,是指根据企业历史排放的资料来对企业的排放配额进行分配的一种分配方法。欧盟在第一、第二阶段主要是以祖父制的分配方法为主。采取祖父制的分配方法,一般会造成配额分配过量剩余。但是,从企业角度来看,并没有增加过多的生产成本,更容易为企业所接受。在碳交易启动初期,吸引企业参加碳交易起到重要的作用。缺点也是很明显,采用祖父制,很难控制温室气体整体的排放总量目标,会导致市场上配额过剩,价格走低。欧盟第一阶段结束时,剩余了过多的配额,同时价格将近为零。

基准线制,是指设定行业排放的基线,然后根据基线来对排放设施或企业的配额进行发放的一种分配方式。欧盟在第一、第二阶段虽然以祖父制为主,但也在某些行业允许成员国选择采用基准线制,以及新准入者的配额分配时采用基准线制。到了第三阶段以及航空业,主要采用的是基线方式。同时基线的方式更能体现效率和公平,有利于结构的调整,目的在于鼓励温室气体的减排和技术的应用。《2009排放交易修改指令》规定在制定基准时将考虑如下因素:最为节能的技术、替代品、其他的生产工艺、高效率的热电联产、废气的高效能源回收、生物质的应用,以及二氧化碳的捕获与储存,且分配规则应确保不刺激温室气体排放量的增加。

2. 有偿分配——拍卖

第一阶段和第二阶段,欧盟允许在有限的程度内拍卖配额。《2009排放交易修改指令》规定从第三阶段(2013—2020年)开始将拍卖作为配额分配的基本方法。电力行业和碳捕获、运输与储存行业从2013年开始实行全部拍卖。其他行业逐渐降低免费发放比例,提高拍卖比例。欧盟基于基准线法使高能耗且面临国际竞争的行业获得100%免费配额,其他行业获得80%;到2020年免费配额降到30%,2027年取消全部免费配额。

另外,在各成员国之间如何获取拍卖配额的数量。根据指令规定,拍卖的排放配额总数的 88%按照各成员国温室气体排放量占欧盟温室气体排放总量的比例分配，排放量的计算以 2005 年或 2005—2007 年的平均值中较高的为准；拍卖配额总数的 10%以照顾低收入国家和经济快速发展国家的原则分配。剩余拍卖配额的 2%分配至 2005 年其温室气体排放量较《京都议定书》所规定的基准年排放量至少减排 20%的国家。

（五）惩罚措施

欧盟 2003/87/EC 法案对惩罚措施做了明确规定，包括罚款和通报。条款规定，对于超目标排放的量，每吨二氧化碳罚款 100 欧元，2013 年 1 月 1 日后，罚款的数额将随着欧盟的消费者物价指数调整。但是在 2005—2007 年的第一季度，执行每吨 40 欧元的罚款标准。法案同时规定，由于排放超标而被惩罚的企业，并不能免除其注销超量排放部分的义务，在下一年配额发放时，该部分配额从账户上注销。

三、美国配额分配制度

（一）芝加哥自愿减排交易市场中的配额分配

芝加哥自愿减排交易市场是全球第一个具有法律约束力的碳排放交易市场，从 2003 年成立到 2013 年被收购，其间进行了大量的制度创新，构建了碳排放交易市场的基本框架，推动了全球碳排放交易市场的发展。

1. 总体减排目标及配额分配方案

芝加哥自愿减排交易市场建立的法律基础是《芝加哥协议》，该协议是由芝加哥气候交易所组织发起，会员自发参与，经过讨论后达成一致。《芝加哥协议》制定的温室气体减排总计划分两个阶段：2003—2006 年为第一阶段，以 1998—2001 年这四年的平均减排量为基准，要求会员至少每年减排 1%，至 2006 年相对于基准至少减少 4%；2006—2010 年为第二阶段，以 2003 年的排放量为基准，要求会员以不同的幅度逐年减少，到 2010 年排放量比基准至少减少 6%。

2. 参与的主体范围

交易所的会员主要包括企业、市政机构以及其他温室气体的排放实体，必须遵守《芝加哥协议》关于 2003—2006 年温室气体减排计划的时间表。企业将近 300 家，涵盖航空、汽车、电力、环境、交通等几十个行业，其中既有世界 500 强企业，也有小型公司，既有地方政府机构，也有大学、金融机构、农林牧场。每个会员的排放量包括所有直接或间接排放。其中，直接排放包括直接燃烧矿石燃料，如用天然气工业发电，以汽油运行车辆等；间接排放包括一般能源耗用，如电器用电等。

（二）美国区域温室气体行动中的配额分配制度

美国区域温室气体行动主要是针对 10 个东北部和中大西洋的州电力行业温室气体排放总量进行控制，是美国第一个区域性的强制性温室气体排放总量控制法律体系。

1. 总量目标

总量控制目标分两阶段：2009—2014 年（含 2 个履约期，各 3 年），减排目标是维持现有排放总量不变;各州管制机构分别管理二期的二氧化碳预算交易体系,各州的排放总量目标基于历史水平(基准年 2003—2005 年)和谈判协商。

2015—2018 年,每年排放递减 2.5%(4 年 10%),即 2018 年将在 2009 年基础上减排 10%,2013 年进行了修订,将 2014 年区域排放总量设定为 0.91 亿吨,时间延长至 2020 年。

2. 配额分配方法

首先各州根据历史二氧化碳排放量、用电量、人口、预测的新排放源等因素进行配额分配。然后各州单独在发电厂间分配这些配额,配额分配计划的规则类似氮氧化物预算交易计划。

(1) 拍卖为主。设计时规划的是免费分配和拍卖相结合的方式,在执行中各州几乎全部通过拍卖方式。但也有例外情况,如早期行动配额(相比 2003—2005 年,2006—2008 年期间实现大幅的排放源)和有限行业豁免保留分配(向电网供电比例小于或等于其年度发电量的 10%的电力生产设施)。

(2) 拍卖的制度和方式。各州管制机构要在 2009 年 1 月 1 日前决定 2009—2012 年第一个履约期的配额分配;在 2010 年 1 月 1 日前及以后的每年 1 月 1 日前,将分配 3 年后开始的每一年的配额。首次拍卖于 2008 年 9 月 29 日举行,以后每季度举行一次,通过统一的拍卖平台;每个拍卖单位为 1 000 个配额,即 1 000 吨二氧化碳。初期拍卖以单轮、统一价格和暗标拍卖的方式进行。后期在维持统一拍卖方式前提下,可转化为使用多轮、价格上升的拍卖方式。初始拍卖设立底价,为 1.86 美元/配额,之后的底价或高于 1.86 美元(根据消费者价格指数进行调整)或者设定为市价的 80%。初次拍卖的底价履约期内的配额在期内提前拍卖;将来生效的配额,最多可提前 4 年拍卖,最多占据可拍卖可分配配额的 50%;没有拍卖成功的配额会结转到下次,至履约期结束,将根据评估决定是否注销该履约期内未拍卖的剩余配额。

根据 RGGI 发布的监督报告,超过 80%的拍卖所得被用来支持消费者受益、节能或可再生能源项目。

(三) 美国加州配额分配制度

2006 年,加州制定了《加州全球变暖解决法案》,对加州温室气体排放总量控制作出了规定,要求排放源进行强制的排放报告。2011 年加州空气资源委员会通过的《加利福尼亚州总量控制与排放交易规则》,2013 年正式开始实施。

1. 总量控制目标

总体目标是到 2020 年将加州温室气体排放降至 1990 年水平(根据《加州全球变暖解决法案 2006》,即 AB32 法案)。目标控制分三个阶段(履约期也是 3 年):2012—2014 年、2015—2017 年、2018—2020 年。2012 年的总量控制目标设定于预测的纳入交易计划管制的所有排放源在 2012 年的总排放量(约 1.658 亿吨),并逐年下降,总量到 2015 年(加上新纳入行业)最终约为 3.945 亿吨;从 2015 年继续下降,到 2020 年约为 3.342 亿吨,相当于比 2012 年水平降低 15%。

2. 配额分配方法

(1) 免费分配。初始大量免费分配，随时间推移更多地使用拍卖。对电力部门来说，配额基于历史排放和销售的“祖父法”分配到电力输送单位(非发电厂，以避免消费者电价的突然上涨)，且要求电力输送单位使用这些配额产生的价值服务于消费者的利益，如账单补贴或其他节能减排措施。对工业行业来说，配额基于行业“基准法”和产出(output)分配，大部分配额是免费的，以帮助工业实现转型并防止排放转移，且配额将随着对碳价的逐渐适应而减少免费分配，至防止排放转移的水平。

(2) 拍卖。除用于配额价格控制储备和免费分配给工业和电力输送部门外，剩余部分将被拍卖(每季度一次)。初期拍卖以单轮、统一价格和暗标拍卖的方式进行，拍卖底价为10美元/吨，未来的拍卖底价以高于通胀率5%的比例提升。

(3) 收入支出。拍卖所得由州政府获得，放入空气污染控制基金，用于公共利益，如补贴消费者、地区减缓适应自然资源保护项目、低碳投资资金等。

美国加州总量控制与交易计划中，设计了下面多种市场调控措施：第一，3年的履约期。第二，存储机制。第三，拍卖底价为10美元/吨，未来的拍卖底价以高于通胀率5%的比例提升；未成功拍卖的配额将放入控制价格的预留配额中。第四，预留配额(约占总量的5%)，不会额外补给，每季度以固定价格出售。在2012年包括以下价格梯度：40、45和50美元/吨。这一价格将以每年5%加上通货膨胀率的水平逐年增加，到2020年提升到60、67和75美元/吨。

四、其他国家配额分配

(一) 日本东京配额分配制度

日本东京都总量控制体系是全球第一个以城市为单位和第一个为商业行业设定减排目标的总量控制与交易体系。

1. 总量控制目标

总量是从实现东京都总体减排目标的角度设置的，即到2020年在2000年的基础上减排20%。2010—2014年(履约期为5年)：工厂和接受区域性供暖制冷工厂直接功能的建筑物在基准年基础上减排6%，其他建筑物减排8%，基准年为前3年的平均值。2015—2019年(履约期为5年)：减排目标预计17%，已经大幅减排的建筑物有可能降低其减排目标。

2. 配额分配方法

(1) 免费分配。全部为免费分配，除为新进入者预留的配额外，其他所有5年内的配额在每个履约期开始时免费分配给设施。对于现有企业采取祖父法方式分配。配额数量等于基准年排放值(前3年实际排放平均值，即2002—2007年任意连续三年)乘以履约因子乘以5年；履约因子由政府规定，第一履约期(2010—2014年)的履约因子在2009年3月前确定，第二期(2015—2019年)在2015年前确定。

(2) 新进入者和关闭企业分配。新进企业，即 2010 年之后开始运营的设施，并满足每年 1 500 千升原油当量消费量，从预留的新进入者配额中免费获得；配额基于实际排放值并考虑节能措施要求(即东京规定的节能措施执行后 2—3 年实际排放平均值)。退出或结业企业，任何建筑物或设施若连续 3 年年能耗小于 1 500 千升原油当量，或因各种原因关闭或结业，可退出交易体系；其减排义务根据退出的当年进行调整，如 2013 年退出，则根据之前 3 年(2010—2012)实际排放，履约评估要求基准年排放量×履约因子×3≥(2010—2012 年)排放量总和。

日本东京都总量控制与交易体系中的分配制度中，设计了下面几种市场调控措施：5 年履约期；存储机制；抵销机制，即当价格过高时，增加京都本地、外地乃至国际抵销项目配额。

(二) 韩国配额分配制度

1. *覆盖范围*

韩国碳市场覆盖《京都议定书》中的六种温室气体：CO_2、CH_4、N_2O、HFCs、PFCs、SF_6。碳市场将纳入自 2013 年起单个排放超过每年 2.5 万吨二氧化碳当量的设施以及有多个装机的超过 12.5 万吨二氧化碳当量的企业，包括直接和间接排放。另外，自愿参加碳市场的企业也可以进行碳排放交易。作为碳市场的前身，目标管理制度中有关行业的设定对碳市场的行业范围有参考意义。目标管理制度覆盖了电力生产、工业、交通、建筑、农业及渔业、废弃物处理、公共事业与其他 7 个领域 610 家企业(2019 年)，占全国总排放约 70%。其中工业领域包括了电子数码产品、显示器、汽车、半导体、水泥、机械、石化、炼油、造船、钢铁十个行业。

2. *配额总量与分配方案*

韩国 ETS 分配计划最迟在 ETS 开始前 6 个月完成，配额最迟在每个履约年前 2 个月分配到参与者。考虑到企业的参与积极性及其竞争性的影响，碳市场的配额分配将从免费分配开始，第一阶段(2015—2017 年)100%免费分配，第二阶段(2018—2020 年)97%免费分配，第三阶段(2021—2025 年)开始小于 90%免费分配。配额分配方法为历史排放法和基准线法，其中第一阶段(2015—2017 年)除水泥、炼油、航空外都是历史排放法。该阶段不同行业温室气体排放下降率是不同的。第二履约期(2018—2020 年)的配额分配方案也分为两个阶段，第一阶段只作用于 2018 年，第二阶段作用于 2018—2020 年，如果第二阶段算出来 2018 年的配额与第一阶段不一致，则先以第一阶段为准发放，差额在后两年多退少补。

具体方法如下：在第一阶段用配额分配方法，由于基准线还未定，所以所有控排企业采用历史排放法进行配额分配，配额总量等于第一履约期年平均配额发放量 5.384 61 亿吨，政府保留配额量为 1 400 万吨，用于新上项目及市场调节。企业配额的计算公式如下：

$$\text{企业配额}=\text{第一阶段年平均排放量}\times\text{调节系数} \tag{5-17}$$

其中，

$$\text{调节系数}=\frac{\text{第一履约期年均配额发放量}}{\text{2014 到 2016 年年均排放量}}=\frac{5.384\ 61}{6.321\ 71}=0.851\ 8 \tag{5-18}$$

在第二阶段用配额分配方法，以历史排放法为主，基准线法为辅（炼油、水泥、航空等）。除少部分特殊企业外，企业配额的3%通过有偿拍卖获取，剩下的无偿分配。企业配额的计算公式如下：

企业配额＝配额预算量＋新加配额量（设备增加等）
＋取消配额量（设备减少等） (5-19)

配额预算量＝历史法和基准线法算出预期排放中的较大值×调节系数
＋目标管理制度的达标业绩＋列入控排企业后的减排业绩
－过量储存的扣除 (5-20)

五、国外碳排放分配制度评析

从各国的配额分配实践来看，其配额分配制度具有以下特点。

（1）立法机关制定总体的配额分配方案，行政部门制定并实施具体的配额分配方案。在欧盟配额分配制度中，欧洲议会和理事会制定了具有法律效力的配额分配指令，欧洲议会和理事会是欧盟的最高立法机构。在欧盟碳交易第一阶段，欧洲委员会根据欧洲议会和理事会颁布的指令制定各国的配额总量和分配方案，再由各国对本国的企业进行配额分配。在欧盟碳交易第二阶段，欧洲委员会制定具体分配方案，并直接分配给企业。欧洲委员会是欧盟最高的行政机构。在美国的区域温室气体交易体系中，由各州管制机构制定具体总量控制和配额分配方案。而在加利福尼亚的碳排放交易体系中，以法案形式通过了排放总量方案，具体的配额分配则由加州空气资源委员会来制定。从欧美的现有经验来看，立法机关以法律的形式通过碳排放总量控制方案和配额分配的原则性的方案，而行政机关根据立法机关的方案制定具体的配额分配细则。

（2）从分配的方法来看，从历史排放分配为主到基准线分配为主，无偿分配为主逐渐发展为有偿分配为主。在起步阶段，免费分配是较为普遍采用的方法。欧盟第一阶段的配额分配方案规定，成员国必须确保95%排放总量是免费分配，第二阶段方案规定，比例下降到90%。在实际分配过程中，仅有极少国家采取了拍卖方式进行配额发放。在美国加州市场启动初期，配额实行免费发放。在各市场初期一般采用免费分配方式，以使参与企业降低由于碳排放交易带来的成本，减少对其竞争力的不利影响，从而提高该体系的接受度。在免费分配的两种方法中，祖父制法（历史排放法）也因其操作简单而较为常用，但其精确性较差（效率较低、历史排放较多的反而占便宜）。在第一阶段，欧盟由于没有2005年之前的排放资料，企业为取得更多的配额，往往高估自身的历史排放。但从第二阶段开始，随着数据的准确性提高，这种情况变少了。基准线法被视为比较公平的方案，在第一、第二阶段欧盟认为适用基线的时机还未成熟，但在某些特殊装置和新准入者可以采用基线的方法。在航空业以及第三阶段开始，基准线法被当作用来鼓励减排和能效技术应用，被越来越多地接受和使用。虽然具有很多优点，在实践过程中，瑞典、德国、英国等国的经验也表明，基准线法的适用极为复杂，在基线合理设定上存在很大的困难。

随着碳市场的成熟和发展，拍卖逐渐成为主要分配方式。拍卖是有偿分配的主要方式，有偿分配体现了碳资源的有偿使用理论。拍卖可以增加分配的透明度，是最能体现公平、平等的原则。当然，从拍卖有利于提高市场化程度、促进产业结构调整的积极作用出发，部分碳交易体系也规定了从免费分配到拍卖为主的过渡时间表，如欧盟、澳大利亚等。无论是欧盟市场还是美国市场，配额拍卖比例在不断提高，免费比例在不断下降。在欧盟，电力行业已经在2013年实行全额拍卖，其他行业也将在2037年实现全部拍卖。另外，在配额总量的分配中，为防止新进企业直接通过市场购买配额引起市场价格的剧烈波动，都将为新进企业预留配额。对新进入者的分配，通常采用与现有企业有偿或无偿的分配方法一致的方式，以避免新企业向没有采用碳排放交易机制的地区转移；但无偿分配配额给新进入者，也可能导致持续的高碳行业投入，因此需要考虑用较高低碳标准的基准方法进行平衡，或其他管理措施作为补充（如新企业的审批制度中增加对节能减排的门槛要求）。

（3）在管理范围上，主要是对一定排放规模以上的直接排放源进行管控，排放设施或企业是排放控制的义务主体。在国际协议中，国家作为义务主体承担总量控制和减排义务，但是，在各国国内立法中，将减排义务落实和分解到具体的排放设施或企业，给设施或企业下达排放的总量。欧盟虽然给成员国限制了排放总量，但最终承担总量控制义务的仍然是设施。另外，各国主要控制的是工业行业的直接排放，近年也呈现出向其他行业或领域扩展的趋势，如欧盟将航空行业纳入到限排范围，日本将建筑物作为限制排放的对象。

（4）各国将碳排放交易制度作为温室气体排放总量控制的主要手段。各国在确定本国的排放总量控制目标时，都相应建立起本国的碳排放交易体系，以碳排放交易制度为基础实现排放总量的控制。欧盟建立了欧盟区域的碳排放交易体系，美国、日本等也都建立了自身的碳排放交易系统，更多的国家甚至是为了建立碳排放交易市场而实行排放总量控制。这些做法有以下主要原因：一是碳排放交易机制有利于降低国家整体的减排成本；二是碳排放交易机制有利于分解减排目标，更容易被企业接受，降低了违约风险；三是通过碳排放交易市场的建立能促进本国的经济发展和转型。

六、配额分配的国内经验

各试点配额分配方法多是采用历史排放法和基准线法。基准线法主要应用于工艺流程相对统一、排放标准相对一致的行业，如电力行业。截至2016年，各试点省市除了重庆市采取自主申报的分配方法外，其余6个试点碳市场均根据各省市的经济发展水平、能源消费结构、产业结构以及重点产业和未来发展的规划对配额分配方法进行了部分变化和革新。2013—2016年国内碳交易试点配额分配经验如表5-7所示。

表 5-7　国内碳交易试点配额分配经验(2013—2016 年)

试点地区	内容	分配方法	发放频次
深圳市	采取无偿和有偿分配两种形式。无偿分配不得低于配额总量的 90%,有偿分配可采用固定价格出售、拍卖方式(该拍卖方式出售的配额数量,不得高于当年年度配额总量的 3%)	历史强度法和基准线法	原则上每三年分配一次
上海市	试点期间采取免费方式;适时推行拍卖等有偿方式,履约期拍卖免费发放配额。2016 年起,对于原有重点排放单位和新增固定设施重点排放单位,依据 2015 年实际活动水平及该行业碳排放强度先进值核发配额	历史法和基准线法	一次性发放三年配额
北京市	对于新增移动源重点排放单位,依照历史强度法进行配额分配	历史法、历史强度法和基准线法	年度
广东省	2013 年:97%免费、3%有偿、购买有偿配额才能获得免费配额; 2014 年和 2015 年:电力企业的免费配额比例为 95%。钢铁化石和水泥企业的免费配额比例为 97%	历史法和基准线法	连续颁布配额分配方案
天津市	以免费发放为主、以拍卖或固定价格出售等有偿发放为辅。并且,拍卖或固定价格出售仅在交易市场价格出现较大波动时稳定市场价格时使用	历史法、历史强度法和基准线法	年度
湖北省	企业年度碳排放配额和企业新增预留配额,无偿分配政府预留配额,一般不超过配额总量的 10%,主要用于市场调控和价格发现。其中用于价格发现的不超过政府预留配额的 30%	历史法	年度
重庆市	2015 年前配额实行免费分配	企业申报制	年度

案　例

全球典型碳配额分配方法

1. 欧盟、美国、中国的碳配额拍卖法

拍卖是最透明的排放配额分配方式,贯彻了污染者付费的原则。欧盟排放交易体系(EU ETS)涵盖的企业必须通过拍卖购买越来越多的配额。自 EU ETS 第三阶段(2013—2020 年)起,逐渐以拍卖的形式取代免费分配。其中,电力行业要求完全进行配额拍卖,制造业 2013 年起免费配额仅设定为 80%,逐年下降至 2020 年的 30%,工业和热力行业根据基线法免费分配。2013 年,欧盟实现约 50%的国家计划分配的欧盟排放配额(EUA)通过拍卖形式获得,且这一比例在此之后逐年递增。至第四阶段(2021—2030 年),EU ETS 规定电力行业配额仍为 100%拍卖形式获取,总配额仅有 43%免费分配,且至 2026 年降至 0%。

美国的区域温室气体减排行动(RGGI)是美国亚国家级的排放权交易体系,由九个美国东北部和中大西洋区域的州联合组成,集中于电力行业。在全球现有的各排放权交易体系中,RGGI 的初始配额发放以拍卖为主,每个季度举行一次拍卖。拍卖所得的收益用于投资能效、可再生能源及其他消费者福利项目。RGGI 所投资的这些项目有助于推动 RGGI 各州清洁能源的发展,并创造区域内的绿色就业机会。2022 年第三季度拍卖成交均价为 13.45 美元,较上一季度涨幅为 3.2%。RGGI 该次拍卖总成交量为 2 240 万吨,成交比例达到 100%。

在启动排放权配额拍卖前,RGGI 对拍卖规则的设计进行了专门研究,并对排放权配额拍卖方式的选择给出了如下推荐意见:首先,RGGI 推荐使用统一价格结算拍卖。RGGI 认为统一价格拍卖有诸多优势,如简易性、相对透明以及确保竞价者购买实际所需的配额。其次,RGGI 推荐使用一轮报价的封闭拍卖。RGGI 的实验表明,动态拍卖在价格发现方面表现欠佳,并且更容易导致合谋行为。

目前,我国多个碳配额试点省市:北京、上海、深圳、广东、天津、湖北、重庆、福建,均尝试过以拍卖的方式进行配额的发放,但比例均较低;其次,只有广东碳试点碳配额的拍卖是针对具体行业初始碳配额的分配,其他碳试点设置拍卖的目的均为了政府进行市场调控。

例如,广东省配额分配实施方案规定实行免费和有偿发放相结合的方法,2021 年度对钢铁、石化、水泥、造纸控排企业免费配额比例为 96%,航空控排企业免费配额比例为 100%,新建项目企业有偿配额比例为 6%。而全国碳市场目前还是采取行业基准线法免费发放配额。

2. 澳大利亚、德国的碳配额固定价格法

澳大利亚采用了“参与主体通过固定价格向政府购买配额”的方式。2012 年 7 月 1 日起,澳大利亚开始正式实施碳定价计划,其中:二氧化碳排放权价格在 2012 年至 2015 年为固定价格,2015 年后过渡到市场交易价格。

在固定价格时期,配额价格年均增长 2.5%(澳大利亚央行公布的通货膨胀率预期值的中位值),由 2012—2013 年的每吨 23 澳元逐渐上涨到 2013—2014 年的每吨 24.15 澳元,并最终定位于 2014—2015 年的每吨 25.4 澳元。固定价格期内,除政府发放的少量免费额度外,参与主体需要根据其在执行年度内的排放总量向政府购买超出部分的排放权额度。固定价格时期企业所获免费配额不能储存,但可以在执行年度的核准日期前进行减排抵充、或者按当年的固定价格进行交易。企业向政府购买的排放权额度不能上市交易、且不能进行储存供日后使用。

2015 年 7 月 1 日以后为市场定价时期,碳排放权价格将主要由市场交易决定。但为了避免交易价格的剧烈波动和对企业产生过于严重的影响,在市场交易决定价格开始后的前三年，排放权价格设有相应的浮动区间，价格上限为2015—2016年预期国际价格基础之上加20澳元（实际执行时将以5%的年增长率递增），价格下限为15澳元（实际执行时将以4%的年增长率递增）。澳洲政府后宣布将与欧盟温室气体排放交易市场进行连接，为保障连接的顺利进行，取消了未来15澳元的价格下限。企业在市场定价时期购买的排放权额度可以无限储存供日后使用，政府也采用拍卖的方式发放一些排放权额度。

澳大利亚的碳配额分配方式，充分汲取了欧盟碳交易市场实践中碳价格大起大落、剧烈波动的教训，采取了一种"循序渐进、逐步市场化"的策略。三年固定市场价格、三年设定市场价格浮动区间、最后再过渡到完全由市场决定价格的做法，有利于逐步形成稳定的价格信号和各方参与主体的合理预期，不仅使得企业有足够的时间来调整和适应，还可以有效促进资金和技术等各方资源流向减排领域。

2021年1月1日，德国成功启动国家碳排放交易系统，固定价格为25欧元（约合人民币190.9元），涵盖所有不受欧盟碳排放交易系统监管的燃料排放（主要是供暖和道路运输领域）。这些排放来自如取暖油、天然气、汽油和柴油等，一些燃料（如煤炭、废弃物）将在2023年逐步被囊括其中。

未来几年，德国的固定价格将持续上涨，2022年30欧元（约合人民币229.0元）、2023年35欧元（约合人民币267.2元）、2024年45欧元（约合人民币343.6元）、2025年55欧元（约合人民币420.0元）。2026年，配额将在55—65欧元（约合人民币420.0—496.2元）的价格区间内拍卖。除非政府在2025年提出新的价格区间，否则配额价格从2027年开始将由市场决定。这一上限是基于德国对欧盟碳排放交易体系（EU ETS）未涵盖行业的减排目标设定的，可参考欧盟《减排分担条例》。税收将被用于多种减碳相关举措，特别是支持脱碳行动、降低客户端电价以及从通勤者的所得税中扣除交通成本。

3. 欧盟和加州的基准线实践

欧盟的基准线是基于产品制定的，并将产品的排放分解到子设施以保障顺利的数据收集以及配额计算。对于一般的产品，欧盟采用了行业碳排放效率前10%的产品排放的平均值作为基准值。当测算基准值的数据不可得时，基准值参考最佳可行技术（best available techniques）来获得，例如焦化、铁水、再生纸浆、新闻用纸等。当产品基准值不可得时，配额计算采用替代方法计算（fallback approach），以热力与燃料消耗作为活动水平的基准线计算配额量，应用中优先采用热力计算。欧盟共制定了52个产品基准值以及替代方案中的热力与电力基准值。

加州的基准线同样基于"一产品一基准值"的原则，具体的基准值取同一产品碳排放强度的加权平均值的90%，权重为产品产量。当结果低于最先进的企业水平时，取该先进企业的碳排放强度作为基准值。此外，加州碳市场还考虑了碳市场导致的外购能源的价格上涨，因此引入了电力与热力消费的调整因子，分别为 0.431 tCO_2e/MWh 以及 0.663 tCO_2e/MMBtu 用于抵销外购能源消费的成本上升。加州碳市场共制定了 18 个行业中 28 个产品的基准值。

碳市场中的基准线通常设置在行业先进水平的一端，达到此排放水平的企业可以获得足够的配额，否则会面临合规的压力，借此引导企业降低碳排放强度。其次，由于基准线设定相对严格，在配额分配方案中不容易出现配额分配过量的情况。尽管基准线法在配额分配中有众多的优点，但是基准值也存在一些问题，例如获取过程较为复杂，特别是企业数据的获取，工艺边界的界定等方面存在技术难点。行业与产品数量非常多，相应的基准值个数也非常多，因此前期需要投入大量的时间与资金。另外，行业的碳排放强度随着技术发展与更替会逐步下降，因此基准值的应用需考虑它的时效性。

一般情况下，基准值不应区分同一产品的不同工艺技术、燃料选取、原料质量、生产线的规模与年限等因素，留给企业最大限度的灵活性来降低碳排放强度。然而实际应用中为了体现对现有设施的公平性，会区分不同的工艺、机组、规模等因素制定不同的基准值，如北京、上海与广东试点的电力行业均区分了不同的装机容量与机组类型给出了不同的基准值。以上海为例，燃煤机组的基准值按超超临界、超临界、亚临界三类型以及不同的装机规模给出了 2013—2015 年每年 6 个行业基准值。2015 年的数值中，基准值从 0.736 6 到 0.813 6 吨二氧化碳/兆瓦时，差异幅度达 10%。如果应用统一的基准值，小型的装机将面临巨大的配额空缺压力。这个例子可以体现出基准线设置的方法对企业具有相当大的影响，因此企业、行业协会积极参加到基准线的设计将具有很大的现实意义。

案例思考题

1. 欧盟排放交易体系(EU ETS)与美国区域温室气体减排行动(RGGI)的配额拍卖方式有何异同?
2. 澳大利亚采取了怎样的碳配额分配方式？该方式在实施过程中如何演变?
3. 国外的碳配额分配方法对我国有何启发?

思考与练习

1. 根据碳排放权交易的配额总量确定公式，配额总量与哪些因素有关?
2. 我国当前的碳排放总量控制制度是怎样的？尝试画出总量控制流程图。
3. 全国碳排放权交易市场覆盖范围的确定应考虑哪两方面原则？请简要说明。

4. 根据《京都议定书》及其修正案,哪些气体被列入温室气体管控范围?

5. 配额分配方法有哪三种? 其下又可分为哪些具体的方法?

6. 请介绍免费分配方法下每一种具体方法的概念,并简述分别如何计算。

推荐阅读

张小平:"排放权配额拍卖规则的域外经验与中国模式",《地方立法研究》,2019 年第 02 期,第 70—90 页。

生态环境部:《2019—2020 年全国碳排放权交易配额总量设定与分配实施方案(发电行业)》,2020 年。

参考文献

Commission of the European Communities. Communication from the Commisson: Further Guidance on Allocation Plans for the 2008 to 2012 Trading Period of the EU Emission Trading Scheme, COM (2005) 703 final, 2005-12-22.

郭日生、彭斯:《碳市场》,科学出版社,2010 年,第 10—11 页。

国际碳行动伙伴组织(ICAP)、世界银行"市场准备伙伴计划"(PMR):《碳排放权交易实践手册——设计与实施(第二版)》,2022 年 3 月。

李继锋、张亚雄、蔡松峰:《中国碳市场的设计与影响》,社会科学文献出版社,2017 年。

李兴峰:《温室气体排放总量控制立法研究》,中国政法大学出版社,2014 年,第 66—67 页。

林健:《碳市场发展》,上海交通大学出版社,2013 年,第 40 页。

欧洲委员会:《2009 排放交易修改指令》,2009 年,第 10a 款。

生态环境部:《2019—2020 年全国碳排放权交易配额总量设定与分配实施方案(发电行业)》,2020 年。

谭秀杰、王班班、黄锦鹏:"湖北碳交易试点价格稳定机制、评估及启示",《气候变化研究进展》,2018 年第 03 期,第 310—317 页。

张小平:"排放权配额拍卖规则的域外经验与中国模式",《地方立法研究》,2019 年第 02 期,第 70—90 页。

第六章 MRV

学习要求

了解MRV体系的概念及作用；熟悉各国MRV体系的发展情况，重点关注我国MRV体系的建设现状；掌握MRV的流程、原则及相关概念和方法。

本章导读

气候变化加剧背景下，全球应对气候变化的国际制度和举措长远而深刻地影响着世界经济和国际政治格局。2007年12月，《联合国气候变化框架公约》第13次缔约方大会达成了“巴厘岛路线图”，其中明确要求各国适当减缓行动(nationally appropriate mitigation action，简称NAMA)，要符合可监测、可报告和可核查的要求。此后，该议题长期成为气候变化国际谈判中的重要议题之一。

MRV技术管理体系包括可监测、可报告和可核查三个环节，是碳排放权交易机制建立的前提和保障。碳交易机制中最大的难点在于碳排放额的核定与管控，准确核算和报告碳排放量是碳市场建设过程中的首要任务之一。而MRV体系作为对减排监测的基本要求，也是衡量配额分配与核定企业是否履约所依赖的唯一统一标准，其准确性和可靠性的意义重大，决定着碳交易市场能否能够顺利运行。

真实、全面、准确的碳排放数据是碳排放权交易发挥温室气体排放总量控制作用的基础，是合理分配配额、完成碳排放权履约的前提条件。而数据的真实性和可靠性需要完备的MRV体系的保障，因此MRV体系是碳排放权交易的基础性制度，是各国碳排放权交易建设的核心工作。

第一节 MRV 体系概述

一、MRV 体系的概念

MRV 指碳排放的量化与数据质量保证的过程，包括监测（monitoring）、报告（reporting）、核查（verification）。MRV 的概念来源于《联合国气候变化框架公约》第 13 次缔约方大会提出的对发达国家缔约方支持发展中国家缔约方加强减缓气候变化国家行动的可监测、可报告和可核查的相关要求。

科学完善的 MRV 体系是碳排放权交易机制建设运营的基本要素，也是企业低碳转型、区域低碳决策的重要支撑。每一个碳排放权交易市场都需要一个公平、公正、透明的 MRV 体系，它直接影响到配额分配和企业履约，是整个交易体系的核心部分之一。欧盟、美国和韩国等在碳排放权交易市场启动之初便颁布了明确的政策法规，以指导和规范 MRV 工作。我国还处在碳排放权交易市场建设的初期阶段。2013 年以来，通过对重点排放单位碳排放相关数据的监测、报告和核查，不断总结经验完善相关技术要求，现已基本形成了核算、报告和核查体系。相关概念简单总结如下：

监测是指控排企业制定监测计划，并依照其对碳排放相关参数实施数据收集、统计、记录，并将所有排放相关数据进行计算、累加的一系列活动。报告是指控排企业根据相关技术要求编制完成监测计划和排放报告并报送主管部门的过程。核查是指主管部门或核查机构按照核查准则对控排企业的排放报告进行客观、独立的评审过程。经核查的碳排放相关数据作为配额分配和企业履约的依据。

二、MRV 体系的作用

MRV 体系在碳排放权交易体系中的作用主要表现在以下几方面。

第一，监测、报告与核查为碳排放权交易体系提供真实、可靠的数据基础，为碳市场交易的平稳运行提供支撑。

第二，监测、报告与核查是碳排放权交易体系公信力的保证。对监测、报告与核查提出严格的技术要求，有助于提高碳排放相关数据的真实性和准确性，从而提升碳排放权交易体系的公信力。

第三，核查是碳排放权交易体系的重要监管手段。核查过程本质上是核查机构协助政府对控排企业核算和报告过程的监管。通过核查，不仅可以为控排企业报告的数据提供质量保证，同时还可以提升控排企业遵守相关法规的意识和能力。

第四，监测、报告与核查有助于控排企业对碳排放及其控制工作进行科学管理，准确、可靠的数据可以帮助控排企业设定合理、经济、可行的减排目标并努力实现。

第五，监测、报告与核查可为主管部门进行数据统计、组织科学研究以及制定相关碳排放政策提供数据基础。

2021年多地核查碳排放数据的过程中，披露了多起数据质量有问题的案例，包括燃煤元素碳含量检测报告造假，个别企业甚至伪造、篡改碳排放数据。我国MRV体系亟须健全相关数据统计和核查工作，利用大数据分析、区块链等技术手段，组织和落实精细化的制度设计，避免出现数据造假、数据模糊等情况。

第二节　国际上MRV体系的发展

MRV的首次提出是在1996年《联合国气候变化框架公约》第2次缔约方大会上，对缔约方提出编制国家温室气体清单的要求。2002年通过的《附件一所列缔约方温室气体清单技术审评指南》是最早的官方文件，正式规定所有的附件一国家应提交清单报告，接受年度审评。2007年的“巴厘岛路线图”第一次明确提出所有发达国家的减排承诺和行动都应当符合MRV体系要求，遵守MRV技术标准是发达国家应当承担的义务。至此MRV技术体系初步成型，基本框架包括监测对象、监测范围、监测程序、报告的主体和内容等方面，国际评估与审评机制正式建立。此后MRV技术体系问题成为每次国际气候变化谈判争议的焦点，发达国家与发展中国家始终存在较大的分歧。直至2015年《巴黎协议》要求所有缔约国应适用统一的“可监测、可报告、可核查”技术标准，第一次在技术标准上实现统一，开启了全球气候治理的新篇章。

一、《联合国气候变化框架公约》下的MRV体系

国际温室气体MRV体系是围绕着《联合国气候变化框架公约》下的“国家适当减缓行动”建立的，其流程、内涵和要素如下。

《联合国气候变化框架公约》附件一国家的MRV体系流程是：附件一国家上交详细的温室气体排放清单以及准备采用的由联合国政府间气候变化专门委员会（IPCC）制定的方法，并报告所采用的准则基准。这些报告和准则将由指定的专家组每年进行一次分析评定。

国际MRV体系的内涵，一是针对发达国家，以确保发达国家履行其在《联合国气候变化框架公约》下资金、技术和能力建设支持义务及发展中国家获得应对气候变化所需的资源；二是针对接受资金、技术等援助的发展中国家，以确保发展中国家在获得资金、技术支援的同时，开展相应的减排活动，切实产生了温室气体减排量。

国际MRV体系要素包括监测、报告、核查三个方面，要求主体须具有很强的客观性、公信力与独立性。对于国际MRV体系来说，由通过国际协议专门设立的具有一定流动性的专家小组或者合适的商业机构来担任第三方，进行独立评审。监测和测量由活动承担方自行开展或由第三方机构进行。简单来说，监测可以持续性、易操作性、低成本性和有效性为

主要原则。报告以透明性、可比性和准确性为主要原则。

二、欧盟的 MRV 体系

2003 年欧盟第 87 号法令的第 14 部分要求欧盟委员会将温室气体排放的监测和报告制度纳入 EU ETS 框架。目前,EU ETS 第二阶段(2008—2012)的温室气体排放数据监测、报告与核查过程中采用的是 2007 年发布的《欧盟温室气体排放监测与报告指南》(2007/589/EC)。

《欧盟温室气体排放监测与报告指南》主要针对单个设施的温室气体排放进行核算,具体内容包括总指南和各行业指南。其中总指南中包括:引言、定义、监测与报告原则、温室气体排放监测、基于计算的方法、基于测量的方法、不确定性评估、报告、信息保留、控制和核查、排放因子、生物质清单、活动数据和排放因子的检测、报告形式、报告范围及低排放设施的要求等。

在欧盟 MRV 体系中监测的部分,监测方法包括两种:基于计算的方法和基于测量的方法。基于计算的方法主要是基于活动水平数据和排放因子进行计算;基于测量的方法,主要利用在线监测系统通过测量 CO_2 排放的浓度和体积来推算 CO_2 排放的总量。

在欧盟 MRV 体系中报告的部分,主要包括每个排放设施的温室气体排放量、监测方法、活动数据、排放因子等。同时也要求运营者上报每年度的监测计划。

在欧盟 MRV 体系中核查的部分,主要由第三方进行核查,第三方核查机构依据相关指南对碳排放数据的收集和报告工作进行合规性的检查,帮助监管部门最大限度地把控数据的准确性和可靠性,以提升排放报告结果的可信度。其中核查人员须取得一定的资质。

三、美国的 MRV 体系

美国对二氧化碳的监测起步较早,1990 年颁布的《酸雨项目》就明确规定了企业需要对排放的二氧化碳浓度进行监测并上报。1990 年以后美国环境保护署(EPA)、部分州政府对二氧化碳排放量进行监测和计算。由于这些项目标准不一,涵盖面不广,有些并非强制要求上报,为了更好地掌握美国温室气体排放情况,2008 年美国国会要求环保署对美国所有经济部门温室气体排放达到一定程度的排放源实行强制性温室气体排放报告制度。

2009 年,美国环境保护署制定了强制性温室气体报告制度(greenhouse gas reporting program, GHGRP)。该制度针对设施层面上的排放进行管理,适用于直接排放温室气体的设施,以及化石燃料供应商和工业温室气体供应商。

美国 MRV 体系涉及的温室气体包括:二氧化碳、甲烷、氧化亚氮、氟化物等。从 MRV 体系适用范围看,美国温室气体排放报告制度要求上报排放量的范围分为上游生产源和下游排放源,共涵盖了 31 个工业部门和种类,约 10 000 个排放源参与了报告,包括美国主要产业部门的企业,如电厂、锅炉厂、垃圾填埋场、燃料供应商、炼油厂和制造业工厂等。MRV 时间方面,报告者须在 2010 年 1 月 1 日开始采集数据,2011 年 3 月 31 日进行第一次报告,之后每年递交一次报告。

美国 MRV 体系的具体内容如下。

(1) 监测:美国强制性温室气体报告制度(GHGRP)对监测方法、频次和设备制定了严格的要求。监测方法分为两类:一是在线排放监测系统,二是基于加工、燃料、排放因子和环保署认定方程式的分类温室气体计算。同时,GHGRP 要求,对已经拥有在线监测设备的企业必须使用第一种方法进行温室气体排放监测。监测频次是每小时。

(2) 报告:温室气体报告的内容包括供应商、直接排放源和其他要求。具体要求如表 6-1 所示。

表 6-1　温室气体报告中的具体要求

供应商	供应商必须报告出售产品的数量、未来燃烧和使用造成的温室气体排放量
直接排放源	直接排放源必须报告温室气体排放总量和生物二氧化碳
其他要求	其他要求包括监测计划、数据收集及计算过程阐述、纠错和对公众负责等

(3) 核查:美国 MRV 体系采用指定机构核证制度,企业可以自由寻求第三方机构开展核证工作。GHGRP 要求企业温室气体排放清单报告必须委托第三方核查机构核查并提交,美国环保署对上报的企业碳核查报告在线检查相关数据、量化过程和报告的完整性、准确性,以及根据额外的信息进行一致性审查,并定期核查温室气体排放设施。同时,也会检查第三方核查机构的授权证明和资质条件。

第三节　中国 MRV 体系建设

欧盟、美国和日本等国家和地区碳市场运行较早,MRV 体系相对比较完善。我国碳市场起步较晚,从建立试点碳市场伊始就已经开始建立运行 MRV 体系。由于我国在管理机制、数据基础、政策实施等方面与欧盟、美国等存在差异,在建立 MRV 体系的过程中不仅需要参考国际先进经验,同时必须要结合本国特殊国情。目前各试点地区已建立各自相对完整的 MRV 体系,不同程度地采用了 MRV 体系保障碳市场的运行,为构建全国统一碳市场的 MRV 体系提供了丰富有益经验,有利于全国统一碳市场的高效建设与运行。

一、顶层设计规划

早在“十二五”时期,我国就开始 MRV 体系的建设。《中华人民共和国国民经济和社会发展第十二个五年规划纲要》提出要“建立完善温室气体排放统计核算制度”;国务院在《“十二五”控制温室气体排放工作方案》(国发〔2011〕41 号)中明确提出“建立温室气体排放统计核算体系”,“研究制定重点行业、企业温室气体排放核算指南……构建国家、地方、企业三级温室气体排放基础统计和核算工作体系……实行重点企业直接报送能源和温室气体排放数据制度”。2014 年,国家发改委发布了《关于组织开展重点企(事)业单位温室气体排放报告工作的通知》(发改气候〔2014〕63 号),对温室气体排放报告的指导原则、报告主体、报告内容、报告程序等做了规定。

《中华人民共和国国民经济和社会发展第十三个五年规划纲要》进一步提出"实行重点单位碳排放报告、核查、核证和配额管理制度。健全统计核算、评价考核和责任追究制度,完善碳排放标准体系"。国务院在《"十三五"控制温室气体排放工作方案》(国发〔2016〕61 号)再次重申"构建国家、地方、企业三级温室气体排放核算、报告与核查工作体系,建设重点企业温室气体排放数据报送系统",并强调"加强热力、电力、煤炭等重点领域温室气体排放因子计算与监测方法研究,完善重点行业企业温室气体排放核算指南"。

二、制度建设

2016 年 1 月,国家发改委发布了《关于切实做好全国碳排放权交易市场启动重点工作的通知》(发改办气候〔2016〕57 号),对纳入控排企业排放数据填报、补充数据核算报告填报、第三方核查机构及人员要求、第三方核查的程序和核查报告的格式、核查报告审核与报送等监测、报告、核查体系的相关方面作出了详细的规定。

为推动全国碳市场建设和更好地开展监测、报告、核查等工作,2017 年 12 月 4 日,国家发改委印发了《关于做好 2016、2017 年度碳排放报告与核查及排放监测计划制定工作的通知》(发改办气候〔2017〕1989 号),对"发改办气候〔2016〕57 号"文件做了进一步补充和完善。与之前的核查相比,该通知主要修改的内容有:①修改了碳排放补充数据表,增加了机组负荷率和运行小时数,将外购电力排放因子统一确定为 0.610 1 tCO_2/MWh;②鼓励采用实测值,对于碳氧化率和单位热值含碳量的缺省值,今后将逐渐采用高限值;③增加了排放监测计划以及对监测计划的核查参考指南。

2017 年 12 月 19 日,经国务院批准,国家发改委印发了《全国碳排放权交易市场建设方案(发电行业)》,方案中明确指出,国务院发展改革部门会同相关行业主管部门制定企业排放报告管理办法、完善企业温室气体核算报告指南与技术规范,各省级、计划单列市应对气候变化主管部门组织开展数据审定和报送工作,重点排放单位应按规定及时报告碳排放数据,重点排放单位和核查机构须对数据的真实性、准确性和完整性负责。

2019 年 1 月 17 日,在应对气候变化职能由国家发改委至中华人民共和国生态环境部的划转后,生态环境部办公厅印发了《关于做好 2018 年度碳排放报告与核查及排放监测计划制定工作的通知》(环办气候函〔2019〕71 号),进一步指导和要求 2018 年度碳排放数据报告与核查及排放监测计划制定工作。

2019 年 5 月,生态环境部办公厅发布《关于做好全国碳排放权交易市场发电行业重点排放单位名单和相关材料报送工作的通知》(环办气候函〔2019〕528 号)首次明确要求各省、自治区、直辖市生态环境厅(局),新疆生产建设兵团生态环境局报送本地区发电行业重点排放单位名单,其报送范围为发电行业 2013—2018 年任意一年温室气体排放量达到 2.6 万吨二氧化碳当量(综合能源消费量约 1 万吨标准煤)及以上的企业或者其他经济组织(包含自备电厂），主要参考依据即为上述年份历史碳排放核算报告与核查结果。

2019 年 12 月，生态环境部办公厅印发了《关于做好 2019 年度碳排放报告与核查及发电行业重点排放单位名单报送相关工作的通知》（环办气候函〔2019〕943 号），进一步指导和要求 2019 年度碳排放数据报告与核查及排放监测计划制定工作以及发电行业重点排放单位名单的报送，并针对发电行业企业燃煤活动水平数据及排放因子监测提出新的要求，其在发电企业及自备电厂 2019 年温室气体排放报告补充数据表填报要求中明确“2019 年燃煤的单位热值含碳量、碳氧化率没有实测值的企业，单位热值含碳量按 33.56t C/TJ 计算，碳氧化率按 100%计算。从 2020 年起，对于燃煤低位发热值缺省值将采用惩罚性缺省值”。

2020 年 12 月 25 日，《碳排放权交易管理办法（试行）》由生态环境部部务会议审议通过，自 2021 年 2 月 1 日起施行。《碳排放权交易管理办法（试行）》第二十六条明确了省级生态环境主管部门应当组织开展对重点排放单位温室气体排放报告的核查，并将核查结果告知重点排放单位。核查结果应当作为重点排放单位碳排放配额清缴依据。

2021 年 3 月 26 日，生态环境部为进一步规范全国碳排放权交易市场企业温室气体排放报告核查活动，根据《碳排放权交易管理办法（试行）》，编制了《企业温室气体排放报告核查指南（试行）》。该文件保障了重点排放单位核查的公正性，第三方核查机构由于核查数量高于预期也是受益者。

三、方法学建设

（一）行业核算指南

核算、报告与核查制度应涵盖碳排放监测、核算、报告与核查相关主体的确定，有关工作的标准程序和工作边界及监督管理措施等。

国家发改委于 2013—2015 年先后发布三批共 24 个行业的温室气体排放核算方法与报告指南（以下统称《核算指南》），详见表 6-2。

表 6-2　2013—2015 年发布的温室气体排放核算方法与报告指南

发布时间与发文编号	行　业
2013 年 10 月 15 日 发改办气候 〔2013〕2526 号	10 个行业： 《中国发电企业温室气体排放核算方法与报告指南（试行）》 《中国电网企业温室气体排放核算方法与报告指南（试行）》 《中国钢铁生产企业温室气体排放核算方法与报告指南（试行）》 《中国化工生产企业温室气体排放核算方法与报告指南（试行）》 《中国电解铝生产企业温室气体排放核算方法与报告指南（试行）》 《中国镁冶炼企业温室气体排放核算方法与报告指南（试行）》 《中国平板玻璃生产企业温室气体排放核算方法与报告指南（试行）》 《中国水泥生产企业温室气体排放核算方法与报告指南（试行）》 《中国陶瓷生产企业温室气体排放核算方法与报告指南（试行）》 《中国民航企业温室气体排放核算方法与报告格式指南（试行）》

（续表）

发布时间与发文编号	行　业
2014 年 12 月 3 日 发改办气候 〔2014〕2920 号	4 个行业： 《中国石油和天然气生产企业温室气体排放核算方法与报告指南(试行)》 《中国石油化工企业温室气体排放核算方法与报告指南(试行)》 《中国独立焦化企业温室气体排放核算方法与报告指南(试行)》 《中国煤炭生产企业温室气体排放核算方法与报告指南(试行)》
2015 年 7 月 6 日 发改办气候 〔2015〕1722 号	10 个行业： 《造纸和纸制品生产企业温室气体排放核算方法与报告指南(试行)》 《其他有色金属冶炼和压延加工业企业温室气体排放核算方法与报告指南(试行)》 《电子设备制造企业温室气体排放核算方法与报告指南(试行)》 《机械设备制造企业温室气体排放核算方法与报告指南(试行)》 《矿山企业温室气体排放核算方法与报告指南(试行)》 《食品、烟草及酒、饮料和精制茶企业温室气体排放核算方法与报告指南(试行)》 《公共建筑运营单位(企业)温室气体排放核算方法和报告指南(试行)》 《陆上交通运输企业温室气体排放核算方法与报告指南(试行)》 《氟化工企业温室气体排放核算方法与报告指南(试行)》 《工业其他行业企业温室气体排放核算方法与报告指南(试行)》

上述《核算指南》依据国民经济行业分类代码，以排放源类别为依据进行拆分和归类，最终形成行业温室气体排放核算和报告方法。24 个行业的《核算指南》框架内容一致，主要包括：术语和定义、核算边界、核算方法、质量保证和文件存档、报告内容共五个部分。

（二）工业企业温室气体排放核算国家标准

2015 年 11 月 19 日，国家标准《工业企业温室气体排放核算和报告通则》(GB/T 32150—2015)由中华人民共和国国家质量监督检验检疫总局(现国家市场监督管理总局)、中国国家标准化管理委员会发布，其于 2016 年 6 月 1 日正式实施，并全部代替《企业标准体系要求》(GB/T 15496—2003)。

《工业企业温室气体排放核算和报告通则》(GB/T 32150—2015)规定了工业企业温室气体排放核算与报告的术语和定义、基本原则、工作流程、核算边界、核算步骤与方法、质量保证、报告要求等重要内容。其中，核算边界包括了企业的主要生产、辅助生产、附属生产等 3 大系统。核算范围包括企业生产的燃料燃烧排放，过程排放以及购入和输出的电力、热力产生的排放。核算方法分为“计算”与“实测”两类，并给出了选择核算方法的参考因素。

配套《工业企业温室气体排放核算和报告通则》(GB/T 32150—2015)发布的有国家标准《温室气体排放核算与报告要求》，其共包含 10 个部分，分别针对发电企业、电网企业、镁冶炼企业、铝冶炼企业、钢铁生产企业、民用航空企业、平板玻璃生产企业、水泥生产企业、陶瓷生产企业、化工生产企业制定了相应的温室气体排放核算与报告要求。

（三）《企业温室气体排放核算与报告指南 发电设施》

2022 年 12 月，生态环境部发布了《企业温室气体排放核算与报告指南 发电设施》，其规范了全国碳排放权交易市场发电行业(含自备电厂)设施层面温室气体排放的核算和报告工作，旨在确保发电行业温室气体排放报告数据信息准确性、完整性、一致性。

标准分为正文和附录两部分，其中正文包括 12 个章节，明确了标准的适用范围、规范性引用文件、术语和定义、工作程序和内容、核算边界和排放源确定、化石燃料燃烧排放核算要求、购入使用电力排放核算要求、排放量计算、生产数据核算要求、数据质量控制计划、数据质量管理要求、定期报告要求、信息公开格式要求等；附录 A—E 为规范性附录。

相较于《中国发电企业温室气体排放核算方法与报告指南(试行)》和《GB/T 32151.1—2015 温室气体排放核算与报告要求 第 1 部分：发电企业》，其明确和细化了重点排放单位数据核算和报告边界，完善了数据监测、报送和台账管理等要求，确保数据来源可追溯、报送结果可核查；增补并明确了设施层面数据及参数的数据获取及计算方法，即发电企业补充数据表中供电量、供热量、供热比、供电煤耗、供热煤耗、供电碳排放强度、供热碳排放强度等数据，同时明确了上述参数的检测要求；就发电耗用燃煤低位发热量、单位热值含碳量、碳氧化率确定了高限值，首次提出低位发热量在未实测情况下所取的高限值 26.7 GJ/t，明确了燃煤元素碳含量的检测要求，要求对燃油和燃气的低位发热量、单位热值含碳量开展实测，并给出低位发热量、单位热值含碳量相应的测量方法及单位热值含碳量的计算方法。

(四)《企业温室气体排放报告核查指南(试行)》

2021 年 3 月 29 日，生态环境部发布了关于印发《企业温室气体排放报告核查指南(试行)》的通知(环办气候函〔2021〕130 号)，其基于《碳排放权交易管理办法(试行)》编制，重新修订了 MRV 的运行程序，尤其对碳排放核查程序制定了新规则，并加强了信息公开的要求。

基于当前全国碳市场建设情况，MRV 体系主要包括选择适用的核算和报告指南，制定数据质量控制计划/监测计划和数据质量控制计划/监测计划审核、排放报告，排放报告第三方核查及抽查等工作。

MRV 工作由国家和省级生态环境部门、重点排放单位、核查机构共同完成。

生态环境部建立制度，编制技术标准，对核算、报告与核查工作的实施作出总体安排和部署，并实施监督管理。省级生态环境部门负责数据质量控制计划/监测计划的备案、核查申诉的处理，负责对辖区内排放报告和核查报告的复查工作。

重点排放单位应按照《核算指南》的要求制定数据质量控制计划/监测计划，并实施监测和核算工作，编制年度温室气体排放报告。如对核查工作有异议可向主管部门提出申诉。

核查机构接受委托，按照《核查指南》的要求对数据质量控制计划/监测计划和年度温室气体排放报告分别进行评审和核查。

MRV 参与方的职责分工如表 6-3 所示。

表 6-3 MRV 各参与方的职责分工

工作内容	生态环境部	省级生态环境厅(局)	重点排放单位	核查机构
总体管理	编制指南、总体安排、监督管理			
核算		受理数据质量控制计划/监测计划备案申请,受理变更	制订监测计划,申请数据质量控制计划/监测计划变更	
报告		受理排放报告	编制上一年度温室气体排放报告	
核查		受理核查申诉	对核查有异议可提出申诉	编制核查报告
监督检查	通过对排放报告和核查报告进行复查等方式实施监督检查	通过对排放报告和核查报告进行复查等方式实施监督检查	配合检查	编制复查报告

第四节 企业数据监测及报送

一、MRV 工作流程

企业做好 MRV 工作的周期一般为一年,大致可分为以下几步。

第一步,重点排放单位建立内部报告制度,提交数据质量控制计划、监测计划。

纳入碳排放权交易体系的重点排放单位应按照《核算指南》的要求建立企业温室气体排放报告的质量保证和文件存档制度,主要包括以下内容:

(1) 指定专门人员负责企业温室气体排放核算和报告工作;

(2) 建立健全企业温室气体排放数据质量控制计划;

(3) 建立健全企业温室气体排放和能源消耗台账记录。

重点排放单位应按照《核算指南》的要求制定数据质量控制计划,主要包括以下内容:

(1) 数据质量控制计划的版本及修订;

(2) 重点排放单位情况;

(3) 核算边界和主要排放设施描述;

(4) 活动数据和排放因子的确定方式;

(5) 数据内部质量控制和质量保证相关规定。

数据质量控制计划制订后,需要在地方主管部门进行备案。数据质量控制计划发生重大变更时,应及时向地方主管部门提交变更备案。

第二步,重点排放单位按数据质量控制计划实施监测,并进行年度碳排放核算。

重点排放单位应严格按照经备案的数据质量控制计划实施监测活动,根据各个参数的监测结果进行碳排放核算,并编制年度排放报告。

第三步,重点排放单位提交年度排放报告。

重点排放单位在每年规定的时间节点前向主管部门报告上一年度的排放情况,提交年度排放报告。

第四步,对年度排放报告实施核查。

根据主管部门的部署和安排,核查机构对排放报告进行核查,并在规定的时间节点前出具核查报告。

第五步,对年度排放报告和核查报告实施复审。

主管部门对排放报告和核查报告进行复审,在规定的时间节点前确定企业上一年度的排放量。

重点排放单位在每年年底视情况提交修改后的数据质量控制计划,作为下一年度实施排放监测的依据,然后开始重复第一步的工作。

专　栏

碳市场的数据质量与管理

碳排放数据的真实性、准确性,直接关系到碳市场健康发展。市场要进行交易,最基本的就是要确保碳排放数据的真实准确。数据虚报、瞒报、弄虚作假等违法违规行为严重影响碳市场的公平性,不利于碳市场的健康发展。全国碳市场第一个履约周期出现了一些数据造假的问题,暴露出核查技术服务机构能力良莠不齐,地方主管部门监管能力不足,核查工作的独立性和公正性受到挑战等问题。为了加强全国碳排放数据质量管理,生态环境部将重点从以下方面着手:一是加快完善制度机制。推动出台《碳排放权交易管理暂行条例》,加快修订企业温室气体排放核算、报告、核查指南,编制发电企业温室气体排放核查要点与方法,出台企业碳排放数据质量管理规定等。二是建立碳市场数据质量日常监管机制。要建立国家、省、市三级联审的日常管理工作机制,对企业月度存证数据和年度排放报告的及时性、规范性、准确性、真实性进行常态化审核把关。三是切实压实企业碳排放数据管理主体责任。企业对碳排放报告的真实性、完整性、准确性负责。要将碳排放信息作为企业环境管理信息的重要一环,不断完善环境信用记录,并通过政府网站、"信用中国"网站等渠道依法向社会公开,会同有关部门建立企业环境信用联合奖惩机制,根据企业环境信用状况予以支持或限制,使守信者处处受益、失信者寸步难行。四是切实加强技术服务机构的监督管理。通过从业信息公开、工作质量评估、违法行为曝光等方式,加强对技术服务机构的管理,重点监管存在数据造假、报告质量问题突出的机构,不断规范从业行为。

二、MRV 的基本原则

(一) 监测和报告的基本原则

重点排放单位在其自身碳排放监测和报告中应遵循以下原则。

(1) 透明性。透明性是指重点排放单位应该以透明的方式获得、记录、分析碳排放相关数据,包括核算边界、排放源、活动水平数据、排放因子数据、核算方法、核算结果等,从而确保核查人员和主管机构能够还原以及重复验算排放的计算过程。

(2) 准确性。核算量化过程难免有不确定性,包括人为误差和各种数据的误差,准确性是指尽可能减少核算数据的偏差和不确定性,尽量减少误差。

(3) 完整性。完整性是指所核算的碳排放量包括了《核算指南》所规定的核算边界内所有排放源产生的化石燃料燃烧、工业生产过程、外购电力和热力产生的碳排放以及其他相关排放。

(4) 一致性。重点排放单位应使用《核算指南》中规定的核算方法,一致性体现在:整个报告期内核算和报告的准则保持一致;历史排放报告和年度排放报告的核算方法保持一致;不同重点排放单位存在类似情形时,核算方法保持一致。

(二) 核查的基本原则

第三方核查机构在开展重点排放单位碳排放报告核查过程中,需遵守以下原则。

(1) 客观独立。核查机构应保持独立于重点排放单位,避免偏见及利益冲突,在整个审核和核查活动中保持客观。

(2) 诚实守信。核查机构应具有高度的责任感,确保审核和核查工作的完整性和保密性。

(3) 公平公正。核查机构应真实、准确地反映审核和核查活动中的发现和结论,还应如实报告审核和核查活动中所遇到的重大障碍,以及未解决的分歧意见。

(4) 专业严谨。核查机构应具备核查必需的专业技能,能够根据任务的重要性和委托方的具体要求,利用其职业素养进行严谨判断。

三、MRV 工作的技术要求

(一)《核算指南》要求

在碳排放核算、报告与核查制度的相关技术要求方面,国家发改委发布了 24 个行业的《核算指南》;中华人民共和国生态环境部发布了《企业温室气体排放核算与报告指南 发电设施》。

按照《核算指南》,重点排放单位详细报告如下内容。

(1) 报告主体基本信息:报告企业名称、单位性质、报告年度、所属行业、统一社会信用代码、排污许可证编号、法定代表人、填报负责人和联系人等相关信息;

(2) 温室气体排放量:报告在核算和报告期内温室气体排放总量,并分别报告化石燃料燃烧排放量、工业生产过程排放量、净购入使用电力产生的排放量和净购入使用热力产生的排放量等；

（3）活动水平及其来源：以发电企业为例，报告所有产品生产所使用的不同品种化石燃料的消耗量和相应的低位发热值，脱硫剂的消耗量，净购入的电量；

（4）排放因子及其来源：以发电企业为例，报告消耗的各种化石燃料的单位热值含碳量和碳氧化率，脱硫剂的排放因子，净购入使用电力的排放因子。

（二）补充数据表要求

为了确保纳入全国碳排放权交易体系的重点排放单位填报温室气体排放相关数据，确保配额的发放和清缴工作顺利实施，生态环境主管部门2016年发布了八大行业21个子行业的企业温室气体排放报告补充数据表，主要内容包括全国碳排放权交易体系管控边界的排放数据、生产数据和配额调整数据及其填报要求。生态环境部办公厅《关于做好2019年度碳排放报告与核查及发电行业重点排放单位名单报送相关工作的通知》（环办气候函〔2019〕943号）对补充数据表提出了进一步要求。

（三）核查参考指南要求

2016年，国家发改委在《关于切实做好全国碳排放权交易市场启动重点工作的通知》（发改办气候〔2016〕57号）中，发布了《全国碳排放权交易第三方核查参考指南》，用于指导核查机构开展碳排放核查工作。

经过多年的应用及完善，2019年，生态环境部在《关于做好2019年度碳排放报告与核查及发电行业重点排放单位名单报送相关工作的通知》（环办气候函〔2019〕943号）中，发布了《排放监测计划审核和排放报告核查参考指南》。

核查参考指南的核心内容包括核查的流程和核查内容的要求。

（四）数据质量控制计划/监测计划的制定

MRV体系需要使用明确与碳排放配额分配及履约相关的量化核算标准或指南。在全国碳市场建设过程中，已经发布或应用的《核算指南》主要采用两种核算方法：排放因子法、物料平衡法，同时也提及了在线监测的方法。核算方法学的制定考虑不同规模企业的数据基础、知识基础、经济性及数据可获得性等因素。依据给定的核算方法，需要对不同的活动水平数据、排放因子等开展监测的工作。对于同一行业制定适合的符合核算的方法并满足配额分配与纳入控排企业履约等的数据质量控制计划/监测计划，可以使同类企业获得相应公平的机会。

为更好满足《核算指南》的要求，确保监测能够为配额分配和企业履约提供高质量数据和保障，根据国家政府主管部门的要求，纳入全国碳排放权交易控排企业要建立数据质量控制计划/监测计划并执行。纳入控排企业的数据质量控制计划/监测计划包括5部分内容，分别为数据质量控制计划/监测计划的版本及修改、报告主体描述（重点排放单位状况）、核算边界和主要排放设施描述、活动数据和排放因子的确定方式以及数据内部质量控制和质量保证相关规定。在制定数据质量控制计划/监测计划过程中，需要特别注意核算边界的确认、排放源的识别等内容。

（五）排放报告的编制

温室气体排放报告是指企业作为报告主体根据政府主管部门发布的《核算指南》和报告要求编写的年度排放报告，并提交给政府主管部门。排放报告以二氧化碳当量进行统计。

报告主体应按照对应行业的《核算指南》附录一和《关于做好 2019 年度碳排放报告与核查及发电行业重点排放单位名单报送相关工作的通知》（环办气候函〔2019〕943 号）的附件 2——《2019 年碳排放补充数据核算报告模板》的要求进行报告，其中补充数据表为配额分配边界内针对纳管行业及产品之生产设施相关碳排放、生产经营数据的核查。

企业编制温室气体排放报告的一般程序为：①根据地理边界、主要生产设施、业务范围及生产工艺流程图确认核算边界；②依据《核算指南》以及其燃料燃烧排放、过程排放、购入电力及热力情况确认核算的温室气体范围；③识别排放设施，并基于此选择核算方法；④依据监测计划选择与收集活动数据与排放因子；⑤完成企业法人边界排放量的计算与汇总。

《核算指南》中报告主体填报项目与内容如表 6-4 所示。

表 6-4 《核算指南》中报告主体填报项目与内容

填报项目	具体内容
报告主体基本信息	报告主体基本信息应包括企业名称、单位性质、报告年度、所属行业、组织机构代码、法定代表人、填报负责人和联系人信息
温室气体排放量	报告主体应报告在核算和报告期内温室气体排放总量，并分别报告化石燃料燃烧排放量、生产过程排放量、净购入使用的电力和热力产生的排放量
活动水平及其来源	如果企业生产其他产品，则应按照相关行业的企业温室气体排放核算和报告指南的要求报告其活动数据及来源

（六）温室气体排放报告的核查

2021 年 3 月 29 日，中华人民共和国生态环境部发布关于印发《企业温室气体排放报告核查指南（试行）》的通知（环办气候函〔2021〕130 号），规定了重点排放单位温室气体排放报告的核查原则和依据、核查程序和要点、核查复核以及信息公开等内容。

《企业温室气体排放报告核查指南（试行）》适用于省级生态环境主管部门组织对重点排放单位报告的温室气体排放量及相关数据的核查。对重点排放单位以外的其他企业或经济组织的温室气体排放报告核查，碳排放权交易试点的温室气体排放报告核查，基于科研等其他目的的温室气体排放报告核查工作可参考《企业温室气体排放报告核查指南（试行）》执行。

1. 术语与定义

（1）重点排放单位：全国碳排放权交易市场覆盖行业内年度温室气体排放量达到 2.6 万吨二氧化碳当量及以上的企业或者其他经济组织。

（2）温室气体排放报告：重点排放单位根据生态环境部制定的温室气体排放核算方法

与报告指南及相关技术规范编制的载明重点排放单位温室气体排放量、排放设施、排放源、核算边界、核算方法、活动数据、排放因子等信息，并附有原始记录和台账等内容的报告。

(3) 数据质量控制计划：重点排放单位为确保数据质量，对温室气体排放量和相关信息的核算与报告作出的具体安排与规划，包括重点排放单位和排放设施基本信息、核算边界、核算方法、活动数据、排放因子及其他相关信息的确定和获取方式，以及数据内部质量控制和质量保证相关规定等。

(4) 核查：根据行业温室气体排放核算方法与报告指南以及相关技术规范，对重点排放单位报告的温室气体排放量和相关信息进行全面核实、查证的过程。

(5) 不符合项：核查发现的重点排放单位温室气体排放量、相关信息、数据质量控制计划、支撑材料等不符合温室气体核算方法与报告指南以及相关技术规范的情况。

2. 核查程序

核查程序包括核查安排、建立核查技术工作组、文件评审、建立现场核查组、实施现场核查、出具《核查结论》、告知核查结果、保存核查记录等八个步骤，核查程序见图 6-1。

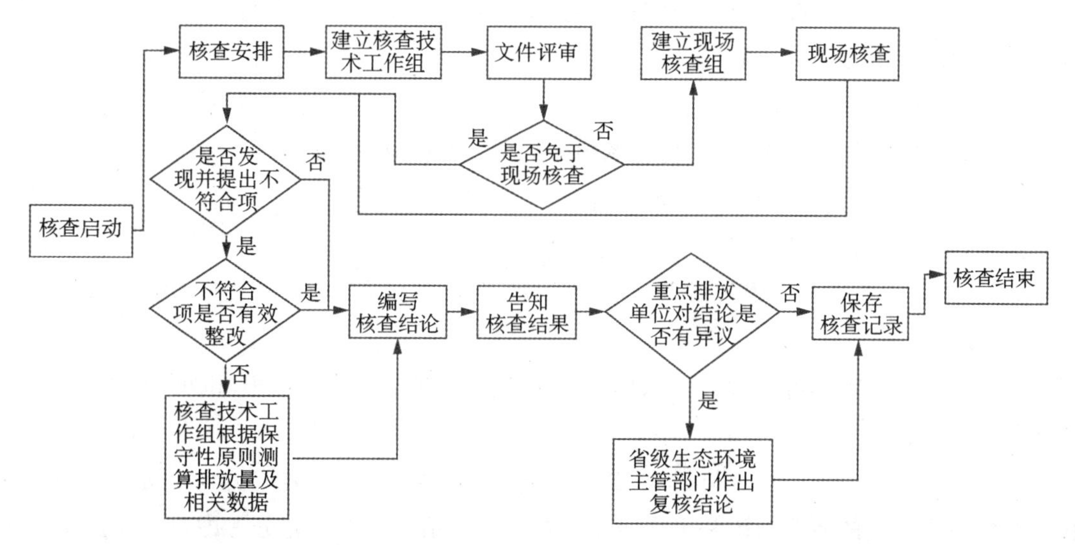

图 6-1 《企业温室气体排放报告核查指南(试行)》中规定的核查程序

(1) 核查安排。

省级生态环境主管部门应综合考虑核查任务、进度安排及所需资源组织开展核查工作。

通过政府购买服务的方式委托技术服务机构开展的，应要求技术服务机构建立有效的风险防范机制、完善的内部质量管理体系和适当的公正性保证措施，确保核查工作公平公正、客观独立开展。技术服务机构不应开展以下活动。

第一，向重点排放单位提供碳排放配额计算、咨询或管理服务；

第二，接受任何对核查活动的客观公正性产生影响的资助、合同或其他形式的服务或产品；

第三，参与碳资产管理、碳交易的活动，或与从事碳咨询和交易的单位存在资产和管理方面的利益关系，如隶属于同一个上级机构等；

第四，与被核查的重点排放单位存在资产和管理方面的利益关系，如隶属于同一个上级机构等；

第五，为被核查的重点排放单位提供有关温室气体排放和减排、监测、测量、报告和校准的咨询服务；

第六，与被核查的重点排放单位共享管理人员，或者在3年之内曾在彼此机构内相互受聘过管理人员；

第七，使用具有利益冲突的核查人员，如3年之内与被核查重点排放单位存在雇佣关系或为被核查的重点排放单位提供过温室气体排放或碳交易的咨询服务等；

第八，宣称或暗示如果使用指定的咨询或培训服务，对重点排放单位的排放报告的核查将更为简单、容易等。

(2) 建立核查技术工作组。

省级生态环境主管部门应根据核查任务和进度安排，建立一个或多个核查技术工作组(以下简称技术工作组)开展如下工作。

第一，实施文件评审；

第二，完成《文件评审表》，提出《现场核查清单》的现场核查要求；

第三，出具《不符合项清单》，交重点排放单位整改，验证整改是否完成；

第四，出具《核查结论》；

第五，对未提交排放报告的重点排放单位，按照保守性原则对其排放量及相关数据进行测算。

技术工作组的工作可由省级生态环境主管部门及其直属机构承担，也可通过政府购买服务的方式委托技术服务机构承担。

技术工作组至少由2名成员组成，其中1名为负责人，至少1名成员具备被核查的重点排放单位所在行业的专业知识和工作经验。技术工作组负责人应充分考虑重点排放单位所在的行业领域、工艺流程、设施数量、规模与场所、排放特点、核查人员的专业背景和实践经验等方面的因素，确定成员的任务分工。

(3) 文件评审。

技术工作组应根据相应行业的温室气体排放核算方法与报告指南、相关技术规范，对重点排放单位提交的排放报告及数据质量控制计划等支撑材料进行文件评审，初步确认重点排放单位的温室气体排放量和相关信息的符合情况，识别现场核查重点，提出现场核查时间、需访问的人员、需观察的设施设备或操作以及需查阅的支撑文件等现场核查要求，并填写完成《文件评审表》和《现场核查清单》提交省级生态环境主管部门。

技术工作组可根据核查工作需要，调阅重点排放单位提交的相关支撑材料，如组织机构图、厂区分布图、工艺流程图、设施台账、生产日志、监测设备和计量器具台账、支撑报送数据的原始凭证，以及数据内部质量控制和质量保证相关文件和记录等。

技术工作组应将重点排放单位存在的如下情况作为文件评审的重点。

第一，投诉举报企业温室气体排放量和相关信息存在的问题；

第二，日常数据监测发现企业温室气体排放量和相关信息存在的异常情况；

第三，上级生态环境主管部门转办交办的其他有关温室气体排放的事项。

(4) 建立现场核查组。

省级生态环境主管部门应根据核查任务和进度安排，建立一个或多个现场核查组，开展如下工作。

第一，根据《现场核查清单》，对重点排放单位实施现场核查，收集相关证据和支撑材料。

第二，详细填写《现场核查清单》的核查记录并报送技术工作组。现场核查组的工作可由省级生态环境主管部门及其直属机构承担，也可通过政府购买服务的方式委托技术服务机构承担。现场核查组应至少由 2 人组成。为了确保核查工作的连续性，现场核查组成员原则上应为技术工作组的成员。对于核查人员调配存在困难等情况，现场核查组的成员可以与技术工作组成员不同。

对于核查年度之前连续 2 年未发现任何不符合项的重点排放单位，且当年文件评审中未发现存在疑问的信息或需要现场重点关注的内容，经省级生态环境主管部门同意后，可不实施现场核查。

(5) 实施现场核查。

现场核查的目的是根据《现场核查清单》收集相关证据和支撑材料。现场核查要遵循以下步骤。

第一，核查准备。现场核查组应按照《现场核查清单》做好准备工作，明确核查任务重点、组内人员分工、核查范围和路线，准备核查所需要的装备，如《现场核查清单》相关表格、记录本、交通工具、通信器材、录音录像器材、现场采样器材等。现场核查组应于现场核查前 2 个工作日通知重点排放单位做好准备。

第二，现场核查。现场核查组可采用查、问、看、验等方法开展工作。

① 查：查阅相关文件和信息，包括原始凭证、台账、报表、图纸、会计账册、专业技术资料、科技文献等；保存证据时可保存文件和信息的原件，如保存原件有困难，可保存复印件、扫描件、打印件、照片或视频录像等，必要时，可附文字说明；

② 问：询问现场工作人员，应多采用开放式提问，获取更多关于核算边界、排放源、数据监测以及核算过程等信息；

③ 看：查看现场排放设施和监测设备的运行，包括现场观察核算边界、排放设施的位置和数量、排放源的种类以及监测设备的安装、校准和维护情况等；

④ 验：通过重复计算验证计算结果的准确性，或通过抽取样本、重复测试确认测试结果的准确性等。

现场核查组应验证现场收集的证据的真实性，确保其能够满足核查的需要。现场核查组应在现场核查工作结束后2个工作日内，向技术工作组提交填写完成的《现场核查清单》。

第三，不符合项。技术工作组应在收到《现场核查清单》后2个工作日内，对《现场核查清单》中未取得有效证据、不符合《核算指南》要求以及未按数据质量控制计划执行等情况，在《不符合项清单》中“不符合项描述”一栏如实记录，并要求重点排放单位采取整改措施。

重点排放单位应在收到《不符合项清单》后的5个工作日内，填写完成《不符合项清单》中“整改措施及相关证据”一栏，连同相关证据材料一并提交技术工作组。技术工作组应对不符合项的整改进行书面验证，必要时可采取现场验证的方式。

(6) 出具《核查结论》。

技术工作组应根据如下要求出具《核查结论》并提交省级生态环境主管部门。

第一，对于未提出不符合项的，技术工作组应在现场核查结束后5个工作日内填写完成《核查结论》；

第二，对于提出不符合项的，技术工作组应在收到重点排放单位提交的《不符合项清单》“整改措施及相关证据”一栏内容后的5个工作日内填写完成《核查结论》。如果重点排放单位未在规定时间内完成对不符合项的整改，或整改措施不符合要求，技术工作组应根据《核算指南》与生态环境部公布的缺省值，按照保守性原则测算排放量及相关数据，并填写完成《核查结论》。

第三，对于经省级生态环境主管部门同意不实施现场核查的，技术工作组应在省级生态环境主管部门作出不实施现场核查决定后5个工作日内，填写完成《核查结论》。

(7) 告知核查结果。

省级生态环境主管部门应将《核查结论》告知重点排放单位。如省级生态环境主管部门认为有必要进一步提高数据质量，可在告知核查结果之前，采用复查的方式对核查过程和核查结论进行书面或现场评审。

(8) 保存核查记录。

省级生态环境主管部门应以安全和保密的方式保管核查的全部书面(含电子)文件至少5年。

技术服务机构应将核查过程的所有记录、支撑材料、内部技术评审记录等进行归档保存至少10年。

3. 核查要点

文件评审和现场核查时，需要把握关键点。

(1) 文件评审要点。

第一，重点排放单位基本情况。技术工作组应通过查阅重点排放单位的营业执照、组织机构代码证、机构简介、组织结构图、工艺流程说明、排污许可证、能源统计报表、原始凭证等文件的方式确认以下信息的真实性、准确性以及与数据质量控制计划的符合性：重点排放单位名称、单位性质、所属国民经济行业类别、统一社会信用代码、法定代表人、地理位置、排放报告联系人、排污许可证编号等基本信息，重点排放单位内部组织结构、主要产品或服务、生产工艺流程、使用的能源品种及年度能源统计报告等情况。

第二，核算边界。技术工作组应查阅组织机构图、厂区平面图、标记排放源输入与输出的工艺流程图及工艺流程描述、固定资产管理台账、主要用能设备清单，并查阅可行性研究报告及批复、相关环境影响评价报告及批复、排污许可证、承包合同、租赁协议等，确认以下信息的符合性：核算边界是否与相应行业的《核算指南》以及数据质量控制计划一致；纳入核算和报告边界的排放设施和排放源是否完整；与上一年度相比，核算边界是否存在变更等。

第三，核算方法。技术工作组应确认重点排放单位在报告中使用的核算方法是否符合相应行业的《核算指南》的要求，对任何偏离指南的核算方法都应判断其合理性，并在《文件评审表》和《核查结论》中说明。

第四，核算数据。技术工作组应重点查证核实以下四类数据的真实性、准确性和可靠性。

① 活动数据。技术工作组应依据《核算指南》，对重点排放单位排放报告中的每一个活动数据的来源及数值进行核查。核查的内容应包括活动数据的单位、数据来源、监测方法、监测频次、记录频次、数据缺失处理等。对支撑数据样本较多需采用抽样方法进行验证的，应考虑抽样方法、抽样数量以及样本的代表性。

如果活动数据的获取使用了监测设备，技术工作组应确认监测设备是否得到了维护和校准，维护和校准是否符合《核算指南》和数据质量控制计划的要求。技术工作组应确认因设备校准延迟而导致的误差是否根据设备的精度或不确定度进行了处理，以及处理的方式是否会低估排放量或过量发放配额。

针对《核算指南》中规定的可以自行检测或委托外部实验室检测的关键参数，技术工作组应确认重点排放单位是否具备测试条件，是否依据《核算指南》建立内部质量保证体系并按规定留存样品。如果不具备自行测试条件，委托的外部实验室是否有中国计量认证(CMA)资质认定或中国合格评定国家认可委员会(CNAS)的认可。

技术工作组应将每一个活动数据与其他数据来源进行交叉核对，其他数据来源可包括燃料购买合同、能源台账、月度生产报表、购售电发票、供热协议及报告、化学分析报告、能源审计报告等。

② 排放因子。技术工作组应依据《核算指南》和数据质量控制计划对重点排放单位排放报告中的每一个排放因子的来源及数值进行核查。

对采用缺省值的排放因子，技术工作组应确认与《核算指南》中的缺省值一致。对采用实测方法获取的排放因子，技术工作组至少应对排放因子的单位、数据来源、监测方法、监测频次、记录频次、数据缺失处理(如适用)等内容进行核查，对支撑数据样本较多需采用抽样进行验证的，应考虑抽样方法、抽样数量以及样本的代表性。对于通过监测设备获取的排放因子数据，以及按照《核算指南》由重点排放单位自行检测或委托外部实验室检测的关键参数，技术工作组应采取与活动数据同样的核查方法。在核查过程中，技术工作组应将每一个排放因子数据与其他数据来源进行交叉核对，其他的数据来源可包括化学分析报告、政府间气候变化专门委员会(IPCC)缺省值、省级温室气体清单编制指南中的缺省值等。

③ 排放量。技术工作组应对排放报告中排放量的核算结果进行核查,通过验证排放量计算公式是否正确、排放量的累加是否正确、排放量的计算是否可再现等方式确认排放量的计算结果是否正确。通过对比以前年份的排放报告,通过分析生产数据和排放数据的变化和波动情况确认排放量是否合理等。

④ 生产数据。技术工作组依据《核算指南》和数据质量控制计划对每一个生产数据进行核查,并与数据质量控制计划规定之外的数据源进行交叉验证。核查内容应包括数据的单位、数据来源、监测方法、监测频次、记录频次、数据缺失处理等。对生产数据样本较多需采用抽样方法进行验证的,应考虑抽样方法、抽样数量以及样本的代表性。

第五,质量保证和文件存档。技术工作组应对重点排放单位的质量保障和文件存档执行情况进行核查:是否建立了温室气体排放核算和报告的规章制度,包括负责机构和人员、工作流程和内容、工作周期和时间节点等;是否指定了专职人员负责温室气体排放核算和报告工作;是否定期对计量器具、监测设备进行维护管理;维护管理记录是否已存档;是否建立健全温室气体数据记录管理体系,包括数据来源、数据获取时间以及相关责任人等信息的记录管理;是否形成碳排放数据管理台账记录并定期报告,确保排放数据可追溯;是否建立温室气体排放报告内部审核制度,定期对温室气体排放数据进行交叉校验,对可能产生的数据误差风险进行识别,并提出相应的解决方案。

第六,数据质量控制计划及执行。温室气体排放单位被列入重点排放单位名录后,在提交首年度排放报告时,按照规定的格式提交数据质量控制计划,在没有修订的情况下,数据质量控制计划不需要每年提交。

对数据质量控制计划内容的核查包括:版本及修订、重点排放单位情况、核算边界和主要排放设施描述、数据的确定方式、数据内部质量控制和质量保证相关规定 5 个方面。

对数据质量控制计划执行的核查一般贯穿在对重点排放单位的基本情况、核算边界、核算方法、核算数据及质量保证和文件存档的核查过程之中。

对不符合《核算指南》要求的数据质量控制计划,应开具不符合项要求重点排放单位进行修改。

对于未按数据质量控制计划获取的活动数据、排放因子、生产数据,技术工作组应结合现场核查的现场核查情况开具不符合项,要求重点排放单位按照保守性原则测算数据,确保不会低估排放量或过量发放配额。

数据质量控制计划一般情况下不予修订,只有重点排放单位发生变化满足以下修订条件时,方可进行修订,修订后的数据质量控制计划需要重新提交:因排放设施发生变化或使用新燃料、物料产生了新排放;采用新的测量仪器和测量方法,提高了数据的准确度;发现按照原数据质量控制计划的监测方法核算的数据不正确;发现修订数据质量控制计划可提高报告数据的准确度;发现数据质量控制计划不符合《核算指南》要求。

第七，其他内容。除上述内容外，技术工作组在文件评审中还应重点关注如下内容：投诉举报企业温室气体排放量和相关信息存在的问题，各级生态环境主管部门转办交办的事项，日常数据监测发现企业温室气体排放量和相关信息存在异常的情况。

(2) 现场核查要点。

现场核查组应按《现场核查清单》开展核查工作，并重点关注如下内容。

投诉举报企业温室气体排放量和相关信息存在的问题；各级生态环境主管部门转办交办的事项；日常数据监测发现企业温室气体排放量和相关信息存在异常的情况；重点排放单位基本情况与数据质量控制计划或其他信息源不一致的情况；核算边界与《核算指南》不符，或与数据质量控制计划不一致的情况；排放报告中采用的核算方法与《核算指南》不一致的情况；活动数据、排放因子、排放量、生产数据等不完整、不合理或不符合数据质量控制计划的情况；重点排放单位是否有效地实施了内部数据质量控制措施的情况；重点排放单位是否有效地执行了数据质量控制计划的情况；数据质量控制计划中报告主体基本情况、核算边界和主要排放设施、数据的确定方式、数据内部质量控制和质量保证相关规定等与实际情况的一致性；确认数据质量控制计划修订的原因，比如排放设施发生变化、使用新燃料或物料、采用新的测量仪器和测量方法等情况。

现场核查组应按《现场核查清单》收集客观证据，详细填写核查记录，并将证据文件一并提交技术工作组。相关证据材料应能证实所需要核实、确认的信息符合要求。

4. 核查复核

重点排放单位对核查结果有异议的，可在被告知核查结论之日起 7 个工作日内，向省级生态环境主管部门申请复核。复核结论应在接到复核申请之日起 10 个工作日内作出。

5. 信息公开

核查工作结束后，省级生态环境主管部门应将所有重点排放单位的《核查结论》在官方网站向社会公开，并报生态环境部汇总。如有核查复核的，应公开复核结论。

核查工作结束后，省级生态环境主管部门应对技术服务机构提供的核查服务按附件 6《技术服务机构信息公开表》的格式进行评价，在官方网站向社会公开《技术服务机构信息公开表》。评价过程应结合技术服务机构与省级生态环境主管部门的日常沟通、技术评审、复查以及核查复核等环节开展。

省级生态环境主管部门应加强信息公开管理，发现有违法违规行为的，应当依法予以公开。

6. 排放报告核查相关工作表

(1)《文件评审表》。《文件评审表》如表 6-5 所示。

表 6-5　文件评审表

重点排放单位名称	
重点排放单位地址	

（续表）

统一社会信用代码		法定代表人	
联系人		联系方式（座机、手机和电子邮箱）	
核算和报告依据			
核查技术工作组成员			
文件评审日期			
现场核查日期			
核查内容		文件评审记录 （将评审过程中的核查发现、符合情况以及交叉核对等内容详细记录）	存在疑问的信息或需要现场重点关注的内容
1. 重点排放单位基本情况			
2. 核算边界			
3. 核算方法			
4. 核算数据			
1）活动数据			
-活动数据 1			
-活动数据 2			
……			
2）排放因子			
-排放因子 1			
-排放因子 2			
……			
3）排放量			
4）生产数据			
-生产数据 1			
-生产数据 2			
……			
5. 质量控制和文件存档			
6. 数据质量控制计划及执行			
1）数据质量控制计划			
2）数据质量控制计划的执行			
7. 其他内容			
核查技术工作组负责人（签名、日期）：			

（2）《现场核查清单》。《现场核查清单》如表 6-6 所示。

表 6-6　现场核查清单

<table>
<tr><td>重点排放单位名称</td><td colspan="3"></td></tr>
<tr><td>重点排放单位地址</td><td colspan="3"></td></tr>
<tr><td>统一社会信用代码</td><td></td><td>法定代表人</td><td></td></tr>
<tr><td>联系人</td><td></td><td>联系方式(座机、手机和电子邮箱)</td><td></td></tr>
<tr><td colspan="2">现场核查要求</td><td colspan="2">现场核查记录</td></tr>
<tr><td colspan="2">1.</td><td colspan="2"></td></tr>
<tr><td colspan="2">2.</td><td colspan="2"></td></tr>
<tr><td colspan="2">3.</td><td colspan="2"></td></tr>
<tr><td colspan="2">4.</td><td colspan="2"></td></tr>
<tr><td colspan="2">……</td><td colspan="2"></td></tr>
<tr><td colspan="2"></td><td colspan="2">现场发现的其他问题：</td></tr>
<tr><td colspan="2">核查技术工作组负责人(签名、日期)：</td><td colspan="2">现场核查人员(签名、日期)：</td></tr>
</table>

（3）《不符合项清单》。《不符合项清单》如表 6-7 所示。

表 6-7　不符合项清单

<table>
<tr><td>重点排放单位名称</td><td colspan="3"></td></tr>
<tr><td>重点排放单位地址</td><td colspan="3"></td></tr>
<tr><td>统一社会信用代码</td><td></td><td>法定代表人</td><td></td></tr>
<tr><td>联系人</td><td></td><td>联系方式(座机、手机和电子邮箱)</td><td></td></tr>
<tr><td colspan="2">不符合项描述</td><td>整改措施及相关证据</td><td>整改措施是否符合要求</td></tr>
<tr><td colspan="2">1.</td><td></td><td></td></tr>
<tr><td colspan="2">2.</td><td></td><td></td></tr>
<tr><td colspan="2">3.</td><td></td><td></td></tr>
<tr><td colspan="2">4.</td><td></td><td></td></tr>
<tr><td colspan="2">……</td><td></td><td></td></tr>
<tr><td colspan="2">核查技术工作组负责人
(签名、日期)：</td><td>重点排放单位整改负责人
(签名、日期)：</td><td>核查技术工作负责人
(签名、日期)：</td></tr>
</table>

注：请于　年　月　日前完成整改措施，并提交相关证据。如未在上述日期前完成整改，主管部门将根据相关保守性原则测算温室气体排放量等相关数据，用于履约清缴等工作。

（4）《核查结论》。核查结论汇总，如表 6-8 所示。

表 6-8　核查结论

<table>
<tr><td colspan="5">一、重点排放单位基本信息</td></tr>
<tr><td>重点排放单位名称</td><td colspan="4"></td></tr>
<tr><td>重点排放单位地址</td><td colspan="4"></td></tr>
<tr><td>统一社会信用代码</td><td></td><td colspan="2">法定代表人</td><td></td></tr>
<tr><td colspan="5">二、文件评审和现场核查过程</td></tr>
<tr><td>核查技术工作组承担单位</td><td></td><td colspan="2">核查技术工作组成员</td><td></td></tr>
<tr><td>文件评审日期</td><td colspan="4"></td></tr>
<tr><td>现场核查工作组承担单位</td><td></td><td colspan="2">现场核查工作组成员</td><td></td></tr>
<tr><td>现场核查日期</td><td colspan="4"></td></tr>
<tr><td>是否不予实施现场核查?</td><td colspan="4">□是□否，如是，简要说明原因。</td></tr>
<tr><td colspan="5">三、核查发现
（在相应空格中打√）</td></tr>
<tr><td>核查内容</td><td>符合要求</td><td>不符合项已整改且满足要求</td><td>不符合项整改但不满足要求</td><td>不符合项未整改</td></tr>
<tr><td>1. 重点排放单位基本情况</td><td></td><td></td><td></td><td></td></tr>
<tr><td>2. 核算边界</td><td></td><td></td><td></td><td></td></tr>
<tr><td>3. 核算方法</td><td></td><td></td><td></td><td></td></tr>
<tr><td>4. 核算数据</td><td></td><td></td><td></td><td></td></tr>
<tr><td>5. 质量控制和文件存档</td><td></td><td></td><td></td><td></td></tr>
<tr><td>6. 数据质量控制计划及执行</td><td></td><td></td><td></td><td></td></tr>
<tr><td>7. 其他内容</td><td></td><td></td><td></td><td></td></tr>
<tr><td colspan="5">四、核查确认</td></tr>
<tr><td colspan="5">（一）初次提交排放报告的数据</td></tr>
<tr><td colspan="3">温室气体排放报告（初次提交）日期</td><td colspan="2"></td></tr>
<tr><td colspan="3">初次提交报告中的排放量（tCO_2e）</td><td colspan="2"></td></tr>
<tr><td colspan="3">初次提交报告中与配额分配相关的生产数据</td><td colspan="2"></td></tr>
<tr><td colspan="5">（二）最终提交排放报告的数据</td></tr>
<tr><td colspan="3">温室气体排放报告（最终）日期</td><td colspan="2"></td></tr>
<tr><td colspan="3">经核查后的排放量（tCO_2e）</td><td colspan="2"></td></tr>
<tr><td colspan="3">经核查后与配额分配相关的生产数据</td><td colspan="2"></td></tr>
</table>

（续表）

（三）其他需要说明的问题	
最终排放量的认定是否涉及核查技术工作组的测算？	□是□否，如是，简要说明原因、过程、依据和认定结果：
最终与配额分配相关的生产数据的认定是否涉及核查技术工作组的测算？	□是□否，如是，简要说明原因、过程、依据和认定结果：
其他需要说明的情况	
核查技术工作负责人（签字、日期）：	
技术服务机构盖章（如购买技术服务机构的核查服务）	

第五节　发电企业碳排放报告编制

基于国家生态环境部2022年针对发电设施发布的《企业温室气体排放核算与报告指南 发电设施》相关新要求，就发电企业碳排放报告编制说明如下。

一、《企业温室气体排放核算与报告指南 发电设施》解析

（一）适用范围

《企业温室气体排放核算与报告指南 发电设施》规定了发电设施的温室气体排放核算边界和排放源确定、化石燃料燃烧排放核算、购入使用电力排放核算、排放量计算、生产数据核算、数据质量控制计划、数据质量管理、定期报告和信息公开格式等要求。

《企业温室气体排放核算与报告指南 发电设施》适用于全国碳排放权交易市场的发电行业重点排放单位（含自备电厂）使用燃煤、燃油、燃气等化石燃料及掺烧化石燃料的纯凝发电机组和热电联产机组等发电设施的温室气体排放核算。其他未纳入全国碳排放权交易市场的发电设施温室气体排放核算可参照本指南；《企业温室气体排放核算与报告指南 发电设施》不适用于单一使用非化石燃料（如纯垃圾焚烧发电、沼气发电、秸秆林木质等纯生物质发电机组，余热、余压、余气发电机组和垃圾填埋气发电机组等）发电设施的温室气体排放核算。

（二）术语和定义

温室气体：大气中吸收和重新放出红外辐射的自然和人为的气态成分，包括二氧化碳（CO_2）、甲烷（CH_4）、氧化亚氮（N_2O）、氢氟碳化物（HFCs）、全氟化碳（PFCs）、六氟化硫（SF_6）和三氟化氮（NF_3）等。《企业温室气体排放核算与报告指南 发电设施》中的温室气体为二氧化碳（CO_2）。

温室气体重点排放单位:全国碳排放权交易市场覆盖行业内年度温室气体排放量达到2.6万吨二氧化碳当量的温室气体排放单位,简称重点排放单位。

发电设施:存在于某一地理边界、属于某一组织单元或生产过程的电力生产装置集合。

化石燃料燃烧排放:化石燃料在氧化燃烧过程中产生的二氧化碳排放。

购入使用电力排放:购入使用电量所对应产生的二氧化碳排放。

活动数据:导致温室气体排放的生产或消费活动量的表征值,例如各种化石燃料消耗量、购入使用电量等。

排放因子:表征单位生产或消费活动量的温室气体排放系数,例如每单位化石燃料燃烧所产生的二氧化碳排放量、每单位购入使用电量所对应的二氧化碳排放量等。

低位发热量:燃料完全燃烧,其燃烧产物中的水蒸汽以气态存在时的发热量,也称低位热值。

碳氧化率:燃料中的碳在燃烧过程中被完全氧化的百分比。

负荷(出力)系数:统计期内,单元机组总输出功率平均值与机组额定功率之比,即机组利用小时数与运行小时数之比,也称负荷率。

热电联产:同时向用户供给电能和热能的生产方式。《企业温室气体排放核算与报告指南 发电设施》所指热电联产机组包括统计期内有对外供热量产生的发电机组。

热电联产机组:同时向用户供给电能和热能的生产方式。《企业温室气体排放核算与报告指南 发电设施》所指热电联产机组指具备发电能力,同时对外供热的发电机组。

纯凝发电机组:蒸汽进入汽轮发电机组的汽轮机,通过其中各级叶片做功后,乏汽全部进入凝结器凝结为水的生产方式。《企业温室气体排放核算与报告指南 发电设施》是指企业批复文件为纯凝发电机组,并且统计期内仅对外供电的发电机组。

母管制系统:将多台过热蒸汽参数相同的机组分别用公用管道将过热蒸汽连在一起的发电系统。

(三) 工作程序和内容

发电设施温室气体排放核算和报告工作内容包括核算边界和排放源确定、数据质量控制计划编制与实施、化石燃料燃烧排放核算、购入使用电力排放核算、排放量计算、生产数据信息获取、定期报告、信息公开和数据质量管理的相关要求。工作程序见图6-2。

(1) 核算边界和排放源确定。

确定重点排放单位核算边界,识别纳入边界的排放设施和排放源。排放报告应包括核算边界所包含的装置、所对应的地理边界、组织单元和生产过程。

(2) 数据质量控制计划编制与实施。

按照各类数据测量和获取要求编制数据质量控制计划,并按照数据质量控制计划实施温室气体的测量活动。

(3) 化石燃料燃烧排放核算。

收集活动数据、确定排放因子,计算发电设施化石燃料燃烧排放量。

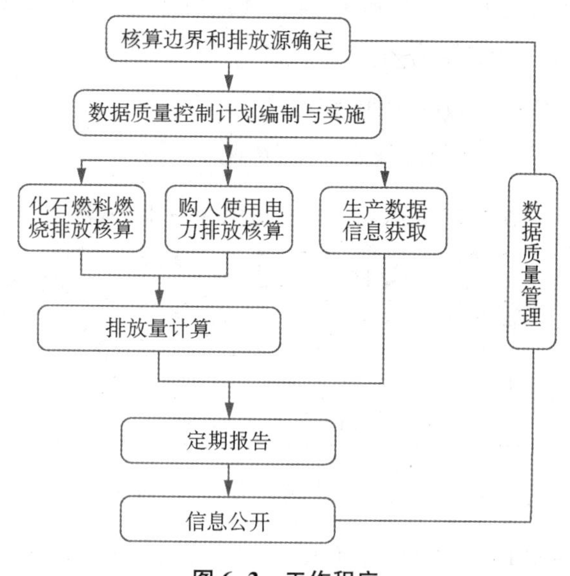

图 6-2　工作程序

(4) 购入使用电力排放核算。

收集活动数据、确定排放因子,计算发电设施购入使用电量所对应的排放量。

(5) 排放量计算。

汇总计算发电设施二氧化碳排放量。

(6) 生产数据信息获取。

获取和计算发电量、供热量、运行小时数和负荷(出力)系数等生产数据和信息。

(7) 定期报告。

定期报告温室气体排放数据及相关生产信息,存证必要的支撑材料。

(8) 信息公开。

定期公开温室气体排放报告相关信息,接受社会监督。

(9) 数据质量管理。

明确温室气体数据质量管理的一般要求。

(四) 核算边界和排放源确定

核算边界为发电设施,主要包括燃烧系统、汽水系统、电气系统、控制系统和除尘及脱硫脱硝等装置的集合,不包括厂区内其他辅助生产系统以及附属生产系统。

发电设施温室气体排放核算和报告范围包括:化石燃料燃烧产生的二氧化碳排放、购入使用电力产生的二氧化碳排放。

(1) 化石燃料燃烧产生的二氧化碳排放:一般包括发电锅炉(含启动锅炉)、燃气轮机等主要生产系统消耗的化石燃料燃烧产生的二氧化碳排放,以及脱硫脱硝等装置使用化石燃料加热烟气的二氧化碳排放,不包括应急柴油发电机组、移动源、食堂等其他设施消耗化石燃料产生的排放。对于掺烧化石燃料的生物质发电机组、垃圾(含污泥)焚烧发电机组等产生的二氧化碳排放，仅统计燃料中化石燃料的二氧化碳排放。对于掺烧生物质（含垃圾、污泥）的化石燃料发电机组，应计算掺烧生物质热量占比。

（2）购入使用电力产生的二氧化碳排放。

各类型发电企业温室气体排放源如表 6-9 所示。

表 6-9　各类型发电企业的温室气体排放源

电厂类型	化石燃料火力发电			生物质燃烧发电	垃圾焚烧发电
	燃煤电厂	燃气电厂	燃油电厂		
化石燃料燃烧	☑	☑	☑	☑	☑
购入电力	☑	☑	☑	☑	☑

发电企业温室气体常见排放源与排放设施如表 6-10 所示。

表 6-10　发电企业温室气体的常见排放源与排放设施

排放源类别	系统	排放设施	排放源举例	是否纳入核算边界
化石燃料燃烧的二氧化碳排放	主要生产系统	火力发电过程中使用的锅炉（燃煤锅炉、天然气锅炉、燃油锅炉、生物质锅炉、混合燃料锅炉等）	燃煤、燃油、燃气等的燃烧	是
	主要生产系统	内燃机	燃气、燃油等的燃烧	是
	辅助生产系统	应急/备用发电机、黑启动发电机	柴油、重油等的燃烧	否
	附属生产系统	交通工具和其他移动设施	柴油、液化石油气等的燃烧	否
企业购入使用电力产生的二氧化碳排放	主要生产系统	火力发电过程中使用的各类的涡轮	外购电力的消耗	是
	主要生产系统	火力发电过程中使用的压缩机	外购电力的消耗	是
	辅助生产系统	消防水泵、库房耗电设施等	外购电力的消耗	否
	附属生产系统	厂部、生产区内的食堂等耗电设施	外购电力的消耗	否

（五）化石燃料燃烧排放核算要求

1. 计算公式

发电企业活动水平数据的监测主要指对燃料消耗量、脱硫剂消耗量、供电量、供热量的监测，监测的相关参数主要指低位热值、单位热值含碳量、氧化率和过程排放因子等。在监测方法的选择上，应基于可测量、可核查的原则来确定，可以采用基于计算和基于测量两种方法，若采用基于计算的方法，排放主体应对活动水平数据和相关参数进行监测。

若采用基于测量的方法，排放主体应对温室气体排放的浓度和体积或其他方式进行实时监测。

发电企业温室气体总排放量计算公式如下：

$$E = E_{燃烧} + E_{电} \tag{6-1}$$

式中：E——报告主体碳排放总量，单位为吨二氧化碳当量（tCO_2e）；

$E_{燃烧}$——报告主体化石燃料燃烧排放量，单位为吨二氧化碳当量（tCO_2e）；

$E_{电}$——报告主体净购入电力消费的排放量，单位为吨二氧化碳当量（tCO_2e）

（1）化石燃料燃烧排放量是统计期内发电设施各种化石燃料燃烧产生的二氧化碳排放量的加和。对于开展元素碳实测的，采用公式（6-2）计算

$$E_{燃烧} = \sum_{i=1}^{n} (FC_i \times C_{ar,i} \times OF_i \times \frac{44}{12} \tag{6-2}$$

式中：$E_{燃烧}$——化石燃料燃烧的排放量，单位为吨二氧化碳（tCO_2）；

FC_i——第 i 种化石燃料的消耗量，对固体或液体燃料，单位为吨（t）；对气体燃料，单位为万标准立方米（10^4 Nm^3）；

$C_{ar,i}$——第 i 种化石燃料的收到基元素碳含量，对固体或液体燃料，单位为吨碳/吨（tC/t）；对气体燃料，单位为吨碳/万标准立方米（$tC/10^4$ Nm^3）；

OF_i——第 i 种化石燃料的碳氧化率，以%表示；

$\frac{44}{12}$——二氧化碳与碳的相对分子质量之比；

i——化石燃料种类代号。

（2）对于开展燃煤元素碳实测的，其收到基元素碳含量采用公式（6-3）换算。

$$C_{ar} = C_{ad} \times \frac{100 - M_{ar}}{100 - M_{ad}} \text{或} C_{ar} = C_d \times \frac{100 - M_{ar}}{100} \tag{6-3}$$

式中：C_{ar}——收到基元素碳含量，单位为吨碳/吨（tC/t）；

C_{ad}——空气干燥基元素碳含量，单位为吨碳/吨（tC/t）；

C_d——干燥基元素碳含量，单位为吨碳/吨（tC/t）；

M_{ar}——收到基水分，采用重点排放单位测量值，以%表示；

M_{ad}——空气干燥基水分，采用检测样品数值，以%表示。

（3）对于未开展元素碳实测的或实测不符合指南要求的，其收到基元素碳含量采用公式（6-4）计算。

$$C_{ar,i} = NCV_{ar,i} \times CC_i \tag{6-4}$$

式中：$C_{ar,i}$——第 i 种化石燃料的收到基元素碳含量，对固体或液体燃料，单位为吨碳/吨（tC/t）；对气体燃料，单位为吨碳/万标准立方米（$tC/10^4$ Nm^3）；

$NCV_{ar,i}$——第 i 种化石燃料的收到基低位发热量，对固体或液体燃料，单位为吉焦/吨(GJ/t)；对气体燃料，单位为吉焦/万标准立方米(GJ/10^4 Nm^3)；

CC_i——第 i 种化石燃料的单位热值含碳量，单位为吨碳/吉焦(tC/GJ)。

(4) 对于掺烧生物质(含垃圾、污泥)的，其热量占比采用公式(6-5)计算。

$$P_{biomass}=\frac{Q_{cr}\div\eta_{gl}-\sum_{i=1}^{n}(FC_i\times NCV_{ar,i})}{Q_{cr}\div\eta_{gl}}\times 100\% \tag{6-5}$$

式中：$P_{biomass}$——机组的生物质掺烧热量占机组总燃料热量的比例，以%表示；

Q_{cr}——锅炉产热量，单位为吉焦(GJ)；

η_{gl}——锅炉效率，以%表示；

FC_i——第 i 种化石燃料的消耗量，对固体或液体燃料，单位为吨(t)；对气体燃料，单位为万标准立方米(10^4 Nm^3)；

$NCV_{ar,i}$——第 i 种化石燃料的收到基低位发热量，对固体或液体燃料，单位为吉焦/吨(GJ/t)；对气体燃料，单位为吉焦/万标准立方米(GJ/10^4 Nm^3)。

锅炉效率取值为通过检验检测机构资质认定(CMA)或 CNAS 认可、且检测能力包括电站锅炉性能试验的检测机构/实验室出具的最近一次锅炉热力性能试验报告中最大负荷对应的效率测试值，报告应盖有 CMA 资质认定标志或 CNAS 认可标识章。对未开展实测或实测报告无 CMA 资质认定标志或 CNAS 认可标识章的，可采用锅炉设计说明书或锅炉运行规程中最大负荷对应的设计值。

2. 数据的监测与获取

(1) 化石燃料消耗量的测定标准与优先序。

燃煤消耗量应优先采用经校验合格后的皮带秤或耐压式计量给煤机的入炉煤测量结果，采用生产系统记录的计量数据。皮带秤须采用皮带秤实煤或循环链码校验每月一次，或至少每季度对皮带秤进行实煤计量比对。不具备入炉煤测量条件的，根据每日或每批次入厂煤盘存测量数值统计，采用购销存台账中的消耗量数据。

燃油、燃气消耗量应优先采用每月连续测量结果。不具备连续测量条件的，通过盘存测量得到购销存台账中月度消耗量数据。

轨道衡、汽车衡等计量器具的准确度等级应符合 GB/T 21369 或相关计量检定规程的要求；皮带秤的准确度等级应符合 GB/T 7721 的相关规定；耐压式计量给煤机的准确度等级应符合 GB/T 28017 的相关规定。计量器具应确保在有效的检验周期内。

(2) 元素碳含量的测定标准与频次。

燃煤元素碳含量等相关参数的测定采用表 6-11 中所列的方法标准。

表 6-11　燃煤元素碳含量测定方法标准

序号	项目		方法标准名称	方法标准编号
1	采样	人工采样	商品煤样人工采取方法	GB/T 475
		机械采样	煤炭机械化采样 第1部分:采样方法	GB/T 19494.1
2	制样	人工制样	煤样的制备方法	GB/T 474
		机械制样	煤炭机械化采用 第2部分:煤样的制备	GB/T 19494.2
3	化验	全水分	煤中全水分的测定方法	GB/T 211
			煤中全水分测定 自动仪器法	DL/T 2029
		水分、灰分、挥发分	煤的工业分析方法	GB/T 212
			煤的工业分析方法 仪器法	GB/T 30732
			煤的工业分析 自动仪器法	DL/T 1030
		发热量[a]	煤的发热量测定方法	GB/T 214
		全硫	煤中全硫的测定方法	GB/T 25214
			煤中全硫测定 红外光谱法	GB/T 25214
		碳	煤中碳和氢的测定方法	GB/T 476
			煤中碳氢氮的测定 仪器法	GB/T 30733
			燃料元素的快速分析方法	DL/T 568
			煤的元素分析	GB/T 31391
4	基准换算	/	煤炭分析试验方法一般规定	GB/T 483
		/	煤炭分析结果基的换算	GB/T 35985

注：[a] 应优先采用恒容低位发热量，并在各统计期保持一致。

燃煤元素碳含量可采用以下方式之一获取，应与燃煤消耗量状态一致（均为入炉煤或入厂煤），并确保采样、制样、化验和换算符合表 6-11 所列的方法标准。

(a) 每日检测。采用每日入炉煤检测数据加权计算得到月度平均收到基元素碳含量，权重为每日入炉煤消耗量；

(b) 每批次检测。采用每月各批次入厂煤检测数据加权计算得到入厂煤月度平均收到基元素碳含量，权重为每批次入厂煤接收量；

(c) 每月缩分样检测。每日采集入炉煤样品，每月将获得的日样品混合，用于检测其元素碳含量。混合前，每日样品的质量应正比于该日入炉煤消耗量且基准保持一致。

燃煤元素碳含量应于每次样品采集之后 40 个自然日内完成该样品检测，检测报告应同时包括样品的元素碳含量、低位发热量、氢含量、全硫、水分等参数的检测结果。检测报告应由通过 CMA 认定或 CNAS 认可、且检测能力包括上述参数的检测机构/实验室出具，并盖有 CMA 资质认定标志或 CNAS 认可标识章。其中的低位发热量仅用于数据可靠性的对比分析和验证。

报告值为干燥基或空气干燥基分析结果，应采用公式(6-3)转换为收到基元素碳含量。重点排放单位应保存不同基转换涉及水分等数据的原始记录。

燃油、燃气的元素碳含量至少每月检测，可自行检测、委托检测或由供应商提供。对于天然气等气体燃料，元素碳含量的测定应遵循 GB/T 13610 和 GB/T 8984 等相关标准，根据每种气体组分的体积浓度及该组分化学分子式中碳原子的数目计算元素碳含量。某月有多于一次实测数据时，取算术平均值为该月数值。

(3) 低位发热量的测定标准与频次。

燃煤低位发热量的测定采用表 6-11 中所列的方法。重点排放单位可自行检测或委托外部有资质的检测机构/实验室进行检测。

燃煤收到基低位发热量的测定应与燃煤消耗量数据获取状态一致(均为入炉煤或入厂煤)。应优先采用每日入炉煤检测数值。不具备入炉煤检测条件的，采用每日或每批次入厂煤检测数值。已有入炉煤检测设备设施的重点排放单位，一般不应改用入厂煤检测结果。

燃煤的年度平均收到基低位发热量由月度平均收到基低位发热量加权平均计算得到，其权重是燃煤月消耗量。入炉煤月度平均收到基低位发热量由每日/班所耗燃煤的收到基低位发热量加权平均计算得到，其权重是每日/班入炉煤消耗量。入厂煤月度平均收到基低位发热量由每批次平均收到基低位发热量加权平均计算得到，其权重是该月每批次入厂煤接收量。当某日或某批次燃煤收到基低位发热量无实测时，或测定方法均不符合表 6-11 要求时，该日或该批次的燃煤收到基低位发热量应取 26.7 GJ/t。生态环境部另有规定的，按其规定执行。

燃油、燃气的低位发热量应至少每月检测，可自行检测、委托检测或由供应商提供，遵循 DL/T 567.8、GB/T 13610 或 GB/T 11062 等相关标准。检测天然气低位发热量的压力和温度依据 DL/T 1365 采用 101.325 kPa、20℃的燃烧和计量参比条件，或参照 GB/T 11062 中的换算系数计算。燃油、燃气的年度平均低位发热量由每月平均低位发热量加权平均计算得到，其权重为每月燃油、燃气消耗量。某月有多于一次实测数据时，取算术平均值为该月数值。无实测时采用《企业温室气体排放核算与报告指南 发电设施》规定的各燃料品种对应的缺省值。

(4) 单位热值含碳量的取值。

未开展燃煤元素碳实测或实测不符合“元素碳含量的测定标准与频次”要求的，单位热值含碳量取 0.030 85 tC/GJ(不含非常规燃煤机组)。未开展燃煤元素碳实测或实测不符合“元素碳含量的测定标准与频次”要求的非常规燃煤机组，单位热值含碳量取 0.028 58 tC/GJ。

未开展燃油、燃气元素碳实测或实测不符合“元素碳含量的测定标准与频次”要求的，单位热值含碳量采用《企业温室气体排放核算与报告指南 发电设施》规定的各燃料品种对应的缺省值。

生态环境部另有规定的，按其规定执行。

(5) 碳氧化率的取值。

燃煤的碳氧化率取 99%。燃油和燃气的碳氧化率采用《企业温室气体排放核算与报告指南 发电设施》规定的各燃料品种对应的缺省值。

(六) 购入使用电力排放核算要求

1. 计算公式

对于购入使用电力产生的二氧化碳排放,采用公式(6-6)计算。

$$E_{电} = AD_{电力} \times EF_{电力} \tag{6-6}$$

式中:$E_{电}$——购入使用电力产生的排放量,单位为吨二氧化碳(tCO_2);

$AD_{电}$——购入使用电量,单位为兆瓦时(MW·h);

$EF_{电}$——电网排放因子,单位为吨二氧化碳/兆瓦时(tCO_2/MW·h)。

2. 数据的监测与获取优先序

(1) 购入使用电量按以下优先序获取:

(a) 根据电表记录的读数统计;

(b) 供应商提供的电费结算凭证上的数据。

(2) 电网排放因子采用生态环境部最新发布的数值。

(七) 排放量计算

发电设施二氧化碳年度排放量等于当年各月排放量之和。各月二氧化碳排放量等于各月度化石燃料燃烧排放量和购入使用电力产生的排放量之和,采用公式(6-7)计算。

$$E = E_{燃烧} + E_{电} \tag{6-7}$$

式中:E——发电设施二氧化碳排放量,单位为吨二氧化碳(tCO_2);

$E_{燃烧}$——化石燃料燃烧排放量,单位为吨二氧化碳(tCO_2);

$E_{电}$——购入使用电力产生的排放量,单位为吨二氧化碳(tCO_2)。

(八) 生产数据核算要求

1. 发电量

发电量是指统计期内从发电机端输出的总电量,采用计量数据。

2. 供热量

(1) 计算公式。

供热量为锅炉不经汽轮机直供蒸汽热量、汽轮机直接供热量与汽轮机间接供热量之和,不含烟气余热利用供热。采用公式(6-8)和(6-9)计算。其中 Q_{zg} 和 Q_{jg} 计算方法参考 DL/T 904 中相关要求。

$$Q_{gr} = \sum Q_{gl} + \sum Q_{jz} \tag{6-8}$$

$$\sum Q_{jz} = \sum Q_{zg} + \sum Q_{jg} \tag{6-9}$$

式中：Q_{gr}——供热量，单位为吉焦(GJ)；

$\sum Q_{gl}$——锅炉不经汽轮机直接或经减温减压后向用户提供热量的直供蒸汽热量之和，单位为吉焦(GJ)；

$\sum Q_{jz}$——汽轮机向外供出的直接供热量和间接供热量之和，单位为吉焦(GJ)；

$\sum Q_{zg}$——由汽轮机直接或经减温减压后向用户提供的直接供热量之和，单位为吉焦(GJ)；

$\sum Q_{jg}$——通过热网加热器等设备加热供热介质后间接向用户提供热量的间接供热量之和，单位为吉焦(GJ)。

(2) 数据的监测与获取。

对外供热是指向除发电设施汽水系统(除氧器、低压加热器、高压加热器等)之外的热用户供出的热量。

依据 DL/T 1365，供热量为供热计量点供出工质的焓减去返回工质的焓乘以相应流量。供热存在回水时，计算供热量应扣减回水热量。

蒸汽及热水温度、压力数据按以下优先序获取：a)计量或控制系统的实际监测数据，采用月度算术平均值，或运行参数范围内经验值；b)相关技术文件或运行规程规定的额定值。

供热量数据应每月进行计量并记录，年度值为每月数据累计之和，按以下优先序获取：

(a) 直接计量的热量数据，优先采用热源侧计量数据；

(b) 结算凭证上的数据。

(3) 热量的单位换算。

(a) 以质量单位计量的蒸汽可采用公式(6-10)转换为热量单位。

$$AD_{st}=Ma_{st}\times(En_{st}-83.74)\times10^{-3} \tag{6-10}$$

式中：AD_{st}——蒸汽的热量，单位为吉焦(GJ)；

Ma_{st}——蒸汽的质量，单位为吨蒸汽(t)；

En_{st}——蒸汽所对应的温度、压力下每千克蒸汽的焓值，取值参考相关行业标准，单位为千焦/千克(kJ/kg)；

83.74——水温为 20℃时的焓值，单位为千焦/千克(kJ/kg)。

(b) 以质量单位计量的热水可采用公式(6-11)转换为热量单位。

$$AD_{w}=Ma_{w}\times(T_{w}-20)\times4.1868\times10^{-3} \tag{6-11}$$

式中：AD_{w}——热水的热量，单位为吉焦(GJ)；

Ma_{w}——热水的质量，单位为吨(t)；

T_{w}——热水的温度，单位为摄氏度(℃)；

20——常温下水的温度，单位为摄氏度(℃)；

4.186 8——水在常温常压下的比热，单位为千焦/(千克·摄氏度)(kJ/(kg·℃))。

3. 运行小时数和负荷(出力)系数

(1) 计算公式。

运行小时数和负荷(出力)系数采用生产数据。合并填报时采用公式(6-12)和(6-13)计算。

$$t=\frac{\sum_{i=1}^{n}(t_i \times P_{e_i})}{\sum_{i=1}^{n}P_{e_i}} \tag{6-12}$$

$$X=\frac{\sum_{i=1}^{n}W_{fdi}}{\sum_{i=1}^{n}(P_{e_i} \times t_i)} \tag{6-13}$$

式中：t——运行小时数，单位为小时(h)；

X——负荷(出力)系数，以%表示；

W_{fd}——发电量，单位为兆瓦时(MW·h)；

P_e——机组容量，单位为兆瓦(MW)，应以发电机实际额定功率为准，可采用排污许可证载明信息、机组运行规程、铭牌等进行确认；

i——机组代号。

(2) 数据的监测与获取。

运行小时数和负荷(出力)系数按以下优先序获取：

(a)企业生产系统数据；(b)企业统计报表数据。

核算合并填报发电机组的负荷(出力)系数时，备用机组的运行小时数可计入被调剂机组的运行小时数中。

(九) 数据质量控制计划

(1) 数据质量控制计划的内容。

重点排放单位应按照《企业温室气体排放核算与报告指南 发电设施》中各类数据监测与获取要求，结合现有测量能力和条件，制定数据质量控制计划。数据质量控制计划中所有数据的计算方式与获取方式应符合《企业温室气体排放核算与报告指南 发电设施》的要求。

数据质量控制计划应包括以下内容。

(a) 数据质量控制计划的版本及修订情况。

(b) 重点排放单位情况：包括重点排放单位基本信息、主营产品、生产工艺、组织机构图、厂区平面分布图、工艺流程图等内容。

(c) 按照《企业温室气体排放核算与报告指南 发电设施》确定的实际核算边界和主要排放设施情况：包括核算边界的描述，设施名称、类别、编号、位置情况等内容。

(d) 煤炭元素碳含量、低位发热量等参数检测的采样、制样方案：其中，采样方案包括采样依据、采样点、采样频次、采样方式、采样质量和记录等；制样方案包括制样方法、缩分方法、制样设施、煤样保存和记录等。

(e) 数据的确定方式应包括：参数：明确所有监测的参数名称和单位；参数获取：明确参数获取方式、频次，涉及的计算方法，是否采用实测或缺省值。对委外实测的，应明确具体委托协议方式及相关参数的检测标准；测量设备：明确测量设备的数量、型号、编号、精度、位置、测量频次、检定/校准频次以及所依据的检定/校准技术规范。明确测量设备的内部管理规定等；数据记录频次：明确各项参数数据记录频次；数据缺失处理：明确数据缺失处理方式，处理方式应基于审慎性原则且符合生态环境部相关规定；负责部门：明确各项数据监测、流转、记录、分析等环节管理部门。

(f) 数据内部质量控制和质量保证相关规定应包括：建立内部管理制度和质量保障体系，包括明确排放相关计量、检测、核算、报告和管理工作的负责部门及其职责、具体工作要求、工作流程等。指定专职人员负责温室气体排放核算和报告工作；建立内审制度，确保提交的排放报告和支撑材料符合技术规范、内部管理制度和质量保障要求；建立原始凭证和台账记录管理制度，规范排放报告和支撑材料的登记、保存和使用。

(2) 数据质量控制计划的修订。

重点排放单位在以下情况下应对数据质量控制计划进行修订，修订内容应符合实际情况并满足《企业温室气体排放核算与报告指南 发电设施》的要求。

(a) 排放设施发生变化或使用计划中未包括的新燃料或物料而产生的排放。

(b) 采用新的测量仪器和方法，使数据的准确度提高。

(c) 发现之前采用的测量方法所产生的数据不正确。

(d) 发现更改计划可提高报告数据的准确度。

(e) 发现计划不符合《企业温室气体排放核算与报告指南 发电设施》核算和报告的要求。

(f) 生态环境部明确的其他需要修订的情况。

(3) 数据质量控制计划的执行。

重点排放单位应严格按照数据质量控制计划实施温室气体的测量活动，并符合以下要求。

(a) 发电设施基本情况与计划描述一致。

(b) 核算边界与计划中的核算边界和主要排放设施一致。

(c) 所有活动数据、排放因子和生产数据能够按照计划实施测量。

(d) 煤炭的采样、制样、检测化验能够按照计划实施。

(e) 测量设备得到了有效的维护和校准，维护和校准能够符合计划、核算标准、国家要求、地区要求或设备制造商的要求。

(f) 测量结果能够按照计划中规定的频次记录。

(g) 数据缺失时的处理方式能够与计划一致。

(h) 数据内部质量控制和质量保证程序能够按照计划实施。

(十) 数据质量管理要求

重点排放单位应加强发电设施温室气体排放数据质量管理工作，包括但不限于：

(a) 委托检测机构/实验室检测燃煤元素碳含量、低位发热量等参数时，应确保符合《企业温室气体排放核算与报告指南 发电设施》中 6.2.2 和 6.2.3 的相关要求。检测报告应载明收到样品时间、样品对应的月份、样品测试标准、收到样品重量和测试结果对应的状态（干燥基或空气干燥基）。

(b) 应保留检测机构/实验室出具的检测报告及相关材料备查，包括但不限于样品送检记录、样品邮寄单据、检测机构委托协议及支付凭证、咨询服务机构委托协议及支付凭证等。

(c) 积极改进自有实验室管理，满足 GB/T 27025 对人员、设施和环境条件、设备、计量溯源性、外部提供的产品和服务等资源要求的规定，确保使用适当的方法和程序开展取样、检测、记录和报告等实验室活动。鼓励重点排放单位对燃煤样品的采样、制样和化验的全过程采用影像等可视化手段，保存原始记录备查。鼓励重点排放单位自有实验室获得 CNAS 认可。

(d) 所有涉及《企业温室气体排放核算与报告指南 发电设施》中元素碳含量、低位发热量检测的煤样，应留存每日或每班煤样，从报出结果之日起保存 2 个月备查；月缩分煤样应从报出结果之日起保存 12 个月备查。煤样的保存应符合 GB/T 474 或 GB/T 19494.2 中的相关要求。

(e) 定期对计量器具、检测设备和测量仪表进行维护管理，并记录存档。

(f) 建立温室气体数据内部台账管理制度。台账应明确数据来源、数据获取时间及填报台账的相关责任人等信息。排放报告所涉及数据的原始记录和管理台账应至少保存五年，确保相关排放数据可被追溯。委托的检测机构/实验室应同时符合《企业温室气体排放核算与报告指南 发电设施》和资质认可单位的相关规定。

(g) 建立温室气体排放报告内部审核制度。定期对温室气体排放数据进行交叉校验，对可能产生的数据误差风险进行识别，并提出相应的解决方案。

(h) 规定了优先序的各参数，应按照规定的优先级顺序选取，在之后各核算年度的获取优先序一般不应降低。

(i) 鼓励有条件的重点排放单位加强样品自动采集与分析技术应用，采取创新技术手段，加强原始数据防篡改管理。

二、发电企业数据质量控制计划的编制

发电企业依据《企业温室气体排放核算与报告指南 发电设施》，制定数据质量控制计划，并将提交于第三方审核机构审核。

发电企业数据质量控制计划编制案例如下。

数据质量控制计划要求

B.1　数据质量控制计划的版本及修订

版本号	制定(修订)内容	制定(修订)时间	备注
1.0	2022年监测计划(发布)	2022年3月15日	

B.2　重点排放单位情况

1. 单位简介

1) 成立时间:××热电厂有限公司建于2011年。

2) 地理位置:位于××省××市A区B路,占地面积10万平方米。

3) 所有权状况:乙能源有限公司占股60%,丙能源有限公司占股40%。

4) 法人代表为张三。

包含1#机组,1套600兆瓦机组,于2013年10月1日正式投产。

5) 规模:企业现有职工200人,总资产3.56亿元。

6) 组织机构图见图1。

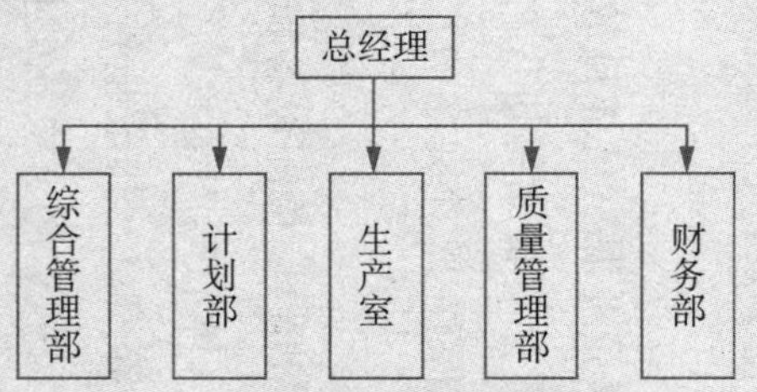

图1　热电厂组织机构图

（续表）

7）厂区平面布置图见图 2。

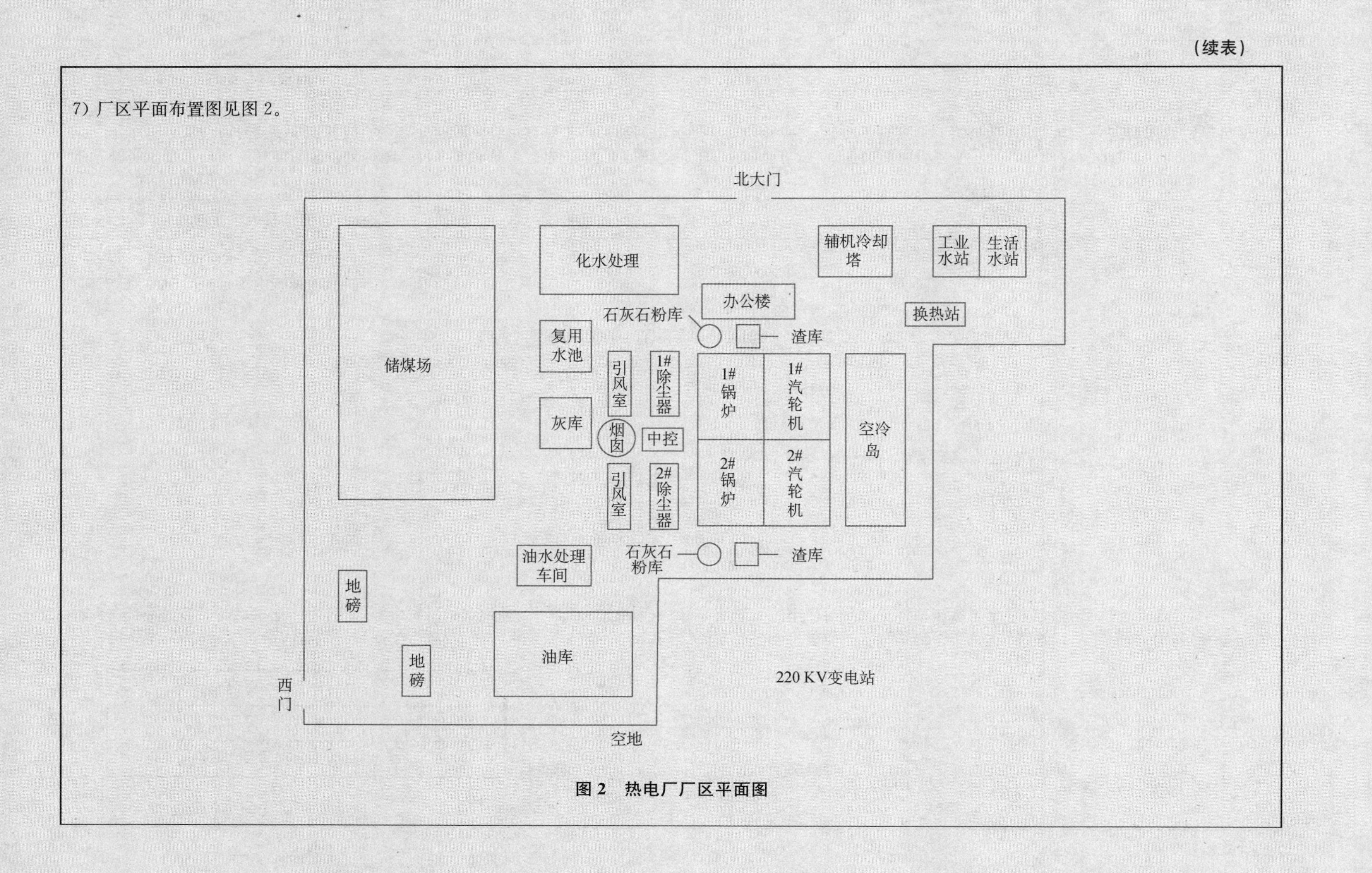

图 2　热电厂厂区平面图

（续表）

2. 主营产品及生产工艺

序号	产品名称	产品代码	单位
1	供电量	440101	MWh
2	供热量	440102	GJ

将给水送入锅炉，经煤的燃烧加热变为主蒸汽，通过主蒸汽管道送往汽轮机，蒸汽冲转叶轮转动带动发电机发电，发电机发出的电，除厂用外，其余的送往变电站。同时汽轮机设有七级抽气，其中第三级抽汽送往化工区，用于生产，其余的抽气利用后将再次送入锅炉变为主蒸汽。

下图为发电工艺流程图：

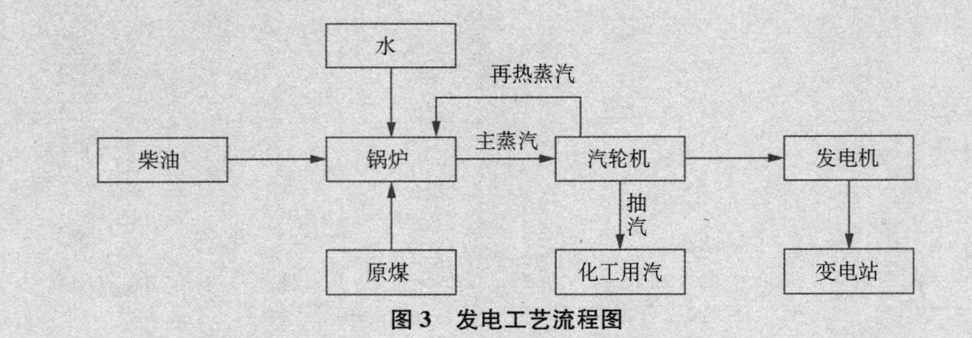

图 3　发电工艺流程图

反应方程式：（燃煤中的碳燃烧产生二氧化碳）

$C+O_2 \rightarrow CO_2$

B.3　核算边界和主要排放设施描述

1. 核算边界的描述

我公司温室气体核算和排放报告范围为位于××省××市 A 区 B 路的厂区对应的 1＃机组，主要边界包括：

电力生产边界包括锅炉燃烧原煤、柴油、各辅机运转以及各工序岗位操作控制消耗用电、蒸汽对应排放温室气体排放（电力生产补充数据监测在自备电厂监测计划中体现）。

2. 多台机组拆分与合并填报描述

无

（续表）

3. 主要排放设施

机组名称	设施类别	设施编号	设施名称	排放设施安装位置	是否纳入核算边界	备注说明
1#机组	锅炉	MF001	1#锅炉	锅炉车间	是	
1#机组	汽轮机	MF002	1#汽轮机	发电车间	是	
1#机组	发电机	MF003	1#发电机	发电车间	是	

B. 4 数据的确定方式

机组名称	参数名称	单位	数据的计算方法及获取方式[1]		测量设备(适用于数据获取方式来源于实测值)					数据记录频次	数据缺失时的处理方式	数据获取负责部门
			获取方式[2]	具体描述	测量设备及型号	测量设备安装位置	测量频次	测量设备精度	规定的测量设备校准频次			
1#机组	二氧化碳排放量	tCO_2	计算值	机组二氧化碳排放量＝机组化石燃料燃烧排放量＋购入电力排放量								
	化石燃料燃烧排放量	tCO_2	计算值	计算值：机组化石燃料燃烧排放量＝$\sum$(各化石燃量×各化石燃料低位发热量×各化石燃料单位热值含碳量×各化石燃料氧化率)＊44/12								

[1] 如果报告数据是由若干个参数通过一定的计算方法计算得出，需要填写计算公式以及计算公式中的每一个参数的获取方式。

[2] 方式类型包括：实测值、缺省值、计算值、其他。

（续表）

机组名称	参数名称	单位	数据的计算方法及获取方式		测量设备(适用于数据获取方式来源于实测值)					数据记录频次	数据缺失时的处理方式	数据获取负责部门
			获取方式	具体描述	测量设备及型号	测量设备安装位置	测量频次	测量设备精度	规定的测量设备校准频次			
1#机组	燃煤消耗量	t	实测值	给煤机连续称量，测量结果 DCS 连续记录	给煤机 CFC-15	锅炉间 13.6 米	连续	0.5S	每月校准一次	DCS 连续记录	参考输煤皮带秤记录	运行部
	燃煤低位发热量	GJ/t	实测值	量热仪每天化验，结果每天记录保存	量热仪	质量管理部化验室	1 次/班	±10 卡	半年/次	每班	参考入厂煤低位发热量	质量管理部
	燃煤单位热值含碳量	tC/GJ	缺省值	/	/	/	/	/	/	/	/	/
	燃煤碳氧化率	%	缺省值	/	/	/	/	/	/	/	/	/
	柴油消耗量	t	缺省值	/	/	/	/	/	/	/	/	/
	柴油低位发热量	GJ/t	缺省值	/	/	/	/	/	/	/	/	/
	柴油单位热值含碳量	tC/GJ	缺省值	/	/	/	/	/	/	/	/	/
	柴油碳氧化率	%	缺省值	/	/	/	/	/	/	/	/	/
	购入电力排放量	tCO_2	计算值	购入电力排放量＝购入使用电量×电网排放因子	/	/	/	/	/	/	/	/
	购入使用电量	MWh	实测值	电能表计量	电能表	高压配电室	实时	0.5S	每年校准一次	每天记录	参考供电量和发电量数据进行计算	运行部

（续表）

机组名称	参数名称	单位	数据的计算方法及获取方式		测量设备（适用于数据获取方式来源于实测值）					数据记录频次	数据缺失时的处理方式	数据获取负责部门
			获取方式	具体描述	测量设备及型号	测量设备安装位置	测量频次	测量设备精度	规定的测量设备校准频次			
1＃机组	电网排放因子	tCO_2/MWh	缺省值	/	/	/	/	/	/	/	/	/
	发电量	MWh	实测值	电能表计量	电能表	高压配电室	实时	0.5S	每年校准一次	每天记录	参考供电量和厂用电量数据进行计算	运行部
	供电量	MWh	计算值	机组供电量＝机组发电量－发电专用的厂用电量	/	/	/	/	/	/	/	/
	供热量	GJ	实测值	供热量＝外供蒸汽吨数＊（外供蒸汽焓值－83.74） 外供热力采用流量计计量蒸汽流量，温度计和压力计分别计量温度和压力。 根据温度和压力，分别查表得出蒸汽焓值。	流量计（KVSO8L9）	生产厂房	实时	1.0级	每年校准一次	每天记录	根据结算票据得出吨数	运行部
	供热比	%	计算值	供热比＝供热量/总热量＊100 供热量：如上 总热量：流量计计量，折算总热量。	/	/	/	/	/	/	/	/

（续表）

机组名称	参数名称	单位	数据的计算方法及获取方式		测量设备（适用于数据获取方式来源于实测值）					数据记录频次	数据缺失时的处理方式	数据获取负责部门
			获取方式	具体描述	测量设备及型号	测量设备安装位置	测量频次	测量设备精度	规定的测量设备校准频次			
1#机组	供电煤耗	tce/MWh	计算值	供电煤耗＝机组燃煤的消耗量＊燃煤低位发热量/(7×4.186 8)×(1－供热比)/供电量	/	/	/	/	/	/	/	/
	供热煤耗	tce/GJ	计算值	供热煤耗＝机组燃煤的消耗量＊燃煤低位发热量/(7×4.186 8)×供热比)/供热量	/	/	/	/	/	/	/	/
	运行小时数	h	实测值	来源于年度各月机组发电量及运行小时统计表	/	/	/	/	/	/	/	/
	负荷(出力)系数	%	计算值	负荷率＝发电量/运行小时数/装机容量	/	/	/	/	/	/	/	/
	供电碳排放强度	tCO_2/MWh	计算值	供电碳排放强度＝供电二氧化碳排放量/供电量，其中：供电二氧化碳排放量＝机组二氧化碳排放量＊(1－供热比)	/	/	/	/	/	/	/	/

（续表）

机组名称	参数名称	单位	数据的计算方法及获取方式		测量设备（适用于数据获取方式来源于实测值）					数据记录频次	数据缺失时的处理方式	数据获取负责部门
			获取方式	具体描述	测量设备及型号	测量设备安装位置	测量频次	测量设备精度	规定的测量设备校准频次			
1#机组	供热碳排放强度	tCO_2/GJ	计算值	供热碳排放强度=供热二氧化碳排放量/供热量，其中：供热二氧化碳排放量=机组二氧化碳排放量*供热比	/	/	/	/	/	/	/	/
	全部机组二氧化碳排放总量	tCO_2	计算值	全部机组二氧化碳排放总量=1#机组二氧化碳排放量	/	/	/	/	/	/	/	/

B.5　煤炭元素碳含量、低位发热量等参数检测的采样、制样方案

1. 采样方案
（包括每台机组的采样依据、采样点、采样频次、采样方式、采样质量和记录等）
2. 制样方案
（包括每台机组的制样方法、缩分方法、制样设施、煤样保存和记录等）

B.6　数据内部质量控制和质量保证相关规定

排放单位已经由生产管理部制订完成数据质量控制计划（1.0版本），对企业各部门跟温室气体监测相关的职责和权限作出明确规定，形成文件并进行传达宣贯。排放单位的数据质量控制计划主要由运行部专人负责执行和实施。监测人员将根据需要，记录存档运行部同时指定数据管理员，数据管理员负责数据的审核等相关工作。

数据质量控制计划由运行部根据《企业温室气体排放核算与报告指南 发电设施》以及国家相关的法律法规文件制订，监测计划中详细描述了所有活动水平数据和排放因子的确定方工，包括数据来源、数据获取方式、监测设备详细信息、数据缺失处理方法等内容。如《企业温室气体排放核算与报告指南 发电设施》以及国家相关的法律法规文件发生变化，企业自身的组织机构发生重大变化，企业的生产或者监测设备发生重大变化运行部部会负责对监测计划进行修订并报送厂长批准。

运行部根据监测结果完成年度温室气体排放报告，并由运行部指派专门人员完成内部审核，最终报送厂长批准。

运行部由指定数据管理人员负责数据的收集和记录，所有的监测数据都按月记录，所有的电子或者纸质材料应将保存至少三年。

三、发电企业排放报告的编制

（一）排放报告格式要求

排放报告包括以下基本内容。

（1）重点排放单位基本信息。

单位名称、统一社会信用代码、排污许可证编号等基本信息。

（2）机组及生产设施信息。

每台机组的燃料类型、燃料名称、机组类别、装机容量、汽轮机排汽冷却方式，以及锅炉、汽轮机、发电机、燃气轮机等主要生产设施的名称、编号、型号等相关信息。

（3）活动数据和排放因子。

化石燃料消耗量、元素碳含量、低位发热量、单位热值含碳量、机组购入使用电量和电网排放因子数据。

（4）生产相关信息。

发电量、供热量、运行小时数、负荷（出力）系数等数据。

（二）排放报告存证要求

（1）燃料消耗量：通过生产系统记录的，提供每日/每月原始记录；通过购销存台账统计的，提供月度生产报表、购销存记录或结算凭证。

（2）燃煤低位发热量：自行检测的，提供每日/每月燃料检测记录或煤质分析原始记录。委托检测的，提供有资质的检测机构/实验室出具的检测报告，报告加盖 CMA 资质认定标志或 CNAS 认可标识章。报送提交的原始检测记录中应明确显示检测依据（方法标准）、检测设备、检测人员和检测结果。对于每月进行加权计算的燃料低位发热量，提供体现加权计算过程的 Excel 计算表。

（3）燃煤元素碳含量：自行检测的，提供每日/每月燃料检测记录或煤质分析原始记录，报告加盖 CMA 资质认定标志或 CNAS 认可标识章。委托检测的，提供有资质的检测机构/实验室出具的检测报告，报告加盖 CMA 资质认定标志或 CNAS 认可标识章。报送提交的原始检测记录中应明确显示检测依据（方法标准）、检测设备、检测人员和检测结果。提供每日收到基水分检测记录和体现月度收到基水分加权计算过程的 Excel 计算表。

（4）燃油、燃气低位发热量与元素碳含量：提供每月检测记录或检测报告。

（5）购入使用电量：采用电表记录读数的，提供每月电量统计原始记录；采用电费结算凭证上数据的，提供每月电费结算凭证。

（6）发电量：提供每月生产报表或台账记录。

（7）供热量：采用直接计量数据的，提供每月生产报表或台账记录，以及 Excel 计算表；采用结算数据的，提供结算凭证和 Excel 计算表。

（8）运行小时数和负荷（出力）系数：提供生产报表或台账记录。

（9）对于掺烧生物质机组，提供每月锅炉产热量生产报表或台账记录，锅炉效率检测报告,锅炉效率未实测时,提供锅炉设计说明书或锅炉运行规程。

(10) 排放报告辅助参数:供热比、发电煤(气)耗、供热煤(气)耗、发电碳排放强度、供热碳排放强度、上网电量,相关参数计算方法可参考《企业温室气体排放核算与报告指南 发电设施》附录 E,提供每月生产报表、台账记录和 Excel 计算表;煤种、煤炭购入量和煤炭来源(产地、煤矿名称),提供每月企业记录或供应商证明等。

(三) 发电企业排放报告编制注意事项

发电企业在编制排放报告过程中需要注意以下方面。

(1) 每年度的报告编制工作需要尽早启动。在每月结束之后 40 个自然日内,报告该月的活动数据、排放因子、生产相关信息和必要的支撑材料,每年 3 月 31 日前编制提交上一年度的排放报告。

(2) 企业要注意监测的活动水平数据和排放因子的数据来源及证据的整理与验证工作,以备核查时用于证据环节交叉核对。

(3) 要严格按照管理机构公布的编制格式和内容进行编制,不要擅自改动和调整。企业有特殊情况无法适用报告编制格式时,需要及时与管理机构沟通,商讨解决办法。

(4) 在报告编制阶段企业发现报告要求明显不适用,不能反映企业特殊状并导致后续企业碳排放权益可能受到损害时,应尽快向管理机构报告,共同商讨解决办法。消极对待、拖延进度是不可取的方法。

(5) 建议企业建立起报告内部审核制度,安排非编写人员对报告进行内部校核。

(6) 报告编制要坚持实事求是的原则,弄虚作假、故意隐瞒信息都是不可的方法。

发电企业碳排放报告案例如下。

企业温室气体排放报告
发电设施

重点排放单位(盖章):某发电企业

报告年度:2023 年

编制日期:2023 年×月×日

根据生态环境部发布的《企业温室气体排放核算与报告指南 发电设施》相关要求，本单位核算了年度温室气体排放量并填写了如下表格：

附表 C.1　重点排放单位基本信息

附表 C.2　机组及生产设施信息

附表 C.3　化石燃料燃烧排放表

附表 C.4　购入使用电力排放表

附表 C.5　生产数据及排放量汇总表

附表 C.6　元素碳含量和低位发热量的确定方式

附表 C.7　辅助参数报告项

声明

本单位对本报告的真实性、完整性、准确性负责。如本报告中的信息及支撑材料与实际情况不符，本单位愿承担相应的法律责任，并承担由此产生的一切后果。

特此声明。

法定代表人(或授权代表)：

重点排放单位(盖章)：

年/月/日

附表 C.1 重点排放单位基本信息

重点排放单位名称	×热电厂有限公司
统一社会信用代码	91××××××××××××563Y
单位性质(营业执照)	有限责任公司
法定代表人姓名	张三
注册日期	1998 年 1 月 1 日
注册资本(万元人民币)	10 000.00
注册地址	××省××市 A 区 B 路××号
生产经营场所地址(省、市、县详细地址)	××省××市 C 区 D 路××号
发电设施经纬度	N45°18′1.49″ E116°18′46.83″
报告联系人	李四
联系电话	13456789131
电子邮箱	34567891011@qq.com
报送主管部门	×省××市生态环境局
行业分类	发电行业
纳入全国碳市场的行业子类*1	4411(火力发电) 4412(热电联产) 4417(生物质能发电)
生产经营变化情况	至少包括: a) 重点排放单位合并、分立、关停或搬迁情况; b) 发电设施地理边界变化情况; c) 主要生产运营系统关停或新增项目生产等情况; d) 较上一年度变化,包括核算边界、排放源等变化情况。
本年度编制温室气体排放报告的技术服务机构名称*2	
本年度编制温室气体排放报告的技术服务机构统一社会信用代码	
本年度提供煤质分析报告的检验检测机构/实验室名称	
本年度提供煤质分析报告的检验检测机构/实验室统一社会信用代码	

填报说明:

*1 行业代码应按照国家统计局发布的国民经济行业分类 GB/T 4754 要求填报。自备电厂为法人或视同法人独立核算单位的,按其所属行业代码填写。自备电厂为非独立核算单位的,需要按其法人所属行业代码填写。

*2 编制温室气体排放报告的技术服务机构是指为重点排放单位提供本年度碳排放核算、报告编制或碳资产管理等咨询服务机构,不包括开展碳排放核查/复查的机构。

附表 C.2　机组及生产设施信息

机组名称	信息项			填报内容
1#机组	燃料类型[*1]			(示例:燃煤、燃油、燃气)明确具体种类
	燃料名称			(示例:无烟煤、柴油、天然气)
	机组类别[*2]			(示例:常规燃煤机组)
	装机容量(MW)[*3]			(示例:630)
	燃煤机组	锅炉	锅炉名称	(示例:1#祸炉)
			锅炉类型	(示例:煤粉炉)
			锅炉编号[*4]	(示例:MF001)
			锅炉型号	(示例:HG-2030/17.5-YM)
			生产能力(t/h)	(示例:2030)
		汽轮机	汽轮机名称	(示例:1#)
			汽轮机类型	(示例:抽凝式)
			汽轮机编号	(示例:MF002)
			汽轮机型号	(示例:N630-16.7/538/538)
			压力参数[*5]	(示例:中压)
			额定功率(MW)	(示例:600)
			汽轮机排汽冷却方式[*6]	(示例:水冷-开式循环)
		发电机	发电机名称	(示例:1#)
			发电机编号	(示例:MF003)
			发电机型号	(示例:QFSN-630-2)
			额定功率(MW)	(示例:630)
	燃气机组		名称/编号/型号/额定功率	
	燃气蒸汽联合循环发电机组(CCPP)		名称/编号/型号/额定功率	
	燃油机组		名称/编号/型号/额定功率	
	整体煤气化联合循环发电机组(IGCC)		名称/编号/型号/额定功率	
	其他特殊发电机组		名称/编号/型号/额定功率	
…				

填报说明:

[*1] 燃料类型按照燃煤、燃油或者燃气划分,可采用机组运行规程或铭牌信息等进行确认。

[*2] 对于燃煤机组,机组类别指常规燃煤机组或非常规燃煤机组,并注明是否循环流化床机组、IGCC机组;对于燃气机组,机组类别指:B级、E级、F级、H级、分布式等,可采用排污许可证载明信息、机组运行规程、铭牌等进行确认。

[*3] 以发电机实际额定功率为准,可采用排污许可证载明信息、机组运行规程、铭牌等进行确认。

[*4] 锅炉、汽轮机、发电机等主要设施的编号统一采用排污许可证中对应编码。

[*5] 对于燃煤机组,压力参数指:中压、高压、超高压、亚临界、超临界、超超临界。

[*6] 汽轮机排汽冷却方式是指汽轮机凝汽器的冷却方式,可采用机组运行规程或铭牌信息等进行填报。冷却方式为水冷的,应明确是否为开式循环或闭式循环;冷却方式为空冷的,应明确是否为直接空冷或间接空冷。对于背压机组、内燃机组等特殊发电机组,仅需注明,不填写冷却方式。

附表 C.3　化石燃料燃烧排放表

机组[*1]	参数[*2*3]			单位	1月	2月	3月	4月	5月	6月	7月	8月	9月	10月	11月	12月	全年[*4]
1#机组		A	燃料消耗量	t或10^4 Nm^3													(合计值)
		B	收到基元素碳含量	tC/t													(加权平均值)
		C	燃料低位发热量	GJ/t或 GJ/10^4 Nm^3													(加权平均值)
		D	单位热值含碳量	tC/GJ													(缺省值)
		E	碳氧化率	%													(缺省值)
		F=A×B×E×44/12 或G=A×C×D×E×44/12	化石燃料燃烧排放量	tCO_2													(合计值)
	掺烧生物质的机组	H	掺烧生物质品种名称	/													
		I	锅炉效率	%													(加权平均值)
		J	锅炉产热量	GJ													(合计值)
		K=∑A×C	化石燃料热量	GJ													(合计值)
		L=(J/I−K)/(J/I)	生物质热量占比	%													(加权平均值)
…																	

填报说明：

*1 如果机组数多于1个，应分别填报。对于有多种燃料类型的，按不同燃料类型分机组进行填报。

*2 各参数按照指南给出的方式计算和获取。对于燃料低位发热量，应与燃料消耗量的状态一致，优先采用实测值。

*3 各参数按四舍五入保留小数位如下：

a) 燃煤、燃油消耗量单位为t，燃气消耗量单位为10^4 Nm^3，保留到小数点后两位；

b) 燃煤、燃油低位发热量单位为GJ/t，燃气低位发热量单位为GJ/10^4 Nm^3，保留到小数点后三位；

c) 收到基元素碳含量单位为tC/t，保留到小数点后四位；

d) 单位热值含碳量单位为tC/GJ，保留到小数点后五位；

e) 化石燃料燃烧排放量单位为tCO_2，保留到小数点后两位；

f) 锅炉效率以%表示，保留到小数点后一位；

g) 锅炉产热量单位为GJ，保留到小数点后两位；

h) 化石燃料热量单位为GJ，保留到小数点后两位；

i) 生物质热量占比以%表示，保留到小数点后一位。

附表 C.4　购入使用电力排放表

机组[*1]	参数[*2]		单位	1月	2月	3月	4月	5月	6月	7月	8月	9月	10月	11月	12月	全年[*5]
1#机组	M	购入使用电量[*3]	MW·h													（合计值）
	N	电网排放因子	tCO_2/MW·h													（缺省值）
	O=M×N	购入使用电力排放量[*4]	tCO_2													（合计值）
…																

填报说明：

[*1] 如果机组数多于1个，应分别填报。

[*2] 如果购入使用电量无法分机组，可按机组数目平分。

[*3] 购入使用电量单位为MW·h，四舍五入保留到小数点后三位。

[*4] 购入使用电力对应的排放量单位为tCO_2，四舍五入保留到小数点后两位。

附表 C.5　生产数据及排放量汇总表

机组[*1]	参数[*2]		单位	1月	2月	3月	4月	5月	6月	7月	8月	9月	10月	11月	12月	全年
1#机组	P	发电量	MW·h													（合计值）
	Q	供热量	GJ													（合计值）
	R	运行小时数	h													（合计值或计算值）
	S	负荷（出力）系数	%													（计算值）
	T=F(G)+O	机组二氧化碳排放量	tCO_2													（合计值）
…		全部机组二氧化碳排放总量	tCO_2													（合计值）

填报说明：

[*1] 如果机组数多于1个，应分别填报。

[*2] 各参数按四舍五入保留小数位如下：

a) 电量单位为MW·h，保留到小数点后三位；

b) 热量单位为GJ，保留到小数点后两位；

c) 焓值单位为kJ/kg，保留到小数点后两位；

d) 运行小时数单位为h，保留到小数点后两位；

e) 负荷（出力）系数以%表示，保留到小数点后两位；

f) 机组二氧化碳排放量单位为tCO_2，四舍五入保留整数位。

附表 C.6　元素碳含量和低位发热量的确定方式

机组	参数	月份	自行检测				委托检测				未实测
			检测设备	检测频次	设备校准频次	测定方法标准	委托机构名称	检测报告编号	检测日期	测定方法标准	缺省值
1#机组	元素碳含量	1月									
		2月									
		3月									
		…									
	低位发热量	1月									
		2月									
		3月									
		…									
…											

附表 C.7　辅助参数报告项

参数		单位	1月	2月	3月	4月	5月	6月	7月	8月	9月	10月	11月	12月
1#机组	供热比	%												
	发电煤(气)耗	tce/MW·h 或 10^4 Nm^3/MW·h												
	供热煤(气)耗	tce/GJ 或 10^4 Nm^3/GJ												
	发电碳排放强度	tCO_2/MW·h												
	供热碳排放强度	tCO_2/GJ												
	上网电量	MW·h												
…														
煤种1	煤种	/												
	煤炭购入量	/												
	煤炭来源(产地、煤矿名称)	/												
…														

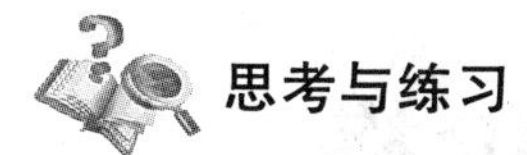

思考与练习

1. MRV 包含哪三个环节？各环节的概念分别是什么？
2. MRV 体系在碳排放权交易体系中发挥了哪些作用？
3. 我国的 MRV 体系有哪些参与主体？各参与方如何分工？
4. MRV 的工作流程分为哪些步骤？
5. MRV 各环节需要遵循哪些基本原则？

推荐阅读

生态环境部:《企业温室气体排放报告核查指南(试行)》,2021 年。

生态环境部:《企业温室气体排放核算与报告指南 发电设施》,2022 年。

参考文献

郝海青、毛建民,等:"《巴黎协议》下中国'可监测、可报告、可核查'技术管理体系的构建",《科技管理研究》,2016 年第 16 期,第 262—266 页。

刘学之、朱乾坤、孙鑫,等:"欧盟碳市场 MRV 制度体系及其对中国的启示",《中国科技论坛》,2018 年第 8 期,第 164—173 页。

孙天晴、刘克、杨泽慧,等:"国外碳排放 MRV 体系分析及对我国的借鉴研究",《中国人口资源与环境》,2016 年 S1 期,第 17—21 页。

曾雪兰、黎炜驰、张武英:"中国试点碳市场 MRV 体系建设实践及启示",《环境经济研究》,2016 年第 1 期,第 132—140 页。

赵秋雁、刘业帆:"全球气候变化背景下中国 MRV 体系的构建",《国际经济合作》,2010 年第 8 期,第 80—85 页。

第七章 碳排放配额的交易与价格

学习要求

熟悉碳排放权交易规则的构成及其重点；掌握碳排放配额供给及需求的内涵、类型，掌握影响碳排放配额供给及需求的影响因素；熟悉碳排放配额价格的形成机制。

本章导读

建设和完善碳排放权交易市场是促进低碳发展，实现“双碳”目标的重要途径。而碳排放权交易的正常开展离不开相应的立法跟进和制度保障。2021 年 7 月 16 日，全国碳排放权交易市场正式上线启动交易。上线交易以来，市场运行有序，交易价格平稳，履约完成率高，切实推动了产业结构调整和碳排放总量下降，加速社会低碳化发展。但开市时间尚短，在产品类型、制度建设以及市场流动性等方面仍待完善。未来全国碳排放权交易市场应进一步完善市场机制，通过释放合理的价格信号，引导资金流动，降低全社会的减排成本，从而实现碳减排资源的最优配置，推动生产和生活的绿色低碳转型。

第一节　碳排放权交易市场

一、碳排放权交易市场的概念

市场起源于古时人类对于固定时段或地点进行交易的场所的称呼。随着社会分工和市场经济的发展，市场的概念也在不断发展和深化，并在深化过程中体现出不同层次的多重含义。①市场是指商品交换的场所；②市场是各种市场主体之间交换关系乃至全部经济关系的总和；③市场表现为对某种或某类商品的消费需求。

碳排放权交易市场既是碳排放权交易的场所,也是碳市场主体开展碳排放权交易的交换关系总和。广义的碳排放权交易市场包括配额交易市场和自愿减排量交易市场。狭义的碳排放权交易市场仅指配额交易市场。本书所指的碳排放权交易市场通常是碳排放配额交易市场。

碳排放配额交易市场具有一些明显的特征:一是碳排放配额交易市场是一个政策性市场。比如全国碳排放配额交易市场是生态环境部设立的开展全国碳排放配额交易的市场。二是碳排放配额交易市场兼具金融市场和环境市场的特征。碳排放配额交易市场发展的根本目的是减少温室气体排放、防止气候变暖、保护全球生态环境;碳排放权不仅是控排企业之间的交易商品,机构投资者预期排放权价格可能上涨,也将其作为投资对象,予以关注。三是碳排放配额交易市场的运行与价格不仅受到气候政策、市场基本面构成以及技术指标的影响,还与国际能源市场有密切关联。碳排放配额交易市场的特征,带来了碳市场交易主体、交易标的与交易方式的独特性,见表 7-1。后文将对其进行具体解释。

表 7-1 碳市场特点

	交易主体	交易标的	交易方式
碳市场	重点排放单位、符合规则的机构、个人	碳排放配额	协议转让、单向竞价
证券市场	符合规则的机构、个人	股票、基金、债券、债券回购、权证	集合竞价、连续竞价
期货市场	符合规则的机构、个人	期货合约、期权合约	集中交易
黄金交易市场	符合规则的机构、个人	黄金(Au)、白银(Ag)、铂金(Pt)	竞价交易、定价交易、报价交易、询价交易
碳市场特点	碳市场具有功能性,国家规定的重点排放单位强制纳入	碳市场的交易标的为非实物,且品种相对单一	受政策影响,碳市场的交易方式相对保守

目前,国内碳排放权交易市场为地区碳排放权交易市场与全国碳排放权交易市场并行体系,由地区碳排放权交易市场(7 个试点地区及四川省、福建省两个非试点地区)与全国碳排放权交易市场组成。

二、碳排放权交易市场的交易主体

(一) 碳排放权交易市场的交易主体类型

碳排放权交易市场的交易主体一般可分为控排企业、投资机构与个人三大类。比如:EU ETS 涵盖了 1 万 1 千多家控排企业,以及众多的投资机构,包括投资银行、对冲基金、经纪商。较为活跃的交易方仅有 40—60 个,很多交易都是通过这些精通碳市场运行的 40—60 家公司来进行的,具体类型包括:十一家投资银行(包括 JP Morgan, Goldman Sachs, Morgan Stanley, Bank of America, Citi, Barclays 等,这些投资银行拥有自营业务,并且由于许多大型工业企业没有自己的交易团队,他们会通过投资银行来帮助交易);十家大型电力企业的贸易公司(如 E. on, RWE, ENI, Engie, EDF,可以理解成我国的碳资产公司,欧洲的这类公司也会开展所有能源交易)；十家对冲基金；六家贸易公司(如 Freepoint，Mercuria，Glencore)；五家大型石油公司(如 BP，Shell)；五家小型经纪商(主要服务于中小型工业企业)。

在我国碳排放权交易市场，根据全国碳排放权交易市场的交易规则，重点排放单位以及符合国家有关交易规则的机构和个人，是全国碳排放交易市场的交易主体。重点排放单位是指满足碳交易主管部门确定的纳入碳排放交易标准且具有独立法人资格的温室气体排放单位。目前，重点排放单位的"门槛"是一年温室气体排放量达 2.6 万吨二氧化碳当量(综合能源消费量约 1 万吨标准煤)。第一个履约期，重点排放单位名录共有 2 162 家发电企业，这些企业被纳入全国碳排放配额管理，参与全国碳排放配额交易。但是，全国碳排放权交易市场的交易规则暂未明确机构和个人参与碳排放配额交易的标准与条件。

根据各试点地区碳排放权交易市场的交易规则，除北京、上海碳排放权交易市场不允许个人参与交易外，其他地区碳排放权交易市场中碳排放配额的交易主体均包括纳入各自地区碳排放配额管理的控排企业、符合交易规则的法人机构及个人(对参与交易的法人机构及个人具体要求及标准各地区碳排放权交易市场略有差异，通常涉及参与主体的注册资本、存续时间、是否具有投资能力、有无违法违规行为等)。

(二) 碳排放权交易市场的参与者准入条件

碳排放交易所一般实行会员制，市场参与者需先申请成为相关交易所的会员方可在交易所内进行相关交易。各交易所的会员类型大致分为两种：一种是直接参与到交易当中的会员，如综合类会员、自营类会员、委托(代理)会员、试点企业会员；另外一种是服务提供商会员，诸如服务会员、战略合作会员、合同能源管理会员等。

目前，各交易所根据不同的市场参与者类型制定了不同的申请准入条件，一般来说重点排放单位和符合条件的机构投资者均可以成为交易所的会员。相关标准通常包括：法人类型，注册资本，相关行业经验、资质或具有从事碳排放管理交易资格的人员等(对接受自然人参与者的交易所，通常会针对自然人参与者设定年龄、个人资产、是否具有投资经验、风险承受能力和风险测评能力等方面要求)，因此，需要根据具体的交易所及拟申请的会员类型或交易需求具体分析、判断应适用的标准和要求。

以法人类型为例，如北京绿色交易所(原北京环境交易所)的非履约机构参与人和上海环境交易所的自营类会员、综合类会员的要求都须为在我国境内经工商行政管理部门登记注册的法人；天津排放权交易所则对股权比例提出更进一步的要求，规定其会员申请资格包括依法成立的中资控股企业；但是广州和重庆的交易所则只要求其会员为依法设立的企业法人、其他组织或个人；湖北碳排放权交易中心则明确规定会员可以为国内外机构、企业组织和个人①。

---

① 苏萌、贾之航、于镇. 碳交易市场参与者与准入条件[EB/OL]. 金杜律师事务所，中国碳排放交易网，http://www.tanpaifang.com/tanguwen/2019/1204/66682.html，2019-12-04.

三、碳排放权交易市场的交易标的

碳排放权交易市场的交易标的包括碳排放配额现货以及基于碳排放配额现货衍生的各种衍生金融产品。国际碳市场的交易产品包括一级市场配额拍卖（包括航空配额）、二级市场配额、国际碳信用的现货和配额、国际碳信用的衍生品。

目前，全国碳排放交易市场处于发展初期，可以交易的产品是碳排放配额。未来，生态环境部可以根据国家有关规定适时增加其他交易产品。

从前期各个碳排放交易试点地区的发展来看，各试点市场实际上是配额交易市场与自愿减排市场的混合。因此，各试点市场的碳交易产品既包括了配额交易市场的交易产品：碳排放配额现货以及在此基础上发展而来的碳金融衍生产品，也包括了自愿减排市场的交易产品：核证自愿减排量现货，以及在此基础上发展而来的碳金融衍生产品。

（1）碳排放配额。

根据《碳排放权交易管理办法（试行）》，在生态环境部确定的国家及各省、自治区和直辖市的排放配额总量的基础上，省级主管部门免费或有偿分配给排放单位一定时期内的碳排放额度，即为“碳排放配额”，也就是该单位在一定时期内可以“合法”排放温室气体的总量，1单位配额相当于1吨二氧化碳当量。

（2）核证自愿减排量。

包括国家核证自愿减排量（CCER）以及相应地区自行核证的自愿减排量。CCER是指经国家自愿减排管理机构签发的减排量。根据《碳排放权交易管理办法（试行）》及各试点地区交易规则，重点排放单位可按照有关规定，使用国家核证自愿减排量抵销其部分经确认的碳排放量。CCER作为全国碳交易市场的补充机制，是具有国家公信力的碳资产，可作为国内碳交易试点内控排企业的履约用途；也可以作为企业和个人的自愿减排用途。企业或者个人通过自愿购买碳减排量以减少碳足迹、培养低碳理念，同时帮助环保产业的发展、提高企业的社会责任形象。除碳排放配额及CCER以外，部分地区的碳排放权交易市场还可交易相应地区自行核证的自愿减排量，如北京林业碳汇抵销机制（“FCER”）、广东碳普惠核证减排量（“PHCER”）、福建林业碳汇项目（“FFCER”）、成都“碳惠天府”机制碳减排量（“CDCER”）、重庆“碳惠通”项目自愿减排量（“CQCER”）等。

（3）碳金融衍生产品。

碳金融（carbon finance）是指所有服务于减少温室气体排放的各种金融交易和金融制度安排，主要包括碳排放基础产品及其衍生品的交易和投资、碳减排项目的投融资和与之相关的金融活动。碳金融衍生产品是碳排放基础产品衍生出来的金融工具，主要有期权、期货、远期和互换。

碳金融衍生产品是对基础产品进行风险管理的重要工具，其主要功能是规避和转移投资者价格风险，满足套利需求等，碳金融衍生产品的开发为市场参与者提供了更多的选择，推动了节能减排项目的全面迅速开展。随着中国碳减排指标日益严格，碳金融衍生产品将日益丰富，衍生品市场的规模也有望逐步壮大，发展水平有望日益提升。在基于配额的碳金融市场体系中，主要的配额类衍生产品有欧洲气候交易所的 ECX CFI（碳金融合约），EUA Futures（排放指标期货）、EUA Options（碳排放指标期权）。在基于项目的碳金融市场体系中，主要项目类衍生金融工具包括欧洲气候交易所推出的 CER Futures（经核证的减排量期货），CER Options（经核证的减排量期权）等产品。

全国及地区碳排放权交易市场可交易标的情况见表 7-2。

表 7-2 全国及地区碳排放权交易市场可交易标的的情况

碳排放权交易市场区域	交易标的
北京	BEA、CCER、PCER、VER、BFCER
天津	TJEA、CCER、VER
上海	SHEA、CCER、SHEAF
深圳	SZEA、CCER
广州	GDEA、CCER、PHCER
重庆	CQEA-1、CCER、CQCER
湖北	HBEA、CCER
四川	CCER、CDCER
福建	FJEA、CCER、FFCER
全国	CEA、CCER

第二节 碳排放权交易管理规则

在碳市场，各个交易主体间的力量并不平衡，很可能出现虚假信息泛滥、欺诈、操纵市场等扰乱市场秩序的行为。政府的强力介入是维护碳交易市场秩序的有效方法。作为碳交易市场最重要的主体，政府通过确定交易的基本框架和公平原则，制定碳市场交易管理规则，调整并维持公平秩序。只有在良好制度下，才能保护碳交易市场各参与方的合法权益，维护碳交易市场秩序，推动“双碳”目标实现。

一、碳排放权交易管理规则的概念

碳排放权交易管理规则指在交易的整个过程中，需要对碳排放权交易本身及其实施全过程进行约束的法律、法规、政策、规范等。具体包括规定碳排放权交易实施基础的法律法规、碳排放权配额交易法律法规、数据收集相关法律法规、排放交易拍卖相关法律法规、配额分配相关法律法规、排放交易成本相关法律法规、抵销机制相关法律法规、核证机构认证指南等。

碳排放权交易管理规则是对碳排放权交易体系的交易环节进行管理的相关法律法规。通过建立完善的碳排放权交易管理规则,以加强全国碳排放权交易及相关服务业务的监督管理,保护交易市场各方的合法权益,维护市场秩序。

二、碳排放权交易管理规则的构成

(一) 交易场所

按照交易场所差异,可以将碳排放权交易分为场内交易与场外交易。

场内交易,又称交易所交易,指交易双方在交易所内进行的交易,由交易所进行统一的资金和配额交割和清算的交易方式。这种交易方式具有交易所向交易参与者收取费用、同时负责进行清算和承担履约担保责任的特点。此外,由于每个投资者都有不同的需求,交易所事先设计出标准化的金融合同,由投资者选择与自身需求最接近的合同和数量进行交易。所有的交易者集中在一个场所进行交易,这就增加了交易的密度,一般可以形成流动性较高的市场。期货交易和部分标准化期权合同交易都属于这种交易方式。

场外交易,又称柜台交易,指交易双方直接成为交易对手的交易方式。这种交易方式有许多形态,可以根据每个使用者的不同需求设计出不同内容的产品。同时,为了满足客户的具体要求,出售衍生产品的金融机构需要有高超的金融技术和风险管理能力。场外交易不断产生金融创新。但是,由于每个交易的清算是由交易双方相互负责进行的,交易参与者仅限于信用程度高的客户。掉期交易和远期交易是具有代表性的柜台交易的衍生产品。

在碳排放权交易市场,既有场内交易,也有场外交易。比如:欧洲能源经纪协会(LEBA)就开展了碳的场外交易。当然,在碳市场的场外交易中,交易双方在交易所外进行配额交易,但配额交付须在指定平台进行登记。在全国碳市场,所有的碳排放配额交易都需要在场内进行。全国碳排放权交易按照集中统一原则在交易机构管理的全国碳排放权交易系统中进行。

(二) 碳排放权交易方式

碳排放权交易方式有多种,通常包括拍卖交易、连续交易等。连续交易又可以分为单向竞价、双向竞价等。各个碳交易所的方式有所差异。比如:欧洲能源交易所(EEX)的交易方式是拍卖交易和连续交易,并引入做市商制度。

根据《碳排放权交易管理办法(试行)》,我国碳排放权交易应当通过全国碳排放权交易系统进行,可以采取协议转让、单向竞价或者其他符合规定的方式。

协议转让又称协议交易,指交易双方自行协商就交易达成一致后向交易所进行申报并完成交易、结算的交易方式,包括挂牌协议交易及大宗协议交易。中国碳市场的协议转让本质上是一种由交易所作为结算方的场外交易方式(OTC)。其中,挂牌协议交易是指交易主体通过交易系统提交卖出或者买入挂牌申报,意向受让方或者出让方对挂牌申报进行协商并确认成交的交易方式。大宗协议交易是指交易双方通过交易系统进行报价、询价并确认成交的交易方式。协议转让本质是一种交易契约，由交易双方订立并经过登记生效。

协议转让的优势在于交易成本低、手续费较低，但具有以下局限性：首先，定价机制缺乏竞争性，协议转让模式的驱动力来自交易对手双方，交易价格也来自交易双方的协商机制，市场化程度低，价格发现功能受到抑制。其次，定价机制主观性较强，交易动机难以识别，容易滋生内幕交易，出现低价成交、利益输送等问题，监管难度较大。

单向竞价是指交易主体向交易机构提出卖出或买入申请，交易机构发布竞价公告，多个意向受让方或者出让方按照规定报价，在约定时间内通过交易系统成交的交易方式。

交易时段指可以进行碳排放交易的时间段。不同交易方式的交易时段有所差异，全国碳排放交易的交易时段由交易机构设置并公布，交易机构可以根据不同交易方式设置不同的交易时段，具体交易时段的设置和调整由交易机构公布后还需报生态环境部备案。交易参与者只可在指定的交易时段内进行相应的碳排放交易操作，在交易时段之外则不可进行碳排放交易。

由于不同交易方式的特点不同，为了避免不同交易方式同时交易而对市场价格带来额外的冲击，交易机构通常会明确各个交易方式对应的交易时段。比如：挂牌交易一般为周一到周五，上午 9:30—11:30、下午 13:00—14:00；而协议转让是周一至周五的 14:00—15:00。

（三）交易账户规定

根据《碳排放权交易管理办法（试行）》，交易主体参与全国碳排放权交易，应当在交易机构开立实名交易账户，取得交易编码，并在注册登记机构和结算银行分别开立登记账户和资金账户。因此，碳排放交易主体应当开立三个实名账户方可参与全国碳排放交易，即登记账户、交易账户、资金账户。其中，登记账户在注册登记机构开立，交易账户在交易机构开立，资金账户在结算银行开立。

碳排放配额交易账户由碳排放交易所在碳排放交易系统开立，该账户用于一级市场竞价购买政府有偿发放的碳排放配额和二级市场碳排放交易。交易账户实行实名制，每个交易主体只能开设一个交易账户，取得一个交易编码用于配额交易，会员和客户应当遵守一户一码制度，不得混码交易。重点排放单位的交易账户需指定碳排放交易责任人 1 名，负责交易系统的账户管理与交易操作。该账户开户资料由交易所代为收取和审核。

（四）碳排放权交易的计价单位与变动单位

根据《碳排放权交易管理办法（试行）》，碳排放配额交易以"每吨二氧化碳当量价格"为计价单位，买卖申报量的最小变动计量为 1 吨二氧化碳当量，申报价格的最小变动计量为 0.01 元人民币。

计价单位（charge unit）是指公认的表示产品与服务价格的一种衡量标准。碳排放配额作为一种有价值物品，必须有一个衡量标准来表征其市场价值。为了方便市场参与者对碳排放配额进行交易，需要使用一定的货币计价单位，依据一定的计价基准，运用一定的方法，采用一定的程序，并将它们科学地结合起来应用，这就是碳排放配额的计价单位。在碳排放交易中，交易的标的物采用单个计量单位独立交易，计价单位为"每吨二氧化碳当量

(tCO_2e)"。每单位标的物为1吨二氧化碳当量的碳排放配额,市场参与人可以同时买卖一个或多个标的物。

最小变动计量即最小变动单位,即买卖申报量的最小变动计量。最小变动单位对市场交易的活跃程度有重要的影响,如果变动单位太大,将可能打击市场主体的参与热情。最小变动单位的确定原则,主要是在保证市场交易活跃度的同时,减少交易的成本。比如:沪深300指数期货的最小变动单位为0.2点,按每点300元计算,最小价格变动相当于合约价值变动60元。在全国碳排放交易中,买卖申报量的最小变动计量为1吨二氧化碳当量。

最小报价单位是指证券买卖申报价格的最小变动单位,即本条所指的申报价格的最小变动计量。目前我国证券市场A股和债券的申报价格最小变动单位为0.01元人民币;基金为0.01元人民币;B股上交所为0.001美元,深交所为0.01港元。一般来说,最小报价单位越大,买卖价差就越大,市场的流动性会降低。但最小报价单位太小,随着买卖价差的减少,市场深度(即成交量)也可能会下降。

最小交易单位是指买入和卖出证券的最小申报单位。目前,国内市场买入股票或基金,申报数量应当为100股或其整数倍。债券以人民币1 000元面额为一手。债券和债券回购以1手或其整数倍进行申报,其中,上交所债券回购以100手或其整数倍进行申报。一般来说,最小交易单位太大,意味着交易门槛太高,一些小的投资者将无法进入市场,从而使交易者数量减少,降低流动性。

在全国碳排放权交易市场,申报价格的最小变动计量为0.01元人民币。

(五)碳排放权交易的申报数量

根据《碳排放权交易管理办法(试行)》,交易机构应当对不同交易方式的单笔买卖最小申报数量及最大申报数量进行设定,并可以根据市场风险状况进行调整。单笔买卖申报数量的设定和调整,由交易机构公布后报生态环境部备案。

申报是指市场参与人提交标的物交易指令的行为。市场参与人申请买入或卖出标的物,应通过交易系统进行申报。其买入或卖出标的物的数量即为申报数量。可买入或卖出的标的物数量不得低于最小申报数量,不得高于最大申报数量。不同交易方式,最小申报数量和最大申报数量有所差异。比如:对于大宗交易方式,A股单笔买卖申报数量应当不低于30万股,或者交易金额不低于200万元。对于竞价交易方式,A股单笔买卖申报数量应当不低于100股。A股股票单笔申报最大数量应当低于100万股,债券单笔申报最大数量应当低于1万手(含1万手)。

在全国碳排放权交易市场,碳排放交易方式包括协议转让、单向竞价或者其他符合规定的方式。对于协议转让方式,单笔买卖申报数量应当大于等于10万吨。对于单向竞价交易方式,单笔买卖申报数应当小于10万吨。

(六)碳排放权交易的交易数量

根据《碳排放权交易管理办法(试行)》,交易主体申报卖出交易产品的数量,不得超出其交易账户内可交易数量。交易主体申报买入交易产品的相应资金,不得超出其交易账户内的可用资金。这说明了全国碳排放权交易的两个重要规则。

一是碳交易没有做空机制。本条对市场参与人买入或卖出标的物的金额或数量作了要求,即市场参与人在交易系统申请卖出标的物时,其申请卖出的数量不得超出其交易账户内可用交易数量。做空(short sale),是一个投资术语,是金融资产的一种操作模式。与做多相对,理论上是先借货卖出,再买进归还。期货市场是具有做空机制的典型市场。在期货市场,做空是在预计商品价格要走低的情况下,直接卖出商品合约的操作。因为投资者卖出的是未来特定时间交割的商品合约,所以只要在到期日之前履约即可,卖出时手中不必有相应的合约。履约的手段分为对冲和交割,对冲即买入等量的合约平仓,交割则是拿出符合标准的实物商品。做空机制具有提高市场流动性、缓冲市场波动、促进市场价格合理、对冲避险,以及为机构在下跌行情中创造盈利的积极效应,是完善市场机制,优化金融市场资源配置的重要手段和途径。但是,做空机制的负面作用也很明显,对于我国碳排放交易市场而言,其负面影响应该引起足够重视,谨慎推出。

二是碳交易没有杠杆机制。在全国碳排放权交易市场,交易主体用于申报买入交易产品的相应资金,不得超出其交易账户内的可用资金,以保证足额扣减达成交易。

杠杆机制是期货术语,即以少量资金就可以进行较大价值额的投资,一般配合着保证金制度一起使用。期货交易实行保证金制度。在期货交易中,交易者只需要按照其所买卖期货合约价格的一定比例(通常为5%—10%)缴纳资金,作为其履行期货合约的财力担保,然后就能参与期货合约的买卖,并视价格变动情况确定是否追加资金,而不需要支付合约价值的全额资金,这种制度就是保证金制度,所交的资金就是保证金。保证金制度既体现了期货交易所特有的"杠杆效应",即以一定的杠杆比例以小博大。同时也有助于防止违约并确保合约的完整性,成为交易所控制交易风险的一种重要手段。

期货交易的杠杆机制使得期货交易具有高收益高风险的特点。根据《碳排放权交易管理办法(试行)》,在全国碳排放交易市场,交易主体用于申报买入交易产品的相应资金,不得超出其交易账户内的可用资金。因此,全国碳排放交易市场不存在杠杆机制。

(七) 碳排放权交易的交易时限

根据《碳排放权交易管理办法(试行)》,已买入的交易产品当日内不得再次卖出。卖出交易产品的资金可以用于该交易日内的交易。这表明了以下两个方面的内容:第一,规定已买入的交易产品当日内不得再次卖出。这意味着碳交易实行T+1交易制度,即当天买入的交易产品要到下一个交易日才能卖出。第二,规定卖出碳排放配额的资金实行T+0制度,即卖出碳排放配额所得的资金可继续用于该交易日的交易。

(八) 碳排放权交易的风险管理

根据《碳排放权交易管理办法(试行)》,交易机构应建立风险管理制度,并报生态环境部备案。

为推动全面风险管理的实施,建立规范、有效的风险控制体系,提高风险防控能力,加强交易风险管理,维护交易各方的合法权益,维护碳排放交易市场的稳定,交易机构需要制定碳排放交易风险管理制度，使风险管理标准化、科学化。碳排放交易所通常需要建立下列风险管理制度：①涨跌幅限制制度；②配额最大持有量限制制度以及大户报告制度；③风险警示制度；④风险准备金制度；⑤碳排放交易主管部门明确的其他风险管理制度。

1. 涨跌幅限制制度

《碳排放权交易管理办法（试行）》提出，交易机构实行涨跌幅限制制度。交易机构应当设定不同交易方式的涨跌幅比例，并可以根据市场风险状况对涨跌幅比例进行调整。涨跌幅限制制度（也称涨跌停板制度）是一种风险控制机制，可以抑制市场的过度投机行为，防止交易价格出现暴涨暴跌。涨跌幅限制制度在证券市场得到广泛应用。它是在每天的交易中规定当日的证券交易价格在前一个交易日收盘价的基础上上下波动的幅度。证券价格上升到该限制幅度的最高限价为涨停板，而下跌至该限制幅度的最低限度为跌停板。

在全国碳交易市场，交易机构实行涨跌幅限制制度。竞价交易涨跌幅比例为10%，协议转让涨跌幅比例为30%，涨跌幅基准为上一交易日收盘价。交易机构可根据市场风险状况调整碳排放交易的涨跌幅比例。

涨跌幅限制作为阻止"交易日间股价的剧烈波动"的重要手段，广泛地应用于美国、日本等发达国家的证券期货市场以及韩国、中国台湾等新型证券市场。我国深沪证券交易所于1996年12月16日开始，正式实施涨跌幅限制，对A股、B股及基金市场采取10%的价格限制。其初衷是为了防止股价剧烈波动，给予投资者及市场足够的缓冲时间，稳定市场。

从国际经验看，新兴金融市场为了防止过度投机，多数采用涨跌幅限制措施，而且随着市场的发展，涨跌停板幅度一般会逐步放宽（简称扩板）。中国碳市场的风险控制措施，就沿用了这一思路。

碳交易中的涨跌幅限制制度是交易所为了防止交易价格的暴涨暴跌，抑制过度投机，对每日最大价格波动幅度予以适当限制的一种交易制度。某一碳排放配额在一个交易日中的申报价格不能高于或低于前收盘价×（1±涨跌幅限制比例），超过该范围的将视为无效报价。涨跌幅度限制由交易所设定，交易所可以根据市场风险状况调整涨跌幅限制。目前，在试点碳市场，天津、上海、湖北、广东和深圳的涨跌幅限制比例为±10%，而北京、重庆是±20%，湖北、广州和深圳的大宗交易设置涨跌幅限制是±30%。

2. 配额最大持有量限制制度以及大户报告制度

《碳排放权交易管理办法（试行）》提出，交易机构实行最大持仓量限制制度。交易机构对交易主体的最大持仓量进行实时监控，注册登记机构应当对交易机构实时监控提供必要支持。交易主体交易产品持仓量不得超过交易机构规定的限额。交易机构可以根据市场风险状况，对最大持仓量限额进行调整。

（1）最大持仓量限制制度，又可以叫限仓制度或持仓限额制度，是一种风险控制机制。其原理是通过采用限制交易主体持有的碳配额产品总量不得超过最大持仓量的办法，控制市场风险。在期货市场，限仓制度（position limit system）是期货交易所为了防止市场风险过度集中于少数交易者和防范操纵市场行为，对会员和客户的持仓数量进行限制的制度。

规定会员或客户可以持有的，按单边计算的某一合约持仓的最大数额，不允许超量持仓。

根据《碳排放权交易管理办法（试行）》，最大持仓量（即持仓限额）指交易所规定会员或客户可以持有的碳配额产品的最大数额。交易会员和客户的持仓量不得超过交易所规定的最大持仓量限额。

在期货市场，根据不同的目的，限仓制度可分为以下几种形式。

第一，根据保证金的数量规定持仓限额。限仓制度最原始的含义就是根据会员承担风险的能力规定会员的交易规模。交易所通常会根据客户和会员投入的保证金的数量，按照一定的比例给出一定的持仓限额，此限额即是该会员和客户在交易中持仓的最高水平。由此可见，根据保证金数量规定的持仓限额，可以使得保证金维持在一个风险较低的水平。当客户要求持有更多的期指合约，在原来保证金不变的情况下，就会使得保证金账面金额低于初始保证金，交易者就必须在规定的时间内补足保证金，然后，才能持有更多的合约。

第二，对会员的持仓限额。为了防止市场风险过度集中于少数会员，许多国家的交易所都规定，一个会员对期指合约的单边持仓量不得超过交易所期指合约持仓总量（单边结算）的一定百分比，否则交易所将会对会员的超量持仓部分进行强制平仓。此外交易所还按照合约离交割月份的远近，对会员规定了持仓限额，距离交割期越近的合约，会员的持仓量越小。

第三，对客户的持仓限额。为了防止大户过量持仓，操纵市场，大部分交易所会员对会员所代理的客户进行编码管理，每个客户只能使用一个交易编码，交易所对每个客户编码下的持仓总量也有限制。

我国期货交易所对持仓限额制度的具体规定如下。

第一，交易所可以根据不同期货品种的具体情况，分别确定每一品种每一月份合约的限仓数额；某一月份合约在其交易过程中的不同阶段，分别适用不同的限仓数额，进入交割月份的合约限仓数额从严控制。

第二，采用限制会员持仓和限制客户持仓相结合的办法，控制市场风险。

第三，套期保值交易头寸实行审批制，其持仓不受限制。

第四，同一投资者在不同经纪会员处开有多个交易编码，各交易编码上所有持仓头寸的合计数，不得超出一个投资者的限仓数额。

第五，交易所可根据经纪会员的净资产和经营情况调整其持仓限额，对于净资本金额或交易金额较大的经纪会员可增加限仓数额。经纪会员的限仓数额，由交易所每一年核定一次。

第六，交易所调整限仓数额须经理事会批准，并报中国证监会备案后实施。

第七，会员或客户的持仓数量不得超过交易所规定的持仓限额。对超过持仓限额的会员或投资者，交易所按有关规定执行强行平仓。一个投资者在不同经纪会员处开有多个交易编码，其持仓量合计数超出限仓数额的，由交易所指定有关经纪会员对该客户超额持仓执行强行平仓。

经纪会员名下全部投资者的持仓之和超过该会员的持仓限额的，经纪会员原则上应按合计数与限仓数之差除以合计数所得比例，由该会员监督其有关投资者在规定时间内完成减仓；应减仓而未减仓的，由交易所按有关规定执行强行平仓。

(2) 大户报告制度。《碳排放权交易管理办法(试行)》提出，交易机构实行大户报告制度。交易主体的持仓量达到交易机构规定的大户报告标准的，交易主体应当向交易机构报告。

大户报告制度是与限仓制度紧密相关的另外一个控制交易风险、防止大户操纵市场行为的制度。碳交易所建立限仓制度后，当会员或客户持仓量达到交易所对其规定的持仓限量一定比例(如 80%及以上)时，必须向交易所申报。申报的内容包括客户的开户情况、交易情况、资金来源、交易动机等等，便于交易所审查大户是否有过度投机和操纵市场行为以及大户的交易风险情况。

碳交易市场的大户报告制度起源于商品期货市场。从美国联邦政府最早开始对商品期货交易实施监管以来，美国国会就把阻止价格操纵作为监管的一个主要目的。只要有联邦监管，就会有大户报告制度。根据美国商品期货交易委员会(CFTC)的经济学家——Mike Penick 的研究，大户报告的要求最早于 1923 年实施。当时，谷物期货法案刚刚通过，该法案确立了联邦政府对商品期货的监管。CFTC 于 1975 年成立，它是一家对美国期货交易进行监管的独立监管机构。这个机构的监管范围很广，包括国内和国际农产品、金属期货市场和金融、能源等新兴期货市场。肩负如此重大的责任，CFTC 这一监管机构本身的规模却比较小，因此，它一直依赖大户报告制度作为均衡器。

大户报告是一种高效的风险控制工具，可以让监管机构及时了解可能造成市场价格操纵的所有大户的头寸。此外，大户报告制度还有助于监管机构理解市场运行正常时，价格剧烈波动或者高度波动都可能创造价格操纵的表象。当市场监管可以准确实施的时候，公共政策就会改进，力求最大化地发现市场问题。当没有证据表明市场存在这种问题的时候，力求使监管对市场的阻碍作用最小化。

另外，这一制度还可以向监管机构提供关于市场构成的有用信息，比如市场参与者中的商业与非商业交易者，特定种类的投资者(如现货商、互换交易者、生产者、制造者和管理基金交易者)持有的头寸。

3. 风险警示制度

《碳排放权交易管理办法(试行)》提出，交易机构实行风险警示制度。交易机构可以采取要求交易主体报告情况、发布书面警示和风险警示公告、限制交易等措施，警示和化解风险。

风险警示制度是一种风险控制机制。风险警示制度在证券市场得到广泛应用，比如：在《中国金融期货交易所风险控制管理办法》中提到，风险警示制度是指交易所认为必要的，可以分别或同时采取要求报告情况、谈话提醒、书面警示、公开谴责、发布风险警示公告等措施中的一种或多种，以警示和化解风险。

4. 风险准备金制度

《碳排放权交易管理办法(试行)》提出,交易机构应当建立风险准备金制度。风险准备金是指由交易机构设立,用于为维护碳排放权交易市场正常运转提供财务担保和弥补不可预见风险带来的亏损的资金。风险准备金应当单独核算,专户存储。

风险准备金制度是指交易所从自己收取的会员交易手续费中提取一定比例的资金,作为确保交易所担保履约的备付金的制度。交易所风险准备金的设立,是为维护市场正常运转而提供财务担保和弥补因不可预见的风险带来的亏损。

以上海环境能源交易所为例。风险准备金的来源有:①交易所按照手续费收入的10%的比例,从管理费用中提取;②交易所规定的其他收入。

风险准备金制度在期货市场具有较长的实践历史。以股指期货市场为例,交易所不但要从交易手续费中提取风险准备金,而且要针对股指期货的特殊风险建立由会员缴纳的股指期货特别风险准备金。股指期货特别风险准备金只能用于为维护股指期货市场正常运转提供财务担保和弥补因交易所不可预见风险带来的亏损。

一般来说,风险准备金制度在来源、提取、管理等方面有以下规定:①交易所按向会员收取的手续费收入(含向会员优惠减收部分)20%的比例,从管理费用中提取。当风险准备金达到交易所注册资本10倍时,可不再提取。②风险准备金必须单独核算,专户存储,除用于弥补风险损失外,不得挪作他用。风险准备金的动用必须经交易所理事会批准,报中国证监会备案后按规定的用途和程序进行。

5. 异常交易监控制度

《碳排放权交易管理办法(试行)》提出,交易机构实行异常交易监控制度。交易主体违反本规则或者交易机构业务规则、对市场正在产生或者将产生重大影响的,交易机构可以对该交易主体采取以下临时措施:①限制资金或者交易产品的划转和交易;②限制相关账户使用。上述措施涉及注册登记机构的,应当及时通知注册登记机构。

异常交易监控制度是指交易机构对在交易过程中发生的异常交易事件进行监控管理的制度。当交易机构监控到异常交易情况时,将采取紧急措施化解风险。

在碳排放交易市场,异常情况主要是指可能影响碳排放配额价格或者交易量的异常交易行为,主要有以下几种情况。

(1) 可能对交易价格产生重大影响的信息披露前,大量买入或者卖出相关产品;

(2) 大量或者频繁进行互为对手方的交易,涉嫌关联交易或市场操纵;

(3) 频繁申报或频繁撤销申报,影响交易价格或其他交易参与人的交易决定;

(4) 巨额申报,影响交易价格或明显偏离市场成交价格;

(5) 大量或者频繁进行高买低卖交易;

(6) 交易所认为需要重点监控的其他异常交易行为。

出现上述异常情况时,交易机构可以决定采取发布警告、限制交易等紧急措施有效控制风险的发生。异常情况消失后,交易机构应当及时取消紧急措施,保障碳市场平稳、规范、健康运行。交易主体参加碳交易也应当遵守法律、法规和交易机构业务规则，接受交易机构对其交易行为的合法合规性管理，自觉规范交易行为。

临时措施即针对某种情况而紧急采取的暂时的处理办法。一般来说，“某种情况”即指交易主体违反本规则或者交易机构业务规则并且对市场正在产生或者将产生重大影响的行为，一旦发生这种行为，交易机构将立即对交易主体采取临时措施以防止违规行为后果进一步扩大。

第三节　碳排放配额价格的形成

2021 年起施行的《碳排放权交易管理暂行条例（草案修改稿）》明确了全国碳排放交易将采取“总量控制与交易（cap-and-trade）”的机制进行。交易的主要产品为碳排放配额，后期将适时增加其他交易产品；随着市场的成熟，将逐步形成以碳排放配额为核心，同时开展多种现货及期货交易的碳交易市场。对于碳排放配额的分配，采取“免费＋有偿”相结合的方式，且有偿分配的比例将逐步扩大。

在总量控制与交易机制下，首先确定一个排放总量上限，然后每个企业被分到一定数量的排放配额。一方面，由于这些配额既不能被创造，也不能被挪用，形成了配额的有限供给，使其具有稀缺性；另一方面，由于这些配额可以在市场主体之间进行转让和交易，能够形成对配额的供需关系以及相应的价格，从而有条件构成一个配额交易市场。

与交易机制相对应，会形成一组市场划分方法，即碳排放权的初始分配市场和交易市场。在排放权的初始分配市场中，主要由国家在不同的企业之间划分排放配额，这被称为一级市场，而企业之间对碳排放配额的交易则被称为二级市场。一级市场上的碳配额总量与分配方式将在很大程度上影响二级市场上的配额供给与需求，进而与其他因素共同决定二级市场的碳配额价格。碳排放交易的核心是通过碳排放配额价格影响企业的减排行为。碳排放配额价格根据碳市场供求关系合理波动，从而释放价格信号，反映碳减排成本，最终形成碳排放总量控制、价格变动、技术进步和减排成本降低之间的周期性良性循环。一般商品的价格通过市场供求关系的自发调节形成，而碳排放配额的供求关系在很大程度上受到政府政策和碳排放配额分配的影响。就是说，碳排放配额的价格是由政府有形之手和市场无形之手共同决定的。

如图 7-1 所示，当需求从 D_1 增长到 D_2 时，由于配额总量不会立即增加，供给曲线并没有发生位移，导致均衡价格从 P_1 上升至 P_3。从长期来看，随着更多的碳配额产品进入市场，供给曲线也发生移动，从 S_1 移动到 S_2，均衡价格随之下降至 P_2，而市场均衡数量则从 Q_1 增长至 Q_2，体现了碳市场的长期弹性。

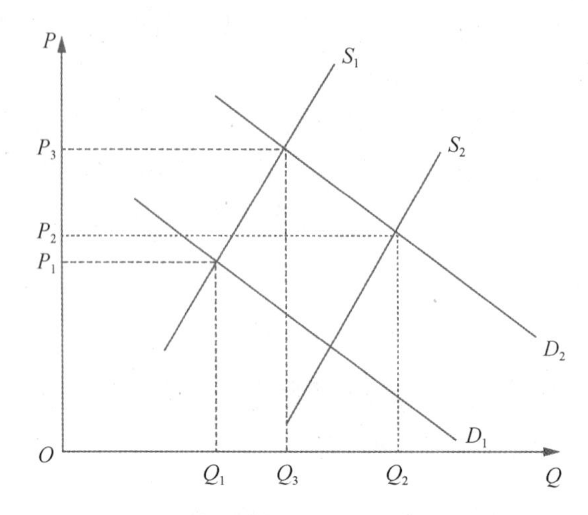

图 7-1　碳排放权交易市场的供需均衡

一、碳排放配额的供给及其类型

正如前文指出的，碳排放配额是政府分配给控排企业于指定时期内的碳排放额度，是碳排放权的凭证和载体。碳排放配额具有商品的基本属性，可以开展交易。碳排放配额的供给是指政府或出售者在一定价格水平下愿意且能够出售的碳排放权配额。碳排放配额的供给包括一级市场的政府分配配额供给、二级市场碳交易主体的配额供给。

1. 一级市场的政府分配配额供给

碳排放权交易体系中，政府主管部门确定配额总量，并对纳入体系内的控排企业分配碳排放配额，分配方式大体分为免费分配和有偿分配两种。免费分配是指政府主管部门将碳排放权免费发放给控排对象，具体的分配方法包括基准线法、历史强度法和历史排放总量法。有偿分配可以通过拍卖或者固定价格出售等方式进行。在碳市场实践操作中，多采用免费分配和有偿分配相结合的方式。

合适的配额总量与配额分配方法能促使企业开展节能改造，发展新能源，从而进一步激励企业创新，提高能源利用效率，实现良性循环。过多的免费分配可能会减少市场的流动性，引起价格波动的扩大，干扰对投资者释放的价格信号，反而延缓向低碳经济的过渡进程。从欧盟 EU ETS 的实际运行来看，第一阶段由于配额总量过剩，配额价格出现了大幅震荡。2006 年以后，大量配额剩余，价格持续走低，到 2007 年 4 月，配额价格几乎跌到零，价格体系基本面临崩溃。如果碳排放配额的总量控制过于紧张，则会导致碳排放配额价格过高，从而增加企业的履约成本，影响双碳目标的实现。

2. 二级市场碳交易主体的配额供给

如果一家企业免费获得的配额超过其实际排放量，它通过技术创新、工艺改造等措施所省下的配额就形成了配额余缺供给，可以以市场价格销售，这构成了碳排放配额的主要供给来源。欧盟碳排放交易市场是全球规模最大、机制最为完善、市场最为成熟的碳排放交易市场，共有20余国参与。在其发展过程中，交易覆盖的国家、行业与企业范围不断扩大，配额分配过程中拍卖方式所占的比例逐渐提高。美国的区域温室气体减排行动（RGGI）源于2005年美国东北部地区十个州共同签署的应对气候变化协议，是北美地区唯一的强制性减排体系。RGGI交易体系中，各成员可自行拍卖其60%—100%的排放权，然后拿出74%的平均拍卖收入，投入到能效与清洁能源活动方面的项目中。

二、碳排放配额的需求及其类型

碳排放配额的需求是指排放企业或购买者在一定价格水平下愿意且能够购买的碳排放权配额。作为一种稀缺性资源，碳排放配额具有经济属性，除排放企业有配额的履约需求以外，个人、机构投资者、排放企业也具有投资需求。

1. *碳排放配额履约需求*

为了减少温室气体排放，减缓全球变暖的趋势，政府对高排放企业的排放行为进行限制。这将导致一些控排企业的实际排放量超出其得到的碳排放配额，为了规避政府的处罚，企业就需要从碳现货市场购买配额以抵销超额的排放量。由此产生了控排企业的碳排放配额履约需求。

2. *碳排放配额投资需求*

由于碳排放配额的经济属性，它具备了投资价值。投资主体为了在可预见的时期内获得收益，在一定时间内购买碳排放配额所构成的需求被称为碳排放配额的投资需求。个人或机构等投资主体只关注碳排放配额价格的变化，他们在碳市场上买进或卖出一定的配额，等价格变动达到预期后再卖出或买进，以获得收益。当前，全国碳配额市场的需求主体是具有履约义务的重点排放单位，共2 162家发电企业。它们对碳配额的首要需求是履约需求。由于碳配额市场具有金融性质，重点排放单位也会存在投资需求。

三、碳排放配额的价格形成

和其他商品一样，碳排放配额的价格本质上也是由市场中的供给和需求共同决定，随市场供需关系的变化而变动。供过于求时价格趋于下降，供不应求时价格趋于上升。合理有效的价格对碳交易市场的平稳运行尤为重要。政策预期稳定性、交易产品丰富性、市场交易制度、信息披露要求以及企业内部决策机制等因素从不同层面影响着碳市场的价格形成。特别地，碳市场是一种政策导向性市场，碳价容易受到政府决策和行为的影响，包括排放总量的松紧程度、拍卖的价格设定、配额有效期、抵销比例的变化等。清晰明确的政策路径能够给企业提供强有力的可预见性，有助于企业在节能减排方面做好长期规划，加强参与碳市场交易的意愿。

总的来看，碳价格的形成由碳市场上的供求关系决定，而供给与需求受到多种因素的共同影响。国内外学者多以较成熟的欧盟碳市场和清洁发展机制交易市场为研究对象，经过实证和量化分析后发现，影响碳价格的因素包括配额分配、宏观经济、能源价格、允许抵销的减排量、市场势力、市场信息对称和异常天气等。图 7-2 主要从供给和需求两个角度具体分析各因素对碳配额价格的影响。

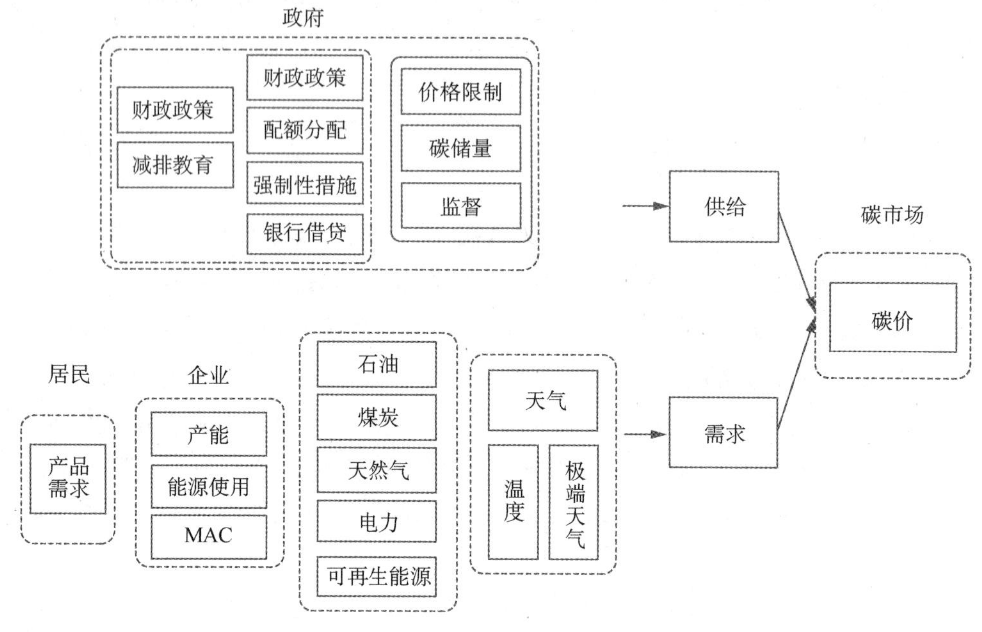

图 7-2　碳排放配额价格的形成机制

1. 碳配额供给的影响

政府推行的碳市场机制、制定的碳政策等因素通过影响碳配额的供给，进而对碳价带来了影响。

第一，政府制定的各种碳政策将直接影响碳市场。①政府可以设计碳配额的价格上限和下限，以避免碳价格的极端波动；②政府可以实施碳配额储备政策。当碳价过高时通过释放足够的配额来降低价格，当碳价过低时通过回购配额来提高价格。目前全球不少碳排放交易市场都建立了配额储备制度，通过设定一定比例的碳储备来购买或出售配额，以调节碳市场的供求关系；③政府对碳市场的监督将影响碳市场的运行效率。一旦政府放松监管，碳市场效率就会随之降低，导致减排目标难以达成。

第二，政府可以通过四种途径经由企业传导来影响碳价格，即配额分配和碳信用发行、税收或补贴政策、强制减排政策以及配额的储存和借贷。这些都会影响企业对配额的需求，从而影响碳价格。①分配给企业的配额数量会影响企业对配额的需求。②通过对受碳价影响较大的企业进行补贴或征税，企业排放量将会发生变化，从而改变碳价。当政府对企业实施补贴或税收政策时，企业实际支付的边际成本＝碳价－边际补贴(＋税)。若企业边际收益不变，就会调整生产决策。最常见的情况是，许多经合组织国家对某些工业部门征收较低的能源税或免征能源税以确保产业竞争力，同时对电力和供热部门征收较高的能源税，从而促进其使用可再生能源。③政府可以通过一些强制性标准或监管措施来影响碳价格。例如，政府通过制定能效法规来强制企业用更先进的技术替代高能耗技术，就会减少企业的排放，从而影响到碳价格。④政府是否允许配额的储存和借贷，即政府是否允许本阶段的额外配额保留用于下一阶段，或下一阶段的配额提前用于本阶段，对碳价格有着显著影响。

政府也会通过居民作为媒介来影响碳市场，主要是通过改变居民的收入和消费偏好。政府影响居民收入，并且通过转移支付或调整居民个人所得税税率来改变居民的消费偏好和消费决策。居民的收入和消费水平对碳排放的影响主要表现在两个方面：一是居民生活消费对能源的直接消耗及其产生的直接碳排放，居民可以通过购买CCER等碳信用来抵销自己的碳排放；二是支撑居民消费需求的整个国民经济产业的发展过程中对能源的消耗与对环境的影响，被认为是居民消费产生的间接碳排放。政府能够通过开展减排教育提升居民的低碳意识，购买绿色产品，践行低碳环保的消费和生活方式。此外，《碳排放权交易管理暂行条例（草案修改稿）》中规定，个人作为全国碳排放权交易市场的交易主体之一，能够参与碳排放配额交易。目前在地方碳市场如深圳、北京、重庆，个人参与碳交易已有先例。

2. 碳配额需求的影响

（1）居民主要通过企业影响碳价，企业是传导中介。

通常产品需求的增加将引起企业增加自身产量，带来排放量的增加。企业需要更多的碳排放配额，导致碳价提高，反之，产品需求的减少将降低碳价。当然，也有特殊的案例，伴随着低碳意识的提升，居民选择消费更多的低碳产品，以至于企业偏向生产更多的低碳产品。

居民根据自身对产品价格的预期购买碳排放配额或其他金融衍生品，通过企业或者金融市场作用于产品市场和金融市场的价格，进而影响企业的决策和碳价。特别地，居民在碳交易市场上的投资将直接影响碳现货价格。

（2）企业通过控制排放和影响消费者需求影响碳价。

首先，企业能够控制自身排放影响配额需求。其次，企业能够影响消费者需求从而间接影响配额需求。影响企业实际排放的因素有产量、能源使用结构和边际减排成本等。①影响企业产量的因素就是影响市场产品供给的因素。此外，区域间贸易能影响产量和引起区域碳排放流动，从而影响实际排放。如果区域碳排放增加，碳价将随着配额需求的增加而上涨。②企业的能源使用结构主要受到本国能源使用结构的调整和政策引导，以及企业自身的能源减排意识的影响。企业能源使用结构的改善将直接带来其碳排放的减少。③边际减排成本（MAC）是碳价的决定性因素，因此碳价会随着边际减排成本的变化而波动。如果边际减排成本低于碳价，企业宁愿减少排放，也不愿使用碳配额来减少配额需求。此外，企业可以通过改变居民的要素支付和产品价格来影响居民对产品的需求，最终影响碳价格。

（3）其他因素通过企业影响碳价，企业发挥中介效用。能源市场、金融市场和天气等因素对碳价均具有重要影响。

第一，在能源市场中，能源价格的波动将影响企业的能源使用，尤其是电力部门在能源使用中会产生碳排放。化石燃料燃烧是二氧化碳的主要来源，包括石油、煤炭和天然气在内的化石燃料价格对碳价格的波动具有重要影响。Xing Yang 和 Hanfeng Liao(2018),汪文隽和柏林(2013)等学者的研究都发现,传统化石能源的相对价格与碳价之间存在显著的相关关系。而从预期的角度分析,清洁能源交易价格上升时,为了实现利润最大化,企业会选择使用化石能源进行生产达到降低成本的目的,但化石能源使用量的增加意味着未来企业所需要的配额会增加,这又增加了重点排放企业的履约成本,于是企业会产生未来碳价上升的预期,在这样的预期作用下它们会选择在当下购进配额,这样会进一步增加需求,未来碳价也必然会在预期的结果下上涨。反之当化石能源价格下降时预期碳价下降,必定会使发电企业减少当下配额的购进,未来碳价也会在预期作用下出现下跌走势。

第二,金融市场的价格变化也可以通过对企业的影响传导至碳价格。金融市场分为一般金融市场和碳金融市场。一般金融市场的股票指数或收益率可以反映当前和未来宏观经济或行业的发展情况。一般金融市场的股指波动会影响碳市场的投资资金流入或流出,进而影响碳价格。此外,全球碳价波动也会影响我国碳配额市场主体对未来碳价的预期,进而打破碳排放配额供求量的平衡,最终使实际碳价发生波动。往往实际碳价波动的结果与主体对未来碳价的预期的运动方向是一致的,这是预期的自我实现。比如:欧盟 EUA 价格对我国碳价的影响与碳市场的市场化程度有着很大的影响,如今我国全国碳市场已经初步建成,市场化程度得到进一步深化,加之欧盟碳市场具有十多年的运营经验,无论是市场机制还是 EUA 价格都对全国碳市场具有很强的指引功能,而且部分国内减排量项目可以开发出用于国际履约的碳抵销产品,因此,EUA 价格的波动会在一定程度上影响国内碳价。

第三,天气主要通过三个途径影响碳价格。一是气温变化会影响居民对特定产品的消费需求。例如,低温会增加供暖需求,从而带来更多的排放和更高的碳价格。二是极端天气条件会干扰企业生产,从而减少排放,降低碳价格。三是极端天气会对风能和太阳能发电产生直接影响,从而导致包含碳在内的能源价格的变化。

第四节　碳排放权交易机构与系统

碳排放权交易机构是碳排放权交易相关系统的建设和运营机构。从全球碳市场看,碳排放权交易机构可以分为两类:一类是传统的能源交易机构,后续也开展碳交易。比如:欧洲能源交易所、奥地利能源交易所、北欧电力交易所等。另一类是气候交易所、环境交易所或碳交易所。它们以碳排放权、气候或环境权益产品交易为主,比如:欧洲气候交易所、荷兰气候交易所、欧洲环境交易所等。

全国碳排放权交易市场采用登记与交易区分管理的方式运作,全国碳排放权注册登记机构负责记录全国碳排放配额("CEA")的持有、变更、清缴、注销等信息并提供结算服务,该机构及系统记录的信息是判断 CEA 归属的最终依据。

国家自愿减排交易注册登记系统负责记录国家核证自愿减排量的持有、变更、注销；全国碳排放权交易机构负责组织开展全国碳排放权集中统一交易（包括 CEA 及其他可能的交易产品）。目前，全国碳排放权注册登记机构、交易机构尚未成立，由湖北碳排放权交易中心有限公司承担全国碳排放权注册登记系统相关工作，由上海环境能源交易所股份有限公司承担全国碳排放权交易系统相关工作。

地区碳排放权交易市场由各地区自行设立，独立运行，部分地区采用登记机构与交易机构合并设置的方式运作，部分地区则分别设立登记机构与交易机构。

地区及全国碳排放权交易市场的注册登记机构/系统及交易场所见表 7-3。

表 7-3　地区及全国碳排放权交易市场的注册登记机构/系统及交易场所

<table>
<tr><th>碳排放权交易市场区域</th><th>碳排放配额注册登记机构/系统</th><th>核证自愿减排量注册登记系统</th><th>交易场所</th></tr>
<tr><td>北京</td><td>北京市气候中心</td><td rowspan="10">国家自愿减排交易注册登记系统
部分地区设置有地方核证自愿减排量的登记系统</td><td>北京绿色交易所</td></tr>
<tr><td>上海</td><td>上海信息中心</td><td>上海环境能源交易所</td></tr>
<tr><td>深圳</td><td>深圳市注册登记簿系统</td><td>深圳排放权交易所</td></tr>
<tr><td>天津</td><td>天津排放权交易所</td><td>天津排放权交易所</td></tr>
<tr><td>广州</td><td>广州碳排放权交易所</td><td>广州碳排放权交易所</td></tr>
<tr><td>重庆</td><td>重庆碳排放权交易所</td><td>重庆碳排放权交易所</td></tr>
<tr><td>湖北</td><td>湖北排放权交易中心</td><td>湖北碳排放权交易中心</td></tr>
<tr><td>四川</td><td>—</td><td>四川联合环境交易所</td></tr>
<tr><td>福建</td><td>福建省生态环境信息中心</td><td>海峡股权交易中心</td></tr>
<tr><td>全国</td><td>全国碳排放权注册登记机构（未设立，湖北碳排放权交易中心暂时承担相应职能）</td><td>全国碳排放权交易机构（未设立，上海环境能源交易所暂时承担相应职能）</td></tr>
</table>

为保障大量排放权交易顺利、高效地进行，需要对交易标的识别、交易促成及结算建立系统，给予支持。交易环节通常包括三个系统，即注册登记系统、交易系统和结算系统。这三个系统可以分立存在，也可以集合在一个平台上。

1. 注册登记系统

注册登记系统承担着碳配额的在线储备功能，负责记录碳配额的持有、履约提交、注销等情况，一般由政府主管部门负责监督管理。注册登记系统的效率、安全性以及是否与交易平台匹配，显著影响着排放交易体系能否有效发挥经济功能，也是衡量该排放交易市场是否成熟的重要标志。登记系统记录的信息是判断碳排放配额归属的最终依据。就我国碳市场而言，在全国碳排放权注册登记机构成立前，由湖北碳排放权交易中心有限公司承担全国碳排放权注册登记系统账户开立和运行维护等具体工作。

2. 交易系统

交易系统促成碳配额在不同交易账户之间的买卖和流转，一般由交易所监管管理。除了可供各实体从政府手中通过拍卖直接购买碳排放配额的一级市场之外，还存在旨在提供上述实体互相出售这些碳排放交易品种的场所的二级市场。就我国碳市场而言，全国碳排放交易系统是全国唯一的集中交易平台，汇集所有交易指令，统一配对成交。交易系统具有查询、普通买入和卖出、委托买入和卖出、协议转让、持有管理等功能。

交易系统与注册登记系统进行对接，交易账户和登记账户、资金结算账户一一对应，每日实行签到和签退制度。每日交易前，注册登记系统将登记账户、资金结算账户核的配额和资金数据映射至交易账户，交易结束后，交易系统将当日的交易结果发送至注册登记系统，由注册登记系统完成注册登记账户的配额变更。就我国碳市场而言，在全国碳排放权交易机构成立前，由上海环境能源交易所股份有限公司承担全国碳排放权交易系统账户开立和运行维护等具体工作。

3. 结算系统

结算系统用于处理交易标的交割和相应资金转移，链接电子银行系统，用户可以随时查看和打印对账单和交割单。目前全国碳市场的注册登记系统与结算系统集合在同一个平台上，统称为注册登记结算系统。

思考与练习

1. 碳排放权交易规则有哪些重点？
2. 目前碳市场上主要有哪些参与主体？
3. 我国碳排放交易采用什么样的机制？碳排放配额分配采用什么方式？
4. 碳排放配额的供给和需求包括哪些类型？影响配额供需的因素分别有哪些？
5. 碳排放交易系统由哪三个系统组成？

推荐阅读

生态环境部:《碳排放权交易管理办法(试行)》,2020 年。

国家发展和改革委员会:《完善能源消费强度和总量双控制度方案》,2021 年。

参考文献

陈文颖、吴宗鑫:“碳排放权分配与碳排放权交易”,《清华大学学报(自然科学版)》,1998 年第 12 期,第 16—19,23 页。

陈晓红、王陟昀:“碳排放权交易价格影响因素实证研究——以欧盟排放交易体系(EUETS)为例”,《系统工程》,2012 年第 2 期,第 53—60 页。

刘晔、张训常:“碳排放交易制度与企业研发创新——基于三重差分模型的实证研究”,《经济科学》,2017 第 3 期,第 102—114 页。

曾刚、万志宏:“碳排放权交易:理论及应用研究综述”,《金融评论》,2010 年第 4 期,第 54—67,124—125 页。

郑爽:“碳市场的经济分析”,《中国能源》,2007 年第 9 期,第 5—10 页。

朱勤、彭希哲、陆志明,等:“人口与消费对碳排放影响的分析模型与实证”,《中国人口·资源与环境》,2010 年第 2 期,第 98—102 页。

第八章 碳排放配额的清缴履约

学习要求

了解清缴履约及清缴履约机制的概念；熟悉清缴履约机制的特征、惩罚机制；掌握清缴履约机制的主要内容；了解碳抵销机制的起源、概念、发展与实践；掌握抵销机制的具体内容。

本章导读

配额清缴履约是一个碳排放交易体系的重要环节。健全的清缴履约机制是纳入碳交易体系的排放主体能否全面、真实履约的法律保障。碳排放交易市场各环节均由政府主导创设，履约过程不可避免地具有行政强制色彩。政府的监管不可或缺，但也应基于碳交易机制之特殊性，给予市场主体更多活力，具体在履约机制运行过程中体现为保障履约主体权利、引导促进其积极履约，从而实现该制度所具备的生态、经济双重价值。按照《碳排放权交易管理办法》(试行)，重点排放单位应当在生态环境部规定的时限内，向分配配额的省级生态环境主管部门清缴上年度的碳排放配额。清缴量应当大于等于省级生态环境主管部门核查结果确认的该单位上年度温室气体实际排放量。

第一节　碳排放配额清缴履约

一、清缴履约的概念

清缴履约是指纳入碳排放配额管理的排放主体负有法定的配额清缴义务，须在法定期间内向监管部门提交与实际碳排放量相等的碳排放配额的行为，以履行温室气体减排义务。

清缴履约是一种法定义务。纳入配额管理的单位应当每年在规定期限内,依据管理部门确定的上一年度碳排放量,通过碳排放权交易配额登记系统,足额提交配额,履行清缴义务。

从参与主体角度而言,配额清缴及其确认涉及控排企业和碳交易主管部门两方。控排企业需按时清缴配额,而碳交易主管部门则需要确认配额的清缴情况,并对配额清缴进行汇总分析,最后公布配额情况等。

二、清缴履约机制的概念与特征

(一) 清缴履约机制的概念

机制是指一个系统的构造、功能以及系统内各要素之间的相互关系。履约机制则是指通过一系列规则的设定促成纳入碳排放交易体系的履约主体履行配额清缴义务,从而实现碳排放交易制度之预期目标。在总量控制型碳排放权交易市场中理解履约机制,履约强调的是一个动态过程,即主体是否采取行动或措施以落实法定或约定的义务,是否依据规则改变自身的行为模式。具体来看,履约机制包含履约主体、履约程序、履约标准等要素,合理设定各要素使之相互衔接,有助于履约机制的制度目标实现。从履约机制的运行过程来看,纳入碳排放交易体系的排放主体需要在履约期届满前向碳交易主管部门提交配额,配额数量须与经过报告、核查等程序核定的履约期实际碳排放量相一致。

(二) 清缴履约机制的特征

第一,履约机制具有灵活性。不同于其他领域的履约机制,碳排放交易市场中排控主体上缴的是排放配额,也可使用经核定的碳减排指标,履约方式具有多样性。这是基于温室气体在大气中存在周期长且具有全球循环的特性,在任何一个地理区域内减少或增加碳排放给全球气候变化所带来的影响是相同的,不会导致类似排污权交易的"热点"难题,这一特性也使得碳排放权交易具有跨区域性、使得各种碳抵销项目的运用成为可能。

第二,履约过程与环境保护问题的关系密切。在配额清缴阶段,排放主体需按照规定将监测所得的数据编制温室气体排放报告,交由核查机构,经核定的碳排放量作为其履约的依据。排放报告与核查报告直接影响碳排放量数据的真实性与准确性,若存在原始数据保存不完整、数据伪造或编造、核查机构专业性不足,将使履约结果的准确性受质疑、排放主体在生产经营过程中的碳排放行为置于无监管的状态,存在很大的环境风险。进一步而言,过量排放温室气体导致的气候变化、生物多样性锐减、人体健康受损等后果将是不可逆的,因此,其中存在的环境风险不得不重视。

第三,对履约过程监管的特殊性。相较于其他使用经济手段控制温室气体排放的制度而言,碳排放权交易能在很大程度上确保减排目标的实现。以征收碳税为例,虽然主管部门能通过制定税目、税额等来引导排放主体的碳排放行为,但不能确定其排放总量。同时,从欧盟碳排放交易市场运行实践来看,虽然会有一系列经济、政治和社会因素等原因影响排放水平,但是碳排放权交易确保了涵盖行业的排放量在总量以下,因此只要碳排放交易体系的立法随着时间的推移是健全和稳定的,能保障纳入主体的履约能力,那么碳排放交易系统就能确定地实现温室气体减排目标，履约过程涉及主体多元、利益多元，这一机制也对监管提出了更高的要求。与此同时，在应对气候变化背景下，履约机制的制度需求来源于履行国际减排义务与国内生态文明建设的双重压力，受到国际法与国内法双重监管。

三、清缴履约机制的主要内容

履约机制包含履约主体、履约程序、履约标准等要素，合理设定各要素使之相互衔接，有助于履约机制的制度目标实现。在全国碳排放权交易市场，纳入配额管理的单位应当每年在规定期限内，依据管理部门制定的上一年度碳排放量，通过全国碳排放权注册登记系统，足额提交配额，履行清缴义务。

（一）履约主体

控排企业是清缴履约的主体。履约是每一个“碳排放权交易履约周期”的最后一个环节，也是最重要的环节之一。履约是基于第三方核查机构对重点排放单位进行审核，将其实际二氧化碳排放量与所获得的配额进行比较，配额有剩余者可以出售配额获利或者留到下一年使用，配额不足者则必须在市场上买配额或抵销，并按照碳排放权交易主管部门要求提交不少于其上年度经确认排放量的排放配额或抵销量。

配额清缴履约工作由国务院生态环境主管部门及其下属机关主管。配额清缴公布由国务院生态环境主管部门负责，而具体的管理工作主要由省级生态环境主管部门开展，在国家政策框架下对行政区域内的重点排放单位上年度配额清缴情况进行分析、将配额清缴情况上报国务院生态环境主管部门、责令并处罚未按时履行配额清缴义务的重点排放单位。

（二）清缴履约的时间期限

履约期是指从配额分配到重点排放单位向政府主管部门上缴配额的时间，通常为一年或几年。长履约期的规定，可以使体系参与者在履约期内根据不同年份的实际排放情况与配额拥有情况调整配额使用方案，减少短期配额价格波动，降低减排成本。短履约期的规定，可以在短期内明确减排结果，并且有利于降低体系总量目标不合理、宏观经济影响等因素导致市场失效的风险。因此，履约期的确定应综合考虑当地主要排放量、排放数据等实际情况。

欧盟将碳市场履约周期分割为四个阶段，每期时间跨度均不一样，总体演进节奏是由短到长。具体来看，第一阶段为2005—2007年，第二阶段为2008—2012年，第三阶段为2013—2020年，第四阶段为2021—2030年，时间跨度分别为3、5、8、10年。之所以如此安排，是因为第一阶段履约的行业与企业数量有限，同时带有试错的成分。而第四阶段履约的行业与企业大大增加，并且碳减排能力强弱差异很大，需要有充分时间给予保障，同时经过前三个阶段的试验，经验也相当成熟，出错概率较低，市场运行也可以在一个较长的时间设定中实现稳定发展。

目前，欧盟碳市场已经履约三期，并顺利步入第四阶段。按照欧盟委员会公布的《2030年气候目标计划》，道路运输、建筑以及内部海运都将在这一阶段纳入EU ETS的管控范围;碳排放限额上限将以更快的速度递减,碳排放配额年度递减率自 2021 年起由 1.74%升至 2.2%;在碳配额分配方式上,继续保留了免费分配配额,以保障具有碳泄漏风险的工业部门的国际竞争力,同时确保配额免费分配的规则得以反映技术进步;开发多种低碳融资机制,帮助工业和电力部门应对低碳转型的创新和投资挑战。

目前全国碳市场第一个履约周期为 2021 年 1 月 1 日—2021 年 12 月 31 日,履约的年度为 2019—2020 年度。截至 2021 年 12 月 31 日,全国碳排放权交易市场第一个履约周期顺利结束。全国碳市场第一个履约周期共纳入发电行业重点排放单位 2 162 家,年覆盖温室气体排放量约 45 亿吨二氧化碳。按履约量计,履约完成率为 99.5%。随着第一个履约周期工作的顺利结束、第二个履约周期也随之开启。在生态环境部发布的《关于做好 2022 年企业温室气体排放报告管理相关重点工作的通知》中明确要求了省级生态环境主管部门关于配额履约工作的三个时间节点。

(1) 2022 年 3 月 31 日前,省级生态环境主管部门组织重点排放单位对 2021 年度的排放量进行核算并编制排放报告,此外还需通过环境信息平台填报相关信息、上传支撑材料;

(2) 2022 年 3 月 31 日前,省级生态环境主管部门组织发电行业重点排放单位通过环境信息平台公布全国碳市场第一个履约周期(2019—2020 年度)经核查的碳排放信息;

(3) 2022 年 6 月 30 日前,各省级生态环境主管部门组织完成对发电行业重点排放单位 2021 年度排放报告的核查,包括组织开展核查、告知核查结果、处理异议并作复核决定、完成系统填报和向生态环境部(应对气候变化司)书面报告等。

(三) 清缴履约的配额来源与数量

在全国碳市场,用于清缴的配额应为上一年度或此前年度配额。这就意味着全国碳市场存在存储机制,但是没有预借机制。

根据《2019—2020 年全国碳排放权交易配额总量设定与分配实施方案(发电行业)》,燃煤机组必须严格遵守 CO_2 排放限值要求,履行自身的碳减排责任和义务,实施减排措施,在碳排放权交易市场上购买 CO_2 排放配额。为鼓励燃气机组发展,鼓励燃气机组按 CO_2 排放限值要求进行生产,暂不强制要求企业对其所拥有的燃气机组履行碳减排责任和义务。也就是说,在燃气机组配额清缴工作中,当燃气机组经核查排放量不低于核定的免费配额量时,其配额清缴义务为已获得的全部免费配额量;当燃气机组经核查排放量低于核定的免费配额量时,其配额清缴义务为与燃气机组经核查排放量等量的配额量。

同时,《2019—2020 年全国碳排放权交易配额总量设定与分配实施方案(发电行业)》规定:为降低配额缺口较大的重点排放单位所面临的履约负担,在配额清缴相关工作中设定配额履约缺口上限,其值为重点排放单位经核查排放量的 20%,即当重点排放单位配额缺口量占其经核查排放量比例超过 20%时,其配额清缴义务最高为其获得的免费配额量加 20%的经核查排放量。

(四) 清缴履约的程序

清缴履约的程序大致分为两个步骤:一是控排企业向主管部门提交配额。从履约机制的运行过程来看，纳入碳排放交易体系的排放主体需要在履约期届满前向碳交易主管部门提交配额，配额数量须与经过报告、核查等程序核定的年度实际碳排放量相一致。从我国的全国碳排放权交易清缴履约来看，纳入配额管理的单位，通过全国碳排放权注册登记系统，足额提交配额，履行清缴义务。二是主管部门对清缴的配额进行注销。用于清缴的配额，在全国碳排放权注册登记系统内注销。

在各地试点过程中，重点排放单位是向省级主管部门清缴，然后配额就注销了。但是，在全国碳交易市场，重点排放单位是向省级主管部门清缴，省级主管部门通过其在注册登记系统里的账号操作注销。注销的时间跟重点排放单位清缴的时间会存在一定的时间差。这就使得清缴后的配额可能再次流入市场，并带来了配额注销日期、履约日期的界定标准问题，即是按重点排放单位清缴的时间来确定履约时期，还是按省级主管部门在系统里的注销日期来确定履约日期？为了规范碳市场交易秩序，应明确界定重点排放单位的配额清缴义务结束时间。建议进一步明确配额清缴履约日期的界定标准。笔者建议明确规定，清缴后的配额不可流入市场，并明确清缴日期为履约日期。

（五）清缴履约的方式

常用的履约方式有以下几种。

第一，自身减排。通过技术改造降低生产设备的排放水平，例如燃煤电厂，CO_2排放主要来自煤的燃烧，因此一般情况下，通过技术改造降低 CO_2排放水平的同时往往可以提高生产设备的效率，增加电厂的产量和收益，这种双赢方式有助于促进自身减排。

第二，购买配额。配额不足以履行清缴义务的，可通过碳排放权交易的二级市场购买配额，用于清缴。这种方式在三种方式中虽然成本最高，但同时重点排放单位购买的配额没有上限，在不计较成本和市场上有充足待售配额的情况下，重点排放单位可以完全通过购买配额满足自身排放量需求，达到完成配额履约的目的。

第三，购买碳信用抵销自身排放。控排企业也可使用各种主管部门认可的碳信用抵销其部分经确认的碳排放量。碳信用源自碳排放权交易体系未覆盖的排放源开展的减排活动产生的减排量或增加碳封存量。碳信用的使用允许被覆盖排放源的排放总量超过总量控制目标，但由于超出的排放量被碳信用所抵销，因此总体排放结果不变。

四、清缴履约的惩罚机制

（一）国外典型国家的惩罚机制

欧盟碳排放权交易体系（EU ETS）对于惩罚机制的设定具有严格的规定，在其颁布的法令（2003/87/EC）中明确规定，按照差额排放的碳总量折合成碳配额，进行处罚。其在碳交易指令中规定，第一阶段中，每当超出 1 吨 CO_2 将罚款 40 欧元，第二阶段将提高到 100 欧元，并缴纳拖欠的配额。另外，在缴纳罚款以后，还追加了不可免责的强制性条款，也就是超额排放的 CO_2 不会因缴纳罚款而免于承担该责任，要求控排企业必须在明年的额度中将其扣缴，具体内容如表 8-1 所示。欧盟的碳交易惩罚机制也是国际上较为严苛的一种惩罚机制。

表 8-1 欧盟 EU-ETS 三阶段履约方法和惩罚机制

项目	第一阶段（2005—2007 年）	第二阶段（2008—2012 年）	第三阶段（2013—2020 年）	第四阶段（2021—2030 年）
履约方法	企业提供的排放配额不低于其排放量			
惩罚机制	每超额排放一吨罚款 40 欧元	每超额排放一吨罚款 100 欧元，差额部分配额在下一年内仍需补交	每超排一吨罚款 100 欧元，差额部分在下一年内仍需补交；政府下一年度分配总量配额时扣减 1.08 倍差额数量的配额	企业补交；征信黑名单

韩国规定，从 2010 年开始，所有耗能超过特定值的企业都必须通过温室气体能源目标管理系统报告企业的温室气体排放情况。2012 年 5 月，韩国通过温室气体排放交易的立法，碳排放交易制度从 2015 年 1 月 1 日开始实施。韩国环境部为碳排放交易的主管机关，负责配额的分配和市场监管。在市场交易管理和履约责任的规定方面，韩国碳排放权交易管理制度规定：不能足额上缴配额的纳入实体将被收缴当前市场价格 3 倍以上的罚款，数额上限为 10 万韩元/tCO_2e，约合 94 美元/tCO_2e。纳入碳排放交易制度的实体必须在年末 6 个月内上缴配额或信用。

日本东京是一个巨大的能源消费城市，东京都政府期望通过碳排放交易制度降低需求侧电力和天然气的消耗。纳入实体必须每财年提交经核证的年度排放报告。纳入实体如果不履行履约义务，主管机关可以公告未履约的纳入实体名称，将未达履约目标企业以信用记录的方式进行公开，取消不履约企业的政府财政资助政策。并处以最高 50 万日元的罚款，追加上缴 1.3 倍短缺量配额。政府会严格核查实际排放量，由纳入实体支付费用。在惩罚方式上，将未达履约目标企业以信用记录的方式进行公开，取消不履约企业的政府财政资助政策。

虽然美国特朗普政府宣布退出《巴黎协定》并推行“第一能源计划”，但美国的区域性温室气体减排行动（RGGI）仍然具有借鉴意义。碳排放权交易的惩罚机制体现在《RGGI 碳排放权交易示范规则》中，因为美国是自愿性减排市场，在惩罚机制上较欧盟相比相对宽松，按照下期缴纳 3 倍拖欠配额，只有补偿性的罚金，而没有惩罚性的罚金。

加拿大魁北克省从 2008 年开始成为西部气候计划（WCI）的成员，并且计划于 2014 年 1 月 1 日起正式与加利福尼亚州碳市场进行对接。魁北克政府要求纳入实体每年 6 月 1 日前提交经核证的碳排放报告，随后上缴等量配额。未履行履约义务的自然人最高处以 3 000—500 000 加元并处最高 18 个月的有期徒刑，未履行的法人将处以 10 000—3 000 000 加元的罚款。第二次未履行义务处罚将翻倍。另外相关机构有权停止未履行义务的纳入实体配额的分配资格。纳入实体在履约期末 11 月 1 日前未能上缴足额配额，每个欠缴配额将需要上缴 3 个配额。惩罚方式上采用了将罚则与企业资质相连，对不履约企业取消其相关资质。

在新西兰的碳排放权交易体系(NZETS)所建立的法案《气候变化应对法令 2002》中,在新西兰没有履行减排目标的控排主体还需要承担民事、刑事责任。控排主体若刻意不履约且拒绝接受惩罚的,对于这种不符合减排义务的单位主体,按照 2 倍的比例增加 1 倍的补偿额度并要求缴纳 60 美元/吨的罚金,同时参与者也将面临被定罪的风险。在配额的拖欠惩罚方面,需要缴纳拖欠配额并上缴 30—50 新西兰币/tCO_2e 罚款,或缴纳两倍拖欠配额。新西兰的碳排放权交易体系中的控排企业除了没有履行配额方面的义务外,还规定了违反其他控排主体义务的法律责任,分为核心减排义务和非核心减排义务两种,过失性违反非核心义务控排主体的惩罚制度属于民事责任,具体规定为累进惩罚,首次违反为 4 000 美元,第二次为 8 000 美元,在此基础上以 4 000 美元累进递增,对于违反核心减排义务的控排主体进行大额罚金和采取等级定罪。

综上,从国别法律的比较来看,罚款数额的规定方式主要有三类:第一类是绝对数额,例如欧盟、新西兰、加拿大魁北克省;第二类是相对数额,例如韩国规定的 3 倍市场碳均价;第三类是绝对数额和相对数额的结合,例如韩国既规定了 3 倍的市场碳均价,也同时规定了最高不超过每吨 100 000 韩元。三种方式不存在优劣之分,往往和各自的立法权限和立法习惯相关。罚款的数额应该根据各地方的惩罚严厉性成本与确定性收益的有效组合制定。同时,在惩罚方式选择上,新西兰制定了累进惩罚的模式,欧盟、加拿大魁北克省采用了将罚则与企业资质相连,新西兰和加拿大魁北克省采用双罚则制,欧盟、新西兰、日本东京采取将未达履约目标企业以信用记录的方式进行公开。

(二) 我国惩罚机制的现状与不足

在我国,配额清缴的管理权主要在省级生态环境主管部门,国务院生态环境主管部门只负责配额清缴情况的公布。重点排放单位未按时履行配额清缴义务的,由省级生态环境主管部门责令其履行配额清缴义务,逾期仍不履行的,给予行政处罚。

省级生态环境主管部门每年应对其行政区域内重点排放单位上年度的配额清缴情况进行分析,并将配额清缴情况上报国务院生态环境主管部门,国务院生态环境主管部门应向社会公布所有重点排放单位上年度的配额清缴情况。

具体来看,根据《碳排放权交易管理办法(试行)》,重点排放单位未按时足额清缴碳排放配额的,由其生产经营场所所在地设区的市级以上地方生态环境主管部门责令限期改正,处二万元以上三万元以下的罚款;逾期未改正的,对欠缴部分,由重点排放单位生产经营场所所在地的省级生态环境主管部门等量核减其下一年度碳排放配额。根据《碳排放权交易管理暂行条例》(草案修改稿),重点排放单位未按时足额清缴碳排放配额的,由其生产经营场所所在地设区的市级以上地方生态环境主管部门责令改正,处十万元以上五十万元以下的罚款;逾期未改正的,对欠缴部分,由重点排放单位生产经营场所所在地的省级生态环境主管部门等量核减其下一年度碳排放配额。

目前我国试点碳市场中,仅北京和深圳通过人大立法,确保碳市场在运行过程中可以得到法律的保护;部分试点省市目前还没有建立相关法律制度,碳市场运行需要遵守政府规章制度;天津碳市场虽然推出了相关规章制度,但是法律效力低,市场运行缺乏足够的保障,因而企业参与度不高,市场交易不够活跃。我国试点碳市场的监管政策文件覆盖情况如表 8-2 所示,国内试点省市处罚机制如表 8-3 所示。

表 8-2　我国七个试点碳市场监管覆盖内容

市场	地方性法规	碳市场管理办法	行政处罚
北京	√	√	√
天津	×	√	—
上海	×	√	√
广州	×	√	√
深圳	√	√	√
湖北	×	√	√
重庆	—	√	√

注:—表示不明确规定或未公开。

表 8-3　国内试点省市处罚机制汇总

市场	直接处罚	其他约束机制
北京	按照市场价的 3 至 5 倍予以处罚	暂无
天津	暂无	3 年内无法享受到财政优惠政策,也不能获得融资支持;记入社会信用体系,并向外界公开
上海	要求按期履行清缴义务,未完成企业处以 5—10 万元的罚金	纳入信用记录当中,向外界公开;2 年内无法获得节能减排资金申请资格,3 年内不得参加节能减排先进评选活动
广州	如果没有及时缴清配额,在下一年度,需要扣除 2 倍没有缴清的配额,并且处以 5 万元罚款	纳入企业信用记录当中
深圳	如果缴纳不足,不足部分将从下年度的配额中强行扣除。处罚的金额为履约前半年配额均价的 3 倍	纳入信用记录当中,向外界公开,并通知金融机构;不予发放财政资助;向国资监管机构通报,并作为考核的重要内容之一
湖北	如果缴纳的数量不足,不足部分按照配额市场价的 1—3 倍缴纳罚金,但罚金最高不超出 15 万元。同时,不足部分需要在下年度按照双倍进行扣除	对于没有按照要求履约的控排企业,将其纳入到黑名单中,形成不良信用记录;向国资监管机构通报;剥夺节能减排项目申报资格,新建项目的节能审查不予通过
重庆	按照清缴之前一个月的 3 倍配额均价予以处罚	3 年内不能享受与节能环保相关的财政补贴;不得参加与节能环保有关的评优活动;将其违规行为纳入国有企业领导班子绩效考核评价体系

（续表）

市场	直接处罚	其他约束机制
福建	对于没有清缴的部分，在下一年度中，扣除2倍配额，并且按照截止日前一年配额均价的1—3倍进行罚款，罚款上限为3万元	建立守信激励和失信惩戒制度

从表8-3可以看出，在处罚机制的信息披露中，试点碳市场对未完成履约的控排企业相关处罚信息不明确。碳市场主管部门的披露信息不够全面，仅披露了未完成履约的企业，但是对于这些企业接受的处罚情况未进行披露，也没有披露完成履约企业奖励情况，更没有说明碳市场建立之后是否对企业减排形成促进作用。

从处罚制度与机制上可以看出，现行的处罚制度较为单一，只停留在对于欠缴配额的费用收取与惩罚上，也没有配套的惩罚机制作为激励，导致企业在履约上存在履约不如罚款的现象发生。未能履约的控排企业必须要有严格的惩罚制度作为保障，政府应当采取公开未达到履约减排量的企业清单，构建执法部门失信惩罚机制，行政执法机制等。所以，完善中国碳排放权管理条例的惩罚制度很有必要。

五、企业的清缴履约管理

按照《碳排放权交易管理办法（试行）》等法律法规的规定，清缴是一种法定义务。纳入配额管理的单位应当每年在规定期限内，依据管理部门确定的上一年度碳排放量，通过碳排放权交易配额登记系统，足额提交配额，履行清缴义务。此外，按时足额清缴也是体现企业社会责任，提高ESG评级与企业声誉的重要内容。因此，对于控排企业而言，需要进行清缴履约的有效管理，将清缴履约管理作为企业碳管理、碳资产管理的必要内容，确保在履约期内及时完成配额清缴，通过自身减排或通过市场上购买配额完成政府主管部门下达的配额目标，并尽可能降低履约成本。

第二节　碳抵销机制

碳抵销机制是构建碳排放权交易体系的基本要素，用核证减排量抵销企业实际碳排放的机制也是国际碳排放权交易市场上的通行做法。

一、碳抵销机制的起源

碳抵销机制最早起源于1977年的《美国清洁空气法案》和之后建立的新排放源评估制度（new source review，NSR）。新排放源评估制度主要是为了解决美国环境空气标准未约束领域的生产许可问题。根据该制度，新的排放源或扩建的排放源必须抵销其增加的排放，比例为1∶1，某些特殊情况下可以达到1.5∶1。抵销可以采取两种途径达到：一种是通过自身的减排项目产生足够的减排量，另一种是从其他排放源获得减排信用（emission reduction credits，ERCs）。

1997年签订的《京都议定书》确定的联合履约机制（JI）和清洁发展机制（CDM）是碳抵销机制的正式起源。在《京都议定书》中，发达国家具有强制减排义务。根据联合履约机制，转轨期国家和发达国家之间可以进行项目型交易。发达国家可以购买转轨期国家减排项目产生的排放单位（ERUs）来履行其减排义务。根据清洁发展机制，发展中国家和发达国家之间也可以进行项目型交易。发展中国家经过注册的减排项目产生的减排量，经过核证后可以进行交易。发达国家可以购买核证减排量（CERs），用于抵销其国内的温室气体减排义务。

二、碳抵销机制的概念

碳抵销机制是指排放企业履行清缴义务时，除了可以提交符合条件的配额之外，还可以提交相应的政府同意的经核证的基于项目减排量，是一种灵活的履约机制。

在中国，抵销机制涉及的减排量为国家核证自愿碳减排量（CCER），配额交易和抵销机制的简化流程如图8-1所示。

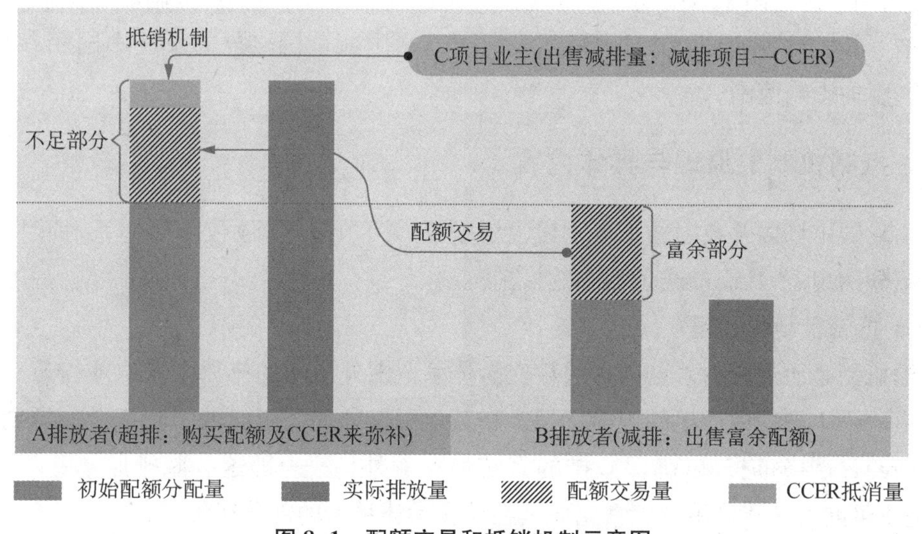

图8-1　配额交易和抵销机制示意图

抵销机制是碳排放交易制度体系的重要组成部分。降低减排成本与扩大温室气体减排参与者范围是纳入碳交易自愿减排抵销机制的重要考虑因素。通过使用温室气体自愿减排项目产生的国家核证自愿减排量（CCER）或其他减排指标抵销碳排放量，可以有效降低重点排放单位的履约成本，并促进可再生能源、林业碳汇、农村户用沼气等温室气体减排效果明显、生态环境效益突出的项目发展。碳排放交易试点地区均允许使用一定比例符合条件的CCER进行碳排放权抵销。

总的来看,设立抵销机制有多个目的,第一,为了支持排放边界外的项目的减排,主要是清洁能源项目,如风电、沼气项目。第二,帮助排放企业灵活履行义务,避免成本过高。在市场中项目的减排量价格一般低于配额的价格,排放企业尽可能使用项目的减排量来履行清缴义务。第三,作为碳市场的一种调节机制,丰富政府调节碳市场的手段或工具。可抵销的国家核证自愿碳减排量会直接影响市场供给规模,从而影响市场价格水平。根据王文军等(2014)的研究,虽然不存在一个适用所有碳市场的减排量可抵销比例,但下调减排量可抵销比例,将会更有利于配额价格保持在一个合理的高度。如果碳市场可抵销比例过高,则可能会直接导致市场供给增加,从而拉低配额交易价格,不利于碳市场价格信号作用的有效发挥。碳市场应该根据各自市场的发展阶段和市场供需情况,设置分年度最高可抵销比例的灵活调节机制,维护市场机制平稳运行。

一些学者将抵销纳入碳排放交易作为灵活履约两机制之一,即基于时间灵活性的配额存储与预警机制,以及基于空间灵活性的自愿减排项目。《京都议定书》项下的灵活履约三机制,为一国或一地区管辖范围内实施的碳市场纳入减排项目提供了重要示范作用。在"京都三机制"中,尽管附件Ⅰ国家都可以参与到国际排放交易机制中进行国际配额(AAU)买卖,但同时规定了联合履约(JI)和清洁发展机制(CDM),纳入了灵活履约项目所产生的抵销信用,可以用于这些国家承诺期内的履约。实践证明,自愿减排项目机制的引入降低了总体减排成本,同时清洁发展机制(CDM)还吸引了总量限额范围之外的发展中国家参与减排,扩大了制度的影响范围。

三、抵销机制的原理与具体内容

从国际碳市场以及我国碳市场的发展经验看,不同的碳排放权交易体系对减排指标的使用有不同的规定,从而形成了不同的抵销机制。

(一)抵销机制的原理

抵销机制是通过减少来自碳排放权交易体系范围外活动的排放来获取减排量。主要有两大渠道——本国境内产生的国内抵销及在其他国家或地区产生的国际抵销。抵销信用发放前必须经过严格审查,以确保减排的真实性和额外性——即这些减排原本并不会发生。然后,企业可购买这些信用额度来完成其在碳交易体系下的部分履约义务。

典型的抵销项目包括可再生能源、节能改造、废弃物管理、农业及林业等项目。因为抵销信用来自碳排放权交易体系之外,所以增加了碳交易体系内允许的排放量(即总量)。因此,政府通常限制可供使用的抵销额度(如企业获得的配额数量或者所需履约水平的某一百分比),以确保大多数的减排发生在碳交易体系所覆盖的行业范围之内。此外,为保持所使用抵销机制的质量,碳市场政策制定者通常会按项目类型或者来源地对其加以限制。

表8-4显示,若不使用抵销机制,碳排放交易集体总量控制覆盖的实体可排放1亿吨二氧化碳当量。若监管机构设计了抵销机制,在机制中未被纳入的排放源可获得2 000万吨

二氧化碳当量的减排信用。于是该排放源选择减排措施，实现排放量减半至 1 000 万吨，并将减少的 1 000 万吨二氧化碳当量减排量作为可买卖的减排信用出售给被覆盖的排放源。被覆盖的排放源因此可将排放量增加 1 000 万吨二氧化碳当量，同时仍然不违反碳排放交易体系的总量控制规定（3 亿吨保持不变）。这是迄今为止设计运行的多数抵销方案的典型代表。

表 8-4　采用抵销机制的碳排放交易体系的运作方式

排放源	未实施抵销机制（百万吨二氧化碳）	实施抵销机制（百万吨二氧化碳）	
		交易前	交易后
覆盖的排放	100	100	110
抵销方案内未被覆盖的排放量	200（在抵销机制前，这两类没有区别）	20	10
其他未被覆盖的排放量		180	180
排放总量	300	300	300

资料来源：《碳排放权交易实践手册——设计与实施（第二版）》。

（二）抵销机制的内容

在设计碳排放权交易体系的抵销机制时，政策制定者需要确定以下要素：抵销机制的地理覆盖范围；覆盖的气体、行业和活动；数量限制；方法学要求；以及项目登记和抵销信用签发流程。各抵销机制中具体设定了地域限制、项目限制和数量限制等内容，地域限制可以规定只认可在自身地域范围内的抵销项目；项目限制包括排除特定项目的抵销权限，例如多数碳排放交易体系都拒绝接受核电项目用于抵销二氧化碳排放量；数量限制规定了允许抵销的二氧化碳排放量比例的上限。

1. 地域来源

碳排放权交易体系可以接受来自司法管辖区边界范围内、或范围外的抵销信用或同时接受。不少碳排放权交易体系对于可以抵销的减排量有地域来源的规定。当前，全国碳市场未纳入国际减排量。我国部分碳交易试点地区（北京、上海除外）对于可以抵销的减排量有地域来源的规定。但也有不少碳排放权交易体系对于可以抵销的减排量并没有限制地域来源。如韩国碳市场运行国际减排量进入本国碳市场进行抵销。在欧盟碳排放交易体系的某些阶段（第一阶段、第二阶段和第三阶段），允许排放企业购买经联合国批准的来自发展中国家的清洁发展机制项目下的核证减排量（CER）。

（1）本地。

若国家减排是关键重点，仅接受来自本辖区碳排放权交易覆盖行业以外的抵销信用的做法更可行，还可以减少履约、监测和执行的难度。此外，还可使在本地区获得减排行动的所有协同效益。例如，韩国碳排放权交易体系仅使用国内抵销信用，韩国碳排放权交易体系接受本地的 2010 年 4 月 14 日以后实施的清洁发展机制（CDM）项目以及碳捕获和封存

(CCS)项目。

(2) 司法管辖区以外。

接受来自司法管辖区以外的抵销信用可扩大潜在的碳额度供应来源,提供更多的低成本减排机会。加州和魁北克省、区域温室气体倡议以及琦玉县的次国家碳排放权交易体系都允许来自该碳排放权交易体系司法管辖区以外的碳信用额度。许多碳排放权交易体系也采用了已有的国际机制产生的碳信用额度。

这些机制包含国家层面的,例如清洁发展机制或规划中的加州国际行业抵销机制;地区层面的,例如北美,包括墨西哥林业在气候行动储备(CAR)内的协议;以及基于双边协议的特定行业和项目,例如日本的联合抵销机制。

2. *覆盖的气体、行业及活动*

经过各国广泛实践,当前自愿减排项目的范围不断扩大,可以用于强制性碳市场交易的项目信用范围包括但不限于以下项目类型:垃圾填埋和燃烧甲烷气体捕捉(从垃圾填埋场散发的甲烷是大气中的一种强效气体)或利用它来产生能量(从而取代化石燃料燃烧);在化工厂安装设备以捕捉和消除工业温室气体,如氢氟碳化物(HFCs)或氧化亚氮(N_2O);针对小规模能源生产或运输,从高碳强度燃料转换到低碳或零碳净排放的燃料;提高化石燃料的能源生产效率,如通过升级商业或工业锅炉,或利用机会实行热电联产。配备使用更少能源的设备或装置和减少以化石燃料为主的能源需求;植树或采取林业或土地管理实践。这些项目活动能从大气中去除并封存温室气体。

研究发现,当特定产业、行业、气体或活动具备以下特点时,可将其纳入抵销机制:

(1) 减排潜力(确保采用抵销机制的做法有效)。

(2) 低减排成本(旨在提高成本效益,加强成本控制)。

(3) 低交易成本(旨在加强成本控制)。

(4) 非额外性和碳泄漏方面的可能性较低(旨在确保环境完整性)。

(5) 未覆盖行业的环境和社会协同效益(旨在实现这些效益)。

(6) 鼓励投资新技术的潜力(旨在确保通过购买抵销信用提供适当的激励)。

为落实以上考虑因素,许多碳排放权交易体系对其接受的抵销项目类型实行性质限制,具体措施包括通过设定特定标准来确保环境完整性和实现其他目标,或规定一系列合格和不合格的抵销信用类型,或同时采取这两项措施。这些限制一般反映对协同效益、资源分配以及额外性、碳泄漏和逆转风险的评估结果。比如:欧洲和新西兰均拒绝使用来自核电或大型水电项目和工业气体销毁活动的抵销信用。此外,欧盟不接受清洁发展机制下发放的临时信用,即临时核证减排量,以此排除来自造林和再造林项目的信用,清洁发展机制认为此类信用只具有暂时气候效益。尽管新西兰制定了关于奖励林业碳封存的国内方案,但该国并不接受临时核证减排量,原因是临时核证减排量无法控制在其境外发生逆转的风险,性质限制也可认为针对被接受项目类型的正面激励。这些可能促成学习和转型的项目可通过被认可为合格的抵销项目类型而发挥其作用。例如,深圳锁定了特定的清洁能源、交通运输项目以及海洋碳封存。2013年后，欧盟碳排放权交易体系仅接受来自最不发达国家的新项目，因为这些国家获得减排融资最为困难。

部分碳排放权交易体系还利用抵销机制来认可碳排放权交易体系实施前采取的早期减排行动。例如，我国试点碳市场设计了新体系，旨在利用部分参与者在清洁发展机制方面开展的早期行动，其他目标包括确保环境质量、降低履约成本以及产生协同效益。

目前，我国对重点排放单位碳排放计算的边界是企业。这样，企业内设施的减排量既可以抵减全国碳排放交易市场配额，也可以成为用于抵销的国家核证自愿减排量，从而产生重复抵减的问题。欧盟碳市场以设施为排放计算边界，加之工业范围的自愿减排较小，所以不存在该问题。因此，为了避免重复计算，我国《碳排放权交易管理办法》(试行)明确规定用于抵销的国家核证自愿减排量，不得来自纳入全国碳排放交易市场配额管理的减排项目。

3. 数量限制

监管机构若在增加低成本减排选择之外还有其他政策目标，往往会通过设定抵销比例来限制抵销机制的使用量。数量限制的目标可能包括：激励被覆盖行业的低碳技术投资以及在自己的司法管辖区实现减排和协同效益。除此之外，与碳排放权交易体系下实现的减排相关的抵销信用的环境完整性也有一定的不确定性，放松或消除对抵销信用的数量限制的做法还可能被用作成本控制工具。

不同的抵销机制有不同的设计目的，从而会带来最高可抵销比例确定上的差异。抵销比例的大小关系到企业减排成本和减排积极性问题，从国内外碳交易实践来看，自愿减排量的成交价格往往低于配额价格。由此，如果抵销比例过大，那么企业就偏向于购买CCER以抵销其超额排放，从而减排的积极性就会降低；如果抵销比例过小，那么企业就要购买高价配额或者加大减排，从而企业减排成本或压力更大。所以，抵销比例的设置应当均衡考量各种因素。此外，抵销条件越严格，纳入碳交易的企业的减排成本就越大，减排效果就越明显。相较于抵销条件严格的碳市场而言，处于抵销条件不作限制碳市场内的企业减排成本相对较低、减排效果相对要差。

从国际碳市场经验来看，最高可抵销比例的确定大致分为三种形式。

(1) 实施相对严格的可抵销比例，最高可抵销比例往往在10%以内。在欧盟碳排放交易体系的某些阶段，允许排放企业购买清洁发展机制项目下的核证减排量(CER)抵销比例不超过总的提交配额数量的8%；第四阶段取消了抵销机制。美国区域温室气体减排行动允许企业在配额不足时，可以通过购买某些类型的项目所产生的碳减排信用额进行抵销，但其购买的抵销额一般不超过3%。瑞士碳排放交易体系接受来自清洁发展机制和联合履约机制项目产生的减排量作为碳抵销量，但企业可使用的这种碳抵销量占企业碳排放约束总量的最高比例是8%。美国加州排放交易体系和加拿大魁北克省排放交易体系也都将碳抵销量使用的最高比例限制在8%。考虑促进绿色低碳发展、生态保护补偿、碳中和等因素，在科学测算和总结试点经验的基础上，我国《碳排放权交易管理办法》(试行)规定全国碳交易市场重点排放单位的抵销比例不超过其经核查碳排放量的5%。

(2) 实施相对宽松的可抵销比例，最高可抵销比例往往会高于50%。如欧盟碳排放交易体系第三阶段拓展了经营者使用清洁发展机制与联合履约机制等项目减排产生的抵销信用的可能性，允许其使用数量可以在第二期基础上有限增加。日本东京排放交易体系的碳抵销机制涉及四种项目类型，除了东京以外大型项/目的额外减排产生的碳抵销量最高比例限制为企业约束减排总量的1/3以外，其他三种碳抵销量的使用在最高比例上无限制。

(3) 实施介于前两种形式之间的最高可抵销比例。澳大利亚排放交易体系分两个阶段，分别对最高可抵销比例进行了设置，在固定价格阶段实施严格的最高可抵销比例，最多可以使用5%的碳抵销量履约，且国际性的碳抵销量不能使用；在灵活价格阶段可用本国的碳抵销单位抵销全部的排放责任，国际抵销单位最高可抵销50%的排放责任，其中，来自清洁发展机制和联合履约机制项目产生的减排量的最高可抵销比例为5%，剩余部分可以使用欧盟排放配额，但最高可抵销比例不得超过50%。

4. 确定合适的抵销方法学

监管机构还需确定如何开发抵销信用和保障环境完整性的规定。它们由不同抵销方案的方法学和监测报告核查(MRV)要求规定，其中包括评估项目额外性的过程和减排量计算的基线。

监管机构的另一个考虑因素是能够产生合格抵销信用的时间范围，在抵销机制始于产生抵销信用的行业被碳排放权交易体系覆盖之前的条件下尤其如此。监管机构首先必须确定是否使用国际抵销机制以及使用方法和使用量，例如是否履行清洁发展机制以及《联合国气候变化框架公约》下任何其他的未来机制、其他碳排放权交易体系的抵销机制和(或)自愿市场协议。若在考虑以上问题后决定制定自己的国内抵销机制，则要进一步作出多个决定。在任何一种情况下，均可从碳排放权交易体系运行的司法管辖区内外开展的活动购买减排量信用。

5. 项目登记和抵销信用签发流程

项目登记和抵销信用签发的一般过程如图8-2所示。

流程图中，虚线框指部分而非所有现有的抵销机制方案纳入的流程。若项目开发者提交由第三方审定员和项目管理者审定与审查过的项目设计方案，可被授予最终项目资格。一旦完成监测、审定和核证，即签发信用。签发信用后，还可能有继续监测以识别并解决潜在失效和逆转问题的过程。

四、全球碳抵销机制的发展与实践

据世界银行统计，截至2020年末，全球已运行的碳抵销机制有30个，累计注册项目18 664个，签发碳抵销信用43亿吨二氧化碳当量，约占全球温室气体年排放量的7.9%。

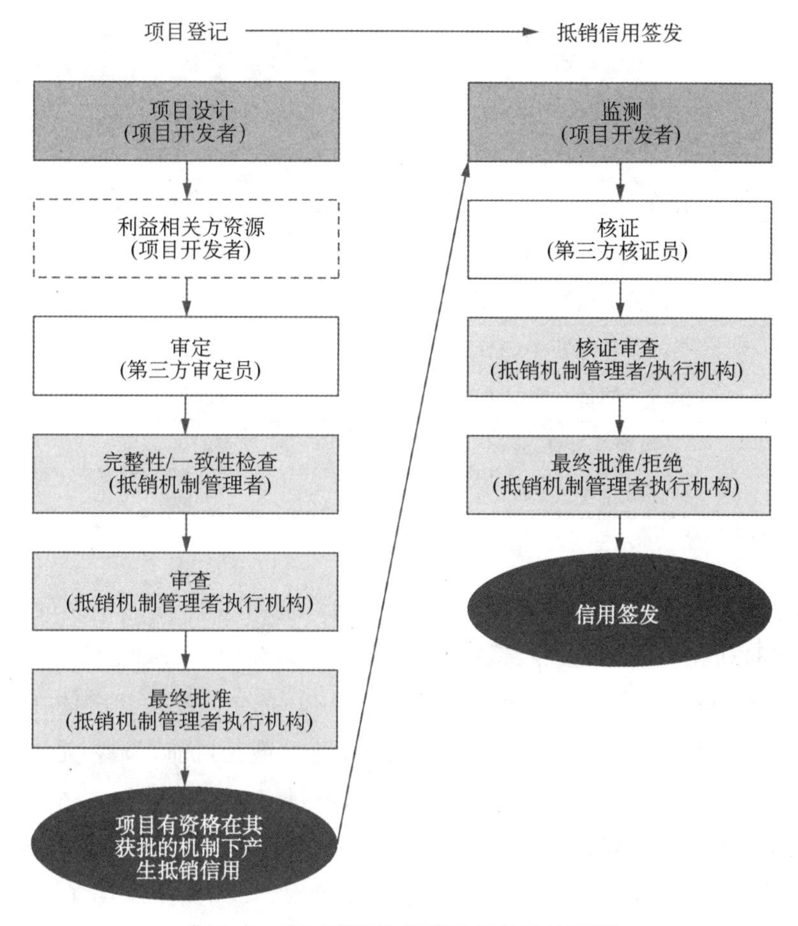

图 8-2 项目登记和抵销信用签发流程图

(一) 全球碳抵销机制类型

从管理层级来看,目前碳抵销机制主要可以分为三大类(见表 8-5)。

表 8-5 截至 2020 年末全球主要碳抵销机制情况

类型	碳抵销机制	碳抵销信用名称	项目数量/个
国际碳抵销机制	清洁发展机制(CDM)	CERs	8 054
	联合履约机制(JI)	ERU	648
区域、国家和地方碳抵销机制	联合信用机制	JCM	56
	澳大利亚减排基金	ACCU	922
	中国温室气体自愿减排计划	CCERs	287
	韩国抵销信用机制	KOC	472
	日本 J-Credit 计划	J-VER	828
	瑞士二氧化碳碳信用认证机制	Swiss CO_2 Attestations	142

（续表）

类型	碳抵销机制	碳抵销信用名称	项目数量/个
区域、国家和地方碳抵销机制	加州履约抵销计划	ARBOC	505
	艾伯塔排放抵销系统	Alberta Emission Offset	288
	不列颠哥伦比亚省抵销计划	British Columbia Offset Units	23
	福建林业碳汇抵销机制	FFCER	12
	广东碳普惠抵销信用机制	PHCER	65
独立碳抵销机制	美国碳登记处(ACR)	VERs	122
	气候行动储备方案(CAR)	CRT	274
	黄金标准(GS)	VERs	1 249
	核证减排标准(VCS)	VCU	1 628

数据来源：世界银行网站。

一是根据国际气候条约建立的国际碳抵销机制，主要有清洁发展机制（CDM）和联合履约机制(JI)。CDM 和 JI 都是在《京都议定书》下设立的，其中 CDM 是有减排义务的发达经济体在境外实现部分减排承诺的一种履约机制，其核心是允许发达经济体在发展中国家经济体开发或资助减排项目用于抵销其自身的减排承诺。截至目前，CDM 是碳抵销信用的最大签发渠道，签发量占全球的近一半。JI 则是指有减排义务的发达经济体之间进行的项目级合作，抵销额度来自卖方经济体的排放配额。由于 JI 的签发随着《京都议定书》第一个承诺期的终止而终止，因此自 2016 年以来，JI 没有新签发碳抵销信用，但由于 2015 年以前的签发量较大，JI 目前仍是碳抵销的第二大签发渠道，约占全球总量的 20%。

二是区域、国家或地方层级的碳抵销机制。其中区域性的碳抵销机制受双边或多边条约约束，由一个或多个参与方管理。目前区域性的碳抵销机制仅有联合信用机制(JCM)，是由日本发起，蒙古国、孟加拉国等 17 个与日本签署双边文件的国家实施的减排项目，日本购买 JCM 信用以履行其减排义务，目前该碳抵销机制仅签发了 3 万吨二氧化碳当量，规模较小。国家层面的碳抵销机制则主要用于国家内部的碳信用签发和抵销，主要包括中国、澳大利亚、韩国、日本等 7 个国家的碳抵销机制。以中国温室气体自愿减排计划为例，其签发的碳抵销信用为中国核证自愿减排量(Chinese certificate emission reduction, CCER)，主要用于国内碳交易试点地区控排企业的履约。地方层面的碳抵销机制的运行集中于地方行政区域内，受地方政府管理，如美国加州履约抵销计划、加拿大艾伯塔排放抵销系统、中国福建林业碳汇抵销机制等。

三是在履约碳市场以外建立的独立碳抵销机制，用于组织或个人的自愿碳抵销。目前在自愿减排市场中占主导地位的碳抵销机制主要有美国碳登记处（ACR）、气候行动储备方案（CAR）、黄金标准（GS）和核证减排标准（VCS）。近两年，随着全球对气候变化风险的关注，一些组织和个人参与碳减排的意愿不断增强，自愿碳抵销规模不断扩大。Trove Research 的数据显示，2020 年，四个独立碳抵销机制共签发碳抵销信用 2.23 亿吨二氧化碳当量，较2019年增长了31.18%；且独立碳抵销机制新增的签发量占到了全球新增签发量的一半，充分体现了独立碳抵销机制的活跃性。

（二）欧盟碳抵销机制

2004年，欧盟发布了2004/101/EC号指令，允许各个实体通过在CDM和JI下通过开展项目合作来获取减排信用，以抵销其部分碳排放。2004/101/EC指令，也被称为链接指令，因为其将EU ETS与京都机制连接起来。该链接指令的目的是以高成本效益和经济有效的方式来推广温室气体减排，并且通过资金支持来鼓励发展中国家和经济转型国家的可持续发展。各阶段抵销信用的使用情况见表8-6。

表8-6 欧盟抵销信用使用情况

欧盟碳排放交易体系	抵销信用类型	限制
第一阶段（2005—2007年）	无合格抵销信用	无
第二阶段（2008—2012年）	联合履约机制项目（ERU） 清洁发展机制项目（CER）	各个成员国的性质限制各不相同。不得使用来自土地利用、土地利用变化和林业以及核电行业的信用。高于20 MW的水力发电项目也受限制。信用数量可占各国分配数量的一定百分比。未使用的信用转移至第三阶段。
第三阶段（2013—2020年）	联合履约机制项目（ERU） 清洁发展机制项目（CER）	第二阶段的性质限制依然适用。2012年之后的信用来源仅限于最不发达国家。不允许来自工业气体项目的信用。为《京都议定书》第一承诺期内的减排量签发的信用仅接受至2015年3月。第二、第三阶段的信用用量限制在2008—2020年期间减排总量（16亿吨二氧化碳当量）的50%以下。
第四阶段（2021—2030年）	无	不再允许抵销项目。

资料来源：《碳排放权交易设计与实践手册：2016版》。

2008年起，欧盟引进CDM和JI作为EU ETS的抵销机制，允许运营商使用CDM或JI项目所产生的国际抵销信用来抵销部分排放量，2008—2020年整体的合计抵销额度不能超过这个阶段50%的减排量。

第二阶段，各个成员国允许运营商使用的抵销信用数量由各国的国家分配计划（NAP）各自规定。第二阶段和第三阶段运营商可以使用的抵销信用数量之和由欧盟统一规定。欧盟在2013年11月公布了相关国际抵销数量的规定：对于在第二阶段获得免费配额的运营商，2008—2020年可以使用的国际抵销信用数量之和不得高于其在2008—2012年允许使用的国家信用数量或者2008—2012年分得的免费配额数量的11%；对于第三阶段新纳入的运营商，2008—2020年可以使用国际信用数量上限为2013—2020年排放量的4.5%；对于第三阶段有新增设施的运营商，2008—2020年可以使用的国际抵销信用数量之和不高于2008—2012年允许使用的信用数量或者2008—2012年分得的免费配额数量的11%或2013—2020年排放量的4.5%；对于航空运营商，2013—2020年可以使用的国际信用数量上限为排放量的1.5%。

鉴于第二期抵销机制的数量限制过于宽松，第三期力图进行严格控制。对于既有设施，允许使用的上限为该设施在第二期允许使用额度中尚未使用的部分。考虑到部分国家第二期上限较低，指令允许这些国家的设施使用不低于其第二期配额数量11%的抵销信用。对于新入的设施和行业，允许使用的信用应不低于其排放量的4.5%。在欧盟整体层面，允许使用的信用总量不能超过第三期全部减排量的50%。

到第四期，对抵销机制的限制更加严苛，欧盟规定不再允许抵销项目。这在一定程度上避免了项目信用泛滥、配额供过于求等情形出现。

（三）我国碳抵销机制

在我国，各试点地区都建立了核证自愿减排的抵销机制，规定纳入碳交易试点的单位可以通过购买国家核证自愿减排量抵销其超额温室气体排放。抵销机制的设计进一步扩大了碳排放交易市场对国家核证自愿减排量的需求，进而激励了温室气体自愿减排项目的实施。各地区对于CCER的抵销能力作出了统一的规定，即1个CCER等同于1个配额，可以抵销1吨二氧化碳当量，但各地区对于抵销比例和抵销条件的规定都有所不同，具体如表8-7所示。

表8-7　各试点地区的抵销机制规定

试点地区	抵销比例	抵销条件
北京	不得高于其当年排放配额的5%	利用京外项目的CCER抵销排放，不得超过当年其核发配额的2.5%，并且优先使用河北省、天津市等预备级市签署了应对气候变化、生态建设、大气污染治理等相关合作协议地区的CCER。
上海	不超过该年度企业通过分配取得的配额的5%	不得使用其排放边界范围内的CCER抵销。
天津	抵销量不得超过其当年实际碳排放量的10%	CCER没有地域、项目类型、排放边界等限制。
重庆	不得超过企业审定排放量的8%	CCER的来源没有特别限制。
深圳	不得超过初始配额的10%	不得使用其排放边界范围内的CCER。
广东	不得超过初始配额的10%	用于抵销的CCER至少有70%产生于广东省内的温室气体自愿减排项目；控排企业不得使用其排放边界范围内的CCER抵销碳排放。
湖北	不得超过初始配额的10%	CCER产生于湖北省行政区域内；控排企业不得使用其排放边界范围内的CCER抵销。

在碳市场的早期阶段，碳抵销这一补充机制的存在是有意义的，只是正如EU ETS等碳市场的抵销机制发展过程，抵销比例大概率会逐渐趋于严格，而对可用来抵销的项目的审核和批准也会严格限制。未来，全国碳市场的抵销机制一方面有望结合碳减排目标，逐步调整允许抵销的CCER比例上限，以避免对全国碳市场产生较大冲击；另一方面将逐步收紧允许抵销的CCER项目类型，风电项目、光伏项目CCER的抵销风险较大。

（四）抵销机制实施中存在的问题

一是对碳市场供给形成冲击。增加可抵销项目的种类以及放宽可抵销项目的区域限制会增加市场供给，带来国外减排量充斥碳市场所引发的市场交易低迷问题。考虑增加可抵销项目的种类和放宽可抵销项目的区域限制会增加市场供给，全国碳市场应严格可抵销项目的时效限制，尽可能避免早期的国家核证自愿减排量充斥碳市场所引发的市场交易低迷问题。

二是碳抵销实际效果与预期存在差距。碳抵销的目的不是允许碳排放者通过付费的形式进行排放，根本目的仍是碳减排，但从已有的一些碳抵销机制运行结果来看，其促进碳减排的效果尚未达到预期。如欧洲生态研究所(2016)对四分之三已签发的CDM项目的运行效果进行了评估，结果显示，只有2%的项目能够确保具有很强的额外性。此外，一些碳抵销项目存在损害其他方面利益的可能性。如以植树造林为主的林业碳汇项目，其对碳的储存不能确保具有永久性，且在一些不符合林业生长的地区如湿地、草原等地进行植树造林，还可能破坏原有的自然生态系统而对气候带来损害。

三是一致性的碳抵销标准不统一。目前，各种碳抵销机制在法律约束力及监测、报告、核证(MRV)等方面的要求并不统一，使得不同碳抵销机制在碳减排的有效性、永久性和持续性等方面也不尽相同，影响了碳抵销信用的可信度和流动性。同时，即使是同一个碳抵销机制，由于缺乏规范标准，在对不同项目进行评估时也可能会使用不同的方法学，弱化了碳抵销的一致性。如《卫报》(*The Guardian*)对在VCS注册的10个减少森林砍伐和退化项目进行了调查，发现这些项目在预测不加保护的情况下森林砍伐和退化速度时，使用了7种不同的预测方法或模型，预测结果存在高估或低估碳抵销信用的情况。

四是部分碳抵销信用存在重复计算问题。碳抵销市场面临的一个挑战是重复计算问题，即一项碳抵销信用被同时使用了两次。如一个出售碳抵销信用的国家声明自己为减排作出了努力，同时购买碳抵销信用的国家也声称产生了同样的减排，这就有可能造成全球碳减排量的虚增。此外，市场还可能进行“多重计算”，如企业、金融机构和国家同时声称基于同一项目实现碳减排等。重复计算的主要原因在于当前尚未建立国家或地区层面的碳减排核算账户，大部分碳抵销机制没有考虑碳抵销在碳账户间的转移问题。

五是当前碳抵销信用价格偏低。从目前的碳抵销信用价格来看，除了一些国家性的碳抵销机制签发的碳抵销信用价格相对较高外，其他碳抵销机制签发的碳抵销信用价格普遍较低。Trove Research(2021)对自愿碳市场的碳抵销信用价格进行研究发现，在供求均衡的状态下，自愿碳抵销信用价格应该在20美元/吨左右，但目前由于市场供过于求以及对碳抵销效果的顾虑，自愿碳抵销信用价格仅在3—5美元/吨。如果碳抵销信用价格过低，则会降低购买碳抵销信用的成本，使得实际的碳减排成本可能高于购买碳抵销信用的成本，这时企业、个人等抵销方则会缺少改变自身碳密集行为的动力，有可能选择继续通过碳抵销的方式来维持自身的“碳中和”，存在“漂绿”行为。

(五) 抵销机制的优化方向

1. 建立碳抵销监督管理体系

一是针对不同的碳抵销机制，建立相应的监督管理制度。对于国际碳抵销机制和独立碳抵销机制，由国际组织成立第三方监管机构，专门负责监督国际性碳抵销信用和自愿碳抵销信用的使用；对于国家、地方的碳抵销机制，则相应建立国家或地方层面的第三方监管机构进行监管。

二是明确监管机构职责，构建碳抵销项目减排效果的跟踪评估体系。重点考察碳抵销项目是否保持额外性、真实性、永久性等特点，同时评估碳抵销项目的协同效益，确保碳抵销项目减排的有效性。

三是建立激励约束机制，推动碳抵销高质量发展。对不同碳抵销机制签发的碳抵销信用质量进行评级，对低评级占比较多的碳抵销机制采取限制信用签发、退出市场等惩罚举措。

2. 构建相对统一的标准体系

作为应对气候变化的一个补充，碳抵销的实施应建立在全球相对统一的共识上。可以由国际权威组织牵头制定碳抵销的相关标准，包括对项目的注册认证以及碳抵销信用额的签发、管理等，重点是明确对不同项目进行碳减排计量的方法学，保证计量结果的一致性与可靠性。国家或地区性的碳抵销机制应借鉴国际权威机构标准体系，在不改变碳抵销信用计量标准、保持碳抵销市场可靠性的基础上，可根据国内实际适当调整运行流程，如聘请第三方认证机构对项目注册、签发进行认证，进一步提升碳抵销信用的权威性等。

3. 明确碳抵销使用原则

一方面，建立不同层级的碳账户，对碳排放的增减进行核算。将碳抵销机制签发的碳抵销信用纳入碳账户管理，根据碳信用的转移实时调整。在碳抵销信用出售之前，由项目所在地登记碳减排规模；随着碳抵销信用的出售，由碳抵销信用购买方所在地登记碳减排规模，同时在原先的项目所在地碳账户中相应取消这笔登记。如果项目所在地和碳抵销信用购买地属于同一区域，则碳账户不用调整。

另一方面，根据有关机构对碳抵销项目的跟踪评估结果，及时调整碳账户额度。对于高估的碳抵销信用额或者无效的碳抵销信用额，应取消相应登记规模，保证整体减排成效。

4. 加强企业碳足迹管理

一方面，允许企业使用碳抵销来满足其减排需求，同时明确要逐步退出使用。短期内，对于进行转型升级、推进碳减排存在困难的企业，可以通过购买碳抵销信用的方式来满足碳减排要求。中长期内，企业要对自身的碳中和与碳抵销目标进行规划，通过自身努力进行脱碳，定期测量和报告其温室气体排放量，向公众展示其生产经营和价值链的脱碳成效，逐步减少碳抵销的使用直至完全退出。

另一方面，有关部门对长期未能实现自身脱碳，仍使用碳抵销来满足监管要求的企业，可以通过限制其使用碳抵销比例、提升碳抵销成本等方式推动企业真正实现碳减排。

案　例

碳排放清缴履约的违法与处罚

案例1:内蒙古鄂尔多斯高新材料有限公司虚报碳排放报告

2021年6月5日,内蒙古自治区生态环境厅对内蒙古鄂尔多斯高新材料有限公司(以下或称"鄂尔多斯材料")下达了环境违法行为《责令改正决定书》(内环责改〔2021〕4号)。

主要内容为:鄂尔多斯材料委托中碳能投科技(北京)有限公司将其2019年排放报告所附检测报告(包括两个分厂2019年全年各12份)中"报告编号、样品标识号、送检日期、验讫日期和报告日期"的内容进行了篡改,并删除了防伪二维码。鄂尔多斯材料负有主体责任,其上述行为涉嫌违反了原《碳排放权交易管理暂行办法》(中华人民共和国国家发展和改革委员会令第17号,现已失效)(以下简称"《暂行办法》")第26条的规定,"重点排放单位应根据国家标准或国务院碳交易主管部门公布的企业温室气体排放核算与报告指南,以及经备案的排放监测计划,每年编制其上一年度的温室气体排放报告,由核查机构进行核查并出具核查报告后,在规定时间内向所在省、自治区、直辖市的省级碳交易主管部门提交排放报告和核查报告",依据《行政处罚法(2021年修订)》第28条,"行政机关实施行政处罚时,应当责令当事人改正或者限期改正违法行为。"和原《暂行办法》第40条第一款,"重点排放单位有下列行为之一的,由所在省、自治区、直辖市的省级碳交易主管部门责令限期改正,逾期未改的,依法给予行政处罚:(一)虚报、瞒报或者拒绝履行排放报告义务;逾期仍未改正的,由省级碳交易主管部门指派核查机构测算其排放量,并将该排放量作为其履行配额清缴义务的依据",内蒙古自治区生态环境厅责令该企业限期改正违法行为。

该案作为我国虚报碳排放报告的第一案,内蒙古自治区生态环境厅的整改决定充分体现了我国严格约束各企业碳排放履约的态度。虽然适用的是原《暂行办法》,但对于广泛宣传新的《管理办法(试行)》,不断增强企业遵法守法意识,督促企业依法履行碳排放清缴义务、开展碳排放权交易及相关活动,具有重要意义,起到了警示作用。

案例2:深圳艾迪斯电子科技有限公司未按时足额清缴碳排放配额

2020年3月20日,深圳市生态环境局坪山管理局(以下简称深圳生态管理局)对深圳艾迪斯电子科技有限公司(以下简称"深圳艾迪斯")作出《行政处罚决定书》(深坪环罚〔2020〕57号)。主要内容为:依据《深圳市碳排放权交易管理暂行办法》第75条第一款的规定,"管控单位违反本办法第36条第一款的规定,未在规定时间内提交足额配额或者核证自愿减排量履约的,由主管部门责令限期补交与超额排放量相等的配额;逾期未补交的,由主管部门从其登记账户中强制扣除,不足部分由主管部门从其下一年度配额中直接扣除，并处超额排放量乘以履约当月之前连续六个月碳排放权交易市场配额平均价格三倍的罚款”，深圳生态管理局对深圳艾迪斯处以人民币伍拾陆万肆仟壹佰零贰元的罚款。

2020年12月2日，深圳生态管理局向广东省深圳市龙岗区人民法院申请强制执行该行政处罚决定。法院经审查认为，申请执行人查明被执行人存在“未按时足额履行2018年度碳排放履约义务”的违法行为事实清楚，证据确凿。申请执行人据此作出的行政处罚决定符合法律规定、程序合法，该处罚决定已经发生法律效力。被执行人经催告仍不履行行政处罚决定，申请执行人申请人民法院强制执行，符合法律规定，依法应准予执行。

综上所述，若重点排放单位未按时完成碳排放履约义务的法律风险包含将面临责令改正、罚款等行政处罚；另外，根据相关配套制度，将面临被纳入黑名单、节能减排优惠限制等不利影响；除此之外，根据2019年9月1日生效的《财政部、税务总局关于资源综合利用增值税政策的公告》第4条规定，“已享受本通知规定的增值税即征即退政策的纳税人，因违反税收、环境保护的法律法规受到处罚(警告或单次1万元以下罚款除外)的，自处罚决定下达的次月起36个月内，不得享受本通知规定的增值税即征即退政策”，重点排放单位还可能面临不能享受政府税收优惠的处罚；不仅如此，未履约还可能导致企业在发行绿色债券、信贷审批等方面受到限制；同时，重点排放单位未按时完成履约的记录，将会计入其社会诚信体系和绩效考核体系中，通过新闻报道等方式向社会大众公开，这不仅大大地影响了重点排放单位的社会形象，也将对重点排放单位的商业信用造成打击，对重点排放单位未来的运营、市场竞争地位以及现金流量等产生潜在的不利影响。

资料来源：赵海清，碳排放履约问题研究及建议，锦天城律师事务所，2021年10月。

案例思考题

1. 重点排放单位违反碳排放配额履约义务的情形主要有哪些？
2. 我国当前如何惩罚碳排放履约违法行为？
3. 我国未来应如何进一步强化碳排放配额履约管理？

思考与练习

1. 清缴履约机制有哪些特征？请简要描述。
2. 常用的清缴履约方式有哪几种？其中哪些方式下控排企业排放量超过规定的配额？
3. 碳抵销可以采取哪些途径达到？
4. 抵销机制有哪些目的？请简要描述。

5. 从管理层级来看，截至 2020 年末，碳抵销机制主要可以分为哪三大类？请举例说明。

推荐阅读

生态环境部:《关于做好全国碳排放权交易市场第一个履约周期碳排放配额清缴工作的通知》附件 1《全国碳市场第一个履约周期使用 CCER 抵销配额清缴程序》，2021 年 10 月 26 日。

国际碳行动伙伴组织(ICAP)、世界银行“市场准备伙伴计划”(PMR):《碳排放权交易实践手册——设计与实施(第二版)》，2022 年 3 月。

参考文献

国际碳行动伙伴组织(ICAP)、世界银行“市场准备伙伴计划”(PMR):《碳排放权交易实践手册——设计与实施(第二版)》，2022 年 3 月。

李峰、王文举、闫甜:“中国试点碳市场抵销机制”，《经济与管理研究》，2018 年第 12 期，第 94—103 页。

史学瀛、杨博文:“控排企业碳交易未达履约目标的罚则设定”，《中国人口·资源与环境》，2018 年第 04 版，第 35—42 页。

张宁、庞军:“全国碳市场引入 CCER 交易及抵销机制的经济影响研究”，《气候变化研究进展》，2022 年第 05 版，第 622—636 页。

张锐:“欧盟碳市场的运营绩效与经验提炼”，《金融发展研究》，2021 年第 10 期，第 36—41 页。

赵海清:碳排放履约问题研究及建议，锦天城律师事务所公众号，2021. 10。

周茂荣、谭秀杰:“欧盟碳排放交易体系第三期的改革、前景及其启示”，《国际贸易问题》，2013 年第 05 期，第 94—103 页。

第九章 碳 金 融

学习要求

了解碳金融的概念和五大功能；了解碳金融产品的概念；掌握欧盟和我国关于碳金融产品的分类，以及各分类下的具体产品；了解碳资产托管机制的主要模式和程序；熟悉碳金融市场的概念、构成要素与层次结构；了解国际和国内碳金融市场的发展现状。

本章导读

碳现货交易市场是碳金融市场的基础，碳金融市场则是衡量一国碳市场发达程度的重要指标。全球实践经验表明，碳金融(carbon finance)发展初期一般均为现货交易，如英国碳市场；而2005年启动的欧盟碳排放交易体系(European Union Emission Trading System，简称“EUETS”)则同时推出了碳现货交易与期货、期权等碳衍生品交易，后者的交易规模增长迅速，很快发展为碳市场的主导力量，2021年，EUETS市场的配额期货日均成交量约为配额现货交易量的740倍，全年碳配额期货的总成交量则高达现货交易量的771倍左右。欧盟较为活跃的碳金融衍生品市场曾在碳价低迷时向投资者传递了远期价格信号，推动了碳现货市场的平稳运行，带动EUEST成为全球最大的碳市场。可见，金融化交易工具尤其是碳期货的引入，对于一国碳市场的发展至关重要。

第一节 碳金融概述

一、碳金融概念

随着碳交易的发展，“碳金融”的概念逐步引起关注。自欧洲气候交易所(ECX)2005年陆续推出碳排放权的期货、期权后，碳排放权便具有了金融产品的属性。但是，目前国际上对于碳金融尚无统一的定义。

2006 年，世界银行碳金融部门在碳金融发展年度报告（Carbon Finance Unit Annual Report 2006）中首次界定了碳金融的含义——以购买减排量的方式为产生或者能够产生温室气体减排量的项目提供的资源，碳金融的范围局限于《京都议定书》规定的清洁发展机制（CDM）和联合履约机制（JI）；2011 年世界银行的《碳金融十年》报告中，将"碳金融"描述为"出售基于项目的温室气体减排量或者交易碳排放许可所获得的一系列现金流的统称"，基本和碳交易的概念一致。环境金融杂志 *Environmental Finance Magazine*，将与气候变化问题相关的金融问题界定为碳金融，认为碳金融主要包括天气风险管理、可再生能源证书、碳排放市场和绿色投资等内容。

国内对于碳金融概念的表述较为一致，大部分研究者赞同碳金融有广义和狭义之分。本书认为狭义的碳金融是指市场层面的碳金融，即以碳排放配额或项目减排量等为标的的现货、期货、期权交易等金融活动；广义的碳金融泛指所有服务于减少温室气体排放的各种金融制度安排和金融交易活动，包括碳排放配额或项目减排量的现货与衍生品交易，低碳项目开发的投融资以及其他相关的金融中介活动。

二、碳金融的功能

碳金融市场体系涵盖了碳资产交易、定价、风险管理等市场微观层面，金融体系的信贷、保险、资本市场资源配置等中观层面，以及财政政策、货币政策、产业政策等宏观政策层面。碳金融带来资源配置效率的提高在宏观层面上体现为低碳经济的发展和金融体系的完善，在中观和微观层面则主要体现在金融机构本身及碳金融相关企业的功能上。碳金融的功能主要体现在以下方面。

（一）价格发现和决策支持功能

与传统金融体系相似，碳金融的基本功能是价格发现。碳金融提供碳产品定价机制，具有价格发现和价格示范作用，这种价格发现能够及时、准确和全面地反映所有关于碳排放权交易的信息，如碳排放权的稀缺程度、供求双方的交易意愿、交易风险和治理污染成本等，使得资金在价格信号的引导下迅速、合理地流动，优化资源配置。市场约束下得到的均衡价格就会使投资者在碳市场制定更加有效的交易策略与风险管理决策。碳期货等套期保值产品，有利于形成均衡的碳市场价格，并反馈到能源市场和贸易市场，对于减排企业的生产成本和相关的投资决策都有重要意义。

（二）推动减排成本内部化和最小化

碳排放的成本和收益具有典型外部性。碳排放权交易发挥了市场机制应对气候变化的基础作用，使碳排放成本转化为内部生产成本，从无人承担或外部社会承担转为由排放企业承担。由于各企业的碳减排成本存在较大差异，企业根据自身减排成本和碳价格的波动，进行碳排放权交易或减排投资。碳金融提供了企业跨国、跨行业和跨期交易的场所，企业通过购买碳金融产品，将碳减排成本转移至减排效率高的企业，或通过项目转移至发展中国家，使得微观企业和发达国家总体的减排成本实现最小化。

（三）风险转移和分散功能

碳价格的波动性比较强，不仅受能源市场的影响，政治事件和极端气候也会增加其不确定性。不同国家、不同产业受到的影响和自身的适应能力也有所不同，大部分都要通过金融的手段来转移和分散碳价格波动风险。碳期货、碳期权等套期保值工具，可以将风险在不同交易者间转移和分散，从而有效规避风险；碳保险和碳指数等则对碳排放权交易过程中可能发生的价格波动、信用危机和交易危机进行担保和风险规避，平滑碳市场上的价格波动。

（四）发挥中介功能、降低交易成本

碳金融作为中介，为供需双方构建交易的桥梁，有效地促进碳交易的达成；尤其是在清洁发展机制下的跨国碳减排项目呈现专业技术性强、供需双方分散和资本额度小的特点，碳基金促进了项目市场的启动和发展，解决了交易双方信息不对称的问题，降低信息搜集成本。碳排放权的期货和期权等高流动性的金融衍生品也促使碳交易更加标准化、透明化，也加快了碳市场发展的速度。碳金融发挥强大的中介能力和信息优势，推动了全球碳交易市场的价值链分工，有效地降低了交易成本，带动相关企业、金融机构和中介组织进入市场，推动了碳市场的容量扩大，流动性增强，碳市场的整体规模呈现指数性增长。

（五）加速全社会的低碳转型

清洁发展机制（CDM）和联合履约机制（JI）成为发达国家将碳减排的技术和资金向发展中国家和经济转轨国家转移的通道；碳基金降低了项目的交易成本，缩短了项目谈判周期，促进了项目交易，加速低碳技术的转移和扩散。由于不同国家或者处于不同经济发展阶段的同一国家能源链差异很大，对减排目标约束的适应能力也不同，而要实现经济发展与化石能源的不断脱钩，就必须加快绿色低碳产业发展，从根本上改变一国经济发展对化石能源的过度依赖。项目融资、风险投资和基金等多元化投融资模式既增加了投资渠道，也具有优化资金配置功能，有利于改变能源消费对化石燃料的依赖惯性，使能源链从高碳环节向低碳环节转移，进而使经济增长方式由高碳向低碳转型。

第二节　碳金融产品与交易机制

一、碳金融产品的概念与分类

依据《欧盟金融市场指令》（MIFID）和《欧盟排放交易指令》中关于碳金融的划分，可以将碳金融产品分为交易产品、融资产品和支持产品三大类。交易产品主要包含碳期货,碳期权,碳远期,碳互换,碳资产证券化(碳基金、碳债券)等碳金融产品;融资产品包括碳质押、碳回购和碳信托等产品;支持产品包括碳指数、碳保险等产品。

中国证监会于 2022 年 4 月 12 日发布的《中华人民共和国金融行业标准——碳金融产品》(“《碳金融产品标准》”)中对碳金融产品做了如下定义:碳金融产品是建立在碳排放权交易的基础上,服务于减少温室气体排放或者增加碳汇能力的商业活动,以碳配额和碳信用等碳排放权益为媒介或标的的资金融通活动载体。《碳金融产品标准》中也将碳金融产品分为三类,分别是碳市场融资工具、碳市场交易工具和碳市场支持工具。其中,碳市场融资工具包括但不限于:碳债券、碳资产抵质押融资、碳资产回购、碳资产托管等;碳市场交易工具包括但不限于:碳远期、碳期货、碳期权、碳掉期、碳借贷等;碳市场支持工具包括但不限于:碳指数、碳保险、碳基金等。

由于欧盟碳市场发展较为成熟,下文将基于欧盟关于碳金融的划分,具体介绍碳交易产品、碳融资产品和碳支持产品的内容。

(一) 碳交易产品

1. 碳远期

碳远期是指买卖双方以合约的方式,约定在未来某一时期以确定价格买卖一定数量配额或项目减排量等碳资产的交易方式。碳远期交易在本质上属于未来的现货交易。远期交易作为一种保值工具,通过碳远期合约,能够帮助碳排放权买卖双方提前锁定碳收益或碳成本。

碳远期合同的主要内容为交易品种、交易价格、交易数量及交割时间等。欧盟和中国碳配额远期的交易机制示例如表 9-1 所示。

表 9-1 欧盟和中国碳配额远期的交易机制示例

区域	交易品种	交易机制
欧盟	EUA 远期	合约条款在交易当天确定,但交割和结算在后续完成,一般是非标准化合约,在场外交易完成。
中国	上海碳配额远期	100 吨/手,以 0.01 元/吨为最小价格波幅;可实物交割,也可现金交割;每日结算价格以上海清算所发布的远期价格为准。
	湖北碳配额远期	100 吨/手,以 0.01 元/吨为最小价格波幅;最低交易保证金比例为 20%;有涨跌幅限制,每日价格最大波动不超过上一交易日结算价的 4%。

2. 碳期货

期货交易是指在期货交易所内集中买卖标准化期货合约的交易活动。

期货交易的本质是一种远期合约交易,但是这种交易有两个明显的特点:一是在固定的交易场所——期货交易所交易;二是交易的是标准化的交易标的物——期货合约。碳期货是指买卖双方约定在未来某一时期,以确定价格买卖一定数量碳排放配额或项目减排量等碳资产的标准化合约。与碳远期不同,对于买卖双方而言,进行碳期货交易的最终目的不在于进行实际的碳排放权等资产的交割，而是碳资产的持有者（套期保值者）利用期货自有的套期保值功能进行风险规避，将风险转移给投机者。此外，期货的价格发现功能也在碳金融市场得到很好的应用。目前，全球碳期货主要有以下几种：欧盟碳排放配额（European Union Allowance，简称“EUA”）期货及 CER 期货、洲际交易所（ICE）等交易平台推出的“每日期货”（daily future）等。EUA 期货采用标准合约，交易双方在达成交易后完成交割结算；此类合约的交易在期货交易所完成，期货交易所充当了双方的交易中介。

3. 碳期权

碳期权是指交易双方约定在未来某一时期内或者确定某个时间，以确定的价格买卖一定数量碳排放配额或项目减排量等碳资产的选择权，该权利的买方既可以行使在约定期限内买入或卖出标的物的权利，也可以放弃该权利。当买方决定行使该权利时，卖方必须按约定履行义务；如果过了约定的期限，买方未行使权利，则期权作废，交易双方的权利与义务也随之解除。碳期权是在碳期货基础上产生的一种碳金融衍生品，其价格依赖于碳期货的价格。

4. 碳互换

广义上的掉期/互换是指交易双方约定在未来某一时期相互交换某种资产（或双方认为具有等价经济价值的现金流）的交易形式，最常见的是货币掉期和利率掉期。

碳互换是指以碳排放配额或项目减排量等碳资产作为标的物的，双方以固定价格确定交易，并约定未来某一特定时期以当时的市场价格完成与固定价交易对应的反向交易，这与金融互换中的利率互换类似；或双方按照约定的价格和数量，在未来某一特定时期互换碳资产与不同的碳资产或其他真实资产，这类似于金融互换中的货币互换。无论是哪种形式的碳互换，最终只需对两次交易的差价进行现金结算。

中国碳配额场外掉期

2015 年 6 月 15 日，中信证券、北京京能源创碳资产管理公司在北京环境交易所签署了国内首笔碳排放权配额场外掉期合约，交易量为 1 万吨。双方同意中信证券（甲方）于合约结算日（合约生效后 6 个月）以约定的固定价格向乙方（京能源创）购买标的碳排放权，乙方于合约结算日再以浮动价格向甲方购买标的碳排放权，浮动价格与交易所的现货市场交易价格挂钩，到合约结算日交易所根据固定价格和浮动价格差价结算。若固定价格小于浮动价格，则看多方甲方盈利；若固定价格大于浮动价格，则看多方甲方亏损。见图 9-1。

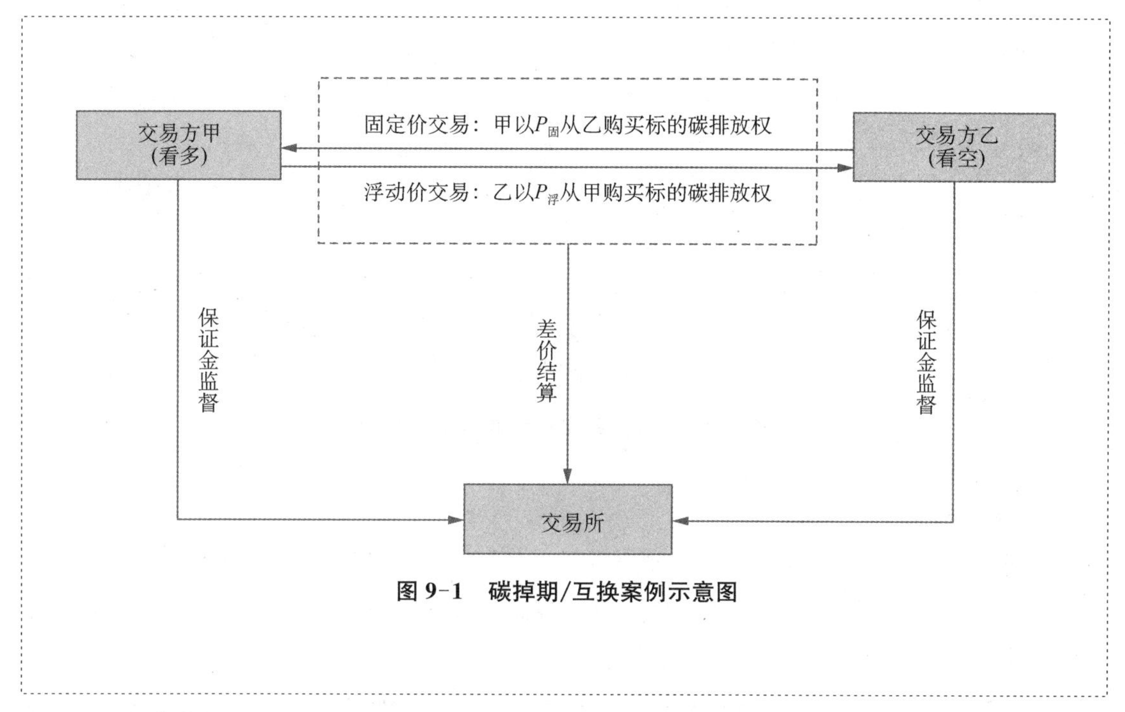

图 9-1　碳掉期/互换案例示意图

5. 碳债券

债券是指发行者为筹集资金而发行、在约定时间支付一定比例的利息，并在到期时偿还本金的一种有价证券。碳债券是指政府、金融机构、企业等符合债券监管要求的融资主体发行的、为其节能降碳相关项目筹集资金而向投资者发行的、承诺在一定时期支付利息和到期还本的债务凭证。碳债券的发行基础是节能降碳相关项目本身未来收益权，或发行主体的资产。

6. 碳基金

碳基金是指为政府、金融机构、企业或个人投资设立的专门基金，参与碳市场投资或节能减排项目。碳基金既可以参与碳配额与项目减排量的二级市场交易，可以投资于碳相关项目的开发。

(二) 碳融资产品

碳融资产品主要包括碳质押、碳回购和碳信托等产品。

1. 碳质押

质押是指债务人或第三人将其动产或权利作为担保移交债权人占有，当债务人不履行债务时，债权人有权依法通过处置担保物优先受偿的合约安排。

碳质押是指以碳排放配额或项目减排量等碳资产作为担保进行的债务融资的工具，举债方将估值后的碳资产质押给银行或券商等债权人获得一定折价的融资，到期再通过支付本息解押。上海环境能源交易所发布的碳配额质押交易图如图 9-2 所示。

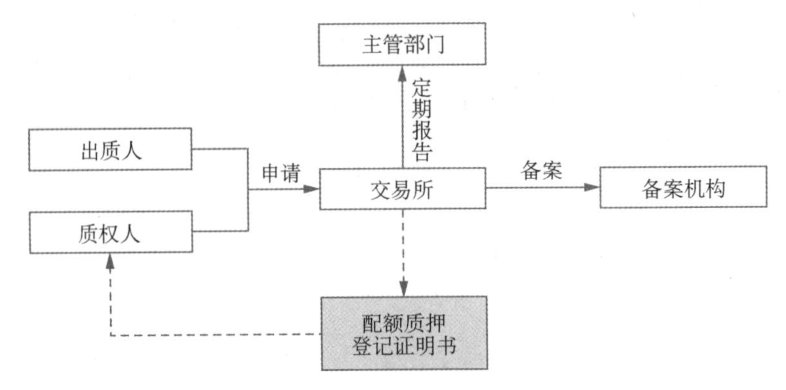

图 9-2　上海环境能源交易所碳配额质押交易图

2. 碳回购

碳回购是指碳排放配额或项目减排量等碳资产的持有者向其他机构出售碳资产,并约定在一定期限按约定价格回购所售碳资产的短期融资安排;在协议有效期内,受让方可以自行处置碳资产。

北京、深圳、湖北、福建等碳市场开展了碳资产回购交易业务。这些交易都以碳配额回购交易为主,只有福建碳市场明确规定 CCER、FFCER 也可以作为碳资产回购交易标的,与碳配额回购交易适用同一个交易规则。

国内首例碳资产回购交易是中信证券向北京华远意通购买了 1 330 万元的碳配额。2016 年,我国完成第一单跨境碳配额回购交易。该交易中,BP 公司以约定价格购买深圳妈湾电力公司("妈湾公司")400 万吨碳配额,妈湾公司将这笔境外资金用于企业的低碳发展。此后,妈湾公司再按照约定价格从 BP 手中回购 400 万吨碳配额,从而完成此次跨境碳配额回购交易。如图 9-3 所示。

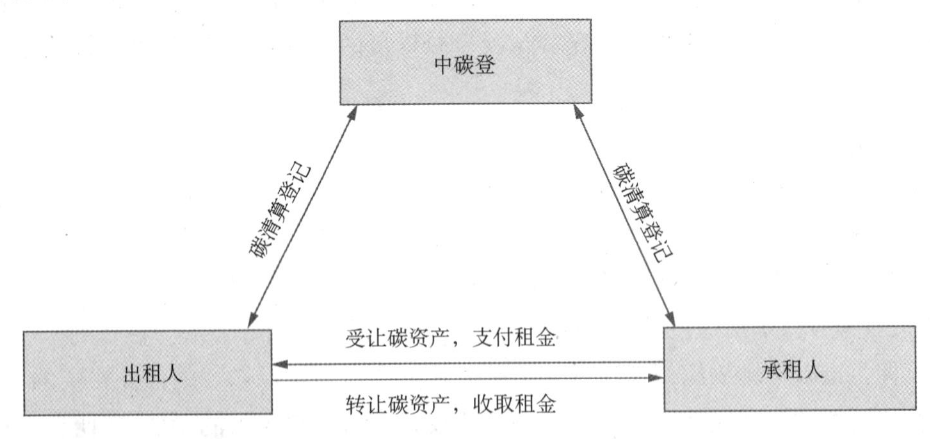

图 9-3　碳配额回购交易示意图

3. 碳信托

碳信托是指信托公司围绕碳资产开展的金融受托服务，是信托这一金融工具与碳资产相结合的产物。碳配额和核证减排量等碳资产的所有者基于盘活碳资产、规避风险的考量，以碳资产设立碳信托。从法律关系的角度看，碳信托是作为委托人的碳资产所有者将碳资产委托给受托人，由受托人按委托人的意愿以自己的名义，为受益人的利益或者特定目的，进行管理或者处分的行为。从金融市场实操的角度来讲，碳信托是指信托公司围绕碳资产开展的金融受托服务。

碳信托的主要运行模式是信托公司通过开展碳金融相关的信托业务，用于限制以二氧化碳为主的温室气体排放等技术和项目的碳权交易、直接投融资和银行贷款等金融活动。按功能划分，碳信托可分为碳融资信托、碳投资信托、碳资产服务类信托这三大类。

碳融资信托指的是碳资产的持有人以融资为目的将碳资产质押，由信托公司设立的信托计划向其发放贷款，或由信托公司设立买入返售信托计划，向碳资产持有人购买碳资产。同时约定在一定的期限内，信托计划再以约定的价格将碳资产回售给原碳资产持有人。例如，2021 年 2 月，兴业国际信托有限公司成立“兴业信托利丰 A016 碳权 1 号集合资金信托计划”，以福建海峡股权交易中心碳配额公开交易价格作为评估标准，通过受让福建三钢闽光股份有限公司 100 万份碳配额收益权的方式，向其提供 1 000 万元的贷款融资。

碳投资信托即信托公司设立投资类信托计划，将信托资金直接投资于碳配额或核证减排量等碳资产，通过在碳市场上买卖碳配额或核证减排量赚取价差。在某种程度上，碳投资类信托类似于后文将要提到的碳基金。碳投资类信托在实践中应用得很广泛。根据市场信息，2021 年，中航信托股份有限公司、华宝信托有限责任公司和中融国际信托有限公司分别设立碳投资类信托、募集基金投向碳配额、CCER 等。

碳资产服务信托是指碳资产的持有人将其碳资产作为信托财产设立财产权信托，由信托公司作为受托人提供资产管理、账户管理等服务。碳资产服务信托实质上类似于碳资产托管，回归了信托法律关系的本质，即利用信托的财产独立和风险隔离优势，帮助碳资产持有者开展碳资产托管服务。信托公司作为受托人可以利用托管的碳资产从事多种碳市场操作，包括二级市场投机套利性交易，或向其他控排企业、碳资产管理机构出借碳资产获得固定收益。信托计划到期后，信托公司将碳资产返还给委托人，并支付约定的收益。例如中海信托股份有限公司作为受托人设立的“中海蔚蓝 CCER 碳中和服务信托”，是以 CCER 为基础资产的碳中和服务信托。受托人通过转让信托受益权份额的形式为委托人募集资金，同时提供碳资产的管理、交易等服务。

4. 碳托管

碳资产托管（借碳）是指碳资产持有主体（包括控排企业和投资机构）委托托管机构代为持有碳资产，以托管机构名义对碳资产进行集中管理和交易的碳资产管理方式。

狭义碳资产托管即碳配额托管。双方签订碳配额托管协议，约定接受托管的碳配额标的、数量和托管期限，可能获取的资产托管收益的分配原则，损失共担比例以及约定交易目标无法兑现时的补偿方式等内容。

广义碳资产托管指控排企业将与碳资产相关的工作交给托管机构托管，包括 CCER 开发、碳资产账户管理、碳交易委托与执行、低碳项目投融资、相关碳金融咨询服务等。

（三）碳支持产品

碳市场支持产品包括碳指数、碳保险等产品。

1. 碳指数

碳指数是指反映碳市场总体价格或某类碳资产的价格变动及走势的指标，是刻画碳交易规模及变化趋势的标尺性。碳指数既是碳市场重要的观察工具，也是开发碳指数交易产品的基础。

2. 碳保险

碳保险是指为了规避减排项目开发过程中的风险，确保项目减排量按期足额交付的担保工具。碳保险的业务主要分为两类：一是为碳交易过程中产生的价格剧烈波动风险、信用风险、流动性风险以及政策风险等提供风险规避和担保；二是利用保险的形式刺激各行业低碳减排。

二、碳资产托管的机制

由于碳资产托管是我国当前应用最为广泛的碳金融产品，本书重点对其运行机制进行介绍。总的来看，目前全国碳市场未出台关于碳资产托管业务的规范性文件，但广州、深圳、湖北等地碳交易中心发布了碳资产托管业务指引和实施细则。

（一）碳资产托管的主要模式

1. 双方协议托管

控排企业和碳资产管理机构通过签订托管协议建立碳资产托管合作，这种模式下的碳资产划转及托管担保方式灵活多样，完全取决于双方的商业谈判及信用基础，如控排企业可以将拥有的配额交易账户委托给碳资产管理机构全权管理操作，碳资产管理机构支付一定保证金或开具银行保函承担托管期间的交易风险。双边协议托管模式示意图如图 9-4 所示。

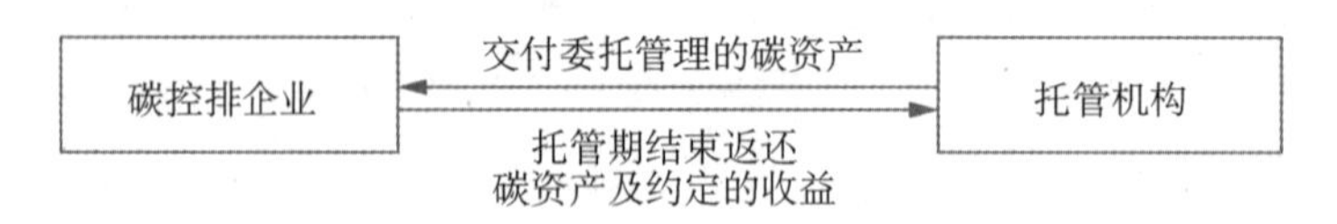

图 9-4 双边协议托管模式示意图

2. 交易所监管下的托管

目前国内试点市场的碳交易所普遍开发了标准化的碳资产托管服务，通过碳交易所全程监管碳资产托管过程，可以减少碳资产托管合作中的信用障碍，同时实现碳资产管理机构的资金高效利用。交易所介入的碳资产托管可以帮助控排企业降低托管风险，同时为碳资产管理公司提供了一个具有杠杆作用的碳资产托管模式，实现了共赢，有助于碳资产托管业务的推广。交易所监管下的托管模式（主推模式）示意图如图 9-5 所示。

图 9-5 交易所监管下的托管模式示意图

具体来看，交易所监管下的托管模式中，碳控排企业、托管机构、碳排放权交易所这三个主体的优势和风险如表 9-2 所示。

表 9-2 交易所监管下的托管模式中三个主体的优势和风险

主体	优势	风险
碳控排企业	增强业务专注度、提升碳资产管理能力，不仅可以完成履约还可取得额外收益	1. 市场风险：托管机构管理、交易托管配额经验不足所致的操作风险； 2. 信用风险：履约前托管机构能否按照协议承诺按期返还配额； 3. 托管机构变卖托管配额后抽逃资金。
托管机构	低成本获得大量配额从而交易获利	1. 对冲风险：期货衍生品交易不发达情形下托管机构缺乏合适的金融工具有效对冲自身的风险； 2. 政策风险：虽全国碳排放权交易市场已建立，但尚未出台统一法规，各试点交易机构推行政策的稳定性有待确定； 3. 市场流动性风险：在碳市场初级阶段，配额市场流动性受限，碳资产管理机构托管的碳配额资产总量应考虑市场流动性规模及自身资金实力。
碳排放权交易所	获得碳配额流动性释放带来的佣金	因监管不严导致行政处罚。

在我国，全国碳交易中心碳资产暂未开启托管业务，各试点碳交易中心托管业务的实践也有所差异，不同交易中心的具体制度和规则如表 9-3 所示。

表 9-3 中国碳资产托管业务实践

	规则名称	准入资格	托管碳资产种类	保证金制度
湖北	湖北碳排放权交易中心配额托管业务实施细则（试行）	托管机构应申请备案，由湖北碳排放权交易中心认证资质	碳排放配额、CCER	保证金收取标准为托管配额总市值的 20%。
广州	广东省碳排放配额托管业务指引（2017 年修订）	应向广碳所申请托管业务资质	碳排放配额	1. 初始业务保证金应大于等于托管配额市值的 20%； 2. 经委托方同意，托管方可使用自有的等价值配额作为抵押物冲抵业务保证金。

（续表）

	规则名称	准入资格	托管碳资产种类	保证金制度
深圳	深圳排放权交易所托管会员管理细则（暂行）	应申请托管会员资格	碳排放配额	1. 一次性以现金方式缴纳300万元风险保证金； 2. 按照托管的配额数量乘以5元/吨。
福建	海峡股权交易中心碳资产管理业务细则（试行）	应申请碳资产管理业务资格	碳排放配额、CCER、FFCER（福建林业碳汇项目）	1. 初始保证金按托管配额市值的30%计算； 2. 经委托方同意，会员可以碳排放配额充抵保证金。
上海	上海环境能源交易所碳排放交易会员管理办法（试行）	应申请托管业务资质，经审核同意后签订相关协议	—	—
全国碳交易中心	—	—	—	—

（二）碳资产托管程序

1. 托管方案设计

碳资产托管双方在达成托管意向后，需就托管方案进行设计探讨，并重点关注托管主体资格、碳配额权属、双方业务范围等。

托管主体资格核查方面，目前首批纳入全国碳排放配额管理的是发电行业，总计2 162家发电企业和自备电厂，这些企业将成为参与全国碳市场交易的主体，其他机构和个人暂不能参与全国碳市场。

碳配额权属调查方面，要核查委托方被托管的碳配额是否权属明晰，是否存在用于抵押、质押或与第三方签订其他交易协议的情形。

托管业务范围方面，碳托管业务范围应当与委托方的风险认知与承受能力，以及托管方的投资经验、管理能力和风险控制水平相匹配，合理控制托管业务资产规模。

除前述内容外，因碳资产托管业务中，托管方的资信及管理能力、履约能力决定了控排企业选择碳资产托管的成效，因此，控排企业在选择托管方时应对目标对象开展详细的尽职调查，预防托管方因自身资信问题出现交易后抽逃资金等风险。

2. 托管协议签署

在托管方案已确定的情况下，应结合委托方与托管方之间的合作方式、交易方式、账户体系、交割模式、风险管理等进行碳资产托管业务框架搭建，签署托管协议，明确各方权责。在此过程中，主要涉及托管协议的拟定及双方的协商谈判，其中，托管协议内容包含但不限于托管的目标、托管配额的数量、约定的到期日、约定的收益分成、归还的配额数量、收益分成或损失共担比例以及约定交易目标无法兑现时的补偿方式等内容。

因碳配额不同于一般资产，存在特殊性。因此对协议期限、交割方式、交割品种、结算价格、交易目标、交易调整等要素均需进行个性化设计。

3. 交易所备案

协议签署后，在交易所监管下的托管模式下，托管双方需共同到交易所进行协议备案，并按规定缴纳保证金及违约保证金，由交易所进行监管。

4. 账户划转及托管交易

在托管双方已按规定完成协议备案并缴足托管保证金的情况下，双方可就托管的碳配额进行划转，自划转之日起，托管方有权就该划转的碳配额择机进行交易管理。在此过程中，托管方需紧密结合托管协议中约定的托管目标进行市场运作，避免触及托管协议约定的禁止或违约事项；碳排控企业在交付碳配额之后，须持续跟进托管方的碳配额运营动向，评估托管风险。

5. 托管结束

托管协议约定期限届满后，托管协议双方需就协议约定的返还配额或对 CCER、收益、损失等进行核算，并根据核算结果进行分配，托管完成后，由托管双方向交易所申请，恢复控排企业的碳账户出金功能。至此，协议双方的碳资产托管结束。

第三节 碳金融市场

一、碳金融市场概述

目前，国际上较少使用碳金融市场(carbon financial market)的概念，也未特别区分碳排放权交易市场和碳金融市场，多直接使用碳市场(carbon market)；如世界银行使用的碳市场概念，涵盖了碳排放配额市场和项目减排市场，包括各气候交易所的碳金融产品及衍生品，但未涵盖银行和保险业提供的相关金融产品。可见，国际上碳市场的概念并不适用于中国。本书所指的碳金融市场是包括碳信贷市场、碳债券市场、碳基金市场、碳现货市场、碳衍生品市场在内的广义的碳金融市场。

(一) 碳金融市场的概念

基于上文给出的碳金融概念，碳金融市场有狭义和广义之分，狭义的碳金融市场专指以碳排放配额或项目减排量为标的资产的碳交易市场；广义的碳金融市场则指与温室气体排放权相关的各种金融交易市场和金融制度安排，不仅包括碳交易，碳金融市场涵盖了一切与碳投融资和其他相关的金融中介活动。

本书中提到的碳金融市场是指以碳排放配额和项目减排量等碳资产及其衍生品为交易标的的市场。金融化的碳市场，已成为欧美碳市场的主流，也是中国碳市场的发展方向。

(二) 碳金融市场的框架

碳金融市场的框架包含以下两个部分。

(1) 二级市场。二级市场是交易市场，即碳资产现货和碳金融衍生产品交易流转的市场，是整个碳金融市场的枢纽，其包括场内交易市场和场外交易市场两部分。二级市场的基础是一级市场，一级市场是发行市场，创造了碳排放配额和项目减排量两类基础碳资产，一级市场投放的碳资产种类和总量，直接决定着二级市场上现货流转的规模和结构。

（2）融资服务市场和支持服务市场。这是在二级市场交易之外的另一个碳资产定价、流转和变现渠道，尽管在交易规模、流动性及便利程度方面都与二级市场相去甚远，但其重要性却难以替代。其中，碳融资服务市场为碳资产所有者开辟了一条新的融资渠道，可以增强碳资产的流动性；支持服务市场的碳保险和碳指数等产品，不但可以为融资服务市场的碳资产进行保险和增信，还可以为二级市场提供市场价格信息指引。

（三）碳金融市场的构成要素

传统金融市场的构成要素一般包括四类：市场主体，指交易参与各方；市场客体，指交易标的及交易产品；市场媒介，指双方凭以完成交易的工具和中介，往往包括第三方中介机构及作为第四方交易场所；市场价格，指在供求关系支配下由交易双方商定的成交价。市场主体和市场媒介，共同构成了市场上的各类主要利益相关方。据此，碳金融市场的构成要素包括以下方面。

（1）碳金融市场利益相关方主要包括：交易双方，指直接参与碳金融市场交易活动的买卖双方；第三方中介，指为市场主体提供各类服务的专业机构；第四方平台，指为市场各方开展交易相关活动提供公共基础设施的服务机构；监管部门，指对碳金融市场的合规稳定运行进行管理和监督的各类主管部门。碳金融市场中，不同参与主体的分类、影响和动机如表9-4所示。

表9-4 碳金融市场参与主体的分类、影响和动机

参与主体分类	具体分类	功能	参与动机
交易双方	控排企业	市场交易；提高能效降低能耗，通过实体经济中的个体带动全社会完成减排目标；通过主体间的交易实现最低成本的减排。	完成减排目标（履约）；低买高卖，实现利润
	减排项目业主	提供符合要求的减排量，降低履约成本；促进未被纳入交易体系的主体以及其他行业的减排工作。	出售减排项目所产生的减排量以获得经济、社会效益
	碳资产管理公司	提供咨询服务；投资碳金融产品，增强市场流动性。	低买高卖，实现利润
	碳基金等投资机构	丰富交易产品；吸引资金入场；增强市场流动性。	拓展业务并从中获利
	个人投资者	交易获利的新平台；市场活跃的催化剂。	参与市场交易并营利

（续表）

参与主体分类	具体分类	功能	参与动机
第三方中介	监测与核证机构	保证项目减排量的“三可”原则（可测、可报告、可核实）；维护市场交易的有效性。	拓展业务
	其他	如咨询公司、评估公司、会计师及律师事务所，提供咨询服务、碳资产评估、碳交易相关审计等。	拓展业务
第四方平台	登记注册机构	对碳配额及其他规定允许的项目减排量进行登记注册；规范市场交易活动并便于监管。	保障市场交易的规范与安全
	交易平台	交易信息的汇集发布；降低交易风险、降低交易成本；价格发现；增强市场流动性。	吸引买卖双方进场交易，增强市场流动性并从中获益
监管部门	碳交易监管部门	制定有关碳排放权交易市场的监管条例，并依法依规行使监管权力；对上市的交易品种进行监管，监督交易制度、交易规则的具体实施；对市场的交易活动进行监督；监督检查市场交易的信息公开情况；与相关部门相互配合对违法违规行为进行查处，维护市场健康稳定。	通过市场监管，规范市场运行；通过市场机制运作促进节能减排

（2）碳金融市场客体：指依托碳排放权基础碳资产开发出来的各类碳金融产品，从功能角度主要包括交易产品、融资产品和支持产品三类。

（3）碳金融市场价格形成机制包括三个层面：一是定价因素及工具。定价因素主要为市场供求和未来预期，当前价格主要由供需决定，未来价格主要由预期决定，当前供需与未来预期往往也会相互影响，工具则是指各类碳金融衍生产品。二是价格发现渠道。除市场上的实际成交价之外，还有市场报价渠道，如做市商为交易产品报出买卖价格，以此维持市场流动性。三是市场价格的特性。一个良好和权威的碳价信号，需要具备三个主要特点，即公允性、有效性和稳定性。

二、国际碳金融市场的发展与特点

（一）发展历程

随着《联合国气候变化框架公约》和《京都议定书》的签署与生效，国际气候减排的制度框架从此正式形成，这就使得温室气体排放权成为了一种具有商品价值且可以进行交易的稀缺性资源。《公约》和《议定书》为世界各国进行碳排放权交易提供了框架和基础，碳金融市场由此顺应低碳经济发展路线而生。

从国际经验来看，碳交易体系与碳金融体系是同时构建形成的，且呈现出现货市场与期货市场同步发展的态势。全球碳市场中,期货交易占全球交易总量的95%以上。碳交易场所主要集中于伦敦的洲际交易所(ICE)和德国莱比锡的欧洲能源交易所(EEX),主要交易产品为欧洲、美国等地区碳配额的期货和期权合约,包括以欧洲碳配额、美国东北部协议碳配额、美国加州碳配额和项目减排量为标的的年度与季度期货合约和期权合约等。同时交易所场内也交易各市场间利用价差套利的价差互换工具,大量的碳金融活动与碳金融交易方式被开发。金融机构开发各类期权等合约,帮助参与方锁定远期价格;在减排项目开发过程中,金融机构将未来碳减排量收入作为抵押进行贷款或资产证券化,同时为降低减排项目的交付风险,向其提供履约担保或者保证保险等;投资银行和商业银行也发行了与减排量挂钩的信贷和碳债券等产品;由政府或金融机构发起的碳基金也积极投资于碳减排项目或二级市场交易。此外,场外市场上针对各类市场需求的定制产品也非常丰富。

(二)国际碳金融市场的发展特点

1. 基础建设较为完善,市场机制相对先进

各个发达国家作出了针对碳金融制度的设计和安排,并通过立法的方式进行了巩固,比如德国的《节省能源法案》、美国的《清洁能源安全法案》。一些国家比如瑞典、英国、法国等,还广泛建立了环境污染责任保险制度。市场机制的先进性表现在交易机制的设立和交易平台的搭建上。例如欧盟,在意大利、荷兰等地共设立了八个碳交易中心,并对其成员国碳排放的主要国家都制定了温室气体的排放上限,其排放交易体系下的交易机制与《京都协议书》保持一致,而且还额外设置了更加严格的条款,没有切实履行自己职责的参与者将会受到相应的惩罚。

2. 参与主体比较广泛,金融交易较为活跃

各政府在碳金融市场的建立初期起到了指导和监管的角色,搭建平台,并引导金融机构和私人企业进入市场;当市场成长到一定程度后,政府以碳基金等形式参与其中,充分发挥市场的资源配置作用,此时商业银行、投资银行以及国际各种金融组织是主力军,私人企业在利益的驱动下参与其中。

3. 碳金融产品形式多样,金融创新层出不穷

发达国家的政府及国际组织一般采取碳基金的形式,仅世界银行一家组织就管理着至少12只碳基金,总额接近三十亿美元。除此之外,德国、日本、意大利等国家也都通过碳基金参与形式多样的金融活动。发达国家的商业银行不但自身参与到碳金融市场的交易之中,还同时利用自己的广泛客户基础为交易各方提供中间业务,例如一些法律财务顾问,以及推出各种理财产品。而投资银行以及其他金融机构更多的是进行一些金融产品的创新活动,积极开发金融衍生产品,不仅局限于基础的碳排放指标交易,还创新出例如环保期货巨灾债券、天气衍生产品、碳交易保险等丰富的金融衍生品,不但满足了各方的投资需求,还通过金融手段吸引着世界对于碳金融的关注。

4. 发展中国家碳市场的金融化程度普遍低于发达国家

得益于先进的金融市场,发达国家在相对完善的市场机制下,政府机构、金融机构以及

私人企业各方积极推进着碳金融市场的发展，金融化的碳市场对于他们而言几乎是不言自明的前提。除了欧盟碳排放权交易体系（EU ETS）以外，美国的芝加哥气候交易所（CCX），美国区域温室气体减排行动（RGGI）、澳大利亚新南威尔士州的温室气体减排计划（NSW GGAS）等占据了国际碳金融市场体系的主导地位。而中国自2011年开展地方试点市场交易以来，在国内比较严格的金融管制环境下，中国碳市场的金融化发育程度还很低，强调突出碳市场的金融属性并在安全合规的前提下不断提升碳市场的金融化程度，未来很长一段时间对于我国和其他发展中国家都具有重要的现实意义。

（三）欧盟碳金融市场

欧盟碳交易体系（EUETS）是国际碳金融市场最典型的代表，是目前全球最成熟、规模最大、覆盖最广的碳市场。

1. 欧盟碳金融市场结构

欧盟碳金融市场可以分为一级市场和二级市场，其中一级市场包括碳配额拍卖和项目减排量开发，二级市场指碳配额和项目减排量的流通市场。二级市场包括场内交易和场外交易；场内交易主要是针对碳配额的交易，场外交易则是针对CER和ERUs的交易。EU ETS初期约80%的交易量发生在场外市场，2008年金融危机后大部分交易活动逐渐转向场内交易或清算，以规避场外交易的风险。双方在交易所内进行的交易受到严格监管，杜绝了交付风险，完全标准化的产品可以大幅度提高交易效率、降低交易成本；且交易所作为高度公开透明的信息发布中心，可大大降低信息获取成本。

2. 欧盟主要碳交易平台

2014年前，EUETS的主要交易平台包括9家机构，但经过市场整合后，到2014年实际还有交易的仅剩下四家：欧洲气候交易所（Intercontinental Exchange-European Climate Exchange，简称ICE-ECX），占据一级与二级市场大部分份额，其中大部分是期货交易；居于次席的欧洲能源交易所（European Energy Exchange，简称EEX）；另外两家一是芝加哥商品交易所（Chicago Mercantile Exchange，简称CME）下属的CME-Green X和前身为北欧电力库（Nord Pool）的纳斯达克OMX交易所（Nasdaq OMX），这两家都是位于伦敦的美资控股交易所，占的市场份额几乎可以忽略不计。

3. 欧盟主要碳金融产品

欧盟碳市场上主要的金融产品有碳现货交易产品、碳金融衍生产品、碳融资工具以及碳支持工具（见表9-5）。

表9-5　欧盟碳市场上的主要金融产品

类别	碳金融产品	EU ETS的实践
碳现货交易产品	减排指标	减排指标为欧盟碳配额（EUA）及欧盟航空碳配额（EUAA）。
	项目减排量	发达国家和发展中国家之间CDM机制下的核证减排量（CER），以及发达国家和发达国家之间JI机制下的减排量（ERU）。

（续表）

类别	碳金融产品	EU ETS的实践
碳金融衍生产品	碳远期	CDM项目产生的CER通常采用远期的形式进行交易。
	碳期货	EUA及CER通常采用期货方式进行交易，占欧盟碳市场交易总量的90%以上。
	碳期权	ICE上发行的期权种类为欧式期权。
	碳互换	EUA和CER有相应的碳互换工具。
碳融资工具	碳债券	欧盟大部分已发行的绿色债券或资金都具有低碳减排用途或与绿色资产相关联。
	碳基金	德国复兴信贷银行（KFW）碳基金、意大利碳基金、丹麦碳基金、荷兰清洁发展基金和联合实施基金、西班牙碳基金等，以及在欧盟碳市场下的第一个非政府型碳基金欧洲碳基金（ECF）。
碳支持工具	碳指数	巴克莱资本全球碳指数（BC GGI）、瑞银温室气体指数（UBS GHI）、道琼斯-芝加哥气候交易所-CER/欧洲碳指数（DJ-CCX-CER/EC-I）和美林全球二氧化碳排放指数（MLCX Global CO_2 Emission Index）、EEX现货市场的ECarbix碳指数等。
	碳保险	苏黎世保险公司（Zurich）推出的CDM项目保险业务，可以同时为CER的买方和卖方提供保险。

4. 欧盟碳金融市场的主要成就

（1）市场规范成熟。一是规则体系完善，欧盟碳市场自成立以来，在ETS层面通过条例、指令、决议等形式进行规范，并不断对相关法律文件进行修订；二是参与主体多元，包括个人、政府和商业银行等；三是交易产品丰富，自2005年6月推出碳期货期权交易，EUA和CER期货、期权、互换发展迅速，欧盟碳市场还出现了碳套利交易、CDM下碳排放权的证券化产品以及商业银行推出的与碳排放权挂钩的结构性理财产品。

（2）推动低碳发展。一是推动温室气体减排，2005年EU ETS运行以来，欧盟温室气体排放呈明显下降趋势，而同期欧盟GDP则一直维持平稳增长，说明碳市场对控制温室气体排放作用明显；二是促进低碳领域投资，据官方披露，欧盟在2014—2020年至少20%的预算（约合1 800亿欧元）投资于气候变化相关领域。

（3）国际影响巨大。EU ETS是全球第一个强制碳市场，也是迄今为止世界范围内覆盖国家最多、覆盖行业最广、减排力度最大的碳市场；EU ETS作为全球第一个碳排放权交易体系，已成为国际样本，是各国建设碳市场的主要学习对象。同时，在京都框架下通过将CER纳入抵销机制，EU ETS为发展中国家的CDM项目开发提供了阶段性的资金和技术支持，在南北气候合作方面作出了重要贡献。

三、中国碳金融市场发展

（一）中国碳金融市场发展历史

我国参与碳排放交易的历程大体可划分为三个阶段：①2005—2012年的CDM项目阶

段,CDM 项目是我国在 2012 年之前能够参与的唯一的碳交易体系,项目最主要集中于风能、水力等领域;②2013—2020 年的碳交易试点阶段,7 个区域试点先后开启。2011 年 10 月底,国家发改委批准北京、天津、上海、重庆、湖北、广东和深圳 7 个省市开展碳排放权交易试点,2013 年 6 月 18 日,深圳碳排放权交易试点率先启动,随后上海、北京、广东、天津、湖北及重庆六个试点也在 2013 年底至 2014 年上半年陆续启动。CCER 在试点地区参与交易,各试点抵销比例在 5%—10%,CCER 累计成交量近 3 亿吨;③2021 年后的全国碳交易市场阶段,全国统一碳市场于 2021 年 7 月 16 日开市。

中国碳市场以碳现货交易为主,碳现货主要包括碳排放配额及国家核证自愿减排量;以地区创新型碳交易产品为辅,部分试点地区结合当地资源禀赋开发创新性交易品种,但受制于中国《期货交易管理条例》的规定,试点地区碳市场均不具备交易真正意义上碳期货等碳金融衍生品的资质。

(二) 中国碳市场主要碳金融产品

中国碳市场上主要的金融产品有碳现货交易产品、碳金融衍生产品、碳融资工具以及碳支持工具(见表 9-6)。

表 9-6　中国碳市场主要金融产品

类别	碳金融产品	中国碳金融市场实践
碳现货交易产品	减排指标	地方试点碳配额和全国碳市场上碳配额(CEA)。
	项目减排量	中国核证减排量(CCER)。
碳金融衍生产品	碳远期	广州碳配额远期合同备案、上海碳配额远期、湖北碳配额远期。
	碳互换	壳牌能源(中国)有限公司与华能国际电力股份有限公司碳互换。
碳融资工具	碳基金	中国绿色碳汇基金、嘉碳开元投资基金、嘉碳开元平衡基金、海通宝碳基金。
	碳债券	中广核风电附加碳收益中期票据。
	碳质押	湖北宜化集团和兴业银行签订了 4 000 万元“碳排放权质押贷款协议”;上海宝碳新能源环保科技公司与上海银行签署的总金额达 500 万元的 CCER 质押贷款。
	碳信托	上海证券有限责任公司与上海爱建信托有限责任公司联合发起设立的“爱建信托 · 海证一号碳排放交易投资集合资金信托计划”; 兴业信托设立“利丰 A016 碳权 1 号集合资金信托计划”; 华宝信托“ESG 系列-碳中和集合资金信托计划”; 中海信托作为受托人设立的“中海蔚蓝 CCER 碳中和服务信托”。
	碳回购	中信证券股份有限公司与北京华远意通热力科技股份有限公司签署国内首笔碳排放配额回购融资协议。春秋航空股份有限公司、上海置信碳资产管理公司和兴业银行上海分行碳配额回购业务。
	碳托管	2014 年 12 月 9 日全国首单碳托管业务:湖北兴发化工将 100 万吨碳配额交由武汉钢实中新碳资源管理公司和武汉中新绿碳公司托管。

(续表)

类别	碳金融产品	中国碳金融市场实践
碳支持工具	碳指数	中国碳交易指数、中国低碳指数、复旦碳价指数。
	碳保险	平安保险向华新水泥提供的碳排放配额缺口保险。

其中,碳融资工具中的碳质押方面,CCER 质押可以帮助项目业主或碳资产公司获得短期融资。上海宝碳新能源环保科技公司与上海银行签署的 CCER 质押贷款是我国第一笔 CCER 质押贷款案例,同时,该笔交易意味着 CCER 开始被中国的金融机构认可。

(三) 中国碳金融市场发展存在的问题

1. 市场配套制度和监管措施有待完善

当前市场中许多规章制度中仍不够完善。在行业覆盖方面,试点市场以高能耗行业为主,全国市场则只覆盖了发电行业,许多高排放行业尚未被纳入减排体系;减排气体体系仅纳入温室效应权重较大的二氧化碳,对其余温室气体未进行监管。在分配制度上,生态环境部规定,配额总量确定方案原则上采用基准线法,并倡导“自上而下”的总量确定思想;但是在实际运行中,“自下而上”的总量控制思想仍是主流。此外,各试点的碳配额的分配方案也尚未统一,拥有较大自主裁定权的区域性政策势必引起公平与效率问题,最终将限制碳市场的控排能力。

2. 交易主体单一,市场流动性不强

当前碳市场上的交易主体主要是控排企业,且交易集中于控排企业对碳现货的买卖,加之碳配额总量存在一定程度的供给过剩,市场活跃度与流动性不够理想。根据全国碳市场的数据,全国第一个履约期覆盖二氧化碳排放量约 45 亿吨,但 2021 年全国碳配额交易累计 1.8 亿吨,仅占总量的 4%。此外,无论是地方试点市场还是全国碳市场,碳交易的“潮汐”现象始终存在,除临近履约期外的时间,碳市场交易均相对冷淡。

尽管自 2015 年开始,地方试点陆续推出了以碳基金、碳信托为代表的 20 余种衍生金融产品,但是从实际交易数据来看,国内的二级碳市场,大多属于弱式无效市场,碳金融产品推广力度很小,对提高中国碳市场的流动性并未起到应有的作用。虽然全国碳市场已于 2021 年 7 月启动,但目前碳配额市场还未开放给机构投资者,碳配额账户管理受限和流动性问题在一定程度上制约了碳信托的发展。而 CCER 的基础项目可能存在因虚假被核减或撤销的风险,也会影响以 CCER 为基础的信托计划的实施。碳信托在中国的发展,仍有一段很长的路要走。

3. 碳市场上价格的有效性不足

碳市场有效性不足主要体现在两个方面:一是市场价格发现功能未得到充分的发挥。由于当前碳市场流动性不足,市场的金融属性没有得到充分发掘,市场定价机制不完善,导致碳价形成效率低,无法准确反映政策信息、供求信息等,价格信号对资源的优化配置作用未得到充分发挥。二是当前碳市场上的价格明显低于全球主要碳市场。根据全球碳市场数据，自启动地方试点到2021年底全国碳市场第一个履约期结束，中国的碳价均明显低于全球主要碳市场上的价格，也显著低于《巴黎协定》中设定的2℃温控目标而提出的40—80美元/吨CO_2e(二氧化碳当量)。碳价过低不仅无法准确反映减排的社会成本，不利于碳市场的降碳功能的发挥；也不利于中国投资者参与国际市场交易，可能导致本国资源的流出。碳价的有效性仍待进一步提高。

4. 碳交易产品创新不足

虽然，部分地方试点已进行了融资工具方面的尝试，试行了包括配额回购融资、碳资产质押、碳债券、碳掉期、碳远期等产品，但产品数量不多，涉及金额不大，大多为探索性的尝试，创新性也并不强，难以对碳金融市场产生本质的影响。且当前金融机构尚未进入全国碳市场，金融业对于碳金融产品的创新和交易的支持力度尚显不足。

(四) 中国碳金融市场的发展建议

我国碳金融市场作为一个刚起步且高度依赖政策的市场，存在相当大的不确定性。当前碳交易市场顶层制度、法律基础、交易规则也都处于初创与磨合期，未来可以从如下方面着手发展中国碳金融市场。

1. 积极扩大交易主体范围

欧盟碳市场的参与主体不仅仅包括控排企业，还有众多的商业银行、投资银行的金融机构，还包括政府主导的碳基金、私募股权投资基金等多种类别的参与者。因此应鼓励更多的市场参与者，让更多的金融机构等进入中国碳市场，不仅可以活跃碳交易市场，还可推动碳金融产品的创新和碳金融服务的发展。

2. 强化碳金融机制设计，提高应对碳金融风险的能力

将碳金融衍生品纳入国家金融监管领域，完善国内金融基础设施，大力推动碳金融衍生品市场发展。提高碳金融交易产品准入门槛，确保参与主体拥有风险识别与控制等能力。建立系统全面的风险防控体系；与国际金融机构进行合作，提高共同应对风险的能力；政府出台法律法规加大对碳金融领域的风险防控和监管；加强对风险预测管理，形成完备的信息披露机制风险应对机制。

3. 提升碳金融市场的定价效率

要建立市场定价机制，形成科学有效的价格信号，指导市场上的资源配置，充分发挥碳金融市场的价格形成功能；增强市场的流动性，提高碳价形成效率。

4. 增强碳金融工具的创新力度

发展多层级碳金融市场体系，协同发展碳现货和碳金融衍生工具，加速推动二级市场的成熟，增加市场流动性，为市场参与者提供更多交易产品和管理工具。大力发展场外交易市场，推动形成场内与场外协调联动的多层次碳金融市场体系。

我国碳债券的发展

企业发行碳债券，首先需要确保所发行的债券落入《绿色债券支持项目目录》所划定的范围，且筹集的资金要符合特定用途。根据中国人民银行2021年4月发布的《绿色债券支持项目目录(2021年版)》，企业可以通过发行绿色债券筹集资金用于投资列入该目录的绿色减排项目，其中便包括碳捕集、碳沉降和碳交易相关的环保项目。

其次，碳债券的资金募集方需要严格执行信息披露的要求。例如，根据《上海证券交易所公司债券发行上市审核规则适用指引第2号——特定品种公司债券(2022年修订)》规定，碳债券资金募集方需披露拟投资的低碳项目的具体情况，包括但不限于低碳项目类别、项目认定依据或标准和环境效益目标等内容。

2014年5月，中广核风电、浦发银行、国开行、中广核财务及深圳碳排放权交易所共同发布中广核风电附加碳收益中期票据，成为国内首单碳债券。该笔碳债券的发行人为中广核风电，发行金额10亿元，发行期限为5年。主承销商为浦发银行和国开行，由中广核财务及深圳碳排放权交易所担任财务顾问。债券利率采用“固定利率+浮动利率”的形式，其中浮动利率部分与发行人下属5家风电项目公司在债券存续期内实现的碳(CCER)交易收益正向关联，浮动利率的区间设定为5 BP到20 BP。但CCER、地方核证减排量等碳信用的市场有限，发展不够成熟，CCER项目更是自2017年起就停止审批备案。而碳债券正是将碳信用收入与债券利率水平挂钩的，因此碳债券目前在市场上比较少见。

此外，其他筹集资金用于低碳项目的债券仍层出不穷。2021年以来，以碳中和为基本概念、以增加碳减排量为项目特征的低碳概念的债券发行增多。2021年2月，有6家公司发行了总计64亿元的“碳中和绿色债券”，所筹资金将被用于风力和光伏发电等项目；3月18日，国家开发银行发行“债券通”200亿元的3年期绿色金融债券，资金将用于风电、光伏等碳减排、碳吸收项目，将产生年减排量约1 900万吨；同月24日，国家电网有限公司发行了50亿元的绿色中期票据，所筹集的资金将用于多项特高压输电工程建设，该工程将每年减少约77万吨的碳排放量。

《中国碳中和债发展报告2021》指出，为应对气候变化，我国提出“双碳”目标，并大力推行绿色金融，助力经济绿色低碳转型。作为绿色债券之一，“碳中和债券”在绿色债券政策框架下，将募集资金专项用于清洁能源、清洁交通、可持续建筑等具有碳减排效益的绿色项目，由第三方专业机构对碳减排等环境效益进行量化评估，在发行后持续披露项目进展与碳减排成效。相比一般意义上的绿色债券，碳中和债用途更为聚焦，环境效益可量化。

从债券类型来看，碳中和债发行类型较为丰富多样，涵盖中期票据、短期融资券、超短期融资券、公司债券、资产支持证券、资产支持票据、资产支持商业票据及定向债务融资工具，主要发行市场为银行间市场和交易所市场。

从现有发行案例来看，银行间市场和交易所市场中碳中和债券最大的区别主要为是否必须进行发行前的第三方评估认证，以及募集资金是否能够用于补充流动资金。具体差异如表 9-7 所示。

表 9-7　银行间市场和交易所市场中碳中和债券的差异

	银行间市场	交易所市场
定义	指募集资金专项用于具有碳减排效益的绿色项目的债务融资工具，须满足绿色债券募集资金用途、项目评估与遴选、募集资金管理和存续期信息披露等四大核心要素，属于绿色债务融资工具的子品种。	募集资金主要用于碳中和项目建设、运营、收购或偿还碳中和项目贷款的绿色公司债券。
募集资金用途	全部专项用于清洁能源、清洁交通、可持续建筑、工业低碳改造等绿色项目的建设、运营、收购及偿还绿色项目的有息债务，募投项目应符合《绿色债券支持项目目录》或国际绿色产业分类标准，且聚焦于低碳减排领域。（不仅需要符合《绿色债券支持项目目录》，而且必须能够产生碳减排效益）发行人应在发行文件中披露碳中和债募投项目具体信息，确保募集资金用于低碳减排领域。如注册环节暂无具体募投项目的，发行人可在注册文件中披露存量绿色资产情况、在建绿色项目情况、拟投绿色项目类型和领域，以及对应项目类型环境效益的测算方法等内容，且承诺在发行文件中披露以下项目信息：定量测算环境效益、披露测算方法及效果和披露碳减排计划。	不低于募集资金总额的 70%用于碳中和项目建设、运营、收购或偿还碳中和项目贷款，剩余部分可以补充流动资金。（需符合《绿色债券支持项目目录》特殊情况：最近 1 年合并财务报表中绿色产业领域营业收入比重超过 50%（含），或绿色产业领域营业收入比重虽小于 50%，但绿色产业领域营业收入和利润均在所有业务中最高，且均占到发行人总营业收入和总利润 30%以上的公司，可不对应具体绿色项目申报发行绿色公司债券，但募集资金应用于公司绿色产业领域的业务发展，并在债券存续期间持续披露募集资金用于绿色项目的相关情况。
募投领域	碳中和债募投领域包括但不限于： （一）清洁能源类项目（包括光伏、风电及水电等项目）； （二）清洁交通类项目（包括城市轨道交通、电气化货运铁路和电动公交车辆替换等项目）； （三）可持续建筑类项目（包括绿色建筑、超低能耗建筑及既有建筑节能改造等项目）； （四）工业低碳改造类项目（碳捕集利用与封存、工业能效提升及电气化改造等项目）； （五）其他具有碳减排效益的项目。	
第三方评估认证要求	均进行发行前的评估认证报告，具体披露碳减排环境效益。	不要求必须在发行前评估，但在募集资金实际投入使用后最近一次定期报告披露时，需同步披露由第三方机构出具的项目碳中和评估认证报告。

（续表）

	银行间市场	交易所市场
信息披露	建议发行人聘请第三方专业机构出具评估认证报告。按照“可计算、可核查、可检验”的原则，对绿色项目能源节约量（以标准煤计）、碳减排等预期环境效益进行专业定量测算，提升碳中和债的公信度。发行人应在募集说明书、评估认证报告（如有）中详细披露绿色项目环境效益的测算方法、参考依据以及能源节约量（以标准煤计）、二氧化碳，及其他污染物（如有）减排量等相关情况。在募集说明书重要提示和募集资金运用章节显著标识本次募投项目预期达到的碳减排效果。	募集说明书：发行人应加强碳中和项目环境效益相关信息披露，按照“可计算、可核查、可检验”的原则，重点披露环境效益测算方法、参考依据，并对项目能源节约量（以标准煤计）、碳减排等环境效益进行定量测算。存续期：鼓励发行人在披露碳中和绿色公司债券定期报告时，或在项目完成可行性研究、获得建设许可、项目开工等重要节点披露由独立第三方机构出具的碳中和项目碳减排等环境效益评估认证报告。
鼓励措施	①开辟绿色通道、加快碳中和债注册发行效率；②为债权添加统一标识，有利于债券后续管理；③除偿还绿色有息债务外，鼓励发行中长期产品；④鼓励发行绿色资产支持票据；⑤鼓励已注册债务融资工具可在既有额度内变更为绿色债务融资工具。	—

可以预见，ESG概念的盛行将会为低碳项目相关的债券持续带来热度。鉴于CCER项目的审批有望在近年重新启动，各地也在不断探索地方核证减排量的开发，未来碳债券仍有不小的发展空间，令人期待。

案例思考题

1. 根据中国人民银行2021年4月发布的《绿色债券支持项目目录（2021年版）》，企业可以通过发行绿色债券筹集资金用于投资哪些项目？

2. 银行间市场和交易所市场中碳中和债券有哪些区别？最大的区别是什么？

思考与练习

1. 碳金融广义和狭义的概念分别是什么？
2. 请简述碳金融的功能。
3. 按功能划分，碳信托可分为哪三大类？每一类请举一例说明。
4. 广义和狭义的碳金融市场分别有何含义？
5. 传统金融市场的构成要素一般包括哪四类？碳金融市场呢？
6. 国际碳金融市场的发展有哪些特点？请简述。

7. 中国碳金融市场发展存在哪些问题？请简述。

推荐阅读

世界银行:《碳金融十年》,广州东润发环境资源有限公司译,石油工业出版社,2011 年。

世界银行碳金融部门:《碳金融发展年度报告(Carbon Finance Unit Annual Report 2006)》,2006 年。

参考文献

世界银行碳金融部门:《碳金融发展年度报告(Carbon Finance Unit Annual Report 2006)》,2006 年。
世界银行:《碳金融十年》,广州东润发环境资源有限公司译,石油工业出版社,2011 年。

第十章

碳资产管理

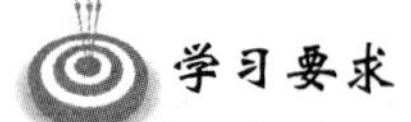

学习要求

了解碳资产的概念、分类与特征;掌握常见的碳资产类型;了解碳资产管理的内涵、客体和碳资产管理的意义;掌握碳资产管理活动的架构;熟悉碳资产管理的五个支持活动和四个基本活动。

本章导读

在全球碳中和及国家"双碳"目标下,碳资产成为企业的一种重要资产。当前全球应对气候变化进程加快,不仅控排企业,其他高排放企业、可再生能源企业、绿色减碳企业以及金融机构等都需全面开展碳资产管理。国际大型能源企业如英国BP、荷兰壳牌、法国电力、美国埃克森美孚、挪威国家电力公司等高度重视碳资产管理市场化新机制的探索,早在2000年左右开始碳业务布局和碳资产专业化管理。大部分企业在碳资产管理方面基础和人才储备都有欠缺,研制符合自身现实情况的碳资产管理架构的难度非常大,企业对于政策和交易机制变化的应对速度与质量也会影响到碳资产管理体系的制定。本章在梳理已有碳资产管理理论研究和实践的基础上,阐述碳资产的概念、分类与特征,介绍碳资产管理的内涵、客体,搭建碳资产管理框架,系统介绍碳资产管理的关键活动。

第一节 碳 资 产

一、碳资产的概念

(一) 碳资产的起源

"资产"是一个会计学概念,《国际会计准则》在框架中将资产定义为:"资产是指作为以往事项的结果而由企业控制的、可望向企业流入未来经济利益的资源”。中国财政部发布的《企业会计准则》对资产的定义是:“资产是指企业过去的交易或者事项形成的,由企业拥有或者控制的预期会给企业带来经济利益的资源”。符合资产定义的资源,在同时满足以下两个条件时确认为资产:一是与该资源有关的经济利益很可能流入企业;二是该资源的成本或者价值能够可靠地计量。

2005年,《京都议定书》生效,把市场机制作为解决温室气体减排问题的新路径,即把二氧化碳排放权作为一种商品,从而在全球范围内以温室气体排放权为对象的交易市场也应运而生,碳排放权由此成为一种稀缺资源,可为持有者带来经济利益。碳排放权是否可确认为资产,可以从资产确认的几大要素角度对碳排放权的资产属性进行分析。

(1) 企业可以通过政府配额分配的方式,或者从其他企业或机构购买的方式获得碳排放权。因此,碳排放权是由企业在过去的交易或者事项中形成的。

(2) 通过政府分配或者交易方式,企业对碳排放权获得相应所有权或者控制权。

(3) 企业可以通过履约、转让或出售等方式直接或者间接获得经济收益。

(4) 在进行履约转让或出售等活动中所发生的相关支出或成本是可计量的。

因此,碳排放权具备资产的所有要素,可被认定为资产。

(二) 碳资产的概念

“碳资产”一词最早可追溯至《联合国气候变化框架公约》(UNFCCC, 1992), Wambsganss 和 Sanford(1996)认为企业未来实际碳排放须用碳排放权来补偿,这种碳排放权具备了资产的特性。Marland 等(2001)首次明确给出“碳资产”定义:碳资产是由环境容量限制导致的碳排放权制度分配。此后学界开始深入探讨碳资产的内涵及边界,但主要研究点仅限于碳排放权,如世界银行把碳资产理解为企业实施碳减排项目所产生的碳减排量。

随着碳资产概念研究的不断深入,碳资产涵盖的范围不断扩大,Hepburn(2007)认为未来碳资产将是一个非常大的范畴,不仅仅局限于《京都议定书》的三种机制。Bigsby(2009)认为碳资产不仅包括碳配额和项目减排量,所有能吸碳、存碳及减碳的土壤和森林、草地等自然资源均属于碳资产。Albino(2014)明确提出有助于降低碳排放的低碳技术、低碳管理信息系统也属于资产。

国际机构认为,碳资产所涵盖的范围应当包括任何能在碳交易市场中转化为价值或利益的有形或无形财产(carbon as an emerging asset class, CFA Institute)。普华永道(2021)将碳资产界定为以碳排放权益为核心的所有资产,既包括在强制碳交易、自愿碳交易机制下产生的可直接或间接影响组织温室气体排放的碳配额、项目减排量及其衍生品,也包括通过节能减排、固碳增汇等各类活动减少的碳排放量,及其带来的经济和社会效益为碳资产的价值。

中国证监会在2022发布的《中华人民共和国金融行业标准——碳金融产品》中,将碳资产界定为由碳排放权交易机制产生的新型资产。中国资产评估协会2022年发布的《资产评估专家指引——碳资产评估(征求意见稿)》中,将碳资产界定为:碳排放权配额交易或温室气体自愿减排交易等机制下，特定主体拥有或控制的，作为生产经营要素或投资对象从而带来经济利益的资源，包括配额碳资产、减排碳资产、碳金融资产等。

我们认为，碳资产是由企业碳交易或相关事项形成的、由企业拥有或者控制的、预期会给企业带来经济利益的，与碳排放减少有关的资源。碳资产不仅包括在强制碳排放权交易机制或者自愿碳排放权交易机制下，产生的可直接或间接影响组织温室气体排放的碳排放配额、项目减排量；也包括企业拥有或控制的，能够通过市场交易或者其他经济场景帮助企业减排，能为企业带来经济利益的其他资源。

碳资产之所以能为企业带来经济利益，在于碳资产具有以下四个方面的价值：一是生产要素的资源价值：碳排放作为一种生产要素，在生产或经营过程中消耗，或者满足政府清缴履约要求，使控排企业获得经济利益（不罚款、不支付购置费用下完成生产经营活动）。二是金融资源的转让价值：通过在碳市场或金融市场直接出售、出借、抵押质押，获得各种经济收益。三是特殊资源的附加价值：通过拥有的碳资产，获得各种附加收益：如政府补贴、优惠的招商引资条件、低息贷款。四是生产投入的商品价值：成为企业的主营业务或主要收入来源。

二、碳资产的分类

从不同的角度出发，可将碳资产划分为不同的类型（如表 10-1 所示）。目前已有一些机构或学者提出了碳资产分类的观点，但尚未形成统一、公认的分类标准。

表 10-1　碳资产的分类研究

研究	分类依据	分　类
江玉国（2014，2015）	碳资产的形态	碳资产可划分为碳有形资产和碳无形资产。碳有形资产是指有低碳价值且可以精确计算和评价、具有实物形态的资产，如减排设备等。碳无形资产是指企业通过政府碳配额、项目减排量或者自身减排得以认证而获得的一种基于排放权利的资产。
张彩平（2015）	碳资产的定义及特征	碳资产可划分为流动资产、固定资产、无形资产、金融资产。 流动资产是指有形物质形态，参与生产经营的煤炭，石油，天然气等化石能源以及外购电力等，以及无形资产形态，主要用于弥补超额排放或参与碳市场交易（碳配额或项目减排量）；固定资产是指为碳减排购买的专用设备等实施长期减排战略的物质基础；无形资产是指降低能耗，提高减排效率的自主研发或外购的低碳技术；金融资产是指降低现货价格风险的碳期货、碳期权等金融衍生品。
韩立岩和黄古博（2015）	碳资产的形态	碳资产可划分为固定碳资产（如碳减排设备）、无形碳资产（如低碳工艺技术）、生物碳资产（如吸碳森林）和金融碳资产（如碳配额）。
吴宏杰（2018）	碳市场交易的客体	碳资产可以分为碳交易基础产品和碳交易延伸产品。碳交易基础产品也称碳资产原生交易产品，包括碳排放配额和碳减排信用额；碳交易延伸产品包括碳交易衍生品、碳基金、碳交易创新产品等。

（续表）

研究	分类依据	分　类
吴宏杰（2018）	碳资产交易制度	配额碳资产，是指在“总量控制一交易机制”（cap-and-trade）下产生的，通过政府机构分配或进行配额交易而获得的碳资产。减排碳资产，也称为碳减排信用额或信用碳资产，是指在“信用交易机制”（credit-trading）下产生的碳资产，通过企业自身主动地进行温室气体减排行动，或通过碳交易市场进行信用额交易获得的碳资产。
Liu 和 Liu（2019）	碳资产的形态	固定碳资产，即有助于减排的固定资产；金融碳资产，即可进行交易的碳资产。
赵长利（2022）	碳资产的计量方式	碳资产分为购入和免费分配获得两类，分别适用不同的会计处理原则。对于免费分配获得的碳资产，不作账务处理；对于购入的碳资产，按照实际支付的金额确认初始价值。

随着“碳资产”概念涵盖的范围不断扩大，碳资产的划分方式也需随之改变。按照不同的分类标准，能够进行不同的碳资产分类。

一是按照碳资产的收益类型。碳资产的收益分为两部分：减排义务收益和经济收益。由此可以将碳资产分为伴生性碳资产、单一性碳资产。伴生性碳资产是跟企业的主营业务有关，能够产生财务收益的同时，产生减排收益，如低碳零碳负碳技术与设备等。单一性碳资产则是只能带来单一收益的碳资产，如碳配额、碳减排量等。

二是按照碳资产的体现形式，可以将碳资产分为：实物资产（如节能减排降碳技术、设备等），无形资产（如碳排放配额、减排量等）。

三是按照碳资产是否可以在公开市场进行交易，可以将碳资产划分为交易类碳资产和非交易类碳资产。交易类碳资产是指可在碳交易市场或相关市场上进行交易的配额、项目减排量及其碳金融衍生品，以及绿电等；非交易类碳资产是指节能减排降碳设备和技术等不直接在相关交易市场上交易，但与企业节能降碳活动相关，能带来经济利益流入企业的资产。

三、碳资产的特征

根据上文给出的碳资产的定义，可以看出碳资产包括企业持有的传统资产，如绿电、节能降碳设备或技术、政府补贴、资本投入等，也包括在国内外气候政策、碳排放政策、碳交易政策等政策下形成的碳排放配额和项目减排量，以及其金融衍生品等环境政策产物。因此，碳资产不仅具备传统资产的特性，也具备一些新的特征。具体包括以下方面。

（1）与温室气体排放有关。碳资产是与碳排放减少有关的资源，因此是否会涉及温室气体排放是碳资产与一般资产最大的区别。

（2）稀缺性。传统的资产具有稀缺性，碳排放配额和项目减排量等资产也具有稀缺性。碳资产的稀缺性来自碳排放空间的有限性。科学家们早在2015年就提出，如果要实现2℃温控目标，剩余碳排放空间约为11 700亿吨CO_2，全球按目前水平只能继续排放20多年。如果要实现1.5℃温控目标，剩余碳排放空间约为4 200—7 700亿吨CO_2。可见，全球碳排放空间是非常有限的，若要将大气中温室气体容量控制在有限的合理范围内，人类排放温室气体的行为便会受到限制，从而使得温室气体排放权成为一种稀缺资源。

（3）部分碳资产表现出权利义务二重性，即在取得资产的处置权的同时，伴随着相应的义务。例如，碳排放配额在发放时体现为权利，即拥有在特定时期内排放相应数量二氧化碳的权利，但同时伴随着履约的义务。

（4）消耗性。碳资产最终的用途是被直接消耗或抵销消耗。配额、减排量等碳资产将被企业用于履约或碳中和而消耗。低碳零碳负碳技术、设备在生命周期内产生的减排量也会最终被企业用于履约或碳中和。由于碳金融衍生品所依托的是配额、减排量现货，在现货被消耗后，碳金融衍生品也失去了存在的基础。

（5）金融属性。碳资产具有金融属性，能够在相关公开市场进行交易。企业可以通过有效的碳资产管理，结余出部分碳配额，将其在碳资产交易市场卖出，换取经济利润。若碳排放管理不当，导致配额不足以清缴当期的排放量，则必须从市场中购进当量的配额。从这个角度看，碳资产类似于可交易的大宗商品，具有投资性。国外发达的碳资产市场将碳排放权当作金融衍生工具看待，搭建了较为丰富的交易体系与交易模式。我国现阶段也开始开展碳资产管理区域性试点，所有试点省市都拥有碳资产交易市场，碳资产基金、托管等业务逐步跟进，碳资产的交易属性日益彰显。

四、常见的碳资产类型

常见的碳资产包括：碳排放配额、核证减排量、碳普惠、碳金融衍生产品、绿色电力、绿色电力证书、节能减排降碳技术、绿氢等（见表 10-2）。

表 10-2 常见交易类碳资产汇总

碳资产	相关内容
碳排放配额	以二氧化碳配额为交易标的，包括国际主要碳市场上的碳配额、中国全国碳市场配额以及地方试点市场碳配额。
核证减排量	以核证的二氧化碳减排量为交易标的，包括国际性、独立性以及区域国家和地方性的核证减排量。
碳汇	碳汇是指通过植树造林、植被恢复等措施，吸收大气中的二氧化碳，从而减少温室气体在大气中浓度的过程、活动或机制；包括林业碳汇、耕地碳汇和海洋碳汇等。
碳普惠	碳普惠是指运用相关商业激励、政策鼓励和交易机制，带动社会广泛参与碳减排工作，促使控制温室气体排放及增加碳汇的行为。
碳金融衍生产品	基于相关碳资产开放的碳远期、碳掉期、碳期权、碳债券、碳资产证券化等碳金融衍生产品。
绿色电力	特指以绿色电力产品为标的物的电力中长期交易，用以满足电力用户购买、消费绿色电力需求，并提供相应的绿色电力消费认证。
绿证	绿证是国家对发电企业所生产的每 1 000 kWh 绿色电力颁发的具有唯一代码标识的电子凭证，用以证明与核算可再生能源的发电和使用。

1. 碳排放配额

碳排放配额是在强制碳排放权交易机制下，政府分配给控排企业指定时期内的碳排放额度，是碳排放权的凭证和载体，1单位配额相当于1吨二氧化碳当量。碳配额具有商品的基本属性，可以开展交易。

碳排放配额既包括全国碳市场和试点碳市场上分配和交易的配额，也包括欧盟、韩国、新西兰、英国以及RGGI等国际主要碳市场的配额。市场参与者可通过免费分配、拍卖或者在二级市场交易等方式取得配额，配额可用于履行企业的减排义务或者通过交易获得收益。

2. 核证减排量

核证减排量是指因实施减排项目产生的，按照相应的方法学开发，经核证的二氧化碳减排量。企业可通过可再生能源、林业碳汇、甲烷利用等项目自主开发核证自愿减排量，也可在自愿减排市场购买获得核证减排量。核证减排量可用于抵销企业的履约义务(如全国碳配额市场抵销5%)或通过交易获得资金收益。

碳汇概念源于《京都议定书》，是指通过植树造林、植被恢复等措施，吸收大气中的二氧化碳，从而减少温室气体在大气中浓度的过程、活动或机制。包括：林业碳汇、耕地碳汇以及海洋碳汇等。企业可利用碳汇抵销企业的碳排放或通过交易获得经济收益。

3. 碳普惠减排量

碳普惠是指对小微企业、社区家庭和个人节能减碳行为进行具体量化，并赋予一定价值，建立起以商业激励、政策鼓励和核证减排量交易相结合的一种正向引导机制。我国于2015年7月在广东率先启动碳普惠制试点。广东省纳入碳普惠试点地区的企业和个人，通过参与实施减少温室气体排放的行动和增加绿色碳汇等低碳行为产生的减排量，都可以被允许进入碳市场交易。

4. 碳金融衍生产品

碳金融衍生产品是指在碳配额或核证自愿减排量等基础资产上，衍生出的碳期货、碳远期、碳掉期、碳期权、碳债券、碳资产证券化等碳金融衍生产品。

5. 绿色电力

绿色电力(简称“绿电”)是指利用特定发电设备(如风机、太阳能光伏电池等)从可再生能源转化而成的电能。通过这种方式产生的电力，因发电过程中不产生或极少产生有害环境的排放物(如二氧化碳、一氧化氮、二氧化氮、二氧化硫等)，且无须消耗化石燃料，节省了有限的资源储备，更有利于环境保护和可持续发展。绿色电力的主要来源为太阳能、风力、生质能、地热等。作为一种碳资产，绿色电力的价值在多个方面得以体现：一是扩大企业主营业务的发展空间。2022年，国家发改委等部门在《促进绿色消费实施方案》《完善能源消费强度和总量双控制度方案》《关于进一步做好新增可再生能源消费不纳入能源消费总量控制有关工作的通知》等多个文件中明确提出，满足条件的情况下，“绿电”不纳入能源消费总量控制要求。因此，对于承担能耗双控压力的高耗能企业而言，多使用一度“绿电”，就能额外多生产相应数量的产品，扩大企业主营业务的发展空间。二是获取降碳收益。电力是企业碳排放的重要来源，采用“绿电”可以大幅度减少企业的二氧化碳排放。对于纳入全国碳交易市场的控排企业来说，碳排放减少后就可以获得富余碳配额，从而在碳市场出售获利。而非控排企业则可以通过将减排量申请 CCER 等方式获得降碳收益。

6. 绿色电力证书

绿色电力证书(或可再生能源证书，renewable energy certificate，简称 REC)是指国家对发电企业每兆瓦时非水可再生能源上网电量颁发的电子证书。REC 是非水可再生能源发电量的确认和属性证明，是消费绿色电力的唯一凭证，也是一种可交易、能兑现为货币的凭证。

绿证交易制度通常是可再生能源配额制的配套政策。2019 年，国家发改委、国家能源局联合印发《关于建立健全可再生能源电力消纳保障机制的通知》，对各省级行政区域设定可再生能源电力消纳责任权重。各承担消纳责任的市场主体以实际消纳可再生能源电量为主要方式完成消纳量，同时可通过以下补充(替代)方式完成消纳量：一是向超额完成年度消纳量的市场主体购买其超额完成的可再生能源电力消纳量；二是自愿认购可再生能源绿证，绿证对应的可再生能源电量等量记为消纳量。与此同时，国家鼓励各级政府机关、企事业单位、社会机构和个人自愿认购绿证，绿证经认购后不得再次出售。对于非可再生能源发电企业，绿证可用以履行可再生能源配额义务，作为碳减排证明参与碳市场，并满足采购方的清洁能源使用要求。一些具有较大影响力的跨国企业，如苹果、施耐德等，也纷纷就自身 100% 使用绿电作出承诺，并进一步要求供应链上的所有上游供应商使用一定比例的清洁能源。

国家可再生能源信息管理中心负责对购买绿色电力证书的机构和个人核发凭证。绿证代表了可再生能源电力的环境价值，可再生能源发电企业通过出售绿证获取环境价值收益；绿证的购买方则获得了声明权，即宣称自身使用了绿色能源。目前，根据产生绿证的可再生能源项目是否享受补贴，我国绿证可分为补贴绿证和平价绿证两类。由于补贴绿证一旦出售，其对应的电量将不再享受国家补贴，所以补贴绿证价格一直居高不下；而平价绿证来自于平价新能源项目，或补贴期限已经结束的新能源项目，所以其价格相对较低。

国际可再生能源证书(International Renewable Energy Certificate，简称 IREC)，是国际公认的可再生能源消费记录标准，被国际上碳披露组织接受和认可，可用于抵销企业的碳排放。目前较为常见的国际绿证主要包括国际可再生能源证书(I-REC)和全球可再生能源交易工具(APX TIGR)(如表 10-3 所示)，流通性均好于中国绿证。

表 10-3 常见国际绿证简介

产品名称	认证来源	项目支持类型
I-REC	荷兰	自 2021 年 6 月 15 日起，允许国有企业和非国有企业平等参与申请。同时，对于已经进入国家补贴名录但尚未在 I-REC 注册的可再生能源发电项目不再签发 I-REC 国际绿证；自 2023 年 1 月 1 日起，所有已获得国家财政补贴的可再生能源发电项目，也将停止签发 I-REC 国际绿证。
APX TIGR	美国	主要为无补贴项目核发绿证。

其中,APX总部位于美国,其中TIGR是追踪企业在北美以外地区购买可再生能源的黄金标准。APX创建了全球可再生能源交易工具注册中心,作为跟踪和转让可再生能源证书的在线平台,APX主要对平价无补贴项目核发绿证,与国内绿证不同的是,其对分布式光伏项目可以进行绿证核发。类似地,I-REC国际绿证注册平台总部位于荷兰,其标准由名为国际REC标准基金会的非营利组织开发,提供了可在任何国家或地区实施的标准化溯源体系的依据,确保最高质量的系统和对最佳实践的遵守。值得注意的是,I-REC标准可以对水电项目进行注册开发,可以核发水电绿证。

7. 节能减排降碳技术

节能减排降碳技术主要体现在新能源技术(光伏、风能、核电),化石能源清洁高效利用技术,绿色建筑技术,新能源汽车技术,固体废物资源化利用技术和碳捕集利用与封存(CCUS)技术六个方面,例如钢铁行业的低碳冶金技术。

8. 绿氢

绿氢是去碳化的最终解决方案,是全球净零排放的关键支柱。绿氢的应用一是作为再生能源的载体;二是部分替代原有的灰蓝氢气作为一种珍贵工业原料,比如在化工加氢合成、半导体、特殊燃料、浮法玻璃、新材料、冶炼钢铁等行业。

第二节　碳资产管理概述

一、碳资产管理的内涵

资产管理是指对企业生产经营活动所需各种资产的取得(采购、运输),保管(验收、保管),运用(供应、发放、合理使用、节约代用和综合利用)等一系列计划、组织、控制等管理工作的总称,是企业管理的重要内容。资产管理存在的意义,在于能够整合企业资产并根据企业发展目标对资产进行优化配置。资产管理主要包括资产供应计划的编制、资产的订货和采购、资产消耗定额的制订和管理、资产储备量的控制、仓库管理、资产的节约和综合利用等工作。企业资产管理包括对资产的价值与使用价值的管理,就其价值管理的角度出发,企业资产管理的主体应该是财务部门、物资供应部门、设备管理部门和生产单位等多部门的协调。

当前,碳资产已成为能为企业带来经济利益流入的重要资产类型,企业要在保证企业顺利完成节能降碳目标的同时,需要增强企业的碳资产管理能力,实现碳资产的保值和增值。

当前对于碳资产管理的内涵,国内外已有不少学者作出相关的研究(见表10-4)。

表 10-4 碳资产管理研究

研究	碳资产管理
Ratnatunga 和 Balachandran (2009)	企业在低碳管理的过程应当形成综合的碳资产管理框架,促进碳排放与碳交易管理。
万林葳和朱学义 (2010)	从会计的视角提出碳资产管理应该包含碳会计体系和碳预算体系的相关内容。
管翠萍 (2011)	碳资产管理包含的内容为“碳盘查”“碳减排”和“碳中和”三项。
梅德文 (2011)	企业碳资产管理不仅包含了对碳排放的管理也包含了企业为提高低碳竞争力而进行的其他管理活动。这说明了企业碳资产管理不仅局限于碳盘查、碳交易等具体碳资产管理活动,还应包括碳资产战略管理活动。
许雅玺 (2012)	碳资产管理包含了碳资产评估体系建设、碳会计信息披露制度建设、碳治理战略建设三方面内容。
Tang 和 Luo (2014)	碳资产管理系统的 10 个基本要素,分别是董事会职能、碳风险和机会评估、员工参与、减排目标、政策实施、供应链排放控制、温室气体(GHG) 会计、温室气体保险、利益相关者约定和外部披露和沟通。
陈自兰等 (2015)	碳资产管理是指对碳排放配额和国家核证 CCER 进行管理,如进行碳盘查、碳监测、碳减排、自愿减排项目开发、碳配额交易、CCER 交易以及利用碳交易降低企业减排成本、规避风险等其他措施。
赵金兰 (2018)	碳资产管理是企业对拥有的配额或者开发的 CCER 进行主动且有效地使用,以实现企业效益以及社会声誉的最大化。
吴宏杰 (2018)	碳资产管理是指围绕《京都议定书》第二承诺期所规定的七种温室气体开展的以碳资产生成、利润或社会声誉最大化、损失最小化为目的的现代企业管理行为,主要的管理内容包括碳盘查、信息公开(碳披露和碳标签)、企业内部减排、碳中和碳交易及碳金融等。

但是,学术界对于碳资产管理的概念与类型、碳资产管理的活动、碳资产管理的方法等内容缺少深入研究:一是大多数研究基于狭义的碳资产概念展开的。随着碳资产概念的不断发展,仅涵盖碳排放配额和项目减排量或其金融衍生品的碳资产管理概念已不再适用;二是碳资产管理范围多局限于会计核算等财务管理以及交易管理层面,并未搭建起碳资产管理的整体架构;三是碳资产管理的方法缺少深入研究,难以指导管理实践。

本书将碳资产管理定义为管理者按照管理原则,对碳资产实施计划、组织、协调、决策、控制等管理职能活动,进行碳资产的计量、核算、经营与战略管理,实现企业碳资产保值增值的过程。

二、碳资产管理的客体

前文已指出当前的碳资产管理研究的一个明显不足是碳资产管理的客体一般局限于碳排放配额、减排量以及其衍生金融产品，部分碳资产管理的对象延伸到企业拥有的节能降碳设备和技术，但这仍无法适应当前碳资产概念的发展。基于本书给出的碳资产概念，碳资产管理的客体应满足以下条件。

（1）碳资产管理的客体是所有碳资产，包括碳配额、项目减排量、绿电和碳金融衍生品等交易类碳资产，以及节能降碳技术和设备等非交易类碳资产。

（2）碳资产管理是对碳资产的所有形态进行管理，包括实物管理和价值管理，并以价值管理为核心。价值管理不仅是对核算时点碳资产的价值进行核算，更重要的是结合碳资产价格波动趋势和相关政策对碳资产未来价值变动情况进行管理。

（3）碳资产管理是对碳资产的整个生命周期进行管理。碳资产生命周期管理是指以企业的长期经济效益为着眼点，依据企业的节能降碳规划和业务发展战略，采用一系列的经济或技术的手段，统一管理企业碳资产的规划、购建、运维、退出的全过程，以此实现碳资产全生命周期的效益最优化。

三、碳资产管理的意义

（一）经济层面

碳资产管理能提高企业的碳资产资源使用效率，使企业能够通过碳资产的价格信号和资源配置功能来推动企业的管理与运营、提高碳资产的利用率、提高企业生产率、促进技术升级和生产方式转变。当前我国迫切需要价值创造为导向的碳资产管理，来引导企业在追求企业价值最大化的情况下，兼顾环境和社会问题。这既体现了企业的经济主体特征，又体现了生态和谐的要求。碳资产管理作为一项新兴的管理工作，不但有利于企业微观层面的价值实现和创造，还有利于宏观层面的碳资源配置效率的提高。

（二）环境层面

碳资产管理是生态系统资源管理的策略之一，强调人类减少对自然环境的破坏、减少温室气体排放。最为关键的是培养了环境的价值观，认识到环境是稀缺的、有价值的，减排是为了促进环境的良性循环，而不仅仅是迫于环境规制的压力。因此，碳资产管理有利于环境资源的开发、利用和维护。只有站在可持续发展的战略高度上，才能更好地确定碳资产管理的定位、内容和实施路径，更好地满足利益相关者的需求，响应国家对建设生态文明体制的要求，促进我国经济社会可持续发展。

（三）社会层面

碳资产管理能够体现企业的社会责任，在消费者中树立良好的社会形象，从而获得公众的认同，并通过吸引消费者的关注而获得良好的社会效益。人为地将碳从一种负外部性转变为一种商品和资产，需要一个复杂的制度化的过程，因此碳资产管理的体系构建、实施路径及制度完善必然是一个长期的发展过程。而且,对碳资产进行管理的效果也是需要长期的理论探索和实践论证的过程,并不是一蹴而就的。尤其在不确定环境下的对碳资产这种特殊的稀缺性资源进行跨期和跨空间配置,要求在较长时期内才得验证管理的效果和效率。实施碳资产管理获得的低碳竞争力在短期内或许没有给企业带来直接经济效益,但从长远来看,这些低碳竞争力将会促进企业获取充足的社会收益。从宏观来看,低碳发展也体现了人类社会的发展和进步。

第三节　碳资产管理的架构与活动

国际碳市场建立得较早,碳资产管理的相关实践也较为成熟,通常采用集中管理的形式进行碳资产管理,典型的案例有英国石油(British Petroleum, BP)、法国电力集团(Electricite De France, EDF)等。国内碳资产管理起步较晚,且碳资产管理工作主要集中在控排企业。大型控排企业参与较为主动,管理能力较强,而中小控排企业碳资产管理能力较弱,参与积极性不足。大型控排企业对政府政策的响应程度较高,排放量较大,受到限排的影响大。中小控排企业参与积极性不高的原因之一是碳资产管理涉及企业减排行动、资产管理、企业发展规划等重要事项,需高层管理人员推动企业整体协调配合;另一方面则是专业的碳资产管理人员的缺乏。虽然专业性的碳资产管理公司在2008年就已出现,但这些碳资产管理公司更多的是在CDM项目的管理和服务中充当中介的角色,我国的碳资产管理仍旧滞后。

一、碳资产管理的架构

传统的资产管理主要是对企业的流动资产、固定资产和无形资产的取得、保管、运用等一系列计划、组织、控制等进行管理工作。

关于碳资产管理,已有学者提出具体的管理方法。吴宏杰(2018)指出碳资产管理应包含三个步骤:一是碳核查;二是在核查的基础上,企业要在碳信息披露、企业内部减排、实现企业零排放、制定行业标准上采取行动;三是要通过碳交易和碳金融实现碳资产的保值增值。吴莉(2019)构建石化企业的碳资产管理框架,认为化石企业的碳资产管理框架应包含碳配额预算管理、碳配额交易管理、碳配额绩效管理三部分。黄锦鹏(2019)提出企业应从单纯的履约管理转变为碳资产综合管理,应包括"数据整理—CCER开发—配额/CCER交易—履约服务"的全流程全内容管理。数据整理包括碳盘查、改进能源计量、编制排放报告、第三方核查、申请配额调整;CCER开发项目包括识别、方法学开发、项目文件编制、第三方核查、主管部门报批;配额/CCER交易包括:头寸配置、现货/远期交易、碳金融:质押贷款、碳债券、碳基金等,履约包括:低成本履约、提高盈余收入、CCER抵销。陈江宁(2021)提出企业应从五个环节建立碳资产管理体系:一是结合企业碳减排路径建立体系化的碳资产管理平台；二是实现碳资产的优化配置；三是进行碳资产交易；四是制定碳投资策略；五是实施从碳需求到碳供给的生态闭环。但这些碳资产管理办法的重点仍是对碳配额和项目减排量等狭义碳资产进行价值管理，并未充分挖掘碳资产管理应有的战略高度。有效的碳资产管理体系应做到不仅可以协助企业以最低的成本履约和提高盈利能力，更要能全面提升企业的碳竞争力。

从碳资产整个生命周期维度，本书将碳资产管理分为四个基本活动：碳资产获取、碳资产维护、碳资产运营、碳资产处置。

从碳资产价值管理的内容维度，本书将碳资产管理分为五个支持活动：计划管理、组织管理、计量核算、价值分析、风险管理。支持活动指的是那些对基本活动有辅助作用的投入和基础设施（如图 10-1 所示）。这五个支持活动贯穿于碳资产整个生命周期的四个基本活动中，也就是说，在碳资产获取、碳资产维护、碳资产运营、碳资产处置的过程中，都需要四个支持活动的有效开展。

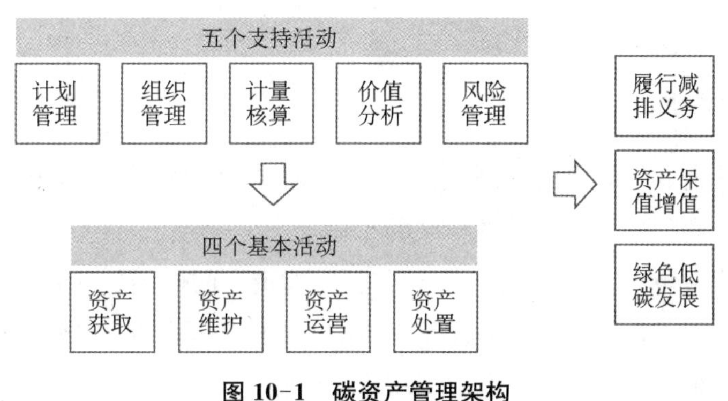

图 10-1 碳资产管理架构

二、碳资产获取

碳资产获取的方式包括：开发、购置、交易和分配等。不同碳资产的获取方式不一样。碳资产的购置、交易、分配本书其他章节均已介绍，故此处仅简要介绍碳资产开发。

企业、供应链等可以从碳技术开发和 CCER 开发两个方面开发碳资产。

(1) 碳技术开发。碳技术包括低碳零碳负碳。低碳零碳主要通过降低企业生产经营过程中的碳排放，增加企业的碳资产；负碳技术则是通过捕获储存的方式减少已排放的二氧化碳，将其开发为碳资产。

(2) CCER 开发。CCER 项目开发一般包括三个阶段九个步骤，三个阶段分别为项目评估、项目备案、项目减排量备案，其中项目评估包括探究方法学、额外性、碳减排量预估三个步骤，项目备案包括项目设计文件编制、项目审定、项目备案三个步骤，项目减排量备案包括项目实施与监测、减排量核查与核证、减排量备案三个步骤。具体开发流程如图 10-2 所示：

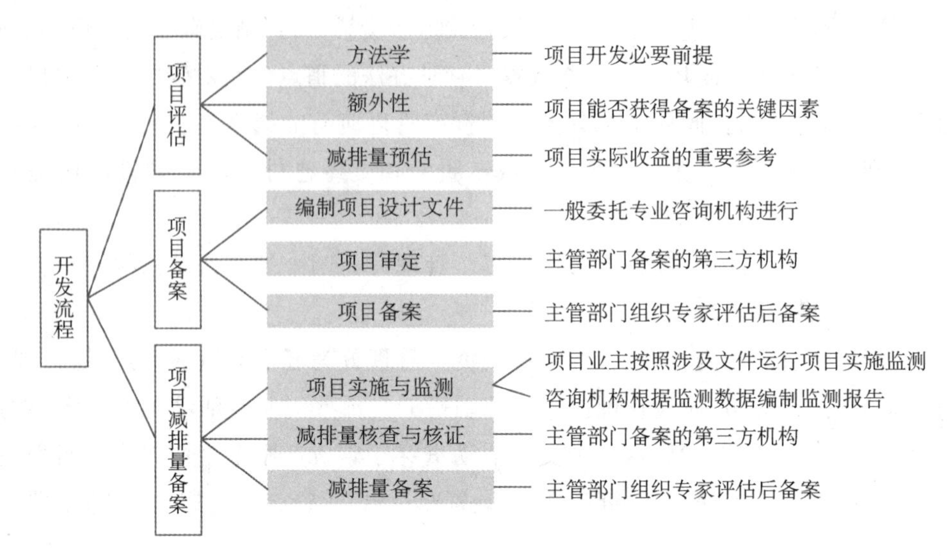

图 10-2 CCER 开发流程

三、碳资产维护

碳资产维护是企业针对碳资产形成的基础资源，以及碳资产的实物形态和价值形态进行保持、修复，以达到一种可以接受的标准的工作。

从实物形态管理角度，碳资产维护可以保证实物资产的使用性能达到正常使用状态，防止碳资产不因管理不善带来资产实物形态的销毁、资产数量损失，以延长资产寿命、维持资产的价值。碳资产维护的具体活动包括：①碳资产盘查。碳资产管理的前提是明晰自身碳家底，因此企业要全面核算生产活动过程中直接或者间接产生的二氧化碳排放量，定期编制碳排放核查报告、碳资产数量和价值明细清单，全面准确反映企业碳资产的状况。②碳资产数据维护。对企业进行碳排放约束分析，开发和维护碳排放信息系统、碳资产数据信息系统等，为其他碳资产管理环节提供数据基础。③节能减排降碳技术维护。④节能减排降碳设备维护。

四、碳资产运营

资产运营的含义有广义和狭义之分。广义的资产经营是指以资产增值最大化为根本目的，以价值管理为特征，通过企业全部资本与生产要素的优化配置和产业结构的动态调整，对企业的全部资本进行有效运营的一种经营方式。包括所有以资产增值最大化为目的的企业经营活动，自然包括产品经营和商品经营。

碳资产运营是在企业减排规划、企业碳排放核查报告以及企业碳资产盘查等基础上，制定碳资产运营策略、控制运营成本、监控运营绩效、定期进行运营分析等。企业通过碳市场交易、碳金融创新等各种途径，保证企业在以最低成本完成履约义务的同时，实现碳资产保值增值，有效支撑公司绿色低碳发展。

碳资产运营的具体活动包括：①碳资产投资。以盈利为主要目的，分析市场机遇，制定碳资产投资策略，包括投资规模、时机、方向、风险控制等；并在二级市场上通过碳资产交易获得投资收益。②碳资产融资。基于碳资产开展碳抵押/质押、碳回购、碳债券等融资活动，充分发挥碳资产价值，以此增加企业资产的流动性、拓宽企业的融资渠道，降低企业的融资成本。③碳资产套期保值。企业为规避未来碳资产价格波动风险等非系统风险，在碳市场及相关市场交易碳远期、碳期货等碳金融衍生产品，锁定碳资产价格。④碳资产运作。通过兼并、收购、重组、对外投资等方式，获取碳资产，优化碳资产组合。

五、碳资产处置

碳资产处置是指综合运用法律允许范围内的一切手段和方法，对企业可支配碳资产进行价值转换、价值变现和价值提升的活动；也指资产占用单位转移、变更或核销其占有和使用的资产部分或全部所有权、使用权，以及改变资产性质或用途的行为。

碳资产处置的方式如下：第一，终极处置，包括清缴履约、抵销、拍卖、协议转让、出售等。第二，阶段性处置，包括碳资产托管、资产置换、实物资产出租、实物资产投资等方式。

六、碳资产计划管理

计划是管理的首要职能。计划就是为完成一个特定目标而采取的一系列步骤及其所需资源的组合。碳资产计划管理是指企业制定碳资产管理的短期、中期或长期的计划，包括战略、战术计划、作业计划等。碳资产计划管理工作要解决两个基本问题：一是如何正确反映影响组织碳资产的外部环境。二是如何形成组织内部统一的目标和意志。

碳资产管理战略、碳资产预算是常见的碳资产计划。碳资产计划管理要保证不同层次、不同时间计划的统一性、协调性。

（一）碳资产管理战略

碳资产管理战略是对组织碳资产管理的总体谋划。碳资产管理战略属于职能层面的战略，服从于企业整体的“双碳”战略。企业的“双碳”战略确立合理的企业碳减排目标及减碳路径，优化企业低碳布局，并将企业低碳发展战略与地方区域实现“碳达峰、碳中和”目标统一起来。Aragon-Correa 和 Sharma(2003)提出企业碳管理的被动战略和主动战略。其中被动战略是为了履行法律约束，以政府的分配政策为导向；主动战略则是通过高效的资源配置，提升资源使用效率，创造更高的价值。

根据组织的“双碳”战略，进行碳资产管理的环境分析与组织资源能力分析，确定碳资产管理的目标、方针，编制碳资产管理预算，明确碳资产管理的方针路线，统领整个碳资产管理的方向，形成碳资产管理战略。碳资产管理战略制定后，需要在人力资源、技术、财务、文化等方面进行匹配，以支撑碳资产管理战略的顺利实施。

碳资产管理战略的首要任务是为组织设立一个共同目标、总目标，为组织的碳资产行动指明方向。因此，在制定碳资产管理战略时，需要通过环境分析、利益相关者分析，由此制定碳资产管理的方针、目标。

1. 环境分析

环境分析具体包括以下内容。

第一，气候变化分析。气候变化的严重性会影响碳资产的长期价值，对碳资产的类型及其管理带来间接影响。因此，在制定碳资产管理战略时，需要通过分析关键的气候变化指标，认知气候变化的状况。

第二，气候政策分析。首先，企业需要分析国际气候政策的类型、动态变化，并揭示其对企业碳资产的当前及潜在影响。国际气候政策对碳资产及其管理的影响表现在多个方面：①国际气候政策影响国际碳市场与碳资产价格，进而影响碳资产的开发、交易、价值。②国际气候政策影响企业面临的国际排放义务，影响碳资产的开发、交易、价值。③国际气候政策影响新的碳资产出现。

《联合国气候变化框架公约》和《京都议定书》的签署与生效，国际气候减排的制度框架从此正式形成，这使得温室气体排放权成为了一种具有商品价值且可以进行交易的稀缺性资源。全球范围内以温室气体排放权为对象的交易市场也应运而生，《公约》和《议定书》为世界各国进行碳排放权交易提供了框架和基础。碳排放权成为一种稀缺资源，可为持有者带来经济利益，成为企业的一项新型资产，如碳排放权配额、国际减排量、国际可再生能源证书、“低影响”水电等。当前国内已有不少企业通过参与国际可再生能源证书等相关交易获得盈利。

其次，企业需要分析国内气候政策的类型、动态变化，并揭示其对企业碳资产的当前及潜在影响。国内气候政策对碳资产及其管理的影响表现在多个方面：①国内气候政策影响国内碳市场与碳资产价格，进而影响碳资产的开发、交易、价值。②国内气候政策影响企业面临的国内排放义务，进而影响碳资产的开发、交易、价值。企业在国内应对气候变化政策下，强制或自愿地承担起相应的减排义务。减排成效显著的企业，可以通过出售盈余的碳排放权获得利益；减排未达目标的企业，就需通过在市场上购买碳排放权等方式，履行减排义务；未履行义务的企业，也将支付相应的罚款。这都从不同层面对企业的资产价值产生影响。③国内气候政策影响新的碳资产出现。碳排放权交易作为一种市场化的减排手段，目前是多个国家重要的政策工具。就中国而言，自中国开展碳排放权交易试点工作以来，到2021年全国碳市场成立，中国相继出台了多项关于碳排放权交易的政策，如《清洁发展机制项目运行管理办法》《温室气体自愿减排交易管理暂行办法》《碳排放权交易有关会计处理暂行规定》《碳排放权交易管理办法（试行）》等，全国和地方试点碳市场上涌现了碳排放配额、中国核证自愿减排量（CCER）、碳汇、碳普惠以及碳远期等碳资产；也有企业通过碳金融创新手段，如碳抵押、碳回购等方式，拓宽投融资渠道，丰富企业的资产类型，增强企业应对非系统风险的能力。

除此之外，为了鼓励企业投资环保项目和活动，世界各国政府都在提供各种补贴和税收抵免,以支持这些项目和活动。随着对节能减排工作的日益重视,越来越多的企业有资格获得政府补贴或享受税收抵免;节能成效显著的企业可以直接或间接地获得资产的增加。

第三,区域绿色低碳政策。企业需要分析区域的产业政策、碳排放补贴、税费补贴或罚款政策。区域层面的政策主要通过产业政策、减排补贴、税收抵免或罚款等,直接或间接地影响企业的资金流动,进而影响企业的资产价值。当前,北京、上海、江苏、浙江、安徽、广东以及云南等省市已相继出台相关的补贴和奖励政策。企业可以通过提高节能降碳成效,增强碳资产管理能力等方式,获得相应的补贴或奖励;反之,企业未达相应的减排目标,也可能面临着罚款的风险。

第四,行业发展环境。一是竞争分析。竞争对手对绿色低碳的投入,对碳排放管理、碳资产管理的关注,将带来行业竞争范式的转变。企业需要分析竞争对手、竞争环境的变化对企业碳资产及其管理的影响。二是供应链分析。企业需要分析企业供应链对排放的要求,从而对企业碳资产价值及其管理带来的要求。世界可持续发展商业理事会(WBCSD)和世界资源研究所(WRI)制定的《温室气体协议》(GHGP),从企业及供应链上下游视角,进行碳排放统计与管理;提出"范围3"(上下游排放),通常占企业整体排放的一半以上,需要高度重视。因此,当前在全球范围,越来越多的企业已经承诺在整个供应链进行碳排放管理。供应链脱碳正在成为改变全球气候行动的首选环节和降碳重点。供应链碳排放覆盖产品生产的整个生命周期产生的所有温室气体排放,涉及制造企业及有关的供应商、物流商、销售商、最终用户以及回收、拆解、再利用及废弃物处置环节中的所有企业。越来越多的企业提出了供应链脱碳的目标和要求;例如,苹果提出"到2030年从供应链到产品完全实现碳中和"的目标,华为也于2013年启动供应商碳减排试点项目。为实现供应链脱碳的目标,一些企业可能将低碳排放的要求融入企业采购业务全流程;在供应商认证、选择、现场审核及绩效管理等全流程各环节中提出绿色低碳的要求,以持续降低供应链碳排放总量。这也将增加上游企业的减排压力,在一定程度上影响企业的资产价值。例如,企业现有的某些库存商品已无法满足下游采购者的要求,面临贬值或淘汰的风险,进而影响企业的资产价值。

2. 利益相关者分析

管理体系咨询机构需要分析影响企业碳资产与碳资产管理的利益相关者类型,及其影响机理。一般来说,影响企业碳资产与碳资产管理的利益相关者主要是股东及潜在投资方、消费者、政府、公众等。

首先,需要分析股东及潜在投资方对企业碳排放的要求。股东的社会责任、潜在投资方的社会责任及投资标的要求,都会对企业碳排放带来直接或间接影响,从而对企业碳资产价值及其管理带来影响。企业需要分析股东及潜在投资方对企业碳排放的要求,以及对企业碳资产价值及其管理的要求。

其次,需要分析消费者对企业碳排放的要求。消费者或客户的绿色产品需求,会直接增加企业的排放压力,或者通过影响下游客户的减排压力,进而传递给企业,从而催生企业的碳资产管理需求,改变企业的碳资产(如减排技术)价值。

再次，需要分析政府对企业碳排放的要求。除了第一部分的政策中分析的双碳政策、产业政策，政府的财务会计政策、碳排放权管理相关法律法规等政策也会影响企业的碳资产管理。

最后，需要分析公众对企业碳排放的要求。管理体系咨询机构需要分析一些重要的NGO组织对碳资产及其管理的影响，如科学碳目标制定组织、各种碳信用管理组织、财务信息披露组织(TCFD)等。

3. 碳资产管理方针

碳资产管理方针包括管理体系标准要求的承诺和持续改进的承诺，要为制定碳资产管理目标提供框架。制定碳资产管理方针需要遵循以下原则。

(1) 统一性。企业运行碳资产管理体系过程中，从纲领性文件制定到细则实施的一系列活动，均在碳资产管理负责部门统领下开展；以此保证碳资产管理各个环节的工作相互衔接、相互协调，构成一个有机整体。

(2) 资产安全性。通过碳资产管理，企业碳资产因气候变化而出现贬值、价值灭失的概率较小；且企业非碳资产不会出现气候变化导致的物理风险。

(3) 合规性。企业进行碳资产管理时，履行遵守有关法律法规要求的承诺，建立、实施并保持一个或多个程序，定期评价碳资产管理对适用法律法规的遵循情况。

(4) 高效性。碳资产管理体系的建立、运行、绩效评价和持续改进四个环节的实施的高效率，企业协同各部门进行碳资产管理活动的高效率。

(5) 盈利性。实现企业碳资产的保值和增值，增加企业碳资产和获得经济利润是企业管理碳资产的内在动力和目标。

4. 碳资产管理目标

传统企业资产管理的目标是提高资产的利用效率、降低企业的运行和维护成本，实现企业资源的优化配置，从而提高企业的经济效益和企业的市场竞争力。碳资产管理的目标表现出环境政策规制导向和价值创造导向，不仅致力于降低企业节能减排和履约的成本，也要实现碳资产价值的保值和升值。具体来看，组织制定碳资产管理目标可以从以下八个方面出发：履行减排义务；保障资产安全；优化碳资产配置；降低资产冗余；提高资产管理效率；提升资产管理能力；改善资产管理效果；支撑绿色低碳转型。

第一，履行减排义务。负有减排义务的企业进行碳资产管理的首要目标是保障企业顺利实现履约义务，并最大程度降低企业的履约成本。其他企业进行碳资产管理的首要目标则是保证企业顺利完成节能降碳目标，满足供应链的绿色低碳需求，增强企业的绿色竞争力，提升企业应对气候变化风险的能力。

第二，保障资产安全。碳资产管理要做到保障资产的安全，包括物理安全和价值安全。面对气候变化带来的风险，企业持有碳资产出现贬值、价值灭失的概率较小，且企业持有的其他非碳资产不会出现实物损失、价值贬值和流动性危机等。

第三，优化碳资产配置。通过碳资产管理，企业可做到根据自身特性以及持有的碳资产的特征，在充分研究碳市场当前政策与运行规律的基础上，科学合理地开展各类碳资产的开发、维护、运营以及处置活动；优化碳资产组合，提高碳资产的配置效率，最大限度地提高碳资产的风险应对能力。以煤电企业为例，不同的企业煤炭热值不一样，机组效率也不一样，企业在产能配比和资产布局中应考虑碳排放的因素，优化资产组合。

第四，降低资产冗余。企业要盘活持有的碳资产，提高碳资产的周转效率。企业可以通过出售多余碳资产，参与碳资产抵押/质押、碳回购、借碳等碳金融创新业务等方式，将持有的碳资产“变现”，增强企业的融资能力，降低企业的融资成本；提高企业资产的流动性，减少资金占用，降低资产冗余，增强企业的盈利能力。

第五，提高资产管理效率。企业要选择合适的碳资产管理模式，做到多个部门协调一致，在碳资产管理负责部门的统领下，高效运行碳资产管理体系。通过碳资产报告报表分析，提高碳资产的周转效率，增强企业的盈利能力和偿债能力，提高碳资产管理效率，最大限度地降低企业碳资产管理成本，提高单位成本投入的产出。

第六，提升资产管理能力。企业要不断提升碳资产管理能力，保证碳资产管理体系处于螺旋上升的状态。一个碳资产管理循环结束后，通过企业对碳管理体系的修正和改进，在更科学合理的体系上开展下一个循环，持续优化企业的碳资产管理工作，提升企业的碳资产管理能力。

第七，改善资产管理效果。碳资产管理不是简单的履约管理，碳资产管理的成效不只是简单体现在保障企业顺利完成履约义务上，因此企业要持续提升碳资产管理的效果，最大化碳资产可以带来的经济利益。通过碳资产管理，了解企业的碳资产运行现状，评价碳资产主管部门的绩效，及时发现企业碳资产管理过程中的不足，制定改善碳资产管理体系的措施要，实现碳资产的保值和增值，最大限度提高碳资产带来的利润流入。

第八，支撑绿色低碳转型。通过碳资产管理，企业开展低碳零碳负碳技术创新，进行设备工艺的节能改造，实现生产过程的绿色低碳。同时，通过碳资产运营，开展绿色低碳项目的投资与并购，推动企业业务结构从高碳向低碳的转型，实现企业的绿色低碳转型。

在具体制定企业的碳资产管理目标时，应注意以下四点：一是企业需要根据自身的业务类型（如控排企业、新能源企业、金融机构、其他制造企业），企业规模（如集团企业、单体企业）、企业碳目标等制定企业的碳资产管理目标。二是组织制定的碳资产管理目标要与碳资产管理方针保持一致，并在相关职能、层次和过程设定相应的目标。碳资产管理目标是一个时期实施质量方针的具体体现，是将碳资产管理方针具体化的奋斗目标。因此，制定碳资产管理目标内容时应注意与碳资产管理方针的内涵相适应。三是组织制定碳资产管理目标应遵循 SMART 原则，即碳资产管理的目标需要具体、明确（specific）、可衡量（measureable）、挑战性（action-oriented）、切实可行（realistic）、时限要求（time-based）。四是企业应根据国内外应对气候变化和碳交易等相关减排政策，及时调整企业碳资产管理目标。

（二）碳资产预算管理

预算是计划的量化与细化，是数字化了的计划。碳资产预算管理是碳资产管理方针与目标的量化、细化与数字化，是理性地权衡碳排放配额、碳减排能力、碳减排收益和成本的碳资产管理安排。比如企业的碳资产管理计划是：①开发 CCER 1 万吨；②加大氢能技术研发；③贷款融资解决 CCUS 技术研发资金缺口。对应的碳资产预算可以是：①投入资金 30 万元开发 1 万吨 CCER；②今年投入资金 100 万元开发 CCER；③今年需融资 1 000 万元用于 CCUS 技术研发。

碳资产的预算管理是在企业发展战略与“双碳”战略基础上，考虑碳资产的风险与机遇，对碳资产管理战略编制预算。企业首先在考虑国家政策、碳市场制度带来的环境和社会责任要求的情况下，依据自身特点制定战略规划，部署企业年度的经济目标。然后在对国家政策、碳市场制度和企业自身战略目标的分析基础上，对政策风险、市场风险和企业内部风险进行识别和评估，综合这些因素开始编制企业的碳资产预算。

碳资产预算管理应与企业的碳预算、经营预算和财务预算相对接，融入企业的全面预算体系。这是因为经营预算下的生产产量的预算直接关系到企业碳排放量的预算，随后财务预算下的成本预算也与这两者共同决定了交易决策预算，为碳交易和内部减排的决策提供参考。企业在每年年初或者上年年末制定企业的碳资产预算管理，为了保持一贯性，在年末评价企业的碳资产管理，反映预算的执行力度，评价企业低碳管理的效率和效果以及实施该过程的经济性，同时方便企业作出下一年度的预算。

七、碳资产组织管理

碳资产组织管理是指通过建立碳资产管理组织结构，设立相关职务或职位，明确责权利关系等，以有效实现碳资产管理目标的过程。具体内容是设计、建立并保持一种组织结构，包括组织设计、组织运作、组织变革等。

鉴于碳资产管理是对资产的整个生命周期进行管理，因此碳资产管理涉及各个部门，包括财务与资产运营部门、技术部门、生产部门、仓储物流等，碳资产管理将构建起全员参与、各负其责的碳资产管理网络。其中，财务与资产运营部门是碳资产管理的主责部门；技术部门、生产部门、仓储物流部分是配合部门。企业也可成立专门的资产管理部门或者子公司，统筹企业的碳资产管理工作，提高企业碳资产管理的效率。

企业可以选择成立碳资产管理子公司、建设碳资产管理部门或设置碳资产管理岗位等组织设计模式，并制定相应规章，培训组织碳资产管理专业团队；指挥协调企业各部门的资产管理工作；并根据碳资产管理的效率、企业减排目标的变动、碳资产数量和规模的变化调整碳资产管理的组织模式和运作方式。

（一）碳资产管理的组织模式

一般来说，企业内部进行碳资产管理的模式有三种：集团成立单独的碳资产管理公司；企业设立单独的职能部门，如碳资产管理部门；企业在已有的职能部门内设置专职负责碳资产管理的人员，独立岗位人员、兼职岗位人员。三种模式下碳资产管理的功能和职责范围不同。企业在进行碳资产管理时，根据公司碳资产管理方针、目标，确定具体的碳资产管理组织模式。

1. 碳资产管理公司

在集团内部成立一家相对独立的碳资产公司来专门负责整个集团的碳资产管理，如法国电力集团、中国华能集团有限公司等。

(1) 法国电力集团。

法国电力集团(EDF)成立了法国电力贸易公司(EDF Trading)，在财务、人事和业务上独立运行。EDF Trading不仅是根据集团计划简单地完成配额买卖，而是通过多种金融策略和碳资产组合等管理手段在完成计划的基础上降低成本进而产生可观的利润，并最终体现在集团的合并财务报表上。

EDF Trading参与了碳排放配额、CER、可再生能源证书、生物质颗粒能源、天气衍生品等多项环境相关产品的交易。通过这些交易手段，法国电力集团得以规避市场风险，稳步发展低碳能源并由此提升了集团的长期市场竞争力。在碳交易的风险控制上，EDF Trading任何新的交易产品或是新的项目都需要通过技术和法务部门的尽职调查，并经过公司定期召开的交易审核委员会批准才能开展；且任何交易都需要经过严格的授权，及每日统计风险敞口。通过EDF Trading的碳资产管理，法国电力集团在完成欧盟碳市场的排放要求外，也切实将“碳排放限制”转化为了“碳排放资产”。

(2) 中国华能集团有限公司。

中国华能集团有限公司(以下简称“华能”)成立了专门的碳资产公司，负责整个集团企业的碳资产管理工作。华能的碳资产公司的组织构架是在集团的科技与环保部下成立“碳减排领导小组及工作小组”，负责碳资产公司的运作；碳资产公司内部有决策委员会和负责碳交易团队，统领负责各区域的下属企业的碳资产管理工作。这些下属企业也可以为碳资产公司提供相应的服务，例如华能资本服务公司能够为华能碳资产公司提供金融业务优势，西安热工院能够提供技术优势；华能还有一批水电企业、新能源企业能够开发CCER等。

华能碳资产公司的职能主要有：一是制度建设；二是温室气体排放统计，华能碳资产公司在集团企业内部建立了一个集排放统计、指标调控及优化的信息管理系统，同时根据碳盘查结果进行配额分配方法的比较，优化集团的交易策略；三是CCER开发，集团设立CCER项目开发专项资金，并建立CCER内部调剂系统；四是控排企业履约工作，华能的碳资产公司负责整个集团内部所有控排企业交易策略的制定，并完成履约工作；五是能力建设及资讯服务；六是碳金融创新，包括成立诺安湖北碳基金、绿色结构性存款、配额——CCER互换期权、配额托管等业务。

比较法国电力和华能的碳资产管理模式，法国电力贸易公司只负责碳交易环节，其他环节则由总部及下属电厂完成；而华能碳资产公司则承担从数据报送，到履约和交易全流程的碳资产综合管理。

2. 碳资产管理部门

该模式的特点是在集团总部层面成立碳资产管理部门，统筹协调整个集团企业碳交易的各个环节，并对下属企业的碳交易实践提供技术支持。如英国石油公司、中国石油化工集团公司等。

(1) 英国石油公司。

英国石油(British Petroleum，以下简称BP)的碳资产管理分为两个层面。

一是企业层面，每家BP的下属企业都设有碳排放工作组和管理委员会，由负责政策法规、策略、交易、财税、法律和系统建设等方面的成员组成；具体负责温室气体的监测、报告、核查(即MRV)和企业所在区域温室气体减排及履约。BP下属企业向政府主管部门提交配额；若配额不足，下属企业就需在市场上购买配额或者申请在集团内部进行调配。

二是在集团层面，BP集团总部可在碳减排解决方案、新技术及新合作模式、全球碳减排交易、安全及操作风险4个方面为BP下属企业提供支持服务，其中综合供应和交易部门(以下简称“IST”)负责对BP全球的碳资产价格变动风险进行管理。IST下还设立有全球碳排放的交易部门(以下简称“交易部门”)，目标是最大限度地降低BP整个集团的履约成本并且最大限度地提高IST的收入。

(2) 中国石油化工集团公司。

中国石油化工集团公司(以下简称“中石化”)专门成立了能源管理与环境保护部来进行整个集团企业的碳资产管理工作，工作的主要职能包括以下方面。

一是完善体制机制。一方面，建立企业内部的碳交易制度，如《中石化碳资产管理办法》《中石化碳排放权交易管理办法》《中石化碳排放信息披露管理办法》等，通过制度规范企业参与碳市场的各个环节。另一方面，建立燃动能耗一体化考核体系，通过评价燃动能耗成本、污染物产生量及CO_2产生量等来分析企业的经济效益和环境承载力。

二是开展碳盘查和碳核查。为了摸清碳排放家底，中石化对下属油田及炼化企业进行了初步的碳盘查和碳核查，在企业内部建立碳资产管理信息系统。

三是开展技术研究及减排行动。技术包括碳捕集、碳矿化、产品碳足迹、生物航煤、生物柴油、地热利用技术等。减排行动包括“能效倍增”计划、淘汰落后产能、充分利用低温余热、发展地热产业、开发非常规油气资源、开发利用太阳能、建设CO_2捕集示范装置等。

四是参与碳交易。一方面进行CCER项目开发，获取减排量；另一方面进行碳交易相关工作，包括MRV、减排方案制定、交易策略制定等。

对比BP和中石化的碳资产管理组织发现，两个企业的碳资产管理部门的职责范围不同。BP总部碳资产部门负责技术支撑、交易及风险防控等策略层面，而MRV、履约等实操层面则由下属企业负责；中石化的能源管理与环境保护部门则承担了碳交易从MRV到交易履约所有环节的工作。

3. *碳资产管理岗位*

企业也可通过在相关部门内设置专职或兼职碳资产管理岗位的方式，组织相关员工进行碳资产管理工作。这种方式适用于碳资产种类不多，数量不大，碳交易活动不频繁的企业。

当前，大部分企业并未纳入全国或地方试点碳市场，参与碳交易的程度不高，持有碳资产种类和数量有限。这些企业可以通过设置相关的岗位进行碳资产管理工作；以较低的运营成本支持企业的碳资产管理工作的开展。

企业应基于自身的减排目标、碳资产规模等，充分考虑相关碳资产管理模式的成本和收益来进行决策。事实上，在全国碳市场运行初期，大部分企业或金融机构无法参与碳交易；此时企业碳资产管理的重心应是搭建制度框架、进行碳资产开发方法学研究、减排技术的开发利用、开展内部碳盘查、建立内部能源碳排放管理系统等基础性工作。未来，随着碳市场的开放程度提高，企业可以深入参与碳交易，企业的碳资产管理工作可更多地关注于碳交易策略制定和碳金融等领域，这对企业的碳资产管理提出了更高的要求。

（二）碳资产管理的角色、职责和权限

最高管理者要依据过程组合的适宜性确定与碳资产管理体系有关的岗位分配，依据岗位要求确定职责，依据岗位职责及其相互关系确定权限，包括向最高管理者报告碳资产管理体系绩效的岗位、职责和权限。这些岗位、职责和权限应覆盖管理体系要求的所有过程。

碳资产管理负责部门是财务与资产运营部门，负责企业碳资产相关会计核算、价值计量等；在业务发生时负责登记碳资产记账凭证、碳资产汇总表，并在期末编制碳资产核算报表、碳资产损益表；形成碳资产管理报告，为相关方提供指导。负责企业利用碳资产进行投融资、套期保值等，实现碳资产增值保障。

能源管理部门负责组织碳盘查及编制碳盘查报告，负责组织碳核查，负责企业碳减排指标的分配，负责国际/国内项目减排量等资产的开发的指导和监督，负责组织企业参与碳排放交易、制定碳交易策略，保证企业顺利履约，降低企业的履约成本；负责公司碳资产明细的登记统计。

科技部负责清洁发展机制和国内温室气体自愿减排项目方法学、节能减排降碳技术等科技开发工作。

八、碳资产计量核算

碳资产的核算管理是碳资产管理的经济核算和价值计量环节，包括碳会计和碳资产评估等活动。

（一）碳资产的会计处理

碳会计是能够计量和分配与碳相关的资产和负债的一系列方法和程序，能用来解释气候变化相关的会计问题。碳资产评估是通过对碳资产的功能、使用权、市场状况及其定价机理等方面综合分析，从而挖掘碳资产的内在价值，及其价值发现、价值管理功能。它是根据与碳资产相关的标准和方法，对企业、行业、地区现有的碳资产和未来的碳资产进行量化，实现碳减排量的可监测、可报告和可核查（MRV）。碳资产的经济计量为战略管理提供了数据依据，为碳资产的价值创造准备了计量基础，同时也是碳信息披露的重要内容。

我国于 2019 年 12 月 16 日发布了《碳排放权交易有关会计处理暂行规定》（以下简称

"暂行规定"),适用于按照《碳排放权交易管理暂行办法》等有关规定开展碳排放权交易业务的重点排放单位中的相关企业,于2020年生效。暂行规定的发布为企业对碳资产进行会计核算提供了依据。

当前国内学者对"碳会计"概念的理解较为一致。许艺珊(2019)指出碳会计其实是环境会计的一个分支,是以能源环境法律法规为依据,对企业的碳排放、碳交易等进行确认、计量、记录和报告,反映企业的节能减排情况以及低碳经济发展情况,实现企业经济效益和生态效益的统一,包括碳交易的确认计量、碳成本的核算、碳会计信息披露等。蒙雅琦等(2020)指出碳会计是碳排放权会计的简称,以碳交易法规为依据,以碳排放配额、核证减排量及其等值货币为计量单位,基于企业履行低碳、减碳等强制或自愿节能减排社会责任,进行财务会计计量、核算、确认、账务处理、财务报告、信息披露的一门新兴和绿色会计科学,属于环境会计的一个分支。已有研究基本都是在暂行规定的基础上展开。

1. 现行碳排放权的会计处理原则

根据暂行规定,碳排放权的会计处理原则是:①重点排放企业通过政府免费分配等方式无偿取得碳排放配额的,不作账务处理;②重点排放企业通过购入方式取得碳排放配额的,应当在购买日将取得的碳排放配额确认为碳排放权资产,并按照成本进行计量(见表10-5)。同时,重点排放企业应当设置"1489 碳排放权资产"科目,核算通过购入方式取得的碳排放权。最终"碳排放权资产"科目的借方余额在资产负债表中的"其他流动资产"项目列示。

表 10-5 碳排放权会计处理准则

交易活动	金额	借方	贷方	备注
购入碳排放配额	按照购买日实际支付或应付的价款(包括交易手续费等相关税费)	碳排放权资产	银行存款、其他应付款等	无偿取得碳排放配额的,不作账务处理
使用购入的碳排放配额履约	按照所使用配额的账面余额	营业外支出	碳排放权资产	无偿取得的碳排放配额履约的,不作账务处理
出售购入的碳排放配额	按照出售日实际收到或应收的价款(扣除交易手续费等相关税费)	银行存款、其他应收款等	碳排放权资产(按照出售配额的账面余额)	按其差额,贷记"营业外收入"科目或借记"营业外支出"
出售无偿取得的碳排放配额	按出售日实际收到或应收的价款(扣除交易手续费等相关税费)	银行存款、其他应收款等	营业外收入	
自愿注销购入的碳排放配额	按注销配额的账面余额	营业外支出	营业外收入	

此外,根据"暂行规定",重点排放企业应当在财务报表附注中披露碳排放配额变动信息。披露信息如表10-6所示。

表 10-6　碳排放配额变动信息披露

项目	本年度		上年度	
	数量(单位:吨)	金额(单位:元)	数量(单位:吨)	金额(单位:元)
1. 本期期初碳排放配额				
2. 本期增加的碳排放配额				
(1) 免费分配取得的配额				
(2) 购入取得的配额				
(3) 其他方式增加的配额				
3. 本期减少的碳排放配额				
(1) 履约使用的配额				
(2) 出售的配额				
(3) 其他方式减少的配额				
4. 本期期末碳排放配额				

2. 现行碳排放权的会计处理的局限

(1) 根据暂行规定,无偿取得的碳配额,除出售外,均不做会计处理。首先,这会低估企业的资产价值。无偿取得的碳配额仍是企业的一项生产经营核心权利,会引起直接或间接的经济利益流入,属于企业的一项资产,因此需作为资产进行会计计量,增加企业的资产总值。其次,这也不利于碳配额金融属性的发挥。碳配额确认为资产后,除履约和出售外,可以通过碳金融创新业务,例如:抵押融资、碳信托、碳保险等,以此降低企业的减排成本、融资成本或提高企业的投资收益。碳配额不作为资产进行会计处理,不利于其金融属性的发挥。

(2) 根据暂行规定,碳排放权的出售损益计入营业外收支。企业出售无偿取得的碳配额将伴随着减排行为,与企业日常经营活动有直接关系;企业出售购入的碳配额,是为了获得差价或融资,本质类似于投资金融资产。以上活动均不符合营业外支出的定义。企业主动降碳和流转碳排放权的行为被定义为与主营业务无关,不影响企业核心经营指标,会影响减排效益。对于超排企业,购入碳排放权行为计入营业外支出,对企业核心经营指标无影响,企业决策者忽视减排的重要性和对经营效益的影响;对于减排企业,企业因减排成效显著而带来的经济利益流入,并没有改善主体经营指标,影响企业的减排积极性。

(3) 根据暂行规定,购买的碳配额按购买日的实际成本计量。使用历史成本计量意味着企业的碳排放量没有超过排放配额,不会产生相应的负债和费用,唯一的成本是企业购买超排配额所必须支付的价格,这存在三点不足:一是会导致不同来源配额会计计量缺乏统一性。分配和购买的配额,进行不同的会计计量,但配额的内在价值应与其获得方式无关。二是会忽视了履约义务的存在。配额和排放负债是独立的,配额分配之时并不需要与排放负债相抵销。三是可能忽视配额的市场交易情况。无法反映持有碳配额的市场价格变动,无法满足碳远期、期货等衍生品交易需求。

因此现有仅对碳资产进行确认、核算、财务报告、信息披露等价值管理活动，并不能满足当前企业碳资产管理的需求，无法达成碳资产管理目标。我们认为，学术界和会计主管部门需要完善碳资产会计处理规则规范，企业也可以探索碳资产会计核算办法，探索编制碳资产核算表、碳资产总分类表、碳资产损益表等报表。

（二）碳资产评估

碳资产评估是通过对碳资产的功能、使用权、市场状况及其定价机理等方面综合分析，从而挖掘碳资产的内在价值，及其价值发现、价值管理功能。根据与碳资产相关的标准和方法，对企业、行业、地区现有的碳资产和未来的碳资产进行量化，实现碳减排量的可监测、可报告和可核查(MRV)。碳资产的经济计量为战略管理提供了数据依据，为碳资产的价值创造准备了计量基础，同时也是碳信息披露的重要内容。

准确地核定碳排放量是碳资产价值评估工作的基础。企业碳资产的评估可采用常用的评估方法，即成本法、收益法、市场法。应根据不同的评估目的(质押、以财务报告为目)，选择恰当的价值类型和评估方法。

(1) 市场法。利用市场上同类或类似资产的近期交易价格，经过直接比较或类比分析以估测资产价值。

(2) 成本法。根据被评估资产的重置成本扣除各种损耗以确定其评估价值。

(3) 收益法。估算被评估资产未来预期收益的现值进而确定被评估资产价值。

(4) 实物期权。部分碳资产并不是一次性完成核证减排，例如林业碳汇，其林业生长周期可能长达 60 年，核证监测周期通常为 5 年，因此对其评估可以依据《实物期权评估指导意见》，采用实物期权模型确定其价值，如 B-S 期权定价模型和二叉树定价模型。

九、碳资产价值分析

价值管理是企业碳资产价值实现的途径，是碳资产管理的核心，更是企业碳资产管理成果的集中体现。碳资产的价值分析是在企业获得碳资产的基础上，通过对碳资产的初始确认、价值核算以及对碳资产整个生命周期中价值变动情况进行分析，形成相应的碳资产报表，揭示企业碳资产价值变化的原因、分析企业碳资产管理的得失，监督企业的碳资产管理工作进展，评价管理工作绩效。

具体来看，企业可以基于碳资产核算表、碳资产损益表等报表，运用趋势分析法、比率分析法及因素分析法进行分析，反映企业碳资产的成长能力、履约能力、营运能力和盈利能力。其中，碳资产成长能力可以以某一年为基年，分析(各种)正资产增长率；碳资产履约能力可以通过履约保障倍数来分析，履约保障倍数＝正资产/负资产×100%；碳资产营运能力可以通过碳资产周转速度来分析；碳资产盈利能力可以通过碳资产收益率、碳资产总收益率来分析。

企业也需要对各种碳资产管理的决策行为与绩效进行分析。典型的碳资产管理决策包括碳交易行为、碳信用购买、碳信用开发、碳技术研发、节能降碳改造等。决策绩效分析应从合规、成本、投资收益等方面进行。

以履约为目的的碳资产决策重点分析履约时间，配额缺口，CCER 的开发、购买、抵销比例等。以投资为目的的碳资产决策重点分析各个碳市场与碳资产特征，碳交易的开发、交易行为，碳资产的组合配置，如内部技改与外部购买组合、长期碳资产与短期碳资产组合等。

十、碳资产风险管理

碳资产风险管理是指运用量化手段和各种方法，对碳资产活动中的各种风险进行识别、评估与控制的行为过程。

碳资产活动过程中，存在各种风险，需要对其进行识别。典型的碳资产风险包括信用风险、政策风险、流动性风险和市场风险。信用风险是在缺乏企业相关重要信息的情况下，碳资产管理业务中很难对企业的信用情况进行判定，因而在管理资产过程中产生的风险。政策风险是 30/60 目标提出后，国家及试点省市政策密集出台，碳资产管理业务在实施过程中要面临政策的不断调整，稍有疏漏便会与政策要求不符从而造成合规风险。流动性风险是因为我国碳交易市场本身的流动性不足，市场换手率低，碳资产管理活动中如果对碳配额市场的总体规模以及流动性没有充分的判断，而遭受损失的风险。市场风险的产生是因为宏观经济发展情况、化石能源价格及使用量、新能源开发利用等会给碳市场带来不确定性，从而影响碳交易市场的价格与碳资产需求量而带来的风险。

风险评估是量化评估风险发生的概率、损失幅度，确定风险作用方式与风险后果的活动。为了有效控制碳资产风险，需要从意识、能力、制度三方面强化碳资产风险控制。企业要树立气候风险意识，加强碳资产风险管理能力建设，并需要规范合同签署、将碳资产管理融入内部控制体系。

在各种具体的碳资产管理活动中，也存在相应的风险。碳资产托管的风险就包括了信用风险、碳资产返还风险、CCER 适用性风险、市场流动性风险。①信用风险。信用风险估计不足，如未经审慎信用评估采用双方协议托管(无担保)模式合作，碳资产管理机构能否及时返还配额，或委托方能否如约退还保证金都能依靠契约保障。相对协议托管模式而言，采用第三方交易所监管下的托管服务，可更大程度降低风险。②碳资产返还风险。对于控排企业而言，确保拥有足够时间完成履约，碳资产管理机构通常希望返还时间尽可能接近履约截止期限并充分利用市场波动套利。对碳资产的返还时间的确定，需考虑多方面因素，包括履约截止期限、交易所审批配额返还时间、企业内部审批等因素。③CCER 适用性风险。对于允许使用 CCER 置换配额的情景下，控排企业需要注意国家主管部门对 CCER 抵销配额的适用性要求，特别是在托管返还时间明显早于履约截止期限的情形下，如在使用 CCER 代替配额进行返还后当年碳排放履约对 CCER 适用性的政策发生变化，导致所置换的 CCER 无法用于当年度碳排放履约。④市场流动性风险。在碳市场初级阶段，配额市场流动性受限，托管的碳配额资产总量应考虑市场流动性规模及自身资金实力。要充分考虑 CCER 抵销机制允许的置换比例以及在配额市场交易的流动性水平，同时对于交易损失可能引发的补充保证金情景要有充分的认识和准备，避免触发托管违约事件。

为了控制碳资产托管中的风险，我国各个地方政府也制定出台了一定的制度来防范和控制风险（如表10-7所示）。

表10-7 我国碳资产托管风险地方政策制度

区域(示例)	托管机构资质	保险金情况	托管配额数量要求	交易所监管
广东	净资产不得低于500万元。	初始保证金金额为托管配额总市值的20%；托管方为每家委托方所缴纳的保证金达到500万元后，经托管方与委托方协商一致后可不再继续缴纳。	控排企业当年度发放的免费配额可用于托管的数量比例应限制在50%以内，其他年度履约后剩余的配额不受此限制。	托管期限内，冻结托管账户的出金和出碳功能。托管协议到期后，托管方和相关委托方共同申请解冻该功能。
湖北	注册资本不低于1 000万元；经营管理团队至少有1人拥有碳交易员从业资格证	初始保证金金额为托管配额总市值的20%；当该托管账户与保证金账户总市值不足托管配额市值的110%时，托管账户将被冻结，要求两个工作日内追加保证金。追加后保证金应满足托管账户与保证金账户总市值为托管配额的120%。	托管机构每年度受托管碳资产上限为1 000万吨。	托管配额所在账户将被设置为无法出金状态。托管协议到期后，应将相应碳资产交由委托方。经委托方书面确认，交易中心将托管账户解冻，恢复出金功能。

案　例

全球碳资产管理实践

从实践领域看，中国的碳资产管理发展较快，特别是“双碳”目标提出以来，碳资产管理工作更是受到广泛的关注。纳入全国碳市场的发电行业更是加快碳资产管理的步伐，截至2022年6月，我国两大电网和五大发电集团均成立了碳资产管理子公司。当前成熟碳资产管理体系中，较为典型的实践案例总结见表10-8。

表10-8 国内外碳资产管理案例

模式	企业	碳资产管理内容
成立碳资产管理部门	英国石油（British Petroleum，BP）	BP下属企业层面，下属企业均成立“碳排放工作组和管理委员会”，由负责政策法规、策略、交易、财税、法律和系统建设等方面的成员组成。下属企业具体负责温室气体的监测、报告、核查（以下简称“MRV”）和企业所在区域温室气体减排及履约。 在集团层面，集团总部可在碳减排解决方案、新技术及新合作模式、全球碳减排交易、安全及操作风险4个方面为BP下属企业提供支持服务。其综合供应和交易部门（以下简称“IST”）负责对BP全球的碳资产价格变动风险进行管理，设有全球碳排放交易部门，以最大限度地降低BP整个集团的履约成本提高IST的收入。

（续表）

模式	企业	碳资产管理内容
成立碳资产管理部门	中国石油化工集团公司	中国石油化工集团公司中石化专门成立了能源管理与环境保护部来进行整个集团企业的碳资产管理工作，该部门的主要职责及已开展的工作如下： 一是完善体制机制。一方面，建立企业内部的碳交易制度，通过制度规范企业参与碳市场的各个环节；另一方面，建立燃动能耗一体化考核体系。 二是开展碳盘查和碳核查，在企业内部建立碳资产管理信息系统。 三是开展技术研究及减排行动。 四是参与碳交易，包括 CCER 项目开发和交易策略制定等。
成立碳资产管理公司	法国电力集团（Electricite De France，EDF）	成立了法国电力贸易公司（EDF Trading），与其他碳资产管理公司不同的是，碳交易只是 EDF Trading 经营业务的一个分支。EDF Trading 通过多种金融策略和碳资产组合等管理手段在完成计划的基础上降低成本进而产生可观的利润。
	中国华能集团有限公司	根据集团《绿色发展行动计划》成立了专门的碳资产公司，负责整个集团企业的碳资产管理工作。华能碳资产公司的职能主要有： 一是制度建设。 二是温室气体排放统计工作。包括所属电厂的碳盘查、数据报送优化策略研究、建立温室气体数据报送系统等。 三是 CCER 开发。由集团企业设立 CCER 项目开发专项资金。 四是控排企业履约工作。华能碳资产公司负责整个集团内部所有控排企业交易策略的制定，并完成履约工作。 五是能力建设及资讯服务。 六是碳金融创新。

当前中国大多研究的碳资产管理概念和方法仍参考国际上，特别是欧盟碳市场上企业的做法，真正结合中国国情的并不多。系统性的碳资产管理框架并未建成，企业缺乏在碳资产管理方面的理论指导和实践参考。

国际上的碳资产管理是在成熟的碳交易市场和发达的金融体系基础上构建的，碳资产管理体系较为成熟，且重点放在碳交易，以期通过资产的优化配置和各种投资策略，规避碳市场价格风险，提高碳资产的盈利能力。而当前中国进行碳资产管理的多为控排企业，首要目标是以最低的成本履约，且中国的碳市场仍处于发展初期，市场机制仍有待完善，金融化程度并不高，因此国际的碳资产管理做法对国内企业的参考价值有限。

法国电力集团于 1999 年设立法国电力贸易公司（EDF Trading），开展碳资产管理，通过金融策略和碳资产组合等多种管理工具为集团公司创造利润。具体来看法国电力贸易公司（EDF Trading）①完成减排义务：初期 EDF Trading 主要是以发展中国家获得经核证的自愿减排量(CER)交易为主开展经营。②投资碳市场:随着欧盟碳市场发展和金融产品的完善,EDF Trading 通过互换、掉期、对冲等多种方式积极参与碳市场,开展可再生能源证书、生物质颗粒能源等多项双碳相关产品的交易,碳配额和 CER 交易量始终位列欧盟市场前三名。③支撑绿色低碳转型:2006 年设立规模为 3 亿欧元的碳基金。2013 年发行全球首只大型能源公司专属绿色债券,为可再生能源项目募集资金 1.4 亿欧元。④注重风险管理:EDF Trading 高度重视碳交易和投资风险防控,新的交易产品或是新项目投资都需要交易审核委员会批准才能开展,任何投资交易都需要严格的授权且每日统计风险敞口。

2022 年,国际可持续发展准则理事会(ISSB)发布了《国际财务报告可持续披露准则第 1 号——可持续相关财务信息披露一般要求(征求意见稿)》(以下简称"1 号准则草案")及《国际财务报告可持续披露准则第 2 号——气候相关披露(征求意见稿)》(以下简称"2 号准则草案"),要求披露包括碳排放在内的可持续相关财务信息。未来碳资产的核算、计量、披露,并纳入相关报表报告将成为趋势。

案例思考题

1. 企业可以通过哪两种模式来负责碳资产管理工作?每种模式下国内外各举一例。

2. 中国华能集团有限公司成立的华能碳资产公司负责整个集团企业的碳资产管理工作,其职能主要有哪些?

思考与练习

1. 如何定义"碳资产"和"碳资产管理"?

2. 碳资产是能为企业带来经济利益的资源,其具有哪四个方面的价值?请简述。

3. 按照碳资产的收益类型、体现形式、是否可以在公开市场进行交易,可以分别如何分类碳资产?请举例说明。

4. 碳资产不仅具备传统资产的特性,还具备哪些新的特征?

5. 碳资产管理可以分为哪四个基本活动和哪五个支持活动?请简述。

推荐阅读

中国证券监督管理委员会:《中华人民共和国金融行业标准——碳金融产品》,2022 年。

中国资产评估协会:《资产评估专家指引——碳资产评估(征求意见稿)》,2022 年。

参考文献

Albino V, Ardito L, Dangelico R M, et al. Understanding the Development Trends of Low-carbon Energy Technologies: A Patent Analysis. Applied Energy, 2014, 135(dec. 15):836-854.

Bigsby H . Making Carbon Markets Work for Small Forest Owners. New Zealand Journal of Forestry, 2009, 54(3):31-37.

Cameron H, Carbon Trading: A Review of the Kyoto Mechanisms. Annual Review of Environment and Resources,2007.

Jacob R. Wambsganss, Brent S. The Problem with Reporting Pollution Allowances. Critical Perspectives on Accounting, 1996(7):643-652.

Marland G, Fruit K, Sedjo R. Accounting for Sequestered Carbon: The Question of Permanence. Environmental Science and Policy, 2001(6): 4.

樊纲、邹骥、汤友志,等:"中国低碳经济发展之路探讨(英文)",《中国特色社会主义研究》,2011 年第 S1 期,第 7 页。

韩立岩、黄古博:"技术的碳资产属性与定价",《统计研究》,2015 年第 02 期,第 10—15 页。

黄锦鹏、齐绍洲、姜大霖:"全国统一碳市场建设背景下企业碳资产管理模式及应对策略",《环境保护》,2019 年第 16 期,第 13—17 页。

江玉国、范莉莉:"碳无形资产视角下企业低碳竞争力评价研究",《商业经济与管理》,2014 年第 09 期,第 42—51 页。

万林葳、朱学义:"低碳经济背景下我国企业碳资产管理初探",《商业会计》,2010 年第 17 期,第 68—69 页。

赵长利:"碳资产与碳金融会计处理问题探讨",《中国注册会计师》,2022 年第 09 期,第 86—88 页。

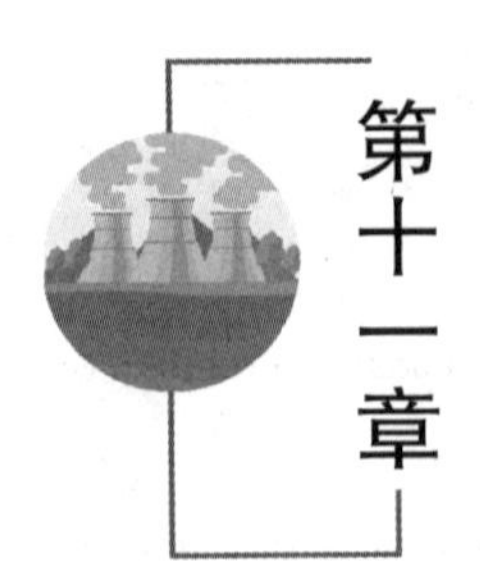

第十一章 碳排放权交易市场的调控与监管

学习要求

了解碳市场调节机制的产生与类型；掌握基于价格阈值的调节机制和基于数量阈值的调节机制的原理与应用；了解欧盟碳市场和我国碳市场的市场调节机制；了解欧盟碳市场的监管框架与机构；了解我国碳市场的监管体系和内容。

本章导读

碳排放权交易市场根据市场供需波动，形成均衡价格，从而释放碳价格信号，反映碳减排成本，最终形成配额总量控制、碳价格波动、低碳技术进步和降低减排成本的良性循环。然而，如果碳交易价格波动非常频繁、波动幅度太大、价格走势不明晰，就会加重企业的减排成本负担，增加企业控制风险和管理的难度。无论是碳交易市场还是传统金融市场，信息的不透明性和不对称性都是导致交易价格波动的重要因素之一，尤其是对于我国刚刚起步的碳交易市场来说更是如此。因此，有必要通过建立市场调节保护机制，建立完善的碳交易市场监管体系和法律法规，以政策性手段管控市场，杜绝违法违规套利、垄断、干预、操纵市场等行为，推动碳交易价格总体保持平稳趋势，实现碳排放交易市场的平稳运行。

第一节 碳排放权交易市场的调控

在经济学中，市场调节是价值规律调节商品生产和商品流通的表现形式。商品供过于求，价格下跌，利润减少，当价格跌到价值以下时，利润率低于平均水平，商品生产者就会缩减生产，使市场上供给减少，求大于供，价格又会回升。但是，市场调节具有盲目性一面，因而在特定情况下，政府部门有必要通过有形的手，对市场进行调控。在碳市场，为了应对碳价格的异常波动，有必要设计碳市场的调节保护机制。纵观全球碳排放交易市场，大多数都建立了市场调节机制，也称市场稳定机制（market stability mechanisms, MSM）。OECD也认为，有价格稳定机制支持的ETS（emissions trading scheme）是更优选择。我国碳排放权交易市场自2021年7月16日正式上线启动交易以来，市场运行较为平稳，但市场调节机制仍未正式推出。

一、碳市场调节机制的产生与类型

给定碳排放目标而内生的碳价格水平往往因为不确定性而波动。不确定性的来源主要有两个方面。一方面来自潜在的碳排放增长轨迹的波动。这取决于经济增长速度、结构性调整的特点和速度，以及技术革新。这些都具有不确定性，同时市场对于碳价的反应也具有不确定性。例如，2008年以来全球金融危机带来的经济低迷就直接减缓了各国潜在的碳排放增长率。另一方面是关于在给定碳价格下的经济回应，或者反过来说，实现给定排放标准的成本。污染治理的市场工具表明，减少排放量所花费的成本通常比预期要便宜。这两种不确定性都会导致配额价格出现显著波动。欧洲EU-ETS的碳排放配额价格的明显下跌，以及清洁发展机制下的CER价格的下跌，都是有力证据。因而，在特定情况下，政府部门有必要通过建立市场调节保护机制等方式对市场进行调控。

市场调节机制是一种短中期控制配额盈余的纠偏制度，其制定逻辑是通过明确政府控制配额盈余的规则，降低配额总量确定中的决策偏差影响、响应配额总量路线图确定后的配额需求重大变化，减少制度不确定性和市场不确定性的负面影响。大多数ETS都建立了市场调节机制，但在如何触发、如何管理和如何运营方面存在差异。按照市场调节机制被触发的阈值，可以将其分为两类：基于价格阈值的调节机制和基于数量阈值的调节机制。

（一）基于价格阈值的调节机制

基于价格阈值的调节机制是调控手段与市场价格直接发生联动，当市场价格达到某一触发值时，自动通过储备配额等方式改变市场供给。这是短期调控机制，主要目的是平抑短期的价格波动。典型代表为加州碳交易体系、RGGI和澳大利亚碳交易体系。

基于价格阈值的调节机制又可分为响应低碳价的调节机制和响应高碳价的调节机制。

1. 响应低碳价的调节机制

在碳价过低时，企业购买碳配额的成本更低，由此会削弱企业投资低碳技术和开展减排行动的积极性，企业会采取等等看的策略，推迟在低碳技术中的长期投资（Edenhofer et al.，2017）。大多数ETS针对低碳价的响应是建立最低价/价格下限（price floor），以及建立配额储备控制（emission containment reserve）。

最低价包括最低拍卖储备价格和硬性价格下限。最低拍卖储备价格是指在配额拍卖时，设定一个最低的储备价格，当叫价低于设定的储备价格时将不予接受。这就使得部分拍卖的储备配额卖不出去，由此降低了配额供给，从而对配额的市场价格起到支撑作用。未能出售的配额在拍卖叫价高于拍卖储备价格时投放到市场，或者被取消，或者被推迟用于日后的拍卖。虽然拍卖储备价格为配额的拍卖设定了一个最低价，但并不能给配额确立一个硬性的、绝对的市场价格。二级市场的配额价格会暂时跌到配额储备价格以下。最低拍卖储备价是一个基于规则的价格，包括建立储备价格，以及未出售配额再次进入市场的规则。

硬性最低价(hard price floor)是一种配额储备控制法。建立硬性最低价确保市场价格不会低于特定的价格水平。在市场价格低于硬性最低价时，政府会买回特定数量的配额。在各个ETS中，硬性最低价机制采用较为少见。与设定最低拍卖储备价格相比，这一方法会给政府带来额外的财政负担。与最低拍卖储备价格不同的是，配额储备控制法下减少的配额不会用于日后出售。

最低价设置在什么地方是响应低碳价的调节机制的重要关注点。最低价的设置要能确保减缓成本的最小化，并且降低低碳投资的风险。最低价每年会以一个固定的比例上升，以给市场传递最小配额成本会随着时间稳步上升的信心。在储备价格被拍卖情况下，暂时退出拍卖的配额或者用于今后的拍卖，或者被转移到其他的储备中(如成本控制储备)，或者被取消。如果配额只是简单地被用于其他储备或被用于今后的拍卖，这一机制就是总量中性的。然而，如果未被出售或暂时退出的配额最后在某一时点永久退出，这一工具也会有助于解决结构性的供给不平衡。

韩国ETS从2019年开始，每月拍卖配额，也建立了拍卖储备价格。拍卖储备价格是一个动态的价格，等于之前三个月的平均价格加上个月的平均价格加过去三天的平均价格(ICAP, 2019)。由于存在单一买方购买的配额最大数量限制。没有出售的配额会增加到下个月的拍卖总量中去。美国区域温室气体减排行动(regional greenhouse gas initiative, RGGI)设计的排放控制储备机制(ECR)是一种响应低碳价的调节机制。当拍卖价格跌到触发价格(每年提高7%)后，每年从市场上回收不超过10%的配额(如表11-1所示)。在RGGI，ECR的价格阈值

表11-1 美国排放控制储备机制示例

年份	Base Cap	Bank Adjustment	Adjusted Cap	CCR Trigger Price($)	ECR Trigger Price($)	CCR Size	ECR Size
2020	78 175 215	21 891 408	56 283 807	$10.77	N/A	10 000 000	N/A
2021	75 147 784	TBD	TBD	$13.00	$6.00	7 514 778	6 845 333
2022	72 872 784	TBD	TBD	$13.91	$6.42	7 287 278	6 637 900
2023	70 597 784	TBD	TBD	$14.88	$6.87	7 059 778	6 430 464
2024	68 322 784	TBD	TBD	$15.92	$7.35	6 832 278	6 223 030
2025	66 047 784	TBD	TBD	$17.03	$7.86	6 604 778	6 015 597
2026	63 772 784	N/A	63 772 784	$18.22	$8.41	6 377 278	5 808 163
2027	61 497 784	N/A	61 497 784	$19.50	$9.00	6 149 778	5 600 727
2028	59 222 784	N/A	59 222 784	$20.87	$9.63	5 922 278	5 393 293
2029	56 947 784	N/A	26 947 784	$22.33	$10.30	5 694 778	5 185 859
2030	54 672 784	N/A	54 672 784	$23.89	$11.02	5 467 278	4 978 425

会高于拍卖储备价格，目的是如果市场配额价格继续下跌，拍卖储备价格就会被触发，配额就会从拍卖中退出。ECR 触发价格的设定将基于对各种不同场景下的排放模拟。

2. 响应高碳价的调节机制

配额价格太高会削弱 ETS 的经济和政治灵活性，因此，有必要建立确定价格上限的机制。响应高碳价的调节机制通过在预先设定的价格触发点提供额外的供给来试图减缓价格的螺旋式上升（spike）。主要的机制包括额外的成本控制储备（cost containment reserve, CCR），或者通过额外的合规机制/方式，如硬性价格天花板（hard price ceiling）。

美国区域温室气体减排行动（RGGI）设计的成本控制储备（CCR）是一种响应高碳价的调节机制。成本控制储备（CCR）作为一种软性的价格天花板，在拍卖配额之外为控制配额成本设置 5%额外配额，拍卖价格涨到触发价格（每年提高 7%）后，每个季度以固定价格卖给强制性减排单位。额外配额的价格每年提高 2.5%。

加州政府也设立了配额价格抑制准备金制度。当市场碳价过高时，交易所可以动用配额储备起到稳定价格的作用，但配额不得超过全年限额的 8%。其 2013—2014 年、2015—2017 年、2018—2020 年的配额比例分别为 1%、4%和 7%。

（二）基于数量阈值的调节机制

基于数量阈值的调节机制通过直接增加或减少配额的供给数量间接影响市场价格。这是一种中长期调控机制，主要目的是改变中长期供求关系。典型代表是 EU ETS 的 MSR 等机制，调整配额中长期供给曲线，改变市场预期。基于数量阈值的调节机制可分为响应低配额的调节机制和响应高配额的调节机制。

1. 响应低配额的调节机制

在配额数量过低时，过低的配额数量可能招致排放主体的极大反对，削弱 ETS 的经济和政治灵活性，因此，有必要建立确定配额下限的机制。激励企业创新，开展节能改造和发展新能源，提高能源效率，实现良性循环。同时增加市场的流动性，从而减少价格的波动。

2. 响应高配额的调节机制

在配额数量过高时，过高的配额数量短期会导致碳价过低，市场不活跃，弱化对投资者的价格信号（例如高碳行业获得更多的免费配额），长期会减缓向低碳经济的过渡，削弱企业投资低碳技术和开展减排行动的积极性，影响碳交易体系以经济有效的方式实现更严格的减排目标的能力。因此，有必要建立确定配额上限的机制。采用免费分配和有偿分配相结合的方式，控制免费配额的数量上限，具有激励企业减排的作用，同时为调节总量控制目标提供一些灵活性。

国际碳市场的经验表明，以配额数量为基础的调控面对价格过低的情况时缺乏有效的工具，而在面对价格过高时具有非常充分的调控工具。这说明实际市场运行中，价格过低的风险要明显高于价格过高的风险，因为有足够的调控工具来吸收价格过高的风险。

二、欧盟碳市场的市场调节机制

在早期欧洲碳市场建立的初期，欧盟委员会作为市场的“一级供给方”释放了过高的碳配额总量，导致碳市场价格因供过于求长期较低的水平，不利于将碳减排计划进一步推进。为了解决配额数量盈余的问题，在第三阶段，欧盟分别从短期和长期制定了调节机制。短期举措是折量拍卖。欧盟将2014—2016年9亿冗余的碳配额延期至2019—2020年拍卖。作为一项短期应对举措，这些“折量拍卖”不会降低第三阶段期间排放配额总拍卖量，只会改变该阶段里拍卖量的分配。排放配额在以下年度拍卖量得以减少：4亿（2014年）、3亿（2015年）、2亿（2016年）。2020年，EU ETS累计收回的配额总数超过3.75亿，相当于当年拍卖量减少35%（ICAP，2021）。

欧盟的市场稳定储备（market stability reserve, MSR）是一种响应高配额的长期调节机制。MSR是欧盟在欧债危机后为了解决碳交易市场中大量冗余的配额，避免供需结构性失衡的一种经济手段。在第三阶段时，欧盟首次提出MSR市场稳定储备机制，该机制于2019年正式上线使用。市场稳定储备就像是一只“有形的手”，以政策干预的方式，将碳市场中过多的配额抽离并进行存储，以保证市场上流动的碳交易配额的数量处于一个动态平衡，以影响市场供需关系的方式控制碳市场的交易价格。

根据欧盟委员会规定，每年欧委会都会在5月15日之前发布正在流通的配额总数。当市场中碳配额流通总量的12%大于1亿时，该部门将会被存入市场稳定储备。这个数值在2019—2023年更新为24%。触发市场稳定储备释放的情况有两种，第一种是当市场中的碳配额流通总量小于4亿时，将从市场稳定储备中释放1亿碳配额用于增加市场流动性；第二种情况是当连续6个月碳交易市场价格高于过去两年的均价3倍时，即总流通量高于4亿吨。例如，到2023年5月，欧盟委员会发布2022年的碳市场配额总量，此处假设其为15亿吨，其12%为1.8亿吨，已高出1亿吨的触发阈值，则这1.8亿吨将被放入2024年的市场稳定储备中，同时2024年的拍卖配额将会随之减少1.8亿吨。根据以上数据可以得知，在MSR机制下，欧洲碳市场中最多仅会有8.33亿吨冗余碳配额流通。但是该机制下碳配额只可以跨期存储，但不可以跨期使用。现阶段多余的碳配额可以跨期存储到未来某一阶段或时间（bank），但不能够提前透支借用（borrow）。EU-ETS自2019年1月1日开始采用强有力的市场稳定储备机制（MSR），有效弥补了总量确定阶段的决策失误和市场失灵。根据欧盟委员会的说法，到2026年会开展对该机制的专项核定评估工作。见图11-1。

总结看来，市场稳定储备机制的核心在于通过政策导向的手段，控制碳交易市场的流通量，确保不会有冗余的碳配额影响碳交易价格；同时从系统角度提高了碳交易市场的抗风险能力，尤其是难以预料的需求侧的突变，例如2020年疫情导致的碳配额超额、2021年欧洲能源危机导致的电价保障等问题。

图 11-1　EU ETS 第三阶段的 EUA 价格

三、我国碳排放权交易的市场调节机制

(一) 我国试点碳市场的市场调节机制

从前期七个试点碳排放交易市场来看，为市场调节机制发布的专项文件有《北京市碳排放权交易公开市场操作管理办法(试行)》《湖北省碳排放配额投放和回购管理办法(试行)》和《福建省碳排放权交易市场调节实施细则(试行)》等，尚未有任何省市落实过市场调节措施，究其原因在于除碳市场建立之初的价格跳水外，市场整体走势相对稳定，价格波动没有满足机制的触发条件或主管部门认为市场波动仍在可控范围内。七个试点碳排放交易市场的市场调节保护机制主要有配额储备、配额回购、最高价和最低价机制四大类。

第一，配额储备。在碳排放配额初始分配时，预留一定比例的价格调整配额，当碳排放交易价格过高时，政府将预留的价格调整配额投放市场以增加供给从而平抑价格。配额储备机制有利于缓解配额供不应求的局面，也同时降低了限排企业的减排成本进而降低了碳泄漏的可能性。

在试点碳市场，北京、湖北和福建的配额投放工作都是采用竞价的形式。就触发条件而言，三个省市的设定基准各有不同，北京以绝对价格为基准，湖北选取可变价格为基准，而福建采用涨幅作为基准。就适用对象而言，三个省市都包括控排企业，北京还包括自愿参与的企业，湖北和福建则需按照主管部门设定的资质进行筛选，但筛选标准并未公布。对触发条件和适用对象不同程度的条件设置会直接影响到主管部门对市场的调控力度(见表 11-2)。

表 11-2　投放触发条件及适用对象

试点碳市场	触发条件	适用对象
北京	日加权平均连续 10 个交易日高于 150 元/吨	控排企业及自愿参与企业

（续表）

试点碳市场	触发条件	适用对象
湖北	连续20个交易日内有6个交易日收盘价达到日议价区间最高价	主管部门设定资质
福建	连续10个交易日内累计涨幅达到一定比例	控排企业，主管部门设定资质

第二，配额回购。当碳排放交易价格过低时，政府将启动价格调节机制，从碳排放市场回购配额以减少市场上的配额供给，从而提高配额的价格。配额回购机制有利于缓解配额供大于求的局面，也同时使得减排企业获得了一定的收益。试点市场对回购决策流程、触发条件和资金来源进行了阐释，只有湖北明确了回购形式为协商议价。触发条件的设定基准与投放类似，但设定方向相反（见表11-3）。

表11-3　回购条款

<table>
<tr><th>试点碳市场</th><th>触发条件</th><th>适用对象</th><th>资金来源</th></tr>
<tr><td>北京</td><td>日加权平均连续10个交易日低于20元/吨</td><td rowspan="3">无特定对象</td><td>财政专项资金</td></tr>
<tr><td>湖北</td><td>连续20个交易日内有6个交易日收盘价达到日议价区间最低价</td><td>风险调控资金</td></tr>
<tr><td>福建</td><td>连续10个交易日内累计跌幅达到一定比例</td><td>优先采用有偿分配收入，不足的由省级预算投资资金安排</td></tr>
</table>

第三，最高价和最低价机制。即对碳排放配额在二级市场上交易的最低价格或最高价格加以限定，或者限定交易的最低价和最高价区间。当碳排放配额的价格高于最高价或者低于最低价时，碳排放交易无法实现。限制碳排放配额交易最低价格的目的在于保护企业减排投入的积极性。如果因政府过度分配配额导致供过于求，碳排放配额的价格可能低于最低限价甚至为零，这可能导致积极从事减排投入的企业无法通过碳排放交易市场获得减排回报，从而丧失了减排的积极性。如果因政府配额总量的设定过于严格，可能会导致严重的供不应求，从而碳排放配额价格高于最高限价，这可能导致限排企业减排成本高涨或者引起碳泄漏。因此，为了保护企业减排投入的积极性和避免碳泄漏，最高价和最低价机制被广泛应用于碳排放交易体系的设计中。

（二）全国碳市场的市场调节机制

2021年2月1日正式施行的《碳排放权交易管理规则（试行）》提出，生态环境部可以根据维护全国碳市场健康发展的需要，建立市场调节保护机制。当交易价格出现异常波动，触发调节保护机制时，生态环境部可以采取公开市场操作、调节国家核证自愿减排量使用方式等措施，进行必要的市场调节。本条规定的内容包括以下四个方面：第一，规定了建立市场调节保护机制的目的。国家建立市场调节保护机制的目的是矫正市场失灵，即通过有形之手的适度干预充分发挥无形之手的作用，从而维护全国碳排放交易市场健康发展。第二，规定了市场调节保护机制的建立机构，即由生态环境部建立全国碳排放交易市场的调节保护机制。第三，规定了市场调节保护机制的触发条件，即交易价格出现异常波动。第四，规定了市场调节保护机制的主要构成方式，包括公开市场操作、调整国家核证自愿减排量使用方式等措施。然而，具体的市场调节保护机制规则，生态环境部尚未制定并公布。建议全国碳交易市场应尽快建立市场调节机制。由国家生态环境主管部门根据碳交易市场的控排目标实现情况，确定市场调节机制的触发条件、配额收回率、储备时长、注销比例、回注比例等关键参数，及其动态调节的频率等关键问题。

第二节　碳排放权交易市场的监管

监管机制是碳排放权交易制度设计中的重要环节。有效的市场监管有助于在确保市场运行效率的同时增强市场参与者之间的信任。国外碳市场发展至今，已积累了大量的碳市场监管经验，我国发展碳市场可以参考国外碳市场的监管经验。

一、国外碳排放权交易市场的监管

无论是欧盟还是美国政府部门对碳市场的监管方式主要依据法律手段。通过立法的方式对碳市场进行管理。可以防止政策内容的模糊性具有更高的执行效力。而在监管制度设计上，欧盟不仅对碳市场指导性文件法律化，还对于配额拍卖碳泄露规定市场稳定机制以及核查工作规则都进行了相应的立法。

美国尽管因为政治原因尚未存在联邦层面的专项立法，但也存在诸如2009年颁布的《清洁能源与安全法》、2010年颁布的《美国电力法案》等，这些都为碳市场建立提供了理论基础和立法保障。各区域性碳市场层面，以RGGI为例，各州签订的《谅解备忘录》为市场运行提供前提条件，在操作层面则通过《标准规则》进行程序性规定，与此同时，各州层面分别出台拍卖法规等操作性法规，以保证市场在法律监管框架下有效的运行。

二、欧盟碳市场的监管

（一）欧盟碳市场监管框架

就欧盟之外的国际角度而言，EU ETS是在《联合国气候变化框架公约》（UNFCCC）尤其是《京都议定书》确立的IET、CDM和JI三种市场机制下建立起来的碳排放交易体系，对UNFCCC秘书处负有排放报告及履约义务，同时在CER签发及使用方面接受联合国CDM执行理事会的安排。就欧盟内部角度而言，欧盟委员会负有向欧洲议会呈交碳市场监管报告、配额发放、交易和拍卖情况，时刻监测碳市场是否存在交易风险等责任。因此，欧盟的碳市场监管主要包括欧盟和成员国两个层面。根据欧盟委员会2010年颁布的《加强欧盟碳交易计划市场监管的框架》,欧盟监管机构包括欧盟委员会气候行动总司、独立交易系统、金融监管机构以及各成员国监管机构。

(二) 欧盟碳市场监管机构

欧盟层面的监管机构包括以下几个。

第一,欧盟委员会气候行动总司。欧盟委员会作为 EU ETS 的主要监管机构。欧盟委员会定期要向欧洲议会提交碳市场监管报告,报告碳排放权拍卖情况、交易状况、存在的交易风险等情况。2010 年欧盟委员会成立气候行动总司(DG CLIMA),代替之前的环境行动总司(DG Environment),代表欧盟委员会负责在欧盟和全球层面应对气候变化。气候行动总司是欧盟关于 EU ETS 的总监督机构,并对各成员国减排的落实情况、配额的使用情况、碳排放量核证等进行监管。其五大工作职责包括制定并执行气候政策和战略、在国际气候谈判方面起领导角色、执行欧盟碳排放交易体系、监测欧盟成员国的排放情况、完善低碳技术和适应措施。具体到监管工作方面,欧盟委员会负责制定碳市场监管的法律法规,监督 EUETS 的运行状况,接收各成员国的履约及报告信息并统一对注册登记簿进行管理。

第二,欧盟独立交易系统(EUTL)。由欧盟委员会气候行动总司管理,用于记录配额的产生、免费发放、拍卖、交易、履约以及注销,负责对每笔配额交易进行检查以确保交易的合理性同时可以对所有配额进行跟踪,以降低不正当交易发生的可能性。EUTL 具有底层权限,与交易系统紧密关联,自动对每笔交易进行检查,评估该交易是否存在风险,一旦系统发现违约行为,便调用底层权限马上终止交易并通知监管部门,以确保没有违规行为。

EUTL 定期接受专业技术公司的系统评估和更新,技术公司会根据一段期间内的市场违约情况与系统的检测准确率进行比对,更新系统算法。该系统与银行操作模式相类似,但由于隐私及法律问题,该系统没有权限监测资金所有权与资金流向,在交易进行时并不能做到完全的风险监控。

第三,市场活动监管机构。2008 年金融危机后,欧盟加速金融监管改革进程,形成了宏观审慎监管和微观审慎监管的有机结合。宏观审慎监管由附设于欧洲央行下的欧洲系统性风险委员会(ESRB)负责,主要通过发布预警和提出建议等手段,对银行具体财务状况、金融市场上可能出现的系统性风险等进行监管。微观审慎监管方面建立了欧洲金融监管体系(ESFS),它由三部分组成:一是指导委员会,负责银行、证券和保险三大监管局及其与各个成员国金融监管当局的沟通和信息交流;二是欧盟监管局,包括欧盟银行业管理局(EBA)、欧盟证券市场管理局(ESMA)和欧盟保险和职业养老金监管局(EIOPA),负责制订并确保监管规则的一致性;三是各个成员国的金融监管当局,负责本国日常的金融监管。在碳市场领域,欧盟证券市场管理局(ESMA)已联合气候行动总司发布关于 MAD 以及 MiFID 在进一步执行中的技术建议和执行管理技术标准草案。相关文件目前正在接受欧盟委员会、欧盟理事会和欧洲议会的审查。

除了欧盟层面,从成员国层面来看,欧盟各成员国的监管机构通常为各国的环保和金融管制机构。欧盟委员会根据每阶段各成员国提交的“国家分配计划”(NAP)分配排放权,以达成《京都议定书》的减排目标。各成员国再将排放权依照规定的分配方式或通过拍卖分配给各控排企业。成员国内各企业在受到欧盟监管的同时，也受到本国法律法规在排放登记、交易许可、限额控制等方面的监管。具体监管由各成员国负责，例如德国就为排放权交易制度设立了一系列的法律，如《温室气体排放交易许可法》《温室气体排放的国家分配法及实施条例》《温室气体排放的国家分配法》及《项目机制法》等法规，这些制度为碳市场的金融监管提供了依据。

(三) 欧盟碳市场监管机制

欧盟还要求各成员国建立本国身份证明机制，来促进交易的透明化。欧盟碳市场依托于其高度成熟的金融市场，除受欧盟碳交易相关政策和法规的约束外，结合碳金融交易及其风险的特点，欧盟对其现有的金融市场法规的适用范围和内容进行了一定的拓展：在关于碳配额性质的认定方面，欧盟于 2018 年 1 月 3 日最新修订的 MiFID2（欧洲金融工具市场指令）中明确将碳排放配额认定为金融工具，并适用于二级现货市场；最新修订的 MAR（市场滥用条例）也将覆盖 EUETS 二级市场和一级拍卖市场。Anti-MLD（反洗钱指令）中也明确规定了二级现货市场交易许可商关于交易对手的尽职调查等。除上述法规和条例外，欧盟碳金融活动还受到包括 MAD（市场滥用指令）、CSMAD（市场滥用行为刑事制裁）、TD（透明度指令）、CRD（资本金要求指令）、ICSR（投资者补偿计划指令）以及 REMIT（能源市场诚信与透明度规则）等法规的监管。

上述主要措施便构成了相对完善的欧盟层面的监管体系，相比之下，成员国层面的监管机制则较为简单。交易行为仅由本国环保和金融监管机构负责监督，以确保实现本国的减排履约责任。同时部分成员国按照欧盟要求建立了自查机制，通过银行、保险、碳基金等金融服务机构在为市场交易行为提供服务时对自身业务进行风险筛查，来辨识潜在风险。

(四) 监管内容

从具体监管政策来看，欧盟碳市场在监管具体内容上可分为如下方面。

(1) 系统风险防控。通过交易系统和登记制度的设计降低交易过程中的不正当配额转移以及“洗钱现象”发生的概率。

(2) 金融风险防控。由于碳市场建立初期欧盟对碳排放权定义为“金融产品”，欧盟排放权交易中的期货期权及远期产品由欧盟金融市场进行监管。在碳市场交易过程中对内幕信息进行定义、并要求对碳价造成极大影响或有内幕交易行为的实体进行信息披露同时对拍卖过程也纳入了金融市场管理范围。

(3) 碳价调控。欧盟曾采取碳底价策略和价格储备配额制度来缓解碳价暴跌问题，并提出 2021 年建立市场稳定储备机制解决配额过剩的问题。

三、我国碳排放权交易市场的监管

(一) 监管体系

中国碳市场的发展过程具有从试点向全国过渡的特点。因此政策文件也是在地方监管的探索中制定统一、规范的全国碳市场政策文件体系。目前，中国已形成"国家层面碳市场统筹性文件—试点层面碳市场统筹性文件—试点层面碳市场操作性文件"三层级监管政策体系。

2018 年 3 月，随着国务院机构改革的进行，碳排放交易体系的主管部门由国家发改委调整为新改组的生态环境部。同年 8 月，生态环境部定职能、定机构、定编制工作基本完成，新气候司、气候中心继续推进地方碳试点的运行与全国碳市场的筹建。

按照《碳排放权交易管理办法》(试行)的规定，生态环境部加强对交易机构和交易活动的监督管理，可以采取询问交易机构及其从业人员、查阅和复制与交易活动有关的信息资料、以及法律法规规定的其他措施等进行监管。本条规定主要包括两方面的内容：第一，规定了生态环境部对碳交易机构和活动的监督管理权力，即生态环境部加强对交易机构和交易活动的监督管理。第二，规定了生态环境部对交易机构和交易活动可以采取的监管措施，主要有：①采取询问交易机构及其从业人员了解相关情况；②查阅和复制与交易活动有关的信息资料；③法律法规规定的其他监管措施。

从我国碳排放权交易市场的监管机制来看，中国碳市场的监管部门主要由生态环境部及省市生态环境主管部门、市场保障部门、市场监管部门三方面组成，其中生态环境部及省市生态环境部主管部门作为碳市场主管部门，其职责是对碳市场各项工作进行统筹协调；市场保障部门对碳市场的减排效果和市场有效性进行监管；市场监管部门则是规范碳排放交易平台与碳金融市场的各种交易行为，此外，通过上述监管机构的信息披露，社会公众作为外部监督主体，对碳市场的运行信息及上述监管机构进行一定的外部监督。

(二) 监管的内容

1. 对内幕交易的监管

内幕交易一般是指内幕知情人及以不正当手段获取碳交易内幕信息的其他人员，违反相关规定泄露企业核查信息、企业碳资产组成情况以及碳交易相关信息，并根据上述内幕信息进行碳金融产品买卖或者向他人提出买卖建议行为。内幕交易会给交易者带来丰厚的利润，但却给市场带来很大的不公。内幕交易会在很大程度上打击投资者的市场信心，因此，遏制内幕交易是碳交易管理规则的题中应有之义。

按照《碳排放权交易管理办法》(试行)的规定，全国碳排放权交易活动中，涉及交易经营、财务或者对碳排放配额市场价格有影响的尚未公开的信息及其他相关信息内容，属于内幕信息。禁止内幕信息的知情人、非法获取内幕信息的人员利用内幕信息从事全国碳排放权交易活动。

该条规定的主要内容包括以下两个方面：第一，规定了内幕信息的范畴，即全国碳排放交易活动中，涉及交易经营、财务或者对碳排放配额市场价格有影响的尚未公开的信息及其他相关信息内容都属于内幕信息。第二，规定了内幕知情人的行为规范，即禁止内幕信息的知情人、非法获取内幕信息的人员利用内幕信息从事全国碳排放交易活动。

该条规定中，明确规定内幕交易的主体为内幕信息的知情人、非法获取内幕信息的人员，其中知情人的认定是确定内幕交易行为的关键。碳交易内幕信息的知情人主要是指可利用其地位、职务等便利，能够接触或获取尚未公开的、影响碳配额价格等重要信息的人员，如重点排放单位董事、监事、经理或主要股东、碳市场内部人员及市场管理人员等。

2. 对操纵或扰乱市场的监管

在证券市场中，典型的操纵市场行为有以下多种：第一，连续买卖。连续买卖，是指行为人为了抬高、压低或维持集中交易之有价证券的交易价格，自行或者以他人名义，对该证券连续高价买入或低价卖出的行为。第二，相对委托。相对委托又称约定买卖，是指与他人串通，以事先约定的时间、价格和方式相互进行证券交易，影响证券交易的价格或者证券交易量。第三，冲洗买卖。冲洗买卖又称洗售，是指在自己实际控制的账户之间进行证券交易，影响证券交易价格或者证券交易量。这是实践中采用最多的操纵手段，目前处罚的绝大多数操纵市场案例都存在冲洗买卖行为。

在碳排放交易中，操纵市场主要是指部分机构投资者、个人投资者，交易平台等主体依托自身资金、信息等优势，诱导投资者在不了解碳排放市场情况下作出投资决定，扰乱市场秩序。

按照《碳排放权交易管理办法》(试行)的规定，全国碳排放权交易活动中，禁止任何机构和个人通过直接或者间接的方法，操纵或者扰乱全国碳排放权交易市场秩序、妨碍或者有损公正交易的行为。因为上述原因造成严重后果的交易，交易机构可以采取适当措施并公告。

本条规定的主要内容包括以下两个方面：第一，对机构和个人的交易行为规范作了规定，即禁止任何机构和个人通过直接或者间接的方法，操纵或者扰乱全国碳排放交易市场秩序、妨碍或者有损于公正交易的行为。第二，规定了交易机构针对造成严重后果的交易采取措施的权利。本条明确，对因上述行为而造成严重后果的交易，交易机构可以采取适当措施并予以公告。

3. 对交易机构向生态环境部报告事项的监管

按照《碳排放权交易管理办法》(试行)的规定，交易机构应当定期向生态环境部报告的事项包括交易机构运行情况和年度工作报告、经会计师事务所审计的年度财务报告、财务预决算方案、重大开支项目情况等。交易机构应当及时向生态环境部报告的事项包括交易价格出现连续涨跌停或者大幅波动、发现重大业务风险和技术风险、重大违法违规行为或者涉及重大诉讼、交易机构治理和运行管理等出现重大变化等。

本条规定了交易机构应当向生态环境部报告的事项类型及具体内容：第一，交易机构应定期向生态环境部报告的事项，主要包括：①交易机构运行情况和年度工作报告；②经会计师事务所审计的年度财务报告、财务预决算方案、重大开支项目情况。第二，交易机构应及时向生态环境部报告的事项，主要包括：①交易价格出现连续涨跌停或者大幅波动；②发现重大业务风险和技术风险；③发现重大违法违规行为或者涉及重大诉讼；④交易机构治理和运行管理等出现重大变化。

4. 对信息披露与信息保密的监管

按照《碳排放权交易管理办法》(试行)的相关规定，交易机构对全国碳排放权交易相关信息负有保密义务。交易机构工作人员应当忠于职守、依法办事，除用于信息披露的信息之外，不得泄露所知悉的市场交易主体的账户信息和业务信息等信息。交易系统软硬件服务提供者等全国碳排放权交易或者服务参与、介入相关主体不得泄露全国碳排放权交易或者服务中获取的商业秘密。

本条是一个保密条款，规定了交易机构及其工作人员、交易系统软硬件服务提供者等全国碳排放交易或者服务参与、介入相关主体的保密义务。主要内容如下：第一，规定了交易机构对全国碳排放交易相关信息负有保密义务。第二，规定了交易机构工作人员对全国碳排放交易相关信息负有的保密义务，即交易机构工作人员应当忠于职守、依法办事，除用于信息披露的信息之外，不得泄露所知悉的市场交易主体的账户信息和业务信息等信息。第三，规定了交易系统软硬件服务提供者等全国碳排放交易或者服务参与、介入相关主体的保密义务，即这些主体不得泄露全国碳排放交易或者服务中获取的商业秘密。

5. 对实时监控和风险控制的监管

按照《碳排放权交易管理办法》(试行)的相关规定，交易机构对全国碳排放权交易进行实时监控和风险控制，监控内容主要包括交易主体的交易及其相关活动的异常业务行为，以及可能造成市场风险的全国碳排放权交易行为。

本条是关于交易机构实时监控和风险控制义务与监控内容的规定，主要内容包括以下两个方面：第一，规定了交易机构对全国碳排放交易进行实时监控和风险控制的义务。第二，规定了交易机构监控的内容，主要包括：①交易主体的交易及其相关活动的异常业务行为；②可能造成市场风险的全国碳排放交易行为。交易机构实时监控全国碳排放交易对于维护市场安全起着关键作用。通过本条规定的监控内容进行监控，可以及时发现交易中的异常情况和违规行为并采取有效措施，减少不必要的损失，防止对碳交易产生重大影响，造成市场风险。

总的来看，国内相关部门已在《碳排放权交易管理办法》(试行)等法律法规出台了涵盖碳排放权交易监管的规则，未来需要在充分考虑地区间经济、社会、环境等因素的情况下设计统一的监管标准。首先，针对各参与碳市场的企业制定统一的市场准入标准、排放监测标准和管理标准；其次，针对碳排放权交易平台制定管理办法，保障交易透明度和合理性，统一操作标准。另外，针对第三方核查机构也应设置统一的资质审查标准和操作核查标准。从这三方面入手设计统一的监管标准，同时辅以严格的惩罚措施，真正实现法律保障，使违规违法主体承担相应的经济责任与法律责任。

思考与练习

1. 市场调节机制按照被触发的阈值，可以分为哪两类？每一类又可分别分为哪两类调节机制？请简述。

2. 欧盟响应高配额的长期调节机制是什么？它如何控制碳市场的交易价格？

3. 我国试点碳排放权交易市场的市场调节保护机制主要有哪四大类？请分别简述。

4. 2021年2月1日正式施行的《碳排放权交易管理规则（试行）》对“市场调节保护机制”规定了哪四方面内容？

5. 欧盟层面设置了哪三类碳市场监管机构？请简要介绍。

6. 我国碳市场的三层级监管政策体系是什么？

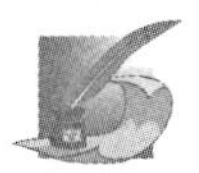

推荐阅读

汇丰、21世纪资本研究院：《金融行业：中国绿色金融发展报告，中国金融业推动碳达峰碳中和目标路线研究(2021)》，2022年。

参考文献

Bruninx K, Marten O, Erik D. The Long-term Impact of the Market Stability Reserve on the EU Emission Trading System. Energy Economics, 2020:89.

陈诗一、黄明、宾晖：“双碳目标下全国碳交易市场持续发展的制度优化”，《财经智库》，2021年第04期，2021-08-25。

李继锋、张亚雄、蔡松峰：《中国碳市场的设计与影响》，社会科学文献出版社，2017年。

刘明明：“论碳排放权交易市场失灵的国家干预机制”，《法学论坛》，2019年第04期，第62—70页。

罗培新、卢文道，等：《最新证券法解读》，北京大学出版社，2006年，第122—124页。

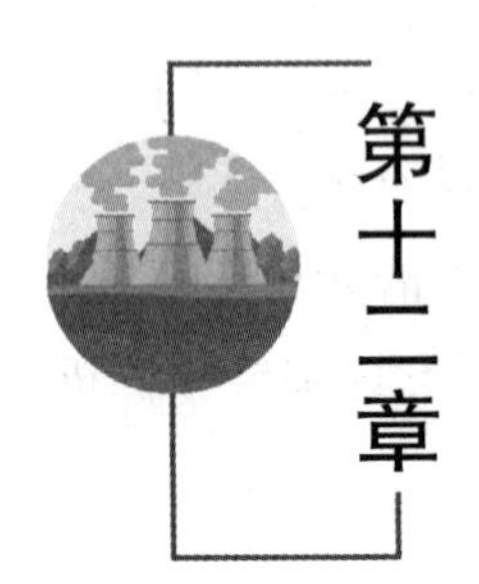

第十二章 全球碳排放权交易市场发展

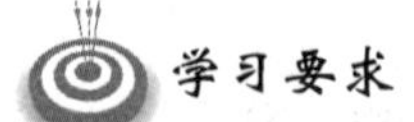

学习要求

了解当前全球碳排放交易发展情况；熟悉各主要碳市场的框架设计及其发展历程；掌握我国碳交易市场建设和发展情况；了解碳市场链接的方式、意义及相应措施。

本章导读

继《京都议定书》和《巴黎协定》之后，《格拉斯哥气候协议》作为第三个全球应对气候变化的里程碑文件于2021年11月在第二十六次联合国气候变化大会(COP26)上签署。会上，各国代表就曾在《巴黎协定》中未达成一致意见的第六条达成初步共识，即如何在区域碳市场之外建立一个全球性的碳市场。

截至2021年，全球共有25个碳市场在运行，覆盖21.4%的温室气体排放，将近1/3的人口生活在有碳市场的地区。欧盟碳市场是最早也是发展最成熟的碳市场，是全球碳市场发展的引领者；而美国、韩国、新西兰的碳市场建设起步较早，发展迅速，特点各异。

我国的全国碳排放权交易市场于2021年7月16日正式上线交易，一举成为全球最大的碳市场，并且在第一个履约周期内运行平稳。但处于建设初期的我国碳市场尚有许多不足之处。他山之石，可以攻玉。学习了解各个碳市场的框架设计和发展历程，有利于为我国碳市场的建设提供经验与参考。

第一节　全球碳排放权交易发展概况

截至2021年，全球已运行25个碳排放权交易市场(emission trading system，ETS)，覆盖全球温室气体排放的17%。其中一个区域层面的是欧盟碳市场(EU ETS)，包含了欧盟

27 个成员国以及冰岛、列支敦士登和挪威;8 个国家层面的 ETS,分别是中国、德国、哈萨克斯坦、墨西哥、新西兰、韩国、瑞士以及英国;还有 16 个在美、加、日、中等国家的省、州或城市层面建立的碳排放权交易市场(碳市场)。全球碳排放权交易市场状况见表 12-1。

表 12-1 全球碳排放权交易市场状况

层面	名称		成立时间	ETS 覆盖辖区经济排放比例	2021 年交易均价(美元/吨)
区域层面	欧盟 ETS(EU ETS)		2005 年	39%	64.77
国家层面	瑞士 ETS		2008 年	10%	57.54
	新西兰 ETS		2008 年	49%	34.95
	哈萨克斯坦 ETS		2013 年	46%	1.18
	韩国 ETS		2015 年	73%	17.23
	墨西哥试点 ETS		2020 年	40%	0.00
	中国 ETS		2021 年	44%以上	7.23
	英国 ETS		2021 年	28%	70.72
	德国 ETS		2021 年	40%	29.57
地方层面	美国	区域温室气体减排行动(RGGI)	2009 年	16%	10.59
		加利福尼亚州 ETS	2012 年	74%	22.43
		马萨诸塞州 ETS	2018 年	8%	8.40
		俄勒冈州 ETS	2021 年	43%	—
	加拿大	魁北克省 ETS	2013 年	78%	22.40
		新斯科舍省 ETS	2019 年	85%	23.05
	日本	东京 ETS	2010 年	约 20%	4.92
		琦玉 ETS	2011 年	20%	—
	中国	北京	2013 年	约 24%	9.48
		天津	2013 年	约 55%	4.73
		广东	2013 年	约 40%	5.91
		上海	2013 年	57%	6.23
		深圳	2013 年	约 40%	1.74
		湖北	2014 年	约 27%	5.32
		重庆	2014 年	51%	4.11
		福建(非试点)	2016 年	51%	2.50

资料来源:各交易所、ICAP。

在 2021 年,全球主要碳市场的价格都出现了不同幅度的上涨。2021 年底,欧盟 ETS 的补贴价格达到历史新高，超过 100 美元，当年配额拍卖产生了 367 亿美元的收入，增长了近 63%；在北美地区，加州和魁北克的配额价格从 18 美元增长到 28 美元，区域温室气体倡议(RGGI)的碳价从 8 美元增长到 14 美元；而整个亚太地区，韩国的碳价从 21 美元升至 30 美元，新西兰的配额价格则从 27 美元升至 46 美元。但可以看出大部分市场的碳价仍低于 10 美元。

当前运行碳市场的地区覆盖了全球 GDP 总量的 55%，另有包括哥伦比亚、印度尼西亚、乌克兰、越南等在内的七个 ETS 正在开发中，预计在未来几年内投入使用。同时，巴西、芬兰、马来西亚、智利、土耳其、巴基斯坦、泰国、菲律宾和日本等司法辖区以及美国东北部建立交通和气候倡议计划(TCI-P) 等 15 个 ETS 的建设计划也已提上日程。下面本书将详细介绍全球主要的碳市场。

第二节　欧盟碳排放权交易市场

欧盟排放交易市场(EU ETS)建立于 2005 年初，是最早也是迄今为止最成熟的碳排放交易体系，目前包含 27 个欧盟成员国，以及冰岛、列支敦士登和挪威。欧盟碳市场目前涵盖的部门排放量约占欧洲经济区 European Economic Area (EEA)温室气体排放总量的 39%，覆盖了电力行业、制造业和航空业(包括从 EEA 到英国的航班)的排放活动。

一、欧盟碳市场的体系框架

自 2005 年建立到 2020 年，欧盟碳排放权交易体系已经历了三个阶段。欧盟碳排放权交易体系以总量和配额交易为原则，采用分权化治理模式，且凸显协调机制的重要意义，是降低欧盟温室气体排放的关键工具，是欧洲气候政策中不可或缺的部分。欧盟碳排放权交易体系在三个阶段中的主要框架见表 12-2。

表 12-2　EU ETS 各阶段的框架设计

主要内容	第一阶段(2005—2007 年)	第二阶段(2008—2012 年)	第三阶段(2013—2020 年)
限额	66 亿吨 CO_2	20.98 亿吨 CO_2	2013 年约为 20.84 亿吨，总量每年减少，第二阶段每年平均发放配额的 1.74%(约 0.38 亿吨)
范围	27 个欧盟成员国	27 个欧盟成员国＋挪威、冰岛和列支敦士登	27 个欧盟成员国＋挪威、冰岛、列支敦士登和克罗地亚
参与行业	能源、钢铁、水泥、造纸等行业	扩展到航空、化学制作和食品制造等 10 个部门	进一步扩展到石油化工、制铝业等部门
减排目标	比 1990 年减排 8%	比 1990 年减排 8%	比 1990 年减排 20%
温室气体	CO_2	CO_2，一些部门产生的 PFCs 和 N_2O	CO_2，一些部门产生的 PFCs 和 N_2O

（续表）

主要内容	第一阶段（2005—2007 年）	第二阶段（2008—2012 年）	第三阶段（2013—2020 年）
配额发放方式	95%免费，5%拍卖	90%免费，10%拍卖	57%拍卖，并逐步提高（电力100%拍卖）
分配方法	历史排放法为主	历史排放法为主	产出基线法为主
罚款	40 欧元/吨	100 欧元/吨，缺失的配额必须在次年交回	100 欧元/吨，缺失的配额必须在次年交回
存储和借贷	名义上允许同一阶段内排放配额的存储，但不允许借贷	名义上允许同一阶段内排放配额的存储，但不允许借贷	允许配额在阶段内跨年度存储和借贷

2021—2030 年是欧盟碳市场发展建设的第四阶段，减排速度将从第三阶段的每年 1.74%提高到每年 2.2%，减排涉及的产业范围也将进一步扩大；且为帮助电力等行业实现目标，加速技术创新转型，欧盟设置了多种支持机制，包括创新基金和现代化基金，提高欧盟的碳排放权交易体系应对重大冲击的能力。欧盟碳市场第四阶段的碳市场改革方案的主要内容见表 12-3。

表 12-3　EU ETS 第四阶段改革方案主要内容

项目	内　容
配额总量控制	从 2021 年起，配额总量年度递减系数由目前 1.74%提高到 2.2%，相当于在 10 年间减排 5.56 亿吨。
市场稳定储备（MSR）	加快处理市场中过剩的碳配额，在 2019—2023 年将 MSR 能从市场中撤回配额的比例由 12%加倍至 24%。 到 2021 年永久取消市场稳定储备中的 8 亿吨配额。如果市场需要，在 2023 年之后继续执行该政策，保证每个交易期的期初，市场稳定储备中的配额量不能超过上一期的配额拍卖量，超出部分自动取消。
拍卖收益	配额拍卖收益的 2%纳入现代化基金（modernization fund），用于支持 10 个低收入成员国的能源行业现代化发展。

本阶段中，某些成员国也建立了自己的 ETS，如英国和德国。2020 年 1 月，英国公投退出欧盟，并于 2021 年 1 月 1 日脱离欧盟 ETS。英国排放交易系统（UK ETS）在英国取代了欧盟 ETS，其机制安排与欧盟碳市场第四阶段的设计基本一致，将覆盖能源密集型行业、发电产业和航空业。德国也于 2021 年开发了本国 ETS（德国国家排放交易系统），但并没有完全独立于欧盟 ETS。德国 ETS 仅涵盖较小范围，如供暖和运输燃料。

2021 年 7 月，《欧洲气候法》生效，提出了具有约束力的全欧盟新的气候目标：2030 年温室气体排放量比 1990 年减少 55%，2050 年实现净零排放，并启动了制定 2040 年目标的进程；相较之前“至少 40%”的目标有了显著提高。同月，欧盟委员会发布“Fits for 55”的一揽子计划，以使欧盟碳市场与新的全欧盟 2030 年气候目标保持一致。该方案将欧盟排放交易系统置于欧盟脱碳议程的核心，对碳市场提出一系列改革措施，如调整排放总配额上限、引入产品基准、纳入海事部门、边境碳机制以及单独的建筑和道路运输燃料排放交易系统等,具体包括以下方面。

(1) 将配额总量年度递减系数从 2.2%提高到 4.2%,并在修订的立法过程结束时对上限进行一次性折减;

(2) 从 2023 年起,将海事部门纳入碳市场管辖范围①,并为建筑和道路运输提供单独的燃料 ETS;

(3) 引入统一的产品基准,以支持突破性技术;同时,更加严格的基准值和一项规定,使免费分配以接收实体的低碳投资为条件;

(4) 逐步取消对航空部门的免费分配的配额;

(5) 引入碳边界调整机制(CBAM),从 2026 年开始根据进口产品的"内嵌排放(embedded emissions)"征收边境碳税。

"Fits for 55"这一备受期待的提议是推动欧盟碳价格在 2021 达到创纪录水平的关键因素之一;但以上这些改革将分为若干立法提案,在理事会和欧洲议会最终达成一致时方能生效。

二、欧盟碳市场的交易品种

欧盟碳市场分为一级市场和二级市场,一级市场主要是欧盟碳排放配额(european union allowances, EUA)的拍卖和项目减排量开发;二级市场主要是碳配额和项目减排量的流通,交易的产品不仅包括配额和项目减排量的现货,还有其期货、期权等金融衍生品。欧盟碳市场最初以柜台交易为主,由欧洲各大银行充当做市商。此后随着市场的不断发展,一批大型碳排放交易中心也应运而生,其中比较活跃的包括位于英国伦敦的欧洲气候交易所(ICE ECX)②、加州商品交易所(GreenX CME)、德国莱比锡的欧洲能源交易所(EEX)、挪威奥斯陆的北欧电力交易所(Nord Pool)、法国巴黎的 BlueNext 交易所等。

在欧盟碳市场丰富的交易品类中,EUA 现货和 EUA 期货是最主要的交易产品。EUA 现货作为基本履约单位是碳市场运行的基础,EUA 期货作为金融衍生品具有重要的价格发现与风险规避功能;两者的价格和成交量反映了欧盟碳交易市场的繁荣程度,其走势也是欧盟碳市场发展变化的重要体现。

(一) 欧盟碳市场现货交易

现货(spot)是碳市场的基础交易产品,包括 ETS 机制下的配额和项目减排量两种。其中,配额包括欧洲碳排放配额(EUA)、欧洲航空碳排放配额(European union aviation allowances, EUAA);项目减排量则包括发达国家和发展中国家之间 CDM 机制下的核证减

---

① 当前海上运输的排放量占运输业排放总量的 13.4%,占欧盟总排放量的 3%—4%;且这种运输方式严重依赖石油衍生品,预计未来其排放会进一步增加。根据国际海事组织(IMO)预计,到 2050 年全球海洋年排放量将比 2018 年的水平增加 50%,因此迫切需要采取政策行动扭转这一趋势。

② 2010 年 ECX 被洲际交易所(ICE)收购后,ICE 关闭了 ECX 并把碳交易业务合并至 ICE 的欧洲期货业务中,成为全球最大碳排放权交易平台。ICE ECX 的 OTC 市场还提供北美地区碳排放产品的交易服务,包括加州碳交易体系的加州碳配额(CCA)、美国东北部区域温室气体减排行动(RGGI)的排放配额以及北美气候储备行动(CAR)的减排信用。

排量(certified emission reductions, CER),以及发达国家和发达国家之间JI机制下的减排量(emission reduction units, ERU),CER和ERU两种项目减排量可以被排放主体用于抵销其一定比例的EUA。

在现货交易方式上,欧盟碳市场允许采用场内交易(exchange traded)和场外交易(over the counter)两种方式。起初大多数控排企业倾向于通过中介进行场外交易,2005年间80%的碳现货交易都发生在场外,场外交易有利于企业在较少的监管下签订非标准化合同。后来,由于监管要求所有交易必须通过交易所交割,场外交易的比例逐步下降,2009年场外交易占比下降到48%。在欧盟碳市场第二阶段后期,场内交易逐步成为了主要的交易方式。至2013年,场内交易比例达到了84%。其中,项目减排量CER仍多采用场外交易的方式。

(二) 欧盟碳市场衍生品交易

欧洲拥有发达的金融市场,因此欧盟碳排放权交易体系在建立之初就直接引入了碳金融衍生品,主要有基于EUA的欧洲碳排放配额期货(EUA futures)、欧洲碳排放配额期权(EUA options),基于EUAA的欧洲航空碳排放配额期货(EUAA futures),以及基于CER的核证减排量期货(CER futures)等;其中碳期货的交易规模最大。

欧洲气候交易所从2005年成立之初就开始提供EUA期货交易服务,随后欧盟迅速建立起规模最大的碳金融市场,这为欧盟碳市场的发展发挥了重要的作用,也为全球其他碳市场的金融化提供了可参考的路径。欧盟碳市场衍生品发展的阶段见表12-4。

表12-4 欧盟碳市场衍生品发展的阶段

时间	发展状况
初始阶段 (2005年—2007年)	2005年4月,欧洲气候交易所开发了EUA期货合约,拉开了碳金融衍生品的序幕;并于2006年上市了EUA期权合约。 由于第一阶段碳市场机制设计的缺陷,欧盟碳市场上现货价格在2007年底一度下跌到0,而此时以期货为代表的衍生品价格则始终稳定在合理区间,成为碳市场价格稳定的有力支撑。碳金融衍生品的价格发现功能受到关注,衍生品市场发展加快。
发展阶段 (2008—2012年)	欧洲气候交易所在2008年和2009年相继推出了CER期货及期权合约、EUA及CER现货合约以丰富交易产品体系;欧洲最大的碳现货交易所BlueNext也于2008年开始从事碳期货交易。 在此阶段,碳金融创新步伐加快:基于EUA和CER的期货及其对应期权交易,CER与EUA/ERU间的互换交易,基于CER和EUA价差的价差交易以及基差交易①也逐一开展。

① EUA-CERs价差交易。价差是指两种相关的期货合约价格之差。理论上,由于核证的排减量不存在项目交付风险,且和核证减排量的主要功能是作为配额的补充抵销碳排放,因此配额和核证的排减量的期货价格应该是相等的。但出于各种原因,两者价格的差值始终处于变化中,这一差值也代表了使用核证的排减量而不是欧盟配额进行遵约的"机会成本"。在欧盟市场中,EUAs-CERs价差交易主要由从事短期贸易活动的工业和金融经营者使用。交易者通过期货市场对CERs和EUAs相应期货合约进行操作,按自身对市场的判断,买低卖高,从两合约价格间的变动关系中来获取收益。EUA-CERs价差交易只在期货市场上买卖合约,并不涉及现货交易。
基差交易。基差是某一特定商品于某一特定的时间和地点的现货价格与期货价格之差,基差交易是指交易参与者用期货市场价格来固定现货交易价格,从而将转售价格波动风险转移出去的一种套期保值策略。交易机构在与配额现货持有方经过协商,确定以其中一方选定的某月份该商品的期货价格作为计价基础,然后按高于(或低于)该期货价格多少来确定双方买卖现货商品的价格(而不管现货市场该种商品的实际现货价格是多少,也不管选定的期货价格会发生多大的变化),进而在到期日完成现货交割。也就是指买卖双方按一定的基差,来确定现货商品交割价格的一种交易方式。

（续表）

时间	发展状况
深化阶段 （2013年至今）	期货为首的衍生品交易量开始超过现货市场，且差距迅速拉大。截至2013年年底，碳期货交易量占欧盟碳排放配额总交易量的比例超过85.7%；2021全年EUA期货的交易总量超过100亿吨，远高于2005年的0.9亿吨。

鉴于碳期货交易具有套期保值、促进碳市场价格发现等功能，且交易成本较低，碳期货成为欧盟碳市场中最活跃、最成熟的衍生品。2021年欧盟碳市场上EUA现货和期货的交易状况见图12-1，可以看出，EUA期货的交易规模远远超过现货市场。

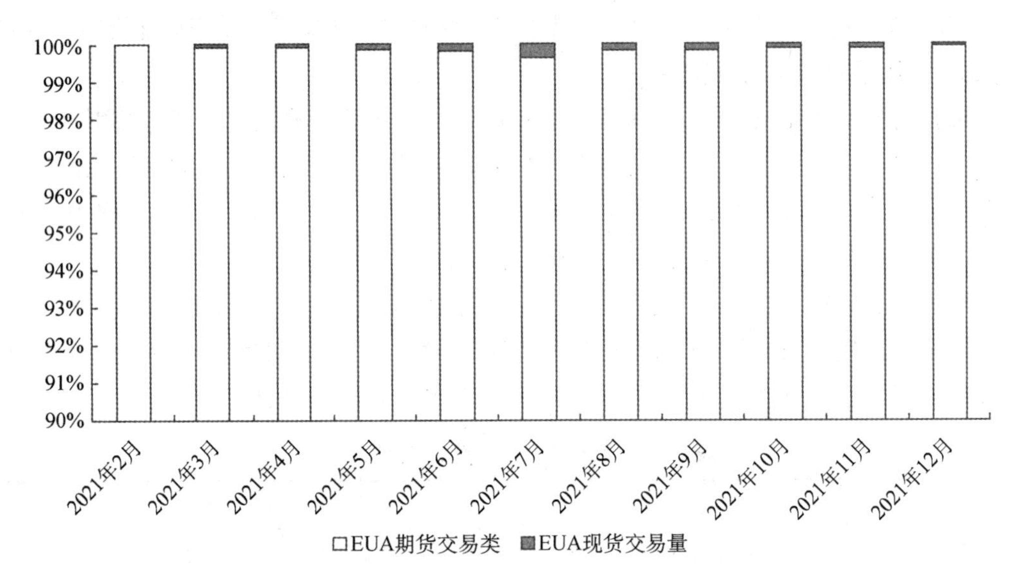

图12-1 2021年欧盟碳市场EUA期货和现货成交量对比

目前碳衍生品交易主要在欧洲气候交易所（ICE ECX）与欧洲能源交易所（EEX）进行。各交易所推出的碳金融衍生品合约具有较高的相似性，主要差异集中体现在保证金收取以及交易规则上。下面以洲际交易所（ICE）提供的碳金融衍生产品为例介绍欧盟碳市场的金融衍生品合约。ICE上主要碳金融衍生产品具体情况见表12-5。

表12-5 欧盟碳市场金融衍生品

合约名称	欧洲气候交易所碳金融和期货合约（ECX CFI）	洲际交易所EUA配额期货（ICE EUA futures）	洲际交易所欧盟碳期货期权合约（ICE EUA futures options）	核证减排量期货合约（CER futures）	ICE欧盟核证减排量期货期权合约（CER futures options）
交易标的	EUA	EUA	EUA 期货合约（ICE EUA futures）	CER	CER期货合约（CER futures）
交易单位	1 000 EUA	1 000 EUA	1 EUA期货合约	1 000 CER	1 CER期货合约

（续表）

合约名称	欧洲气候交易所碳金融和期货合约（ECX CFI）	洲际交易所EUA配额期货（ICE EUA futures）	洲际交易所欧盟碳期货期权合约（ICE EUA futures options）	核证减排量期货合约（CER futures）	ICE欧盟核证减排量期货期权合约（CER futures options）
最小价格波动	0.05欧元/吨	0.01欧元/吨	0.005欧元	0.01欧元/吨	0.005欧元
最大价格波动	无限制	无限制	无限制	无限制	无限制
交易价格	—	每日结算期间的贸易加权平均值，如果流动性较低，则采用报价结算价格	—	每日结算期间的贸易加权平均值，如果流动性较低，则采用报价结算价格	根据ICE交易程序，在每日指定结算期内执行交易加权平均值
交易保证金	3 500欧元/手×折扣利率	3 500欧元/手×折扣利率	—	90欧元/手	—
合约类型	月度合约与年度合约	季度合约与月度合约	季度合约与年度合约	季度合约与年度合约	季度合约与年度合约
最后交易日	—	交割月最后一个星期一（若该日为非交易日，则为上一个星期一）	在欧盟期货合约相应的3月、6月、9月或12月合约月到期前的三个交易日。	交割月最后一个星期一（若该日为非交易日，则为上一个星期一）	对应合约月到期前的三个交易日。
交易模式	T+0，交易时间内可连续交易	T+0，交易时间内可连续交易	T+0，交易时间内可连续交易	T+0，交易时间内可连续交易	T+0，交易时间内可连续交易
交割方式	碳配额转账	碳配额转账	欧式期权，在期权到期日可以行权	核证减排量转账	欧式期权，在期权到期日可以行权

资料来源：ICE官网。

ICE的交易产品主要分为两大类，一类是针对碳排放配额的期货或期权；另一类则是以核证减排量为基础资产的期货或期权。其中，碳期权是在碳期货的基础上衍生的，碳期货合约价格对期权价格以及期权合约中交割价格的确定均具有重要影响。

衍生品市场的繁荣，碳市场金融化程度的加深吸引大批金融机构和投资者纷纷涌入。欧盟碳市场的交易者不仅包括控排企业，还有众多的商业银行、投资银行等金融机构，以及私募股权投资基金、政府主导的碳基金等各种投资者。交易主体的丰富不仅增强了市场的活跃度，扩大了欧盟气候投融资规模，也推动了碳金融产品的设计和碳金融服务的发展。如法国兴业银行等金融机构设立了专项碳基金；荷兰银行等金融机构从事碳交易中介业务，提供融资担保、购碳代理、碳交易咨询服务；还有一些金融机构推出碳排放权期权、期货及掉期等一系列金融衍生工具,为有需求的企业提供交易渠道。

三、欧盟碳市场的交易价格

自 2005 年成立以来,欧盟市场上的碳价波幅较大。市场成立之初价格不足 30 欧元/吨,甚至一度下跌至 0;自 2018 年起,欧盟碳市场上价格开始大幅上扬,至 2021 年底,碳价涨至 89 欧元/吨。欧盟碳市场上配额的价格走势见图 12-2。

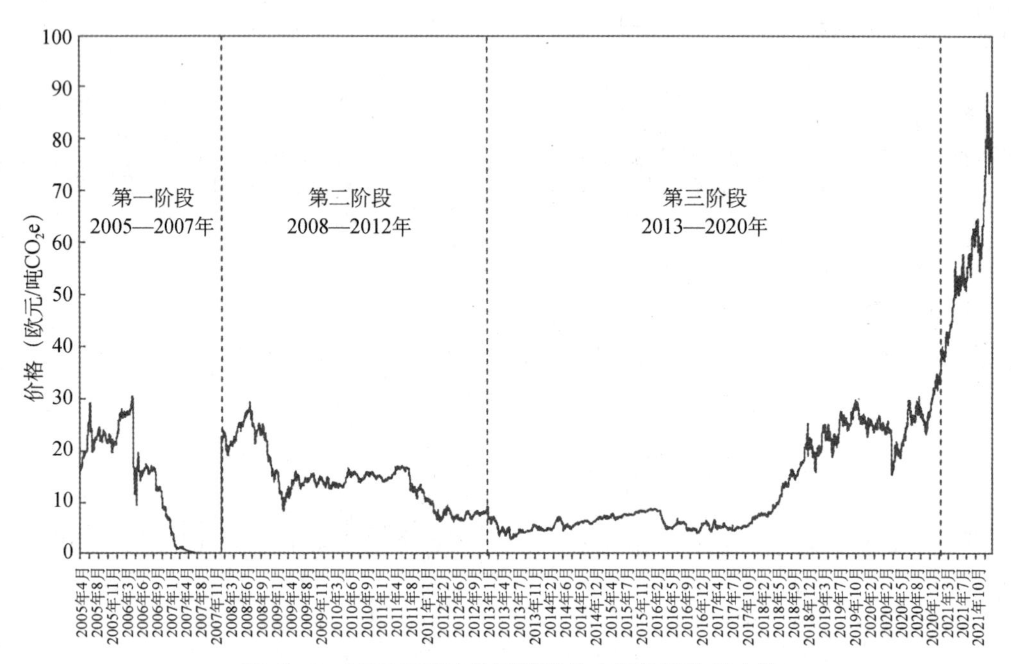

图 12-2 2005 年以来欧盟碳排放交易体系价格走势

数据来源:Refinitiv Eikon, ICE 洲际交易所。

欧盟碳市场成立之初,碳价基本保持在 30 欧元/吨之下;且由于碳市场的设计缺陷,自 2007 年 4 月起,欧盟碳价跌破 1 欧元/吨,并持续走低,2007 年底甚至跌至 0.01 欧元/吨。在第二阶段,欧盟碳市场的配额总量缩紧,碳价迅速回升;但随即金融危机爆发,欧洲经济严重衰退,生产萎缩使得企业的碳排放量大幅下降;在 EUA 供给严重过剩的情况下,欧盟碳市场价格持续低迷,也一度下跌至 3 欧元/吨。

进入第三阶段后,欧盟着手对碳市场进行改革,并在 2018 年正式通过了新的市场改革措施,确定将落实收紧配额总量、提高拍卖比例以及实施市场稳定储备机制(market stability reserve, MSR)等措施。自 2018 年起,碳价开始大幅上涨,于 2020 年底上升至 33.29 欧元/吨,这是欧盟碳市场前三个阶段中达到过的最高价格水平。欧盟碳市场的第四阶段,在全球气候治理进程加快的背景下,各项市场改革措施推动,价格才真正开始攀升,2021 年底一度涨至 89 欧元/吨。

在欧盟碳市场的价格形成过程中,碳期货市场的发展发挥了重要作用。欧盟碳市场于成立之初即开展期货交易，期货市场的价格发现职能得到了充分的发挥，这也为期货发挥套期保值、规避风险功能奠定了基础。自 2021 年以来，欧盟碳市场上配额期货的价格与现货价格基本一致，期货与现货市场之间已经建立起了联动关系，能够对现货市场的价格趋势进行引导。同时，借助期货特有的做空和双向交易机制，以及公开竞价的市场环境，期货价格比现货价格更能反映市场实际需求，有利于促进碳排放权真实价值的发现，促进碳市场更加充分地发挥减排降碳作用。此外，从期货的对冲风险和套期保值功能来看，碳期货等衍生品的本质属性与金融期货类似，可以帮助市场主体有效地控制和对冲风险；远期价格的走势亦为市场参与者提供了有效的价格预期参考。

四、欧盟碳市场的金融监管

欧盟碳市场是高度金融化的市场，相关政策的有效执行及市场的平稳运行需要完善且有力的金融监管体制作为保障。市场启动初期，碳期货作为金融工具被明确纳入了金融监管体系，但碳现货却并未受到欧盟层面金融监管规则的约束。由于碳现货监管的缺失，2005—2011 年，欧盟碳市场上出现了一系列碳现货交易金融风险事件，如增值税欺诈、网络钓鱼及洗钱等。为了弥补法律保障的漏洞，交易所甚至不得不将碳现货包装成“超短期期货”，以此获得金融监管，维护市场秩序。这反映出碳现货市场信息公开和加强监管的紧要性。欧盟碳市场的金融监管历程见图 12-3。

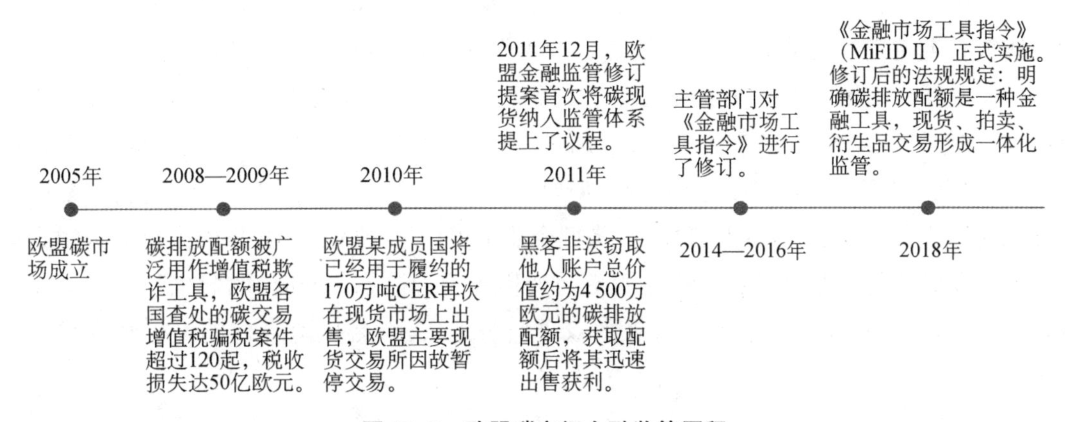

图 12-3　欧盟碳市场金融监管历程

2011 年底，欧盟开始计划将碳现货纳入金融监管体系。然而，学界质疑碳排放权并非金融工具，提出碳现货无法纳入金融监管体系，需单独进行监管；而企业和交易机构则担心新的监管体系将会带来沉重的负担。在如何对碳现货市场进行金融监管的问题上存在诸多争议。最终经过权衡，欧盟委员会认为相较于单独开展碳现货监管，将碳现货纳入金融监管更加行之有效，在 2014—2016 年开始对《金融市场工具指令》进行修订。2018 年 1 月，《金融市场工具指令Ⅱ》(MiFIDⅡ)正式实施，一起被适用的其他金融监管规则包括：《反市场滥用指令》(MAD)、《反市场滥用监管规则》(MAR)、《反洗钱指令》(Anti-MLD)、《透明度指令》

(TD)、《资本金要求指令》(CRD)、《投资者补偿计划指令》(ICSR)、《能源市场诚信与透明度规则》(REMIT)等。修订后的法规规定：明确碳排放配额是一种金融工具，现货、拍卖、衍生品交易形成一体化监管。碳交易所需每周公开各类交易者持仓情况，并且每日向监管部门提供所有交易者持仓情况；企业需定期向所在国报告其碳交易信息。根据规定要求，在碳交易过程中，机构或个人只要满足以自己账户执行客户指令、提供金融服务、从事投资活动、成为做市商或者采用高频交易等条件中的任何一项，就需要适用《金融市场工具指令Ⅱ》及相关金融监管的规则，包括需要申请金融牌照，遵循金融监管规则对其组织机构和运行等方面的所有要求。

随着监管要求的明确和交易信息公开的增强，欧盟碳市场的金融监管体系不断完善，碳现货交易中的金融风险事件得到了有效减少。

作为发展最早、最成熟、影响广泛的排放权交易体系，欧盟碳市场是值得全球其他碳市场学习的范式，其建设发展过程中的经验做法能够为我国碳排放权交易体系的建设和完善提供参考。

一是欧盟碳市场各项政策处于持续优化调整中。政策制定者会根据碳市场实践中的经验不断完善政策体系；必要时，欧盟也会借助"有形的手"直接对市场进行干预，促进其理性回归。

二是欧盟碳市场注重配套基础设施的建设和再利用。欧盟碳市场的发展很大程度上得益于成员国间建立的较为完善的金融交易体系以及开放的市场环境。但这一基础设施环境建设需要长期持续的政策支持和资源投入，这也是欧盟碳市场的一个显著优势。

三是欧盟碳市场高度重视金融监管。欧盟碳市场的金融监管以本地现有监管体系为基础，并将碳市场纳入监管，碳市场的规范与金融法规相协调，可以避免监管空白或监管重叠。对不同类型的主体、不同性质的交易行为需要区别对待：对于以履约为主要目的、交易频率很低的控排企业，简化相应的监管要求，降低企业负担；对于投资机构、投资人以及提供金融服务和交易频繁的企业，加强监管，适用更为严格的监管措施。同时，欧盟也强调碳市场交易信息公开，在监管部门和市场参与者的双重监督之下，金融风险事件的发生频率将大幅降低。

第三节　美国碳排放权交易市场

美国温室气体排放的承诺受政治影响较大。2001 年小布什政府宣布美国放弃实施《京都议定书》，拒绝承担国际减排义务；2017 年特朗普政府宣布美国退出《巴黎协定》，并于 2019 年 11 月 4 日正式启动退出进程，成为至今唯一一个退出这项协议的国家。这些举措不仅影响美国内部的碳减排行动，同时使得全球气候治理遭遇逆流，不断影响着国际气候治理合作。但美国碳排放权交易的建设和发展一直处于世界领先水平，也是最早开启排放权交易的国家。

美国的排放权交易可以追溯到20世纪70年代。美国经济学家戴尔斯于1968年最先提出了排污权交易的理论。1974年美国联邦环保局(EPA)首先利用排污权交易进行大气污染管理,制定并公布了“总量管制与交易(cap and trade)”规则,规定排污量低于《清洁空气法》(QAA)设定的标准的企业可以在一定限制下进行排污权交易。1990年,美国国会通过《清洁空气法》第四修正案“酸雨计划”,计划开展二氧化硫排放权的“Cap and Trade”;这一举措使美国二氧化硫的排放量在20年间下降50%,从每年1 800万吨下降到约900万吨。2005年《京都议定书》生效后,美国即开启了碳市场建设。

一、芝加哥气候交易体系

2003年6月,美国在芝加哥市搭建了全世界首个碳排放权交易平台——芝加哥气候交易所(Chicago climate exchange, CCX),成为全球第一个自愿参与温室气体减排交易并具有法律约束力的,在国际准则的基础上进行温室气体登记、减排和交易的平台。CCX是北美地区唯一一个允许企业自愿参与碳排放交易的市场平台,也是美国唯一认可清洁发展机制(CDM)的交易系统。

CCX搭建了多样化的碳产品和碳工具体系,是首个将6种温室气体(CO_2、N_2O、CH_4、SF_6、PFCS、FCS)均纳入碳减排交易的交易平台。CCX内不仅可以交易温室气体排放配额(GEA)、经核证的排放抵销额度(CEO)、经过核证的先期行动减排信用(CEAC)等现货,还可以交易核证减排量(CER)、碳金融工具合约(CFI)等碳期货、碳期权。

CCX实行会员制,包括来自能源、交通、电力、汽车、纺织、航空、冶炼等约30个行业的企业和个别政府组织。所有想要在该系统内交易的企业或者政府都要先注册成为会员,如IBM公司、AEP公司、劳斯莱斯公司、福特公司以及波特兰市政府、芝加哥市政府、新墨西哥州等;加入CCX的会员必须作出减排承诺,虽然该承诺出于自愿,但具有法律约束力。CCX会根据会员的排放基准线和CCX的减排计划来确定减排额的分配,如果会员减排量超过分配的减排额,可以将盈余的减排量在CCX平台上出售或存储进自己的账户;如果会员减排量没有达到自己承诺的减排额,就需要在市场上买入额度。

CCX的建立和发展进一步完善了美国碳排放权交易市场,为美国碳市场提供了成熟的气候产品交易平台,也为全球碳市场建设发挥了重要的积极作用。

二、美国区域温室气体减排行动

2005年,康涅狄格州、马里兰州、特拉华州等7个州签订了美国首个强制性减排法案——区域性温室气体减排协议(Regional Greenhouse Gas Initiative, RGGI)。RGGI是美国第一个强制性的、基于市场手段的减少温室气体排放的区域性行动,成立目的是限制、减少电力部门的二氧化碳排放。2017年,RGGI参与州计划在2020—2030年间将电力部门的二氧化碳排放量缩减30%。RGGI碳市场的框架见表12-6。

表 12-6　RGGI 碳市场框架

项目	内容
覆盖地区	康涅狄格州、特拉华州、缅因州、马里兰州、马萨诸塞州、新罕布什尔州、新泽西州、纽约州、罗得岛州、佛蒙特州、弗吉尼亚州
总量	2021—2030 年，RGGI 的总量上限将比 2020 年减少 30%。2021 年总量为 91 $MtCO_2$，并以每年 2.275%的速率下降至 2030 年。
配额	RGGI 配额(RGGI allowance，RGA)
覆盖碳排放量	约 10%
减排目标	RGGI 承诺到 2030 年，电力部门的 CO_2 排放量相较于 2020 年将减少 30%。
覆盖气体	CO_2
覆盖部门	发电行业
配额分配方式	各州的配额分配采用历史排放法，同时根据各州用电量、人口、新增排放源等因素进行调整确定配额总量；发电厂配额的分配，一般由各州自行确定。各州必须将 20%的配额用于公益事业，并预留 5%的配额进入设立的碳基金中。 且多数配额是通过拍卖分配的，每三个月进行一次拍卖；但有一部分配额可能会存入备用账户，并根据各州具体计划发放。
存储和预借	允许配额储存，且无限制条件，总存储量根据总量的调整而改变；但不允许配额预借。
抵销机制	RGGI 允许 3 种项目类型的补偿：填埋场甲烷捕获和销毁，由于重新造林、改善森林管理等固碳、避免农业肥料产生的甲烷排放，且最多可抵销自身履约义务的 3.3%；且纳入的排放主体在每个交易阶段中期必须持有实际排放量 50%的配额。
价格调整机制	成本控制准备金(CCR)①：在市场价格超过临界值时，用于向市场投放配额。2017—2020 年，临界值设定为 10 美元开始，每年增长 2.5%；而 2022 年时临界值设定为 13.91 美元，以后每年增加 7%。 排放控制储备(ECR)作为一种自动调整机制，在面对低于预期的成本时，将向下调整上限。根据 ECR，如果达到触发价格，将减少配额拍卖，且减少的最高限额为总量的 10%；且扣缴的配额将不会再出售，从而有效地减少总量。2022 年，ECR 的触发价格为 6.42 美元，此后每年增长 7%。
处罚	如果排放主体未能履约，则必须上缴超额排放量三倍的配额；还可能受到所在州的具体处罚。

经过长时间的实践，RGGI 搭建了总量管制与交易、配额分配与拍卖、MRV 以及监督管理等在内的核心机制，并且利用清除储备配额机制(banked allowances)、成本控制储备机制(cost containment reserve，CCR)、过渡履约控制期机制(interim control period)以及 2021 年开始运行的排放控制储备(emissions containment reserve，ECR)等配套调节机制代替安全阀值制度，以预防市场失灵，保证各级碳排放权交易市场的良性运行。RGGI 已经建成了一个几乎全部碳配额均以强制性拍卖为基础、由独立的第三方监管机构进行监管的、具有灵活制度设计的碳减排交易系统。

① CCR 于 2014 年和 2015 年得到触发。2014—2015 年，CCR 出售了所有 1 500 万份配额。2021 的最后一次季度拍卖也触发了 CCR，出售了 1 190 万份可用配额中的 390 万份。

三、美国加州总量控制与交易体系

2006 年，美国加州通过了《加州应对全球变暖法案》(AB32)，提出建立碳交易制度，并于 2012 年正式启动碳交易市场。加利福尼亚州自 2007 年以来一直是西部气候计划(WCI)的一部分，并于 2014 年 1 月正式将其总量管制与碳排放权交易计划与魁北克省的碳排放权交易计划挂钩；当前正处于第四个发展阶段(2021—2023 年)。美国加州总量控制与交易体系的框架见表 12-7。

表 12-7 加州总量控制与交易体系框架

监管机构	加州空气资源委员会(CARB)
覆盖地区	加利福尼亚州
总量	2021—2030 年，总量每年下降约 13.40 $MtCO_2e$，平均每年下降约 4%，以实现 2030 年总排放量 200.5 $MtCO_2e$ 的目标。
配额	加州碳排放配额(California Carbon Allowance, CCA)
覆盖碳排放量	74%
减排目标	2030 年温室气体排放较 1990 年降低 40%，2045 年实现碳中和。
覆盖气体	CO_2，CH_4，N_2O，SF_6，HFCs，PFCs，NF_3 和其他氟化 GHG
覆盖部门	大型工业设施(包括水泥、氢气、钢铁、铅、石灰制造、硝酸、石油和天然气系统、炼油、制浆造纸)，发电，电力进口商等。 自 2015 年以来，又纳入天然气供应商、含氧化合物混合和馏分燃料油等混合料供应商、液化石油气供应商等；但不包括航空或海上使用的燃料。纳入企业每年的排放量需超过 25 000 t CO_2e。
配额分配方式	根据产量和效率，工业部门可以免费获得 90%的配额，主要是为了促进工业行业实现转型，防止工业行业排放转移；免费配额数量将基于设施的产量数据以及碳强度基准线来计算。 公用事业部门可获得免费配额，但必须将其拍卖，并将收入回馈于纳税人；运输部门不享受免费配额，采取拍卖的方式。
存储和预借	允许配额储备，但须遵守持有限额的要求；但不允许配额预借。
抵销机制	2021—2025 年，可用于抵销的履约份额将减少到 4%，从 2026 年开始增加到排放量的 6%。可以使用以下六种符合性抵销协议项目产生的减排量：美国森林项目、城市森林项目、牲畜项目(甲烷管理)、臭氧消耗物质项目、矿井甲烷捕获项目以及水稻种植项目。
价格调整机制	配额价格控制储备(APCR)：当上一季度的拍卖结算价格高于或等于最低价格层的 60%时，CARB 将提供储备出售。
处罚	未能履约的主体必须上缴缺少的配额，并额外上缴少缴配额 3 倍的配额。

2000—2012 年，加州排放量稳定在 4.5 亿吨至 4.9 亿吨的区间。2008 年界定规划出台后，全州减排成效有所提升，总量从 2008 年的 4.87 亿吨碳排放量降低至 2012 年的 4.59 亿吨，达成了超过 5.8%的减排量。

加州运作的拍卖体系改进了欧盟在前两个承诺期中以免费分配为主的配额分配方式，同时采用免费分配和拍卖两种配额分配方式。拍卖机制中，由加州空气资源管理委员会设定拍卖底价，低于拍卖底价的拍卖将不成立，同时加州空气资源管理委员会(CARB)也不会在这种情况下卖出配额。2012 年 11 月，加州进行了首次配额拍卖，成交价格为 10.09 美元；2013 年加州排放权贸易体系配额拍卖的总量为 5 762.8 万吨，配额拍卖底价为 10.71 美元，分 4 次拍卖。2021 年，约 62%的加州配额通过拍卖提供，其中包括 CARB 拥有的配额(约 37%)和公用事业委托拍卖的配额(约 25%)；自 2022 年起，配额拍卖底价为 19.70 美元，并每年上涨 5%(包含通货膨胀)。

拍卖能够实现价格发现，即为市场参与者提供清晰的配额价格信号。此外，拍卖的配额数量将逐年增加，当空气资源管理委员会认为排放转移的风险减轻之后，将有更多的配额以拍卖的形式进行分配。

四、美国中西部地区温室气体减排协定

2007 年 11 月，美国中西部的明尼苏达州、艾奥瓦州、威斯康星州、密歇根州等 9 个州和加拿大的马尼托巴省、安大略省在美国威斯康星州共同发起成立了中西部温室气体减排协定(Midwestern Greenhouse Gas Reduction Accord, MGGRA)。该协议是在充分借鉴 RGGI 的交易模式基础上签订的，目标是涵盖所有经济部门，同时，以 2005 年的温室气体排放量为基准，到 2020 年时各成员单位的碳排放量减少 15%—25%，到 2050 年减少 60%—80%。

通过上述对美国碳排放权交易体系的分析，可以看出美国的碳排放权交易体系采取“自下而上”的模式，这是与欧盟碳市场的显著差别；并且呈现出明显的区域性和多样化的特征。虽然美国是排污权交易实践的先行者，但由于政治等因素的影响，始终未形成全国统一的碳交易体系，当前仍是多个区域性质的碳交易体系并存的状态，且覆盖范围较小。

第四节　韩国、新西兰碳排放权交易市场

一、韩国碳排放交易市场

韩国作为世界第十三大经济体(根据 2022 年统计数据)，是 OECD 工业化国家中第七大温室气体排放国。在 2009 年召开的哥本哈根气候大会上，韩国承诺将在 2020 年完成温室气体排放水平比 BAU(Business As Usual)情境下减少 30%的减排目标。为实现这一目标，高度依赖化石能源进口的韩国从 2009 年起一直积极推进全国碳市场建设，并于 2015 年启动了东亚第一个全国统一碳市场。韩国碳市场的框架见表 12-8。

表 12-8 韩国碳市场框架

总量	2021—2025 年总量为 3 048.3 $MtCO_2e$,此外为市场稳定目的预留了 1 400 万吨配额,为做市商预留了 2 000 万吨配额,使第三阶段的准备金总额达到 308 230 万吨配额。
配额	Korea Allowance Unit (KAU)
覆盖碳排放量	75%
减排目标	根据《碳中和的框架法案》(Carbon Neutral Framework Act),到 2030 年排放量比 2018 年至少减少 35%,到 2050 年实现碳中和;根据建议修订的 NDC(proposed revised NDC),到 2030 年的排放量相较于 2018 年要减少 40%。
覆盖气体	CO_2、CH_4、N_2O、全氟化碳、氢氟碳化合物、SF_6
覆盖部门	韩国碳市场涵盖以下六个部门:热电、工业、建筑、交通、垃圾和公共部门;跨港口部门扩大,包括货运、铁路、客运、铁路和铁路,航运和建筑业也被纳入该系统的范围。 纳入碳市场的公司/设施要符合以下排放量要求:排放量超过 125 000 tCO_2/年,设施排放量超过 25 000 tCO_2/年度。
配额分配方式	大约 90%的配额免费分配,能源密集型和贸易暴露型(EITE)部门将获得 100%的免费分配。 根据 2022 年拍卖分配计划,今年的总拍卖量计划为 2 580 万配额,约占 2022 年 58 930 万吨总量(不包括储量)的 4%。
存储和预借	允许在阶段之间和阶段内进行存储,但有限制;2021—2023 年排放主体可预存其在二级市场上出售的 KAU 和 KCU(韩国信用单位)净金额的两倍。 允许在单一交易阶段内借贷,不能跨期,且有额度限制。
价格调整机制	新加入者储备(NER),第三阶段为 14 600 万吨配额,约占总量的 5%。
处罚	不超过给定合规年度配额平均市场价格的三倍或按照每吨 100 000 韩元(约 85 美元)缴纳罚款。

韩国碳市场历经了三个阶段,第一个阶段为 2015—2017 年,第二个阶段为 2018—2020 年,第三阶段为 2021—2025 年;从第三阶段开始,韩国金融中介机构可以参与二级市场和交易补贴,以及在韩国交易所(KRX)上转换碳抵销。2021 年 12 月,20 家金融中介机构被批准参与碳市场,每个机构最多只能持有 20 万份配额,以避免市场份额过大。同时,2021 年 4 月,韩国碳市场任命了三家新的金融机构作为做市商,加上 2019 年任命的两家,当前韩国碳市场共有 5 家做市商。这些机构可以动用政府持有的 2 000 万准备金,而“做市商制度”增加了碳市场流动性。韩国也将不日推出碳期货市场。

韩国碳市场还采取多种稳定市场的措施,在特殊情况①下,碳市场甚至可以设立分配委员会来实施市场稳定措施;其中稳定措施主要包括:从储备金中额外拍卖配额(最多 25%),确定排放实体可持有的配额的数量上限:合规年度配额的最低(70%)或最高(150%),预借限额的增加或减少,抵销限额的增加或减少以及临时设置价格上限或价格下限等;分配委员会在稳定碳市场价格方面起到重要的作用。如,2016 年,分配委员会将配额预借限额提高了一倍,达到 20%;以 16 200 韩元(14.16 美元)的底价出售了 90 万吨配额。2018 年,分配

① 特殊情况是指:①连续六个月的市场补贴价格至少比前两年的平均价格高出三倍;②上月的市场折让价格至少是前两年平均价格的两倍,上月的平均交易量至少是前两年同月交易量的两倍;③给定月份的平均市场补贴价格低于前两年平均价格的 40%。

委员会拍卖了来自稳定储备的额外 550 万吨配额，以缓解 2017 年履约期前的市场压力。2021 年 4 月，分配委员会设定了 2 900 韩元/吨(11.28 美元)的最低价格，6 月份设定了 9 450 韩元/吨(8.26 美元)的最低价格以稳定韩国碳市场的价格。

自韩国碳市场 2015 年开市以来，第一、第二阶段碳配额的价格一直呈上涨趋势，第二阶段最后一年碳市场处于震荡期；韩国碳配额的平均价格由第一阶段的 14.27 美元，上涨至第二阶段的 24 美元。

根据韩国碳市场的发展可以总结出以下 4 个特点，这对中国碳市场的建设也具有一定的借鉴意义。

(1) 韩国碳市场搭建了完备的碳市场相关法律制度。韩国碳市场在启动之前就通过了相关的法律，为碳市场的稳定运行奠定了坚实的法律基础。2010 年 4 月 14 日韩国颁布《低碳绿色增长基本法》(Enforcement Decree of the Framework Act on Low Carbon)，制定了绿色增长国家战略；2012 年 5 月又颁布了《温室气体排放配额分配与交易法》(Act on the Allocation and Trading of Greenhouse Gas Emission Permits)，对温室气体配额分配与交易、温室气体排放数据的真实性、碳排放交易二级市场监管、被监管企业正当权益保护和违法行为的法律责任部分均作了较为充分的规定。随后韩国政府还先后颁布了《温室气体排放配额分配与交易法》实施法令(2012 年)、《碳汇管理和改进法》及其实施条令(2013 年)、碳排放配额国家分配计划(2014 年)以及其他相关法律配套制度等，从立法层面上保障了韩国碳排放权交易体系的顺利运行。韩国碳市场相关法律立法层次清晰，对主管部门、排放数据监测、二级市场监管都做了细致规定，配套制度在规定上具体详细，具有较强的可操作性。

至于中国，自 2013 年地方试点建设以来，碳市场的相关立法均以《碳排放权交易管理暂行办法》为基础；2021 年 2 月 1 日，《碳排放权交易管理办法(试行)》开始施行，为 2021 年 7 月成立的全国碳市场奠定了基础。但当前出台的《碳排放权交易管理办法(试行)》层级偏低，《碳排放权交易管理暂行条例》《应对气候变化法》尚未出台，需要国家层面的法律支撑；且全国碳市场和地方试点市场各项规章制度并不统一，阻碍了全国统一的碳市场建设；配额分配方案、碳排放核算、全国碳市场碳排放权交易实施细则等操作层面的规则也暂未出台。清缴履约制度有待加强力度，市场信用评价制度、市场活跃制度、市场调节制度都有待制定。市场缺乏立法基础和配套规章制度，应加快相关法律程序和制度建设，使碳市场的发展有法可依。

(2) 韩国碳市场的配额分配方式较为科学。韩国政府在企划财政部下成立了排放配额分配委员会(Emission Allowance Allocation Committee)专门负责碳配额的分配。配额分配方案根据不同的交易阶段和行业进行细分，并综合考虑企业国际竞争力、国内经济形势以及国际应对气候变化进程等多种因素，确定控排企业的配额。韩国碳市场第一阶段先以免费形式发放配额，后续二、三阶段配额拍卖的比例逐步提升，既给控排企业提供了逐渐适应的过渡期，也可以规避配额超发给市场带来的影响。

当前中国主要采用行业基准线法和历史排放法确定配额分配；可在不同的阶段，针对不同的行业，根据其排放数据的可得性，适当选取配额分配方法；在配额的分配方面应在逐渐缩紧的原则下，科学合理制定不同阶段的分配计划。另外，当前中国的配额均采用免费发放的方式，未来全国碳市场应适时引入拍卖机制，促进碳价反映真实减排成本，塑造碳市场价格动态调整功能，既不影响企业节能减排的积极性，又不让企业的减排行为流于形式。

(3) 韩国碳市场覆盖行业范围全面。韩国碳市场在第一阶段即纳入5大行业的23个细分部门，包括电力，工业(如钢铁、石化、水泥、炼油厂等)，建筑，废物和交通(国内航空)；到第三阶段，韩国碳市场涵盖了热电、工业、建筑、交通、垃圾和公共部门；交通部门也进一步扩大，包括货运、铁路、客运和航运。

中国全国碳市场启动初期率先将电力行业纳入全国，一是因为电力行业的历史排放数据较完备，有利于制定有针对性的配额分配方案；二是因为电力行业是碳排放大户。国家计划在“十四五”期间逐步将八大行业纳入全国碳市场，进一步扩大碳市场覆盖行业的范围。因此，全国碳市场需尽快完善各个行业的碳排放数据，在数据完备的基础上适时纳入其他行业，促进各行业共同参与碳市场，从而达成全行业减排的目标。

(4) 韩国碳市场有着灵活的履约机制。在碳市场第一阶段允许企业使用韩国核证减排量(KCU)来抵销排放，在第二和第三阶段市场允许使用国际抵销信用(CERs)用于控排企业的履约，但国内和国际信用都需要转换为KCU。同时，韩国碳市场允许进行配额预借和存储，存储可以在阶段之间和阶段内进行，但配额预借只能在单一交易期内发生，且受到比例限制；2021年预借比例上限为15%，2023—2024年间排放主体预借的限额为其出售的配额和抵销净额。灵活的履约方式给参与碳市场的企业更大的选择弹性，企业不仅可以通过自身节能减排来降低碳排放，也可以通过购买核证减排量(KCU)来间接减排。

允许项目减排量抵销履约义务可使未参与全国碳市场交易的企业参与到减排降碳活动中，不仅可以扩大碳市场的影响范围，增加市场的活跃度，也有助于碳市场形成多层次的产品体系，促进碳市场减排功能的发挥。我国碳市场需发展出新的履约机制，加快CCER项目重启的步伐，也可循序渐进引入农林业碳汇等多种抵销机制；同时建立科学的核证方法学，避免项目减排量的重复计算。灵活的抵销机制不仅可以减少控排企业的履约成本，刺激未纳入碳市场企业的减排，提高社会减排效率；也可为中国碳市场与未来的全球碳市场连接搭建桥梁。

二、新西兰碳排放权交易市场

新西兰碳市场成立于2008年的《气候变化应对法(排放交易)2008年修正案》，正式确定了碳市场的基本法律框架。其覆盖行业从林业逐步拓展至化石燃料业、能源业、加工业等，在全球碳市场中覆盖的行业最为全面，其定位即是覆盖新西兰经济体中的全部生产部门。新西兰碳市场的框架见表12-9。

表12-9　新西兰碳市场框架

总量	2021—2025年167 $MtCO_2e$，2022年总量为34.5 $MtCO_2e$。
配额	New Zealand Unit (NZUs)

（续表）

覆盖碳排放量	约 50%
减排目标	到 2030 年，温室气体排放量比 2005 年水平低 30%；到 2050 年将所有温室气体（生物甲烷除外）的净排放量降至零。
覆盖气体	CO_2，CH_4，N_2O，SF_6，HFCs 和 PFCs
覆盖部门	液体化石燃料、固体能源、工业过程排放、污染处理、农业（仅报告，未实施）、航空、建筑、运输等，到 2025 年，农业排放将通过新西兰 ETS 或单独的计划纳入碳价格中。
配额分配方式	高排放密集型活动（实现每百万新西兰元收入排放超过 1 600 吨 CO_2（1 600 吨 CO_2e/70.73 万美元）获得 90% 的免费分配。中等排放密集型活动（实现每百万新西兰元收入排放超过 800 吨 CO_2e（800 吨 CO_2e/70.73 万美元）可获得 60% 的免费分配。 拍卖于 2021 年 3 月开始执行，由新西兰交易所（NZX）和欧洲能源交易所（EEX）联合运营，每季度拍卖一次。拍卖采用密封投标、单轮形式。
存储和预借	允许配额储备，固定价格期权下购买的配额除外；不允许配额预借。
价格调整机制	成本控制储备（CCR）
处罚	未能遵守规定的主体必须补足配额，并为到期日未交付的配额支付三倍于当前市场价格的现金罚款。

新西兰政府于 2020 年宣布了新西兰碳市场的全面立法改革，以改进其设计和运行，使其能够更好地支持新西兰履行国际和国内减排义务。改革主要包括新的单位供应上限和拍卖机制的引入。上限代表政府可以向新西兰 ETS 供应的单位的年度限制；根据该法案，政府必须随着时间的推移宣布年度排放上限，该上限应与政府根据独立气候变化委员会的建议制定的全经济五年排放预算保持一致。新西兰碳市场的拍卖开始于 2021 年 3 月，2021 年有 1 900 万吨配额用于拍卖。

2021 年以来，新西兰碳价持续推高，且价格波动幅度明显小于全球其他碳市场。这主要是因为新西兰碳市场采取了多种价格稳定机制：取消碳市场价格上限、扩大配额拍卖占比、提高市场最低价格、实施成本控制储备（CCR）以及取消“固定价格期权”等。

2009 年，新西兰碳市场引入 25 新西兰元/吨（17.68 美元/吨）的固定价格期权（fixed price option）作为价格上限的一种形式，市场参与者可以选择支付 35 新西兰元（24 美元）的固定价格履约，而无须上缴配额。2020 年，固定价格提高到 35 新西兰元/吨（24.76 美元/吨）。2021 年新西兰碳市场开始实行拍卖方式发放配额，且拍卖价格未来也将持续提高。随着拍卖制度的推行，之前作为价格上限的固定价格期权在 2020 年后被撤销，取而代之的是成本控制准备金（CCR）。取消这一制度无疑会带来配额价格的大幅度上涨。

成本控制储备（CCR）是指如果在拍卖中达到预定的触发价格，CCR 中的特定数量的配额将额外发放用于出售。2021 年，触发价格最初设定为 50 新西兰元（35.37 美元），并计划根据预计的通货膨胀率每年上涨 2%。根据气候变化委员会的建议，2022 年拍卖的 CCR 触发价更新为 70 新西兰元（49.51 美元），2026 年将上升至 110 新西兰元（77.8 美元），增幅高于预计通胀。同时，2021 年 CCR 的容量设定为 700 万吨配额；在触发 CCR 后，这些配额在 2021 年 9 月第三季度拍卖会上出售。2022—2024 年的 CCR 储量目前设定为每年 700 万，并在 2026 年时将下降至 670 万。

除此之外，新西兰政府根据其咨询机构“气候变化委员会”的建议，2021 年以来颁布了多项旨在收紧配额量的修正案，配额供给不断减少。同时，新西兰碳市场的抵销机制也被取消，排放主体必须使用配额覆盖其 2021 年的全部排放等。预计新西兰碳市场的价格未来将稳步升高。

第五节　中国碳排放权交易市场

一、中国碳排放权交易市场建设情况

中国参与碳排放权交易可追溯到 2005 年，起源于《联合国气候变化框架公约》和《京都议定书》下的 CDM 机制①。中国参与碳排放权交易的历程见图 12-4。

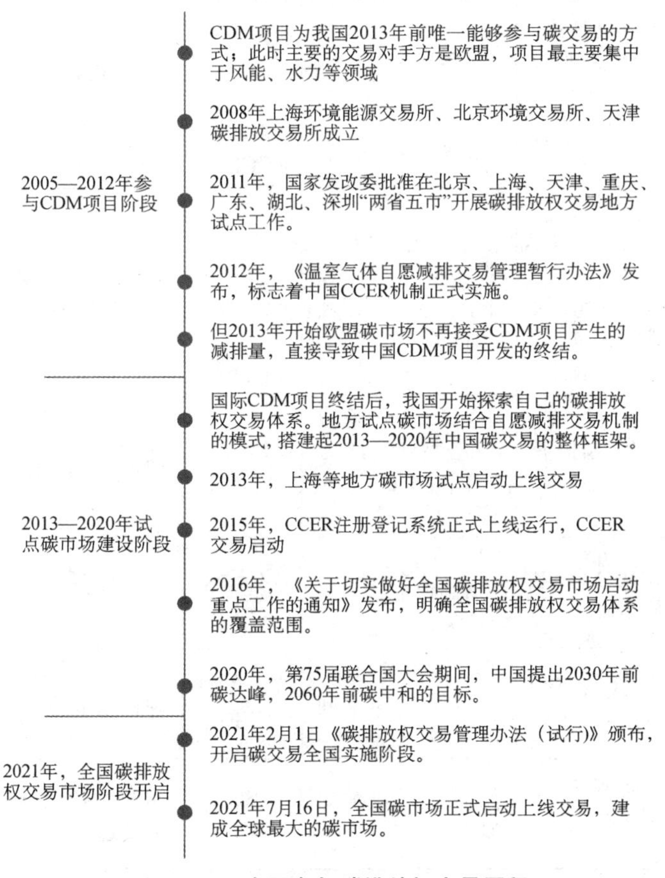

图 12-4　中国参与碳排放权交易历程

① 《京都议定书》提出了旨在减排温室气体的三个灵活的产权交易机制：国际排放交易机制(international emission trading，IET)、联合履行机制(joint implementation，JI)以及清洁发展机制(clean development mechanism，CDM)。清洁发展机制是指发达国家通过提供资金和技术的方式，与发展中国家开展项目级合作，发展中国家能够通过低碳排放甚至无碳排放实现可持续发展；而项目所实现的“经核证的减排量”(certified emission reduction，CER)，可用于发达国家缔约方完成在议定书下的减排承诺。

(一) 地方碳交易试点市场

2011 年 10 月底,国家发改委批准了北京、天津、上海、湖北、重庆、广东和深圳 7 省市开展碳交易试点。2016 年,非试点地区福建启动碳交易市场,四川启动自愿减排交易市场。

试点市场中大部分高排放行业已纳入试点碳市场。从规模及比例上看,碳市场总量占各试点地区排放总量的比例为 40%—60%。配额分配以免费分配为主,适当引入有偿拍卖形式。有偿拍卖所占比例一般低于企业年发放配额的 10%。交易模式采用线上交易(挂牌交易)与线下交易(协议转让)相结合。各试点的 CCER 交易大多以线下交易的方式进行,配额交易则视交易量的大小采取不同的交易方式。地方试点市场的基本框架见表 12-10。

表 12-10　地方试点碳市场框架

地区	覆盖行业	纳入标准(无特殊说明为年排放量)	交易产品	碳金融工具	CCER 抵销机制
北京	电力、热力、水泥、石化、交通运输业、其他工业和服务业	5 千吨以上	BEA、CCER	碳配额场外期权、碳配额远期	抵销比例不超过排放配额的 5%
天津	电力热力、钢铁、化工、石化、油气开采	2 万吨以上	TJEA、CCER	—	抵销比例不超过实际排放量的 10%
上海	工业:电力、钢铁、石化、化工、有色、建材、纺织、造纸、橡胶和化纤; 非工业:航空、机场、水运、港口、商场、宾馆、商务办公建筑和铁路站点	工业:2 万吨以上;非工业:1 万吨以上;水运:10 万吨以上	SHEA、CCER	碳配额远期、CCER 质押	抵销比例不超过分配配额的 5%
深圳	工业(电力、水务、制造业等)和建筑	工业:3 000 吨以上;公共建筑:2 万平以上;机关建筑:1 万平以上	SZA、CCER	碳债券、碳基金	抵销比例不超过初始配额的 10%
重庆	电力、电解铝、铁合金、电石、烧碱、水泥、钢铁	2 万吨以上	CQEA、CCER	—	抵销比例不超过审定碳排放量的 8%
广东	电力、水泥、钢铁、石化、造纸、民航	工业:1 万吨以上;非工业为 5 千吨以上	GDEA、CCER	碳配额抵押	抵销比例不超过初始配额的 10%
湖北	水泥、石化、汽车制造、玻璃、化纤、造纸、医药、食品饮料	能耗 6 万吨标煤以上	HBEA、CCER	碳配额托管、碳现货远期	抵销比例不超过初始配额的 10%

其中,除湖北和上海两个市场上的配额全部采用无偿分配的方式外,其余地方试点碳市场均采用无偿分配为主,有偿分配为辅的分配方式。

截至 2021 年,北京、天津、上海、湖北、重庆、广东、深圳碳试点市场以及福建碳市场在 2021 年成交 6 228.7 万吨,2013—2021 年累计成交配额合计 4.12 亿吨。其中广东碳市场交易最为活跃,其累计成交额占所有试点碳市场累计成交量的 43%;而累计交易量最低的为重庆碳市场,仅占试点碳市场累计成交量的 3%。2013—2021 年中国地方试点碳市场累计成交量占比见图 12-5。

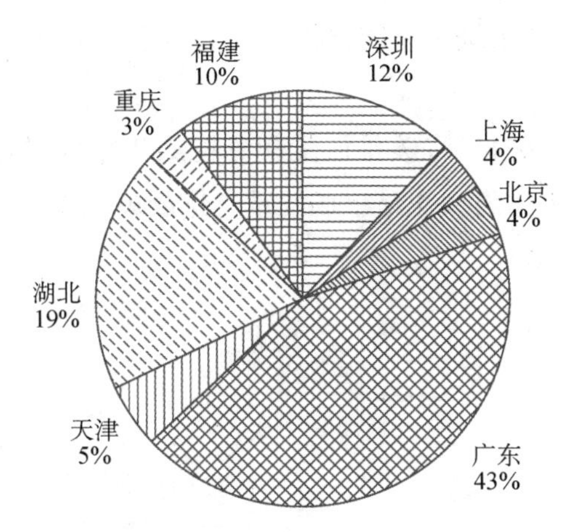

图 12-5　2013—2021 年中国地方试点碳市场累计成交量占比

截至 2021 年,地方碳市场配额每年的平均价格走势见图 12-6。可以看出,北京碳市场的价格水平较高,2021 年间市场单个交易日的碳价一度上涨至 107.3 元/吨;而重庆碳市场的价格水平较低,2017 年间市场单个交易日的碳价甚至一度下跌至 1 元/吨;且自 2015 年开始,除北京外其余碳市场的价格基本未超过 50 元/吨水平。

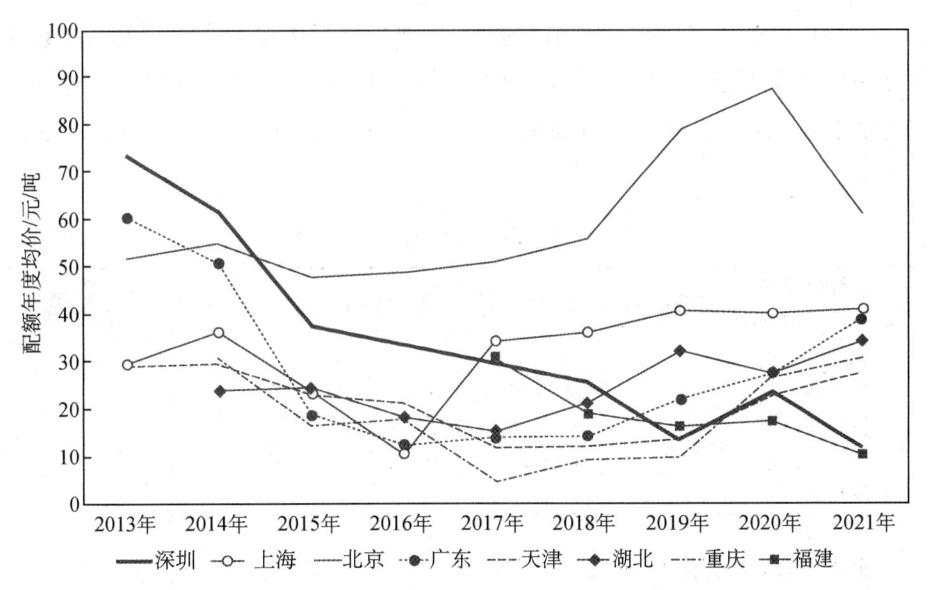

图 12-6　2013—2021 年中国地方试点碳市场配额年度均价

(二) 全国碳排放权交易市场

2016 年,发改委确立了纳入全国碳交易的企业范围:即在石化、化工、建材等 8 个重点排放的行业内,2013—2015 年中任意一年综合能源消费总量达到 1 万吨标准煤以上的企业。

2017 年 12 月，中国率先发布了全国发电行业的碳交易方案，随后完成了数据报送以及配额模拟交易的工作。2021 年 2 月 1 日，《碳排放权交易管理办法（试行）》印发，开启全国碳排放权交易实施阶段。2021 年 7 月 16 日，全国碳排放权交易市场（简称“全国碳市场”）正式上线交易，一举成为全球最大的碳市场。全国碳排放权交易系统由上海市承建，交易所设置在上海环境能源交易所。

该市场以发电行业为突破口，将碳排放配额分配给年排放量达到 2.6 万吨二氧化碳当量的发电企业。纳入全国碳排放权交易市场的重点排放单位不再参与地方的试点市场。全国碳市场的运行机制见图 12-7。

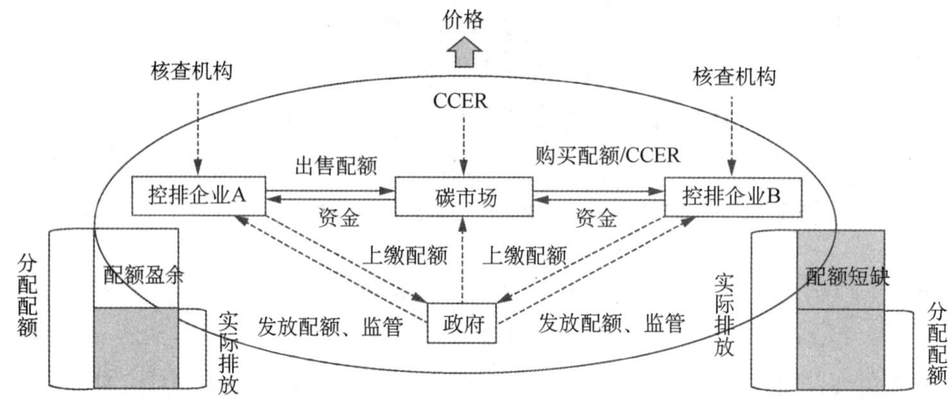

图 12-7 全国碳市场的运行机制

2018 年 3 月，随着国务院机构改革的进行，碳排放交易体系的主管部门由国家发改委调整为新改组的生态环境部。同年 8 月，生态环境部定职能、定机构、定编制工作基本完成，新气候司、气候中心继续推进地方碳试点的运行与全国碳市场的筹建。不同层级主管部门职责见表 12-11。

表 12-11 不同层级主管部门职责

	碳排放核算报告和核查	覆盖范围	配额总量	配额分配	配额清缴	注册登记系统	碳排放权交易
国家主管部门	制定核算报告和核查标准，第三方核查机构备案	确定纳入标准	确定国家和地方配额总量	确定分配方法和标准	公布清缴情况	建立和管理系统	确定交易机构
省级主管部门	管理排放报告进度，审核排放核查报告，统计分析排放数据，汇总报送排放数据	根据国家标准确定辖区内重点排放单位名单，可扩大范围	—	根据标准进行免费分配，可从严并进行有偿分配	管理辖区内重点排放单位的配额清缴	利用省级管理员账户管理辖区内的配额分配和清缴	管理辖区内交易情况

（续表）

	碳排放核算报告和核查	覆盖范围	配额总量	配额分配	配额清缴	注册登记系统	碳排放权交易
地市级主管部门	协助开展能力建设	—	—	协助省级主管部门开展配额分配	督促企业履约、协助开展执法	协助组织地方企业数据报送	动员企业积极开展交易

全国碳市场首个履约周期内共纳入发电行业重点排放单位 2 162 家，年覆盖温室气体排放量约 45 亿吨二氧化碳，成为全球覆盖温室气体排放量规模最大的碳市场，一举将碳定价工具覆盖全球温室气体排放的比例由 2020 年的 15.1%拉升至 2021 年的 21.5%。未来，全国碳市场范围会逐步扩大，将覆盖发电、石化、化工、建材、钢铁、有色金属、造纸和国内民用航空等八个行业。就履约量来看，履约完成率为 99.5%，碳市场促进企业减排温室气体和加快绿色低碳转型的作用初步显现。

第一个履约周期内，碳排放配额累计成交量 1.79 亿吨，累计成交额 76.67 亿元，配额平均收盘价为 46.61 元/吨。全国碳市场第一个履约期的交易状况见图 12-8。

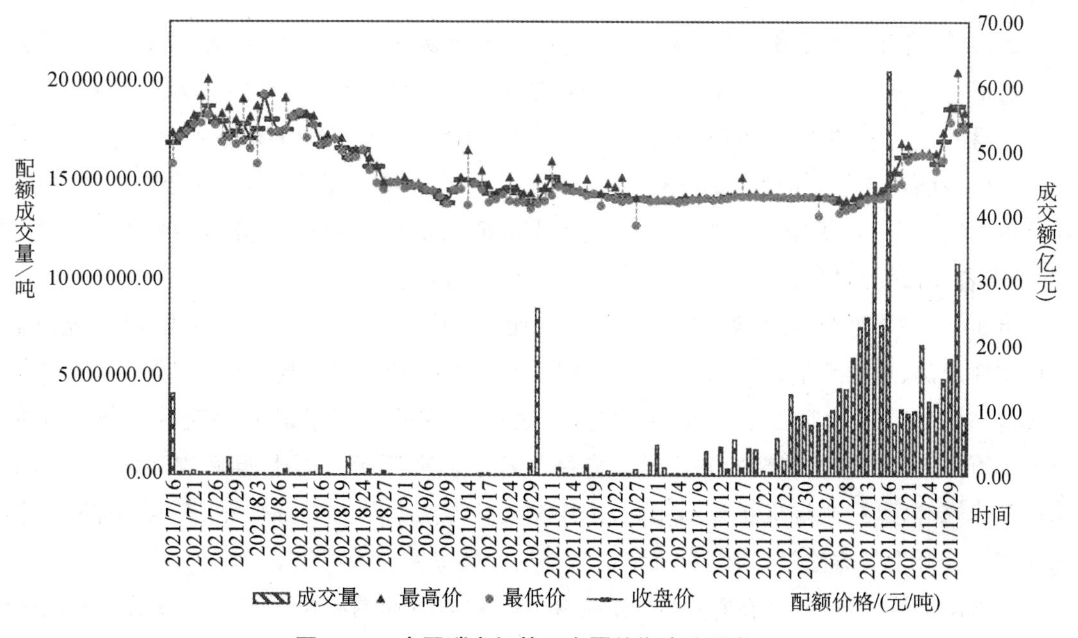

图 12-8　全国碳市场第一个履约期内交易状况

然而，由于仍处建立初期，全国碳市场也表现出以下一些不足。

一是市场流动性有待提高。多元化的交易主体和交易品种体系尚未形成：控排企业中大型央企和地方国企居多，更趋向集团化管理，多数配额交易局限于内部调配；加之当前市场上仅有中国碳排放配额（Chinese emission allowances，CEA）现货一种产品，多层次的碳金融体系尚未搭建，投资机构也并未入场，市场参与者积极性弱，交易仍以履约为主要目的。

因此碳市场的交易集中在履约期附近，而非履约期交易并不活跃。全国碳市场建立的前四个月，纳入管控的重点排放单位中仅有10%参与交易，随着履约期的临近，各企业才纷纷入场。第一个履约期成交的1.79亿吨配额交易，75%以上都是发生在临近履约期的12月份。

二是全国碳市场价格发现功能并未得到充分发挥。市场流动性弱、仅有现货交易、碳市场上信息不对称等因素，都阻碍了全国碳市场价格发现功能的发挥。在碳市场的第一个履约期中，价格走势表现为开市时和履约期明显高于其余交易日。价格信号作为碳市场的"指示器"，应具有反映真实减排成本、引导社会减排资源配置、降低全社会减排成本等作用。但当前全国碳市场上尚未建立起科学有效的定价机制，将影响市场参与者制定交易策略与管理碳资产，也将阻碍市场活跃度的进一步提高。

二、中国核证自愿减排量交易市场

根据我国生态环境部在《碳排放权交易管理办法(试行)》(下称"管理办法")中的定义，中国核证自愿减排量(CCER)是指"对我国境内可再生能源、林业碳汇、甲烷利用等项目的温室气体减排效果进行量化核证，并在国家温室气体自愿减排交易注册登记系统中登记的温室气体减排量"。

2012年国家发改委颁布的《温室气体自愿减排交易管理暂行办法》及《温室气体自愿减排项目审定与核证指南》，为CCER交易市场搭建起了整体框架，对CCER项目减排量从产生到交易的全过程进行了系统规范。2013年相继启动的七省市碳排放权交易试点，将CCER项目纳入各自的抵销机制，采用5%—10%不等分抵销比例。根据《全国碳排放权交易管理办法(试行)》规定，全国碳市场中CCER抵销比例不得超过应清缴碳排放配额的5%。随着碳市场的扩大，CCER交易有着广阔的市场前景。

事实上，一个可交易的CCER项目从诞生到进入市场，需要经历至少六道工序，分别是：项目文件设计、项目审定、项目备案、项目实施与监测、减排量核查与核证，以及减排量签发。完成这一系列程序通常需要8个月的时间，之后CCER才可以进入碳交易市场。同时，CCER的开发需要遵循相应的方法学。自愿减排项目来源于可再生能源、农林行业、工业、交通及建筑等领域，减排机制各不相同，需要相关的方法学作为项目开发、审定、监测及核证的依据。新开发的方法学，须经专家评估合格后在国家发改委备案。

CCER交易的发展在调动全社会自觉参与碳减排活动的积极性发挥了重要作用，但也存在着温室气体自愿减排交易量小、个别项目不够规范等问题。2017年3月14日起，国家发改委暂缓受理温室气体自愿减排(CCER)交易方法学、项目、减排量、审定与核证机构、交易机构备案申请。

尽管新项目审定核证工作已经停止多年，但存量CCER的交易在此期间却从未停止。审定工作停止前，国家发改委公示CCER审定项目累计达到2 871个，备案项目1 047个，获得减排量备案项目287个，其中挂网公示254个。从项目类型看，风电、光伏、农村户用沼气、水电等项目较多。截至2021年5月末，国内市场上CCER的累计成交量已经达到

2.94 亿吨,是已签发减排量的约 5.5 倍——相当于每份 CCER 都经历了多次换手,CCER 交易相当活跃。

第六节　全球碳市场一体化发展

随着全球气候治理进程的加快,温室气体减排的国际合作机制被提上议程,全球碳市场一体化成为市场机制减排的发展方向。2021 年 11 月 1 日,《联合国气候变化框架公约》第 26 次缔约方大会(COP26)在英国格拉斯哥召开,197 个缔约方签署了《格拉斯哥气候公约》。大会上缔结了《巴黎规则手册》,批准了《巴黎协定》第六条全球碳市场的实施细则,搭建了全球碳市场的制度框架,为国际碳交易市场成立奠定基础。

事实上,建立国际碳市场机制的想法已提出十余年之久。2010 年坎昆会议首次提出通过市场机制加深国际减排合作;2011 年,德班会议正式建立了两个国际碳市场机制,即减排活动合作框架和新市场机制;2015 年,巴黎会议重新提出了合作方法(cooperative approaches, CAs)和可持续发展机制(sustainable development mechanism, SDM),成为当前较为主流的国际合作机制。由于减排活动能够产生国际转让的减排成果(internationally transferred mitigation outcomes, ITMOs),缔约方能够通过转让 ITMOs 实现国家自主贡献(nationally determined contribution, NDC);而国际合作机制通过构建稳健的 ITMOs 核算体系以管理 ITMOs 转让,避免双重核算。一般而言,各国可通过碳市场链接、政府间减排成果转让及碳信用机制等方式展开国际减排合作,获得 ITMOs。

虽然当前全球碳市场离真正落地实施还缺乏操作性的技术规则和方法,但国际自愿减排量交易预计最快将在两三年后开始运作。这意味着探索不同国家和地区的碳市场链接成为推进全球碳市场发展的重要议题,是未来实现自主贡献目标的关键步骤。

一、碳市场链接的方式

碳市场间可以通过三种方式链接:直接链接、间接链接和单边链接。直接链接形式允许链接的双方碳市场使用对方的配额进行履约。间接链接主要通过双方共同承认的抵销信用,若两个碳市场都承认同一类型的碳抵销项目,如清洁发展机制(CDM),那双方就实现了间接链接。而单向链接则是指双方的配额不能自由互相流通,只能从其中一方单向流向另一方,后者的配额却不能在前者的市场中用于抵销碳排放。碳排放权交易体系的相互链接方式见图 12-9。

当前国际上已有碳市场链接的案例,最为典型的即是欧盟碳市场。欧盟碳市场已与多个碳市场在推进链接上进行了有益的探索。2008 年初,挪威、冰岛以及列支敦士登的碳总量交易体系与欧盟排放交易体系实现成功对接;虽然这三个国家并非欧盟成员国,但可以根据欧洲自由贸易区协议,将欧盟关于碳市场的指令反映到本国的法律中,从而使得本国的碳

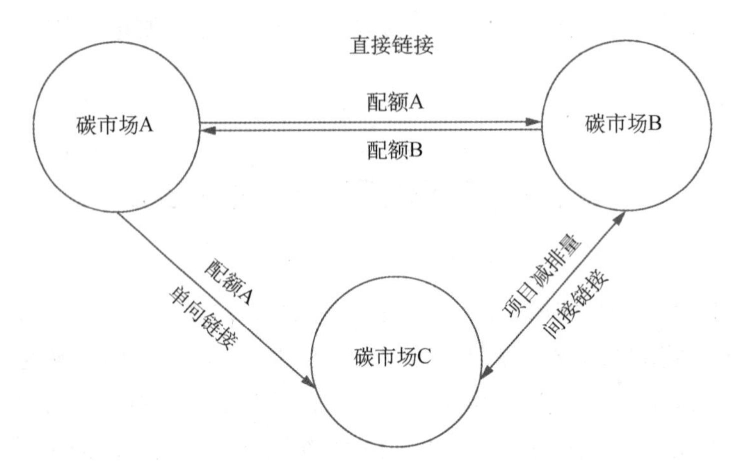

图 12-9　碳排放权交易体系的相互链接方式

市场与欧盟碳市场匹配。2011 年，日本的埼玉和东京碳市场实现直接链接；2012 年 8 月，澳大利亚宣布其碳市场将与 EU ETS 进行链接，然而 2014 年 7 月澳大利亚废除碳税政策使得该链接计划推进受阻；2020 年挪威碳市场和欧盟碳市场通过已有的自由贸易区协议实现相互链接。除此之外，加州和魁北克碳市场由于碳市场关键设计要素保持一致，也实现了双向链接。尽管这些碳市场链接形式有所不同，但总体来看，越相似的市场间越容易链接。

此外，还有项目减排的抵销机制形成的间接链接，比如《京都议定书》附件一国家欧盟、瑞士、澳大利亚、新西兰等采用附件二国家的 CDM 和 JI 项目减排量进行抵销；日本和美国加利福尼亚州的碳市场通过发展双边项目减排量进行抵销实现了链接。

二、碳市场链接的意义

碳市场不仅是实现二氧化碳排放权资源分配的一种机制，更多是一种以供求关系为基础，全球性的跨区域配置投资与风险管理的工具。当前，任何一个国家或地区实现碳中和都需要大量资本投入，也面临着多样的风险，必须要通过国际合作机制才能达成目标。碳市场间进行链接、协同发展具有以下意义。

（1）推动全球均衡碳价的发现。

制定碳市场的国际链接与合作规则，可以扩大碳市场的影响范围，增加市场参与者的数量，提升碳市场的流动性，促进碳市场价格发现功能的实现，有利于防止大幅碳价波动。

有研究①测算出在链接的情景下，当实现各国 NDC 减排承诺目标，2030 年全球统一碳价为 13.2 美元/吨（2011 年不变价），碳配额将从原本减排成本较低的国家流向原本减排成本较高的国家。中国、印度、巴西和俄罗斯将成为配额出口国，美国、欧盟、日本、韩国、加拿大、澳大利亚、墨西哥和南非将成为配额进口国；这也将在一定程度上推动全球范围内的资

① 翁玉艳，张希良，何建坤．全球碳市场链接对实现国家自主贡献减排目标的影响分析[J]．全球能源互联网，2020，3(1)：27-33.

源再分配。

(2) 降低全球减排成本,助力实现温控目标。

全球各碳市场链接后,碳市场的覆盖区域更广、体量更大,由此控排企业可能获得更多且更加便宜的减排选择,整个碳市场的减排成本会随之降低,

当前,发达国家的碳价格远高于发展中国家的碳价格,除了受到各国减排目标松紧程度的影响外,各国减排能力和减排成本也存在差异。不同碳市场的链接在一定程度上可以增加发展中国家的碳市场交易收入,充实其气候治理资金储备,在降低全球整体减排成本的同时,还能够增加发展中国家在清洁能源发展、降碳技术研发等领域的资金投入,由此推动全球气候治理进程加快,助力全球温控目标的实现。

(3) 重塑国际贸易格局。

在全球碳中和推进以及碳边境调节机制实施的背景下,碳市场间的链接除了带来配额进出口贸易外,还将影响到全球的能源价格、企业产品的国际竞争力以至各国的产业发展和经济增长等。因此碳市场间的链接可能会重塑国际贸易格局。

对于配额出口国而言,出售配额后,国内的能源使用成本上升,影响本国中对于能源成本较为敏感的行业(如高耗能行业)的国际竞争力,并且间接影响与工业投入品成本相关的机械装备等其他制造业的国际竞争力。配额进口国的情况恰好相反,它们通过购买配额,降低了本土的能源使用成本,增强了本国中能源密集型行业的竞争力。

当前实现碳市场间链接,推进全球碳市场一体化仍面临着很多困难,涉及各国家参与度低、气候政策与贸易规则相冲突、项目减排量非标准化、碳市场链接需要坚实的法理基础和复杂的规则设计与监管安排等诸多问题。

三、推进碳市场链接的措施

虽然当前实现碳市场间链接,搭建全球性碳市场仍面临着许多困难,但国际上仍需坚定不移地推进这一事业。作为拥有全球最大碳市场的国家,中国在其中应发挥引领作用。推进碳市场链接可以从以下几方面入手。

(1) 聚焦碳市场链接与合作规则的国际谈判。国际事务活动的运行、规则制定的发起仍然掌握在各个主权国家手中,碳排放权的具体交易和认证标准还有待具有影响力的大国主导发起与探讨。在此过程中,中国需发挥引领作用,传递中国的治理规则声音,展示中国的技术发展成果,搭建国际碳金融中心与国际碳定价中心;将主动权掌握在自己手中,防止合作利益的不平衡与秩序安排的不合理对我国减排活动以及经济发展产生负面影响。

(2) 就碳排放权的权益属性和清缴程序等亟待解决的问题提出中国方案。当前,国际碳排放权交易产品的法律属性仍未明确,其后续司法处理存在许多分歧和困扰。被司法查封的配额是否存在清缴履约的优先,破产程序中逾期未清缴的配额能否作为优先债权进行处置,以及国际碳交易对象的财产权或物权属性的分界标志都需要进一步明确。碳市场规模的扩大,需要维持合理的供求关系,保持碳排放交易的可持续性,这离不开与国际社会碳

市场机制之间的规则衔接。

(3) 积极参与或举办多样化的国际碳市场交流活动。搭建能力建设、碳金融创新、碳排放权定性、碳市场定价等多种主题的交流平台，了解并整合全球主要碳市场、公益团体、科研团体、排放企业、主管部门、金融机构的理论观点和实践经验，走在全球气候治理的前列。不断提升我国碳市场机制的辐射范围，从“一带一路”沿线国家到大洋彼岸的欧美国家和地区，传播中国减排降碳与碳市场建设的理念；通过加入明确涵盖环境议题的自由贸易协定，将碳市场机制的国际链接列入更多国际协议的程序性事项清单，推动全球统一碳市场的建设进程。

全球碳市场一体化是利用市场机制推进温室气体排放减少的必由之路，也是全气候治理的关键一环。各国家或地区碳市场应积极探索市场间的链接机制，为全球碳市场的成立奠定良好基础。

思考与练习

1. 欧盟碳排放权交易体系的发展可分为几个阶段？各阶段的框架设计具有什么特点？
2. 洲际交易所(ICE)交易的碳金融衍生产品主要分为哪两类？
3. 美国与欧盟碳排放权交易体系的显著差别是什么？
4. 韩国碳市场的发展呈现出哪些特点？
5. 全国碳排放权交易市场于什么时候正式上线交易，交易所设置在哪里？
6. 碳市场链接的方式分为哪三种？

推荐阅读

国际碳行动伙伴组织(ICAP)：《全球碳市场进展 2021 年度报告》，2021 年 3 月。

国际碳行动伙伴组织(ICAP)：《全球排放交易 2022 年状况报告》，2022 年 3 月。

参考文献

蓝虹、陈雅函：“碳交易市场发展及其制度体系的构建”，《改革》，2022 年第 1 期，第 57—67 页。

李志学、张肖杰、董英宇：“中国碳排放权交易市场运行状况、问题和对策研究”，《生态环境学报》，2014 年第 11 期，第 1876—1882 页。

潘家华：“碳排放交易体系的构建、挑战与市场拓展”，《中国人口·资源与环境》，2016 年第 8 期，第 1—5 页。

王露阳、魏庆坡：“碳交易市场对接合作初探及对中国的启示”，《生态经济》，2016 年第 12 期，第 53—57 页。

易兰、鲁瑶、李朝鹏:“中国试点碳市场监管机制研究与国际经验借鉴”,《中国人口·资源与环境》,2016 年第 12 期,第 77—86 页。

张晶杰、王志轩、雷雨蔚:“欧盟碳市场经验对中国碳市场建设的启示”,《价格理论与实践》,2020 年第 1 期,第 32—36 页。

张希良、张达、余润心:“中国特色全国碳市场设计理论与实践”,《管理世界》,2021 年第 8 期,第 80—95 页。

周宏春:“世界碳交易市场的发展与启示”,《中国软科学》,2009 年第 12 期,第 39—48 页。

图书在版编目(CIP)数据

碳排放权交易/黄明主编. —上海：复旦大学出版社，2023. 6
(绿色金融系列)
ISBN 978-7-309-16615-6

Ⅰ.①碳… Ⅱ.①黄… Ⅲ.①二氧化碳-排污交易-研究-中国 Ⅳ.①X511

中国版本图书馆 CIP 数据核字(2022)第 212310 号

碳排放权交易
TANPAIFANGQUAN JIAOYI
黄 明 主编
责任编辑/姜作达

复旦大学出版社有限公司出版发行
上海市国权路 579 号 邮编：200433
网址：fupnet@ fudanpress. com http://www. fudanpress. com
门市零售：86-21-65102580 团体订购：86-21-65104505
出版部电话：86-21-65642845
上海华业装潢印刷厂有限公司

开本 787×1092 1/16 印张 20 字数 436 千
2023 年 6 月第 1 版
2023 年 6 月第 1 版第 1 次印刷

ISBN 978-7-309-16615-6/X · 45
定价：66.00 元